高等院校计算机教材系列

数据库原理与应用

何玉洁 编著

机械工业出版社
China Machine Press

本书系统讲解数据库的基本概念和应用技术，包括目前流行的SQL Server后台数据库管理系统以及Visual Basic 6.0可视化编程环境。附录中包含SQL Server系统提供的常用函数、Visual Basic应用程序的发布方法，并给出一个完整的课程设计题目，帮助读者综合运用所学知识。

本书为各章均配备习题，相关章配有上机练习，书后还提供习题答案，方便读者参考。本书重点突出、面向实用，并为教师配有教学课件，方便教学。本书适合作为高等院校计算机专业数据库原理课程的教材，也可供广大技术人员及自学者参考。

图书在版编目（CIP）数据

数据库原理与应用／何玉洁编著. -北京：机械工业出版社，2007.1
（高等院校计算机教材系列）
ISBN 7-111-19871-9

I. 数…　II. 何…　III. 数据库系统-高等学校-教材　IV. TP311.13

中国版本图书馆CIP数据核字（2006）第106919号

机械工业出版社（北京市西城区百万庄大街22号　邮政编码　100037）
责任编辑：朱　劼
北京市荣盛彩色印刷有限公司印刷
2011年1月第1版第8次印刷
184mm×260mm · 22印张
定价：32.00元

凡购本书，如有倒页、脱页、缺页，由本社发行部调换
本社购书热线：（010）68326294

前 言

数据库技术是计算机科学中的一个非常重要的部分，数据库技术以及数据库的应用也正以日新月异的速度发展，因此作为现代的大学生，特别是计算机专业的学生，学习和掌握数据库知识是非常必要的。

本书是面向计算机专业学生学习数据库知识而编写的一本教材，其特点是内容全面，既包括数据库的基础理论知识，又包括数据库的前端和后端的应用技术。SQL Server是目前广泛应用的后台数据库管理系统，Visual Basic也是使用非常普遍、方便的可视化编程环境。将这些内容结合在一本书中，可以使读者系统、全面地学习数据库系统的整体概念和应用技术。在介绍数据库理论时，本书特别加强了解决实际问题的内容，包括在数据库管理系统中对索引的管理方法以及如何构建提高数据查询效率的索引，如何编写带参数的存储过程以及如何自定义函数以实现复杂的数据查询功能等。在实现数据完整性约束方面，本书除了介绍常用的完整性约束方法之外，还介绍了实现复杂的数据完整性约束的方法——触发器。

本书由三部分组成。第一部分介绍数据库系统的基本概念和基本理论，这部分由第1章~第9章组成，具体内容包括数据管理的发展过程、数据库系统的组成、关系代数、基本SQL语句的使用、数据完整性约束的实现方法、视图、存储过程和函数的概念及定义方法、关系规范化理论、数据库事务及并发控制、备份恢复机制以及数据库的设计过程。

第二部分主要介绍SQL Server 2000的功能和使用方法，这部分由第10章~第14章组成，具体内容包括安装和配置SQL Server、在SQL Server环境中创建数据库和表、安全管理、数据传输以及备份和恢复数据库。

第三部分主要介绍如何在Visual Basic 6.0环境中开发数据库的前端应用程序，这部分包括第15章~第17章。在这部分中，我们将介绍数据库的应用程序和数据访问接口技术，包括Visual Basic 6.0中的ADO数据控件以及ADO对象访问数据库的技术，并用四个例子说明使用这些技术开发数据库应用程序的过程，最后介绍Visual Basic自带的可以自动生成数据库应用程序的数据窗体向导的功能。

本书还包括四个附录，附录A介绍SQL Server 2000中系统提供的常用函数，目的是使读者能够更好地使用SQL Server提供的功能。附录B介绍如何发布已编制好的VB应用程序。当我们在Visual Basic 6.0开发环境中开发好应用程序之后，就应该交付给用户使用。在交付应用程序时，我们不能要求用户的计算机上也安装Visual Basic开发环境，因此，必须对已开发好的应用程序进行发布，使用户脱离Visual Basic开发环境也能够运行Visual Basic应用程序。附录C介绍一个应用实例，主要目的是综合运用已学习的知识开发一个比较完整的数据库应用程序，这个附录可作为学生的课程设计题目。附录D给出本书的习题解答。

为了便于教师使用本书进行教学，我们为本书制作了电子课件，需要的教师可登录华章网站（www. hzbook. com）下载。

本书是作者对多年从事数据库教学的经验和感受的总结。本书的出版得到了机械工业出版社华章分社的大力帮助和支持，特别是华章分社的总编温莉芳、编辑朱劼，她们在我编写此书的过程中均给予了极大的支持，并提出了许多宝贵的意见和建议，在此，我对她们及机械工业出版社华章分社表示诚挚的感谢。

由于时间仓促加之本人水平所限，书中难免有不妥之处，望广大同仁给予批评指正。

何玉洁
2006年4月

目录

第二部分 SQL Server 2000 基础及使用

第一部分　数据库原理

本部分主要介绍数据库的基础理论知识，包括数据和数据模型，关系数据库的标准操作语言——SQL，数据库的安全性和完整性，如何设计性能优越的关系表，如何实现事务的并发控制以及如何对数据库应用系统进行分析和设计。

本部分由以下7章组成：

- 第 1 章　数据库概述
- 第 2 章　数据库系统结构
- 第 3 章　关系数据库
- 第 4 章　SQL语言
- 第 5 章　视图、存储过程和用户自定义函数
- 第 6 章　实现数据完整性约束
- 第 7 章　关系数据库规范化理论
- 第 8 章　数据库保护
- 第 9 章　数据库设计

第 1 章 数据库概述

随着信息管理水平的不断提高，信息资源已成为企业的重要财富和资源，用于信息管理的数据库技术也得到了很大的发展，其应用领域也越来越广泛。数据库的应用形式日益多样，从小型事务处理到大型信息系统，从联机事务处理到联机分析处理，从一般企业管理到计算机辅助设计与制造（CAD/CAM），乃至地理信息系统等都应用了数据库技术。数据库技术已经渗透到我们日常生活的方方面面，比如用信用卡购物，飞机、火车订票系统，图书馆对书籍及借阅的管理等，无一不使用了数据库技术。数据库的建设规模、数据库中信息量的大小以及使用的程度已经成为衡量企业的信息化程度的重要标志。

简单地说，数据库技术就是研究如何科学地管理数据以便为人们提供可共享的、安全的、可靠的数据的技术。数据库技术一般包括数据管理和数据处理两部分内容。

数据库系统实质上是一个用计算机存储数据的系统，可以将数据库看做一个电子文件柜，也就是说，数据库是收集数据文件的仓库或容器。

1.1 数据管理的发展

在介绍数据管理的发展之前，我们有必要先了解一下以数据为中心的应用系统的特点。

1.1.1 以数据为中心的应用系统的特点

随着计算机的普及和信息量的不断增加，在众多的计算机应用中，数据密集型的应用的发展速度非常迅速。数据密集型的应用也就是我们所说的以数据为中心的应用，这种应用具有如下三个特点:

1. 涉及的数据量大

以图书馆和银行的信息管理为例，如果要将全部信息保存起来，则数据量是很大的，我们不可能将这些信息全部保留在内存中。内存只能暂时存放其中的很小一部分信息，而其余的大量数据则要存放在辅助存储设备上。

2. 数据不随程序的结束而消失

需要长期保留在计算机中的数据称为持久性数据。比如图书馆和银行的信息，必须要持久地保存，这些数据就是持久性数据。持久保存的数据是有价值的，人们可以通过分析积累的数据，制定出合适的方针和决策。例如通过分析一段时间内哪些图书借出的次数比较多，可以帮助图书管理人员决定下次要多采购哪些书。这就是我们经常说的辅助决策支持。持久性数据不能存放在内存中，必须存储在永久性存储设备上，比如存放在磁盘或磁带上。

3. 数据可以被多个应用程序共享

数据不是某个用户专有的，而是可被许多用户使用，而且还必须允许多个用户同时使用这些数据。以飞机订票系统为例，一个地区有成百上千个订票点，在一个订票点工作时，其它的订票点也必须能同时工作，否则设立这么多个订票点就没有意义了。

如何很好地管理这种大量的、持久的、共享的数据是计算机科学技术领域中的一门重要的技术和重要的研究课题。

1.1.2　文件管理系统

要想很好地理解现代数据库的特征，最好先看一下在数据库技术产生之前，人们如何保存和使用数据。

早期的数据是采用文件系统进行管理的，即将数据保存在文件中。用户的应用程序直接操作文件中的数据。在文件系统中，数据按其内容、结构和用途分成若干个命名的文件。文件一般为某一用户或用户组所有，但也可以指定与其它用户共享。用户可以通过操作系统对文件进行打开、读、写、关闭等操作。

假设现在用文件系统来实现对学生进行管理的程序。在此系统中，要对学生的基本信息和选课情况进行管理。在管理学生基本信息时要用到学生的基本信息数据，假设此数据存在F1文件中。学生选课情况的管理包括管理学生的基本信息、课程的基本信息和学生的选课信息，假设用F2和F3两个文件分别存储课程基本信息和学生选课基本信息数据。学生选课情况管理中涉及的学生基本信息可以使用学生基本信息管理系统中的F1文件。假设实现学生基本信息管理功能的应用程序叫A1，实现学生选课管理功能的应用程序叫A2，则学生的基本信息和选课情况可用图1-1表示。

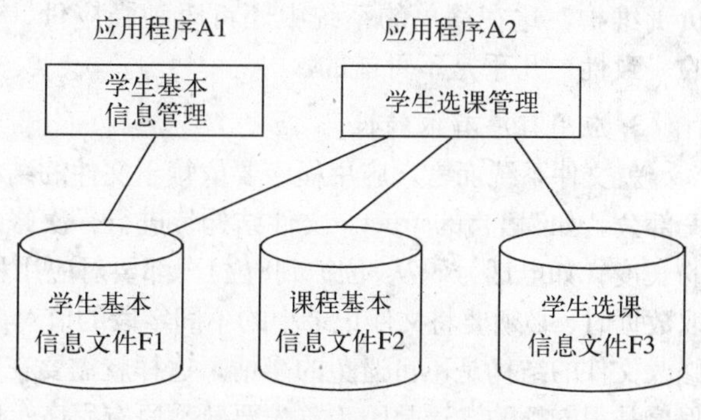

图1-1　文件管理系统示例

假设F1、F2和F3文件分别包含如下信息：

- F1包含学号、姓名、性别、出生日期、所在系、专业、所在班、特长、家庭住址。
- F2包含课程号、课程名、授课学期、学分、课程性质。
- F3包含学号、姓名、专业、课程号、课程名、修课类型、修课时间、考试成绩。

我们将文件中所包含的每一个子项称为文件结构中的字段或列，将每一行数据称为一个记录。

“学生选课管理”系统的处理过程大致为：在学生选课管理系统中，若有学生选课，则先查F1文件，判断有无此学生。若有此学生，则再访问F2文件，判断其所选的课程是否存在。若课程也存在，就将学生选课信息写到F3文件中。

这看起来似乎很好，但仔细分析一下，就会发现使用文件管理系统管理数据有如下一些缺点。

1. 编写应用程序不方便

应用程序编写者必须对所用文件的逻辑及物理结构（文件中包含多少个字段，每个字段的数据类型，采用何种存储结构，比如链表或数组等）有清楚的了解。操作系统只提供了打开、关闭、读、写等几个低级的文件操作命令，而文件的查询、修改等处理都必须在应用程序中通过编程实现。这样也容易造成各应用程序在功能上的重复，比如图1-1中的“学生基本信息管理”和“学生选课管理”都要对F1文件进行操作，但这两个功能相同的操作却很难共享。

2. 数据冗余不可避免

假设A2需要用到F3文件中包含的学生的所有或大部分信息，比如，除了学号之外，还需要姓名、性别、专业、所在系等信息，而F1中也包含了这些信息，因此F3和F1文件中有重复的信息。但这些重复的信息只是不同文件的部分内容，因此很难在两个文件中公用这些公共信息，从而造成数据的重复（也叫数据的冗余）。

数据冗余不仅会造成存储空间的浪费（其实，随着计算机硬件技术的飞速发展，存储容量不断扩大，空间问题已经不是解决问题时需要关心的主要问题），更为严重的是造成了数据的不一致。例如，假设某个学生所学的专业发生了变化，我们一般只会想到在F1文件中进行修改，而往往忘记了在F3中要进行同样的修改。这样就会造成同一名学生在F1文件和F3文件中的“专业”不一样，也就是数据不一致。人们不能判定哪个数据是正确的，尤其当数据冗余很多的时候，情况更是如此。这样数据就失去了其可信性。

文件系统本身不具备维护数据一致性的功能，这些功能完全由用户（应用程序开发者）负责维护。这在简单的系统中还可以勉强应付，但在复杂的系统中，若让开发者来保证数据的一致性，几乎是不可能的。

3. 应用程序有依赖性

就文件系统而言，应用程序要依赖于文件的结构。文件和记录的结构通常是应用程序代码的一部分，如C语言的struct。文件结构每进行一次修改，比如添加字段、删除字段甚至是修改字段的长度（如电话号码从7位扩到8位），都要对应用程序进行相应的修改，因为我们在打开文件读取数据时，必须要将文件记录中的不同字段的值对应到程序变量中。随着应用环境和需求的变化，修改文件的结构是不可避免的事情，这样就需要在应用程序中进行相应的修改，而频繁修改应用程序是很麻烦的。这是因为首先要熟悉原有程序，修改后还需要对程序进行测试、安装等。

以上弊端都是由于应用程序对文件结构过分依赖造成的。换句话说，文件系统的数据独立性不好。

4. 不支持对文件的并发访问

在现代计算机系统中，为了有效地利用计算机资源，系统一般允许多个应用程序并发运行（尤其是在现在的多任务操作系统环境中）。文件最初是作为程序的附属数据出现的，它一般不支持多个应用程序同时对同一个文件进行访问。我们可以回忆一下，假设某个用户打开了一个Excel文件，如果第二个用户在第一个用户没有关闭此文件之前就想打开此文件，他会得到什么信息？他只能以只读方式打开此文件，而不能在第一个用户打开文件的同时对此文件进行修改。我们再回忆一下，如果我们用C语言编写一个修改某文件内容的程序，其过程是先以写的方式打开文件，然后写入新内容，最后再关闭文件。在文件关闭之前，无论在其它的程序中还是在同一个程序中都是不能再打开此文件的，这就是文件系统不支持并发访问的含义。

对于以数据为中心的应用系统来说，必须要支持多个用户对数据的并发访问。

5. 数据间的联系弱

在文件系统中，文件与文件之间是彼此独立、毫不相干的，文件之间的联系必须通过程序来实现。比如在上述的F1和F3文件中，F3文件中的学号、姓名等学生的基本信息必须是F1文件中已经存在的（即选课的学生必须是已经存在的学生）。同样，F3中的课程号等与课程有关的基本信息也必须是F2文件中已经存在的（即学生选的课程也必须是已经存在的课程）。这些数据之间的联系是客观需求当中所要求的很自然的联系，但文件系统本身不具备自动实现这些联系的功能，所以必须通过应用程序来保证这些联系，也就是说必须编写代码来手工地保证这些联系。这样不但增加了编写代码的工作量和复杂度，而且当联系很复杂时，也难以保证其正确性。因此，文件系统不能反映现实世界事物间的联系。

6. 难以按不同用户的需要表示数据

如果用户需要的信息来自多个不同的数据文件，我们就需要对多个文件的信息内容进行提取、比较、组合和表示。例如，假设有用户希望得到如下信息：

（所在班，学号，姓名，课程名，学分，考试成绩）

这些信息涉及三个文件。从F1文件中可以得到"所在系"信息，从F2文件中得到"学分"信息，从F3文件中得到"考试成绩"信息。而"学号"、"姓名"信息可以从F1或F3文件中得到，"课程名"可以从F2或F3文件中得到。我们在生成一行数据时，必须比较从三个文件中读取的数据，然后组合成一行有意义的数据。比如，将从F1文件中读取的学号与从F3中读取的学号进行比较，学号相同时，才可以将F1中的"所在系"、F3中的"考试成绩"以及当前所对应的学号和姓名组合成一行数据的内容。同样，在处理完F1和F3文件的组合后，我们可以将组合的结果再与F2文件的内容进行比较，找出课程号相同的课程的学分，再与已有的结果组合起来。如果数据量很大、涉及的表比较多时，可以想象这个过程有多复杂。因此，这种大容量复杂信息的查询，在文件管理系统中是很难处理的。

7. 无安全控制功能

在文件管理系统中，很难控制某个人对文件的操作，比如控制某人只能读和修改文件，不能删除文件，或者不能读或修改文件中的某个或者某些字段等等。而在实际应用中，数据的安全性是非常重要且不可缺少的。比如，在学生选课管理系统中，我们不允许学生修改他的考试成绩。在银行系统中，更是不允许一般用户修改其存款数额。

随着人们对数据需求的增加以及计算机科学技术的不断发展，对数据进行有效、科学、正确、方便的管理就成为人们的迫切需求。针对文件系统的这些缺陷，人们逐步开发出了以统一管理和共享数据为主要特征的数据库管理系统。

1.1.3 数据库管理系统

数据库技术的出现主要是为了克服文件管理系统在管理数据上的诸多缺陷，满足人们对数据管理的需求。对于上述的学生基本信息管理和学生选课管理系统来说，如果使用数据库来管理，其实现方式与文件系统有很大区别。用数据库进行管理的实现过程如图1-2所示。

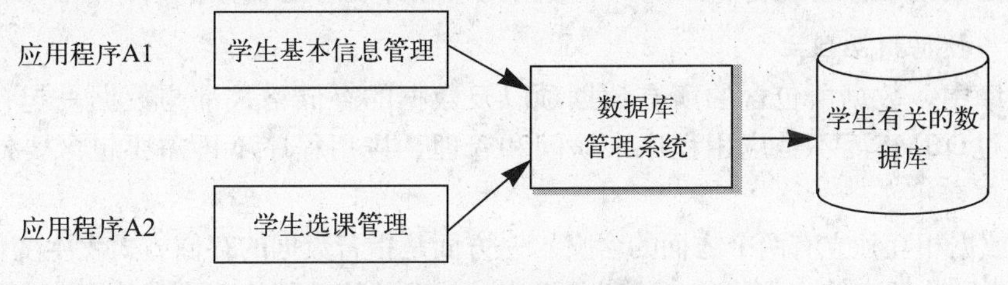

图1-2 数据库管理系统实现示例

比较一下图1-1和图1-2，可以发现两者有如下差别：

- 在文件系统中，应用程序直接访问存储数据的文件。而在数据库系统中，应用程序则是通过数据库管理系统（DataBase Management System，简称DBMS）来访问数据。
- 在数据库系统中，数据不再仅仅为某个程序或用户服务，存储数据的文件也不再需要直接被应用程序管理，而是由一个称为数据库管理系统的软件统一管理。

与文件系统相比，数据库管理系统实际上是应用程序和存储数据的数据库（在某种意义上也可以把数据库看成是一些文件的集合）之间的接口。数据库管理系统实际上是一个系统软件。不要小看这个变化，有了这个系统软件后，以前在应用程序中由开发人员实现的很多繁琐的操作和功能，都可以交给这个系统软件。这样应用程序不再需要关心数据的存储方式，而且数据的存储方式的变化也不再影响应用程序。将需要进行的修改交给数据库管理系统，经过数据库管理系统处理后，应用程序感觉不到这些变化，因此，应用程序也不需要进行任何修改。

与文件系统管理数据比较后，我们会发现数据库系统具有以下的优点。

1. 将相互关联的数据集成在一起

在数据库管理系统中，所有相关的应用数据都存储在一个称为数据库的环境中，应用程序可通过DBMS访问数据库中的所有数据。

2. 较少的数据冗余

由于数据是统一管理的，因此可以从全局着眼，合理地组织数据。例如，将1.1.2节中的F1、F2和F3文件中的重复数据去掉，只在一个地方进行管理，这样就可以形成如下所示的几部分信息:

学生基本信息: 学号、姓名、性别、出生日期、所在系、专业、所在班、特长、家庭住址。

课程基本信息: 课程号、课程名、授课学期、学分、课程性质。

学生选课信息: 学号、课程号、修课类型、修课时间、考试成绩。

在关系数据库中，可以将每一种信息存储在一个表中（关系数据库的概念我们在后面介绍)，重复的信息只存储一份。若在学生选课时需要学生的名字，根据学生选课信息中的学号，可以很容易地在学生基本信息中找到此学号对应的名字。因此，消除数据的重复存储不影响我们对信息的提取，同时还可以避免由于数据重复存储而造成的数据不一致问题。比如，当某个学生所学的专业发生变化时，我们只需在“学生基本信息”中进行修改即可。

同1.1.2节中的问题一样，当我们要检索（所在班，学号，姓名，课程名，学分，考试成绩）信息时，这些信息也需要从三个地方（关系数据库中称为三张表）得到，也需要对信息进行适当的组合，即学生选课信息中的学号只能与学生基本信息中学号相同的信息组合在一起。同样，学生选课信息中的课程号也必须与课程基本信息中的课程号相同的信息组合在一起。过去在文件管理系统中，这个工作是由开发者编程实现的，而有了数据库管理系统后，这些繁琐的工作就完全交给了数据库管理系统来完成。

因此，在数据库管理系统中，减少了数据冗余和开发者的负担。

3. 程序与数据相互独立

在数据库中，数据所包含的所有数据项以及数据的存储格式都与数据一起存储在数据库中，它们通过DBMS而不是应用程序来访问和管理，应用程序不再需要包含要处理的文件和记录格式。

程序与数据相互独立有两个方面的含义。一方面是指若数据的存储方式发生变化（这里包括逻辑存储方式和物理存储方式）时，比如从链表结构改为哈希结构，或者从顺序存储转换为非顺序存储，应用程序不必进行任何修改。另一方面是指当数据的结构发生变化时，比如增加或减少了一些数据项，如果应用程序与这些修改的数据项无关，则应用程序也不用进行修改。这些变化都由DBMS负责维护。大多数情况下，应用程序并不知道数据存储方式或数据项已经发生了变化。

4. 保证数据的安全可靠

数据库技术能够保证数据库中的数据是安全可靠的。它有一套安全控制机制，可以有效地防止数据库中的数据被非法使用或非法修改。数据库中还有一套完整的备份和恢复机制，当数据遭到破坏时（由软件或硬件故障引起的），能够很快地将数据库恢复到正确的状态，并使数据不丢失或只有很少的丢失，从而保证系统能够连续、可靠地运行。

5. 最大限度地保证数据的正确性

保证数据的正确性是指存放到数据库中的数据必须符合实际情况，比如人的性别只能是“男”和“女”，人的年龄应该在0~150之间（假设没有年龄超过150岁的人）。如果我们在“性别”中输入了其它的值，或者将一个负数输入到“年龄”中，显然是不符合实际情况的。数据库系统能够保证进入到数据库中的数据都是正确的数据，这就是数据完整性。数据完整性是通过在数据库中建立约束来实现的。当我们建立好保证数据正确性的约束之后，如果有不符合约束条件的数据进入到数据库中，数据库就能主动拒绝这些数据。

6. 数据可以共享并能保证数据的一致性

数据库中的数据可以被多个用户共享，共享是指允许多个用户同时操作相同的数据。当然这个特性是针对大型的多用户数据库系统而言的，对于单用户系统，在任何时候最多只有一个用户访问数据库，因此不存在共享的问题。

多用户系统问题是数据库管理系统在内部解决的问题，它对用户是不可见的。这就要求数据库能够对多个用户进行协调，保证多个用户对数据进行的操作不发生矛盾和冲突，即在多个用户同时使用数据库时，能够保证数据的一致性和正确性。可以设想一下，在飞机订票系统中，如果多个订票点同时对一架航班订票，那么必须保证不同订票点订出票的座位不能重复。

数据集成与数据共享是大型环境中数据库系统的主要优点。

数据库技术发展到今天已经是一门比较成熟的技术，经过上面的讨论，我们可以概括出数据库具备如下特征：数据库是相互关联的数据的集合，它用综合的方法组织数据，具有较小的数据冗余，可供多个用户共享，具有较高的数据独立性，具有安全控制机制，能够保证数据的安全性，允许并发地使用数据库，能有效、及时地处理数据，并能保证数据的一致性和完整性。

需要再次强调的是，所有这些特征并不是数据库中的数据所固有的，而是由数据库管理系统提供和保证的。

1.1.4　数据独立性

数据独立性包含逻辑独立性和物理独立性两个方面。物理独立性是指当数据的存储结构发生变化时，比如从链表存储改为哈希表存储，不影响应用程序的特性。逻辑独立性是指当表达现实世界的信息内容发生变化时，比如增加一些列、删除无用列等，也不影响应用程序的特性。要理解数据独立性的含义，必须先搞清什么是非数据独立性。在数据库系统出现之前，也就是在使用文件系统管理数据的时候，实现的应用程序常常是数据依赖的。也就是说，数据的物理表示方式和有关的存取技术都是在应用程序中要考虑的，而且有关物理表示的知识和访问技术直接体现在应用程序的代码中。例如，如果数据文件使用了索引，那么应用程序也必须知道有索引存在，而且还要知道记录的顺序是索引的，这样应用程序的内部结构就是基于这些知识而设计的。特别地，各种数据访问的准确形式和应用程序的异常检查程序也在很大程度上依赖于数据管理软件提供给应用程序的接口。我们称这样的应用程序是数据依赖的。因为一旦改变数据的物理表示，就会对应用程序产生很大的影响。例如，如果用哈希表来重建数据的索引，则应用程序不得不进行很大的修改。而且这种情况下，应用程序修改的部分恰恰是与数据管理软件密切联系的部分，而与应用程序最初要解决的问题毫不相干，这是由数据管理接口的特点所引起的。

在数据库系统中，我们要尽量避免应用程序依赖于数据的情况，原因如下：

- 不同的应用程序看数据的角度是不同的，即使是对同样的数据也存在这样的问题。如我们在1.1.2节中介绍的文件系统很难按不同用户的要求显示同样的数据。
- 随着科学技术的进步以及应用业务的变化，有时必须要改变数据的物理表示和访问技术，以适应技术发展及需求变化。比如，添加新的数据列，改变列的类型，或者是增加新的存储设备等。理想情况下，这些变化不应该影响应用程序。但是，如果应用程序是数据依赖的，则这些改变都会要求应用程序做相应的改变。这种维护的代价不亚于创建一个新的应用程序。

因此，数据独立性是一种客观应用的要求。数据独立性可以描述为：应用程序不会因物理表示和访问技术的改变而改变，即应用程序不依赖于任何特定的物理表示和访问技术。数据库技术的出现正好克服了应用程序与数据的物理表示和访问技术间的依赖问题。

1.2　什么是数据库系统

前面我们介绍了数据库系统所具有的各种特征，那么什么是数据库系统呢？简单地说，数据库系统就是基于数据库的计算机应用系统。数据库系统一般包括四个部分：数据库、数据库管理系统、应用程序和系统管理员，如图1-3所示。

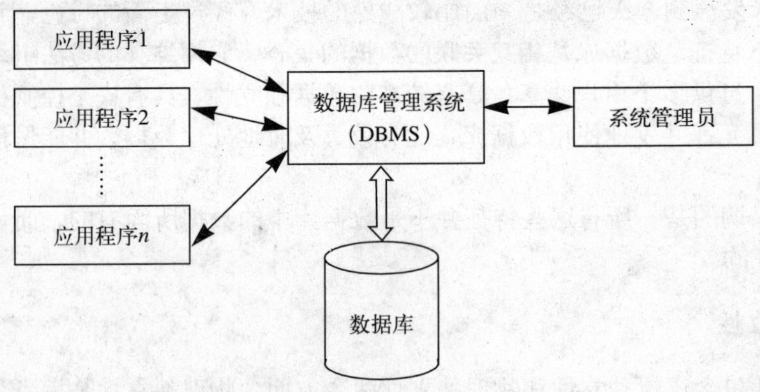

图1-3　数据库系统简图

其中，数据库是数据的汇集，它以一定的组织形式保存于存储介质上。DBMS是管理数据库的系统软件，它实现数据库系统的各种功能，是数据库系统的核心。系统管理员负责数据库的规划、设计、协调、维护和管理等工作。应用程序是指以数据库以及数据库数据为基础的应用程序。

除此之外，数据库系统还包括支持系统运行的计算机的硬件和操作系统环境以及使用数据库系统的用户。硬件环境是指保证数据库系统正常运行的最基本的内存、外存等硬件资源。由于数据库管理系统是一种系统软件，所以它必须建立在一定的操作系统环境上，没有合适的操作系统，数据库管理系统是无法正常运转的。比如SQL Server 2000的企业版就需要Windows操作系统的服务器版的支持。

除了系统管理员之外，数据库还有两类用户，这些用户之间可以有重叠。这两类用户包括：

- **应用程序开发人员**：负责编写数据库应用程序的人员。他们使用某种程序设计语言来编写应用程序，这些语言可以是第三代语言，如COBOL、C++、Java等，也可以是第四代语言，如Visual Basic、PowerBuilder等。这些程序通过DBMS发出SQL（访问数据库的通用语言，将在第4章介绍）请求。程序可以是批处理应用程序，也可以是联机应用程序，其目的是允许最终用户通过联机工作站或终端访问数据库。
- **最终用户**：从联机工作站或终端与系统交互的用户。最终用户可以通过已开发好的联机应用程序访问数据库，也可以使用数据库系统提供的接口访问数据库。这些由数据库厂商提供的接口也可以以联机应用程序的方式使用，但这些应用程序不是用户编写的，而是系统固有的。大多数数据库系统至少包括一种固有的应用程序，即查询处理器，用户通过这个应用程序可以向DBMS发出数据库请求，也就是我们所熟知的语句或指令，比如SELECT（查询数据）、INSERT（插入数据）等。在第二部分介绍SQL Server时可以看到这样的系统固有程序。

简单地说，数据库系统包括了以数据为主体的数据库、管理数据库的系统软件DBMS、支持数据库系统运行的计算机硬件环境和操作系统环境以及使用数据库系统的人。

1.3 使用数据库系统的原因及数据库应用的前景

1.3.1 使用数据库系统的原因

为什么要使用数据库系统呢？这是因为数据库系统为数据提供了共享、稳定、安全的保障体系。如果用户不需要数据在其应用领域范围外持久存储，那么就不需要使用数据库系统。反之，如果用户需要数据在程序或应用领域范围之外持久存储，则数据库无疑是维护这些持久数据的最合适的地方。但是仅维护持久数据并不意味着非要用数据库系统不可。要判断是否需要使用数据库系统，还要看被管理的数据是否有结构、数据之间是否有联系、数据的取值是否有约束，如果数据没有这些特征，那么用文件系统更合适。如果数据有这些特征，则应该使用数据库系统。比如图书信息管理中，管理图书、借阅人以及借阅情况就适合使用数据库来完成。决定是使用文件系统还是使用数据库系统时，除了考虑数据之外，还要考虑数据的使用情况。数据库管理系统提供了功能强大的数据查询功能，比如可以查询一段时间内图书的借出情况，以此来判断哪些图书的借出率比较高，或者查询哪些借阅者有过期未还的图书、过期了多长时间等。

在当今的信息时代，我们的生活中越来越多地依赖信息的存取和使用，数据库系统正日益广泛地应用到人们的生活中。我们可以使用数据库访问银行帐户信息，从而使存取钱更方便、快捷。在股票交易中，使用数据库可以很方便地将钱从银行户头转移到股票户头。

1.3.2 数据库应用的前景

信息需求的增长使数据库系统的应用日益重要，范围日益广泛，数据库和数据库管理系统正在探寻前所未有的应用领域。目前，数据库系统已经应用到医学监控、医学诊断、计算机辅助设计、计算机辅助制造、计算机辅助工程、能源管理、图书馆管理、航空系统、天气预报、交通预订、旅馆预订等许多领域。

数据库系统的发展满足了用户共享信息的需求，随着在线信息的增加以及越来越多的用户希望访问在线信息，今后还会开发出更多的面向应用的数据库系统。

1.4　小结

本章首先介绍了数据管理的发展，重点介绍了文件管理系统和数据库管理系统在数据管理上的差别。文件管理系统不能够提供数据的共享，缺少安全性，不利于维护数据的一致性，不能避免数据冗余，更为重要的是应用程序与文件结构是紧耦合的，文件结构的任何改变都将导致应用程序的改变，而且对数据的一致性、安全性等管理要在应用程序中实现，复杂的数据检索也要由应用程序来完成，这使得编写应用程序的工作非常复杂和繁琐。当数据量很大、数据操作比较复杂时，应用程序几乎不能胜任。数据库管理系统的产生解决了文件管理系统的诸多不便，它将以前在应用程序中实现的复杂功能转由数据库管理系统（DBMS）统一来实现，这不但减轻了开发者的负担，而且还带来了数据的共享、安全、一致性等诸多好处，并将应用程序与数据的结构和存储方式彻底分开，使应用程序的编写不再受数据结构和存储方式的影响。

本章还介绍了数据库系统的组成。数据库系统主要由数据、硬件、软件和用户组成，其中软件中的DBMS是数据库系统的核心，在用户中数据库系统管理员是最重要的，他负责维护整个系统的正常运行。

最后本章介绍了在决定是否需要使用数据库系统解决问题时应该考虑的一些问题，以及数据库的广泛应用领域和今后的发展。

习题

1. 以数据为中心的应用系统有哪些特点？
2. 用文件系统管理数据的缺点是什么？
3. 与用文件系统管理数据相比，使用数据库系统管理数据有哪些好处？
4. 比较文件系统和数据库系统管理数据的主要区别。
5. 数据的逻辑独立性和物理独立性分别指什么？
6. 数据库系统由哪几部分组成？每一部分在数据库系统中的大致作用是什么？

第 2 章　数据库系统结构

本章主要介绍数据模型和数据库管理系统的体系结构，介绍体系结构的目的是为后续章节建立一个框架结构。理解本章内容有助于全面了解现代数据库系统的结构和功能，也有利于后续章节的学习。本章内容可能有些抽象和枯燥，但我们在学习到后面章节的内容时，再回过头来看这部分内容，会有更好的理解。

2.1　数据和数据模型

2.1.1　数据

为了了解世界、研究世界和交流信息，人们需要描述各种事物。用自然语言来描述事物虽然很直接，但过于繁琐，不便于形式化，而且也不利于用计算机来表达。为此，人们常常只抽取那些感兴趣的事物特征或属性来描述事物。例如，可以用如下信息描述一个学生：（张三，9912101，男，1981，计算机系，应用软件），这样的一行数据我们称为一条记录。单看这一行数据我们很难知道其确切含义，但如果知道这行数据的含义，就可以得到如下信息：张三是9912101班的男学生，1981年出生，是计算机系应用软件专业的。这种描述事物的记录称为数据。数据有一定的格式，例如，姓名一般是长度不超过4个汉字的字符（假设没有少数民族），性别是一个汉字的字符。这些格式的规定就是数据的语法，而数据的含义就是数据的语义。人们通过解释、推理、归纳、分析和综合等方法，从数据所获得的有意义的内容称为信息。因此，数据是信息存在的一种形式，只有通过解释或处理的数据才能成为有用的信息。

2.1.2　数据模型

对于模型，特别是具体的模型，人们并不陌生。一张地图、一组建筑设计沙盘、一架航模飞机等都是具体的模型。人们从模型可以联想到现实生活中的事物。模型是对事物、对象、过程等客观系统中感兴趣的内容的模拟和抽象表达，是理解系统的思维工具。数据模型也是一种模型，它是对现实世界数据特征的抽象。

数据库是企业或部门相关数据的集合，数据库不仅要反映数据本身的内容，而且还要反映数据之间的联系。由于计算机不可能直接处理现实世界中的具体事物，因此必须把现实世界中的具体事物转换成计算机能够处理的对象。在数据库中，用数据模型这个工具来抽象、表示和处理现实世界中的数据和信息。通俗地讲，数据模型就是对现实世界数据的模拟。

现有的数据库系统都是基于某种数据模型的，因此了解数据模型的基本概念是学习数据库的基础。

数据模型一般应满足三个要求。第一是数据模型要能比较真实地模拟现实世界。第二是数据模型要容易被人们理解。第三是数据模型要能够很方便地在计算机上实现。由于用一种模型来同时很好地满足这三方面的要求在目前是比较困难的，所以在数据库系统中可以针对不同的使用对象和应用目的采用不同的数据模型。

数据模型实际上是为数据和信息建模的工具。根据模型应用的不同目的，可以将这些模型分为两大类，它们分别属于两个不同的层次。

第一类是概念层模型，也称为概念模型或信息模型，它从数据的应用语义的角度来抽取模型并按用户的观点对数据和信息进行建模。这类模型主要用于数据库的设计阶段，它与具体的数据库管理系统无关。另一类是组织层数据模型，也称为组织模型，它从数据的组织层来描述数据。所谓组织层就是指用什么样的结构来组织数据。目前，数据库常用的组织模型（或叫组织方式）有以下几种：层次模型（用树型结构组织数据）、网状模型（用图形结构组织数据）、关系模型（用简单二维表结构组织数据）以及对象-关系模型（用复杂的表格以及其它结构组织数据）。组织层数据模型主要是从计算机系统的观点出发对数据进行建模，它与所使用的数据库管理系统的种类有关，主要用于DBMS的实现。

为了把现实世界中的具体事物抽象、组织为某一具体DBMS支持的数据模型，人们通常首先将现实世界抽象为信息世界，然后再将信息世界转换为机器世界。也就是说，首先把现实世界中的客观对象抽象为某一种信息结构，这种信息结构并不依赖于具体的计算机系统，也不与具体的DBMS相关，而是概念级的模型，也就是我们前面所说的概念层数据模型；然后再把概念层模型转换为计算机上的DBMS支持的数据模型，也就是组织层数据模型。注意，从现实世界到概念层模型使用的是“抽象”技术，从概念层模型到组织层模型使用的是“转换”，即先有概念模型，然后再有组织模型。从概念模型到组织模型的转换应该是比较直接和简单的，因此使用合适的概念层模型就显得比较重要。这个过程如图2-1所示。

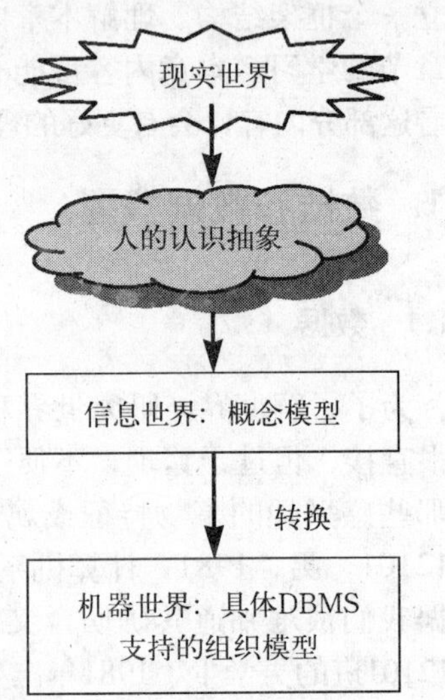

图2-1　从现实世界到机器世界的过程

一般来说，数据包括如下两个特征：

1. 数据的静态特征

数据的静态特征包括数据的基本结构、数据间的联系和对数据取值范围的约束。例如，在1.1.2节中给出的学生管理的例子中，学生基本信息包括学号、姓名、性别、出生日期、所在系、专业、所在班、特长、家庭住址，这些是学生所具有的基本特征，是学生数据的基本结构。学生的选课信息包括学号、课程号、考试成绩。学生选课信息中的学号与学生基本信息中的学号有一种参照的关系，即学生选课信息中的学号必须在学生基本信息中的学号的取值范围之内，因为只有这样，学生选课信息中所描述的学生的选课情况才是有意义的（我们不允许记录一个根本就不存在的学生的选课情况），这就是数据之间的联系。最后看一下数据取值范围的约束。我们知道，人的性别的取值只能是“男”或“女”，课程的学分一般是大于0的整数值，学生的考试成绩一般在0~100分之间等，这些都是对某个列的数据的取值范围进行了限制，其目的是在数据库中存储正确的、有意义的数据，这就是对数据取值范围的约束。

2. 数据的动态特征

数据的动态特征是指可以对数据进行的操作以及操作规则，对数据库数据的操作主要有查询数据和更改数据，更改数据一般又包括插入、删除和修改数据。

有时我们也将对数据的静态特征和动态特征的描述称为数据模型三要素，即在描述数据时要包括数据的基本结构、数据的约束条件（属于数据的静态特征）和定义在数据上的操作（属于数据的动态特征）。

2.2 概念层数据模型

2.2.1 基本概念

从图2-1可以看出，概念层模型实际上是从现实世界到机器世界的一个中间层次。

所谓概念层模型，是指抽象现实系统中有应用价值的元素及其关联关系，反映现实系统中有应用价值的信息结构，并且不依赖于数据的组织结构。

概念模型用于信息世界的建模，是现实世界到信息世界的第一层抽象，是数据库设计人员进行数据库设计的工具，也是数据库设计人员和用户进行交流的工具。因此，该模型一方面应该具有较强的语义表达能力，能够方便、直接地表达应用中的各种语义知识。另一方面，它还应该简单、清晰、易于用户理解。

概念模型是面向用户、面向现实世界的数据模型，它与具体的DBMS无关。采用概念数据模型，设计人员可以在设计初期把主要精力放在了解现实世界上，而把涉及DBMS的一些技术性问题推迟到后面去考虑。

常用的概念模型有实体-联系（Entity-Relationship，简称E-R）模型、语义对象模型。我们这里只介绍实体-联系模型。

2.2.2 实体-联系模型

由于直接将现实世界按具体数据模型进行组织时必须同时考虑很多因素，设计工作非常复杂，并且效果也不很理想，因此需要一种方法来对现实世界的信息结构进行描述。事实上，在这方面已经有了一些方法，我们要介绍的是P.P.S.Chen于1976年提出的实体-联系方法，即我们通常所说的E-R方法。这种方法由于简单、实用，因此得到了广泛的应用，也是目前描述信息结构最常用的方法。

E-R方法使用的工具称为E-R图，它所描述的现实世界的信息结构称为企业模式（Enterprise Schema），这种方法描述的结果称为E-R模型。

E-R方法试图定义许多数据分类对象，然后数据库设计人员就可以将数据项归类到已知的类别中。我们将在第7章介绍如何将E-R图转换为组织模型。

1. 实体

实体是具有公共性质的可相互区别的现实世界对象的集合。实体可以是具体的事物，也可以是抽象的概念或联系。例如，职工、学生、教师、课程就是具体的实体，而学生的选课、教师的授课、产品的订货等也可以看成是实体，但它们是抽象的实体。

在E-R图中用矩形框表示具体的实体，把实体名写在框内。图2-2 a 中的“经理”和“部门”实体就是具体的实体。

实体中的每个具体的记录值（一行数据），比如学生实体中的每个具体的学生，我们称之为实体的一个实例。

注意 有些书也将实体称为实体集或实体类型，而将每行具体的记录称为实体。

2. 属性

每个实体都具有一定的特征或性质，这样我们才能根据实体的特征来区分一个个实例。属性就是描述实体或者联系的性质或特征的数据项，一个实体的所有实例都具有共同的性质，在E-R模型中，这些性质或特征就是属性。

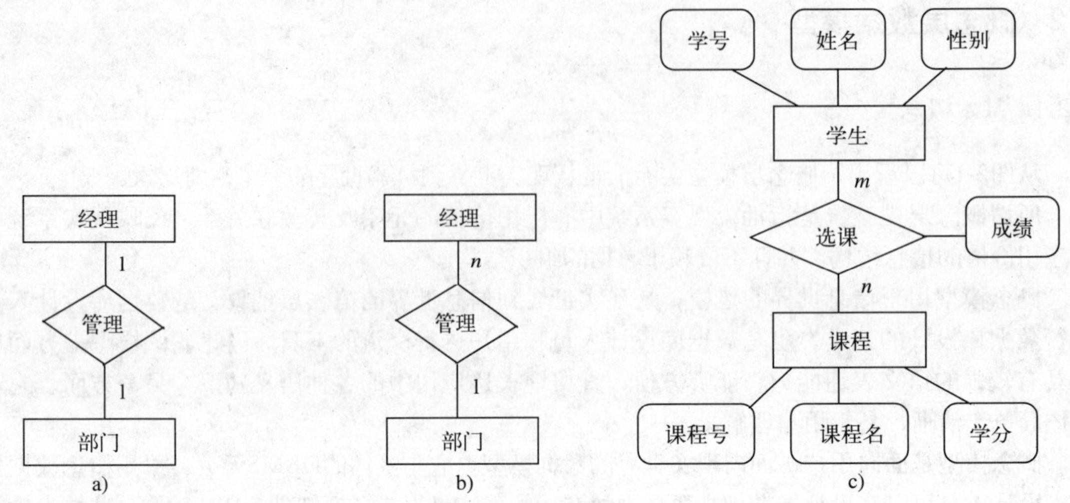

图2-2 联系的示例

例如，学生的学号、姓名、性别等都是学生实体的特征，这些特征就构成了学生实体的属性。实体所具有的属性个数是由用户对信息的需求决定的。例如，假设用户还需要学生的出生日期信息，则可以在学生实体中加一个“出生日期”属性。

属性在E-R图中用圆角矩形表示，在矩形框内写上属性的名字，并用连线将属性框与它所描述的实体联系起来，如图2-2 c 所示。

3. 联系

在现实世界中，事物内部以及事物之间是有联系的，这些联系在信息世界反映为实体内部的联系和实体之间的联系。实体内部的联系通常是指组成实体的各属性之间的联系，实体之间的联系通常是指不同实体之间的联系。例如，在职工实体中，假设有职工号、职工姓名和部门经理号等属性，其中部门经理号描述的是管理这个部门职工的部门经理的编号。通常在一个企业中，部门经理号和职工号采用的是一套编码方式，而且从某种意义上来说，部门经理也是职工，因此部门经理号与职工号之间有一种关联约束关系，即部门经理号的取值受职工号取值的限制，这就是实体内部的联系。再比如，学生选课实体和学生基本信息实体之间也有联系，这个联系是学生选课实体中的学号必须是学生基本信息实体中已经存在的学号，因为我们不允许为不存在的学生记录选课情况。这种关联到两个不同实体的联系就是实体之间的联系。我们这里主要讨论的是实体之间的联系。

联系是数据之间的关联集合，是客观存在的应用语义链。联系用菱形框表示，框内写上联系名，并用连线将联系框与它所关联的实体连接起来。如图2-2 c 中的“选课”联系。

联系也可以有自己的属性，比如图2-2 c 中“选课”联系中增加了“成绩”属性。

两个实体之间的联系可以分为三类:

(1) 一对一联系（1∶1）

如果实体A中的每个实例在实体B中至多有一个（也可以没有）实例与之关联，反之亦然，则称实体A与实体B具有一对一联系，记为1∶1。

例如，部门和经理（假设一个部门只有一个经理，一个人只当一个部门的经理）、系和正系主任（假设一个系只有一个正主任，一个人只当一个系的主任）都是一对一联系。如图2-2 a 所示。

(2) 一对多联系（1∶n）

如果实体A中的每个实例在实体B中有n个实例（$n \geqslant 0$）与之关联，而实体B中每个实例在实体A中最多只有一个实例与之关联，则称实体A与实体B是一对多联系，记为1：n。

例如，假设一个部门有若干职工，而一个职工只在一个部门工作，则部门和职工之间就是一对多联系。又比如，假设一个系有多名教师，而一个教师只在一个系工作，则系和教师之间也是一对多联系。如图2-2 b 所示。

(3) 多对多联系（m：n）

如果对于实体A中的每个实例，在实体B中有n个实例（$n \geqslant 0$）与之关联，而对实体B中的每个实例，在实体A中也有m个实例（$m \geqslant 0$）与之关联，则称实体A与实体B的联系是多对多的，记为m：n。

以学生和课程为例，一个学生可以选修多门课程，一门课程也可以被多个学生选修，因此学生和课程之间是多对多的联系，如图2-2 c 所示。

实际上，一对一联系是一对多联系的特例，而一对多联系又是多对多联系的特例。

E-R图不仅能描述两个实体之间的联系，而且还能描述两个以上实体之间的联系。例如，有顾客、商品、售货员三个实体，并且三个实体间有如下语义：每个顾客可以从多个售货员那里购买商品，并且可以购买多种商品；每个售货员可以向多名顾客销售商品，并且可以销售多种商品；每种商品可由多个售货员销售，并且可以销售给多名顾客。描述顾客、商品和售货员之间的联系的E-R图如图2-3所示，这里联系被命名为“销售”。

注意，如果将顾客、商品和售货员之间的联系描述成如图2-4所示的形式则是错误的，原因请大家自己分析。

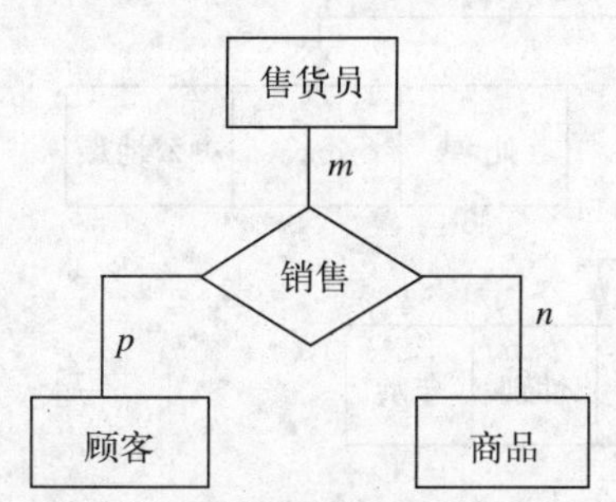

图2-3 多个实体之间的联系示例

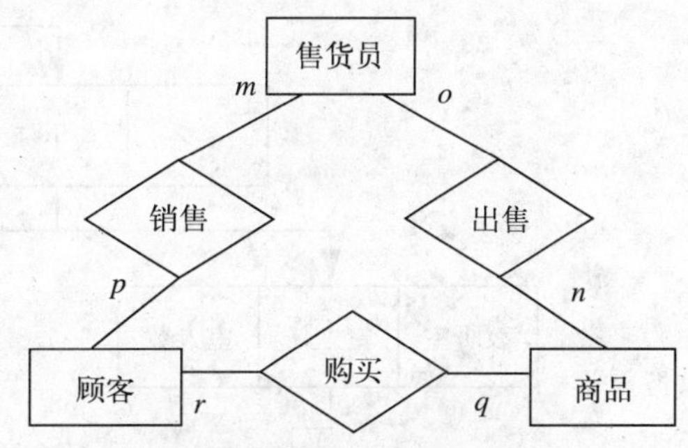

图2-4 不符合语义要求的联系

2.3 组织层数据模型

上一节介绍的概念层数据模型是对数据在“概念”上的抽象，它与具体的数据库管理系统无关。本节介绍的组织层数据模型就与具体的数据库管理系统有关了，它与数据库管理系统支持的数据和联系的表示方式及存储方法有关。

组织层数据模型从数据的组织方式的角度来描述信息。目前，在数据库领域中最常用的组织层数据模型有四种，它们是层次模型、网状模型、关系模型和面向对象模型。组织层数据模型是按存储数据的逻辑结构来命名的，比如，层次模型采用的是树型结构。目前使用最普遍的是关系数据模型。

一般将层次模型和网状模型统称为非关系模型。非关系模型的数据库系统在20世纪70年代至80年代初非常流行，当时在数据库系统产品中占主导地位，但现在已逐步被关系模型的数据库所取代。20世纪80年代以来，面向对象的方法和技术在计算机各个领域，包括程序设计语言、软件工程、信息系统设计、计算机硬件设计等方面都产生了深远的影响，也促进了数据库中面向对象数据模型的研究和发展。

2.3.1 层次数据模型

层次数据模型是数据库系统中最早出现的数据模型。层次数据库系统采用层次模型作为数据的组织方式。层次数据库系统的典型代表是IBM公司的IMS（Information Management System），它是IBM公司1968年推出的第一个大型的商用数据库管理系统。

层次模型用树型结构表示实体和实体之间的联系。现实世界中许多实体之间的联系本身就呈现出一种自然的层次关系，如行政机构、家族关系等。

构成层次模型的树是由结点和连线组成的，结点表示实体，连线表示相连的两个实体间的联系，这种联系是一对多的。通常把表示"一"的实体放在上方，称为父结点；把表示"多"的实体放在下方，称为子结点。

层次模型可以直接、方便地表示一对多的联系。但在层次模型中有以下两个限制:

1）有且仅有一个结点无父结点，这个结点为树的根。

2）其它结点有且仅有一个父结点。

这些限制使得在层次模型中不能直接表示多对多联系。图2-5显示了一个具有层次结构的数据库。

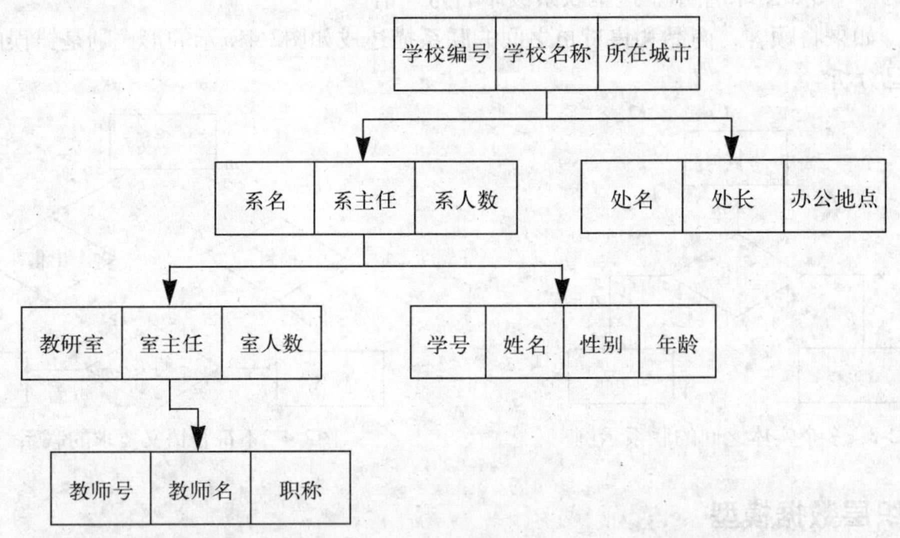

图2-5　层次结构示意图

层次数据库不支持多对多联系，但如果把多对多联系转换为一对多联系，又会出现一个子结点有多个父结点的情况（如图2-6所示），这不符合层次数据库的要求。一般的解决办法就是把一个层次模型分解为两个层次模型，如图2-7所示。

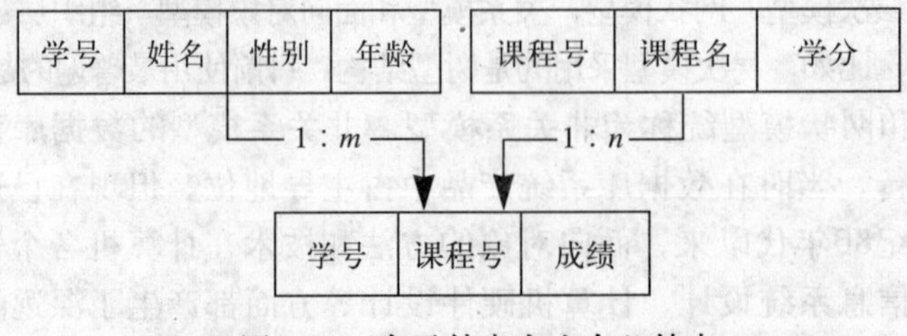

图2-6　一个子结点有多个父结点

层次数据模型或层次数据库是由若干个层次型构成的，或者说它是一个层次型的集合。

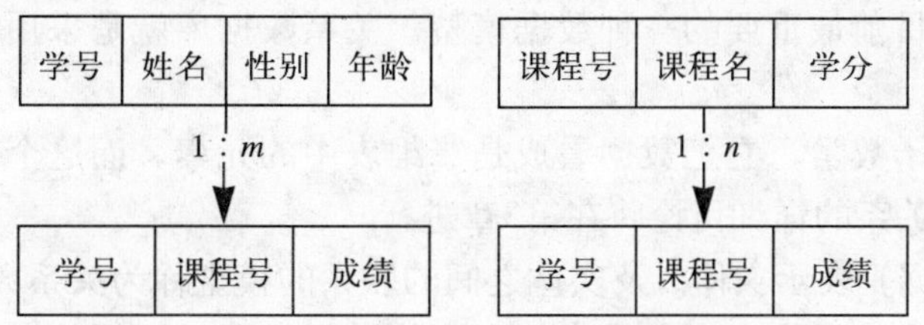

图2-7 将图2-6分解成两个层次模型

2.3.2 网状数据模型

在现实世界中，事物之间的联系更多是非层次关系的，用层次数据模型表示现实世界中的联系有很多限制，如果去掉层次模型中的两个限制，即允许每个结点可以有多个父结点，便构成了网状模型。

用图形结构表示实体和实体之间的联系的数据模型称为网状数据模型。

由于网状数据模型没有层次模型的两个限制，因此可以直接表示多对多的联系。但在网状模型中，多对多的联系实现起来太复杂了，因此一些支持网状模型的数据库管理系统还是对多对多联系进行了限制。例如，网状模型的典型代表CODASYL系统就只支持一对多联系。

网状模型和层次模型在本质上是一样的。从逻辑上看，它们都是用连线表示实体之间的联系，用结点表示实体；从物理上看，层次模型和网状模型都用指针来实现两个文件之间的联系，其差别仅在于网状模型中的连线或指针更加复杂，更加纵横交错，从而使数据结构更复杂。

在网状模型中，同样使用父结点和子结点这样的术语，并且一般把父结点放置在子结点的上方。

网状数据模型的典型代表是DBTG系统，也称为CODASYL系统，它是20世纪70年代美国数据系统语言研究会CODASYL（Conference On DAta SYstem Language）下属的数据库任务组DBTG（Data Base Task Group）提出的一个系统方案。层次模型是按层次组织数据，而CODASYL是按系（set）组织数据。所谓“系”可以理解为已命名的联系，它由一个父记录型和一个或若干个子记录型组成。图2-8为网状结构的示意图，其中包含四个系，S-G系由学生和选课记录构成，C-G系由课程和选课记录构成，C-C系由课程和授课记录构成，T-C系由教师和授课记录构成。实际上，图2-6所示的具有两个父结点的结构也属于网状结构。

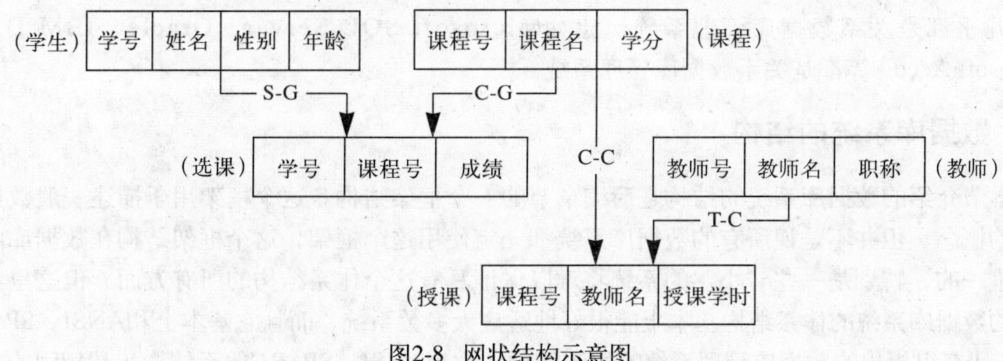

图2-8 网状结构示意图

2.3.3 关系数据模型

关系数据模型是目前最重要的一种数据模型。关系数据库就是采用关系数据模型作为数据的组织方式。

关系数据模型源于数学，它把数据看成是二维表中的元素，而这个二维表在关系数据库中就称为关系。关于关系的详细讨论将在第3章进行。

用关系（表格数据）表示实体以及实体之间的联系的模型称为关系数据模型。

在关系数据模型中，实体本身以及实体和实体之间的联系都用关系来表示，实体之间的联系不再通过指针来实现。

图2-9是关系模型的示意图，其中学生和选课的联系是靠“学号”列实现的。

学生

学号	姓名	性别	年龄
0211101	王小东	男	18
0211102	张小丽	女	18
0221101	李　海	男	19
0221103	赵　耀	男	19

选课

学号	课程号	成绩
0211101	C01	90
0211101	C02	80
0211101	C03	86
0211102	C02	94
0211102	C03	79
0221103	C01	75

图2-9　关系模型示意图

在关系数据库中，记录值仅仅构成关系，关系之间的联系是靠连接字段值表达的。理解关系和连接字段的思想在关系数据库中是非常重要的。例如，要查询“王小东”的考试情况，首先要在“学生”关系中得到“王小东”的学号值，然后根据这个学号值在“选课”关系中找出此学生的所有考试记录值。

对于用户来说，关系的操作很简单，但关系数据库管理系统本身是很复杂的。关系操作之所以对于用户来说很简单，是因为它把大量工作交给数据库管理系统来实现。尽管在层次数据库和网状数据库诞生之时，就有了关系数据库的设想，但研制和开发关系数据库管理系统花费的时间比人们想象的要长得多。关系数据库管理系统真正成为商品并投入使用要比层次数据库和网状数据库晚十几年。但关系数据库管理系统一经投入使用，便显示出了强大的活力和生命力，并逐步取代了层次数据库和网状数据库。现在，大家耳熟能详的数据库管理系统几乎都是关系数据库管理系统，比如Microsoft SQL Server、Oracle、IBM DB2、Microsoft Access等都是关系数据库管理系统。

2.4 数据库系统的结构

本节介绍的数据库系统的结构是后续章节的一个框架结构。这个框架用于描述一般数据库系统的概念，但并不是说所有的数据库系统都一定使用这个框架，这个框架结构在数据库中并不是惟一的，特别是一些“小”的系统将难以保证具有这个体系结构的所有方面。但这里我们介绍的数据库系统的体系结构基本上能很好地适应大多数系统，而且它基本上和ANSI／SPARC DBMS研究组提出的数据库管理系统的体系结构（称为ANSI／SPARC体系结构）是相同的。掌握本部分内容有助于对现代数据库系统的结构和功能有一个较全面的认识。

2.4.1 三级模式结构

数据模型（组织模型）是描述数据的一种形式，模式则是用给定的数据模型描述具体数据（就像用某一种编程语言编写具体应用程序一样）。

模式描述了数据库中全体数据的逻辑结构和特征，它仅仅涉及型的描述，不涉及具体的值。关系模式是关系的“型”或元组的结构共性的描述。关系模式实际上对应的是关系表的表头，如图2-10所示。

表头（关系模式）	属性名1	属性名2	…	属性名n
元组 ←				
	…			

图2-10 关系模式

关系模式一般表示为：关系名（属性1，属性2，...，属性 n）。

例如，表2-9所示的学生基本信息表的关系模式为：

学生（学号，姓名，性别，年龄）

模式的一个具体值称为模式的一个实例。比如，表2-9中的每一行数据就是其表头结构（模式）的一个具体实例。一个模式可以有多个实例。模式是相对稳定的（结构不会经常变动），而实例是相对变动的（具体的数据值可以经常变化）。数据模式描述一类事物的结构、属性、类型和约束，实质上是用数据模型对一类事物进行模拟，而实例则反映某类事物在某一时刻的当前状态。

ANSI／SPARC体系结构将数据库的结构划分为三层，即内模式、概念模式和外模式（参见图2-11）。

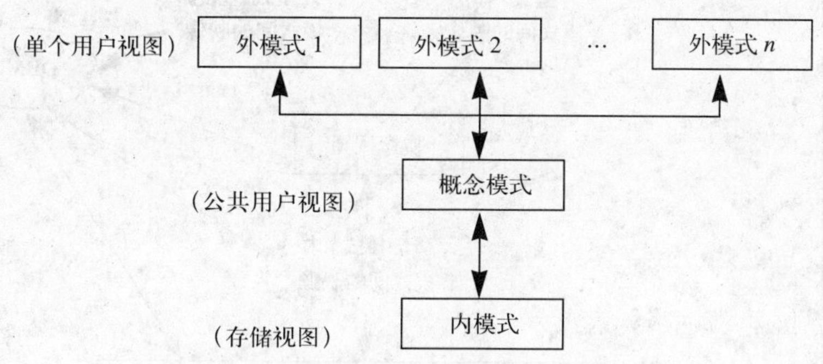

图2-11 数据库系统的三级模式结构

广义地讲，这三级模式结构的含义如下：

- 内模式：最接近物理存储，也就是数据的物理存储方式。
- 外模式：最接近用户，也就是用户所看到的数据视图。
- 概念模式：介于内模式和外模式之间的中间层次。

注意，在图2-11中，外模式是单个用户的数据视图，而概念模式是一个部门或公司的整体数据视图。换句话说，可以有许多外模式（外部视图），每一个外模式都或多或少地抽象表示整个数据库的某一部分。而概念模式（概念视图）只有一个，它包含对现实世界数据库的抽象表示。

注意，这里的抽象指的是记录和字段这些更加面向用户的概念，而不是位和字节那样的面向机器的概念。大多数用户只对整个数据库的某一部分感兴趣。内模式（内部视图）也只有一个，它表示数据库的物理存储。

我们这里所讨论的内容与数据库管理系统是不是关系型的没有直接关系，但简单说明一下关系系统中的三级体系结构，可以有助于理解这些概念。

首先，关系系统的概念模式一定是关系的，在该层可见的实体是关系的表和关系的操作符。

第二，外部视图也是关系的或接近关系的，它们的内容来自概念模式。例如，可以定义两个外部模式，一个记录学生的姓名、性别（表示为：学生基本信息1（姓名，性别）），另一个记录学生的姓名和所在系（表示为：学生基本信息2（姓名，所在系）），这两个外模式的内容均来自学生基本信息表。“外部视图”有时也简称为“视图”，它在关系数据库中有特定的含义，第5章将详细讨论视图的概念。

第三，内模式不是关系的，因为该层的实体不是将关系表原样照搬过来。其实，不管是什么系统，其内模式都是一样的，都是存储记录、指针、索引、哈希表等等。事实上，关系模型与内模式无关，它关心的是用户的数据视图。

下面我们从外模式开始详细讨论这三层结构。整个讨论过程都以图2-12为基础。该图显示了体系结构的主要组成部分和它们之间的联系。

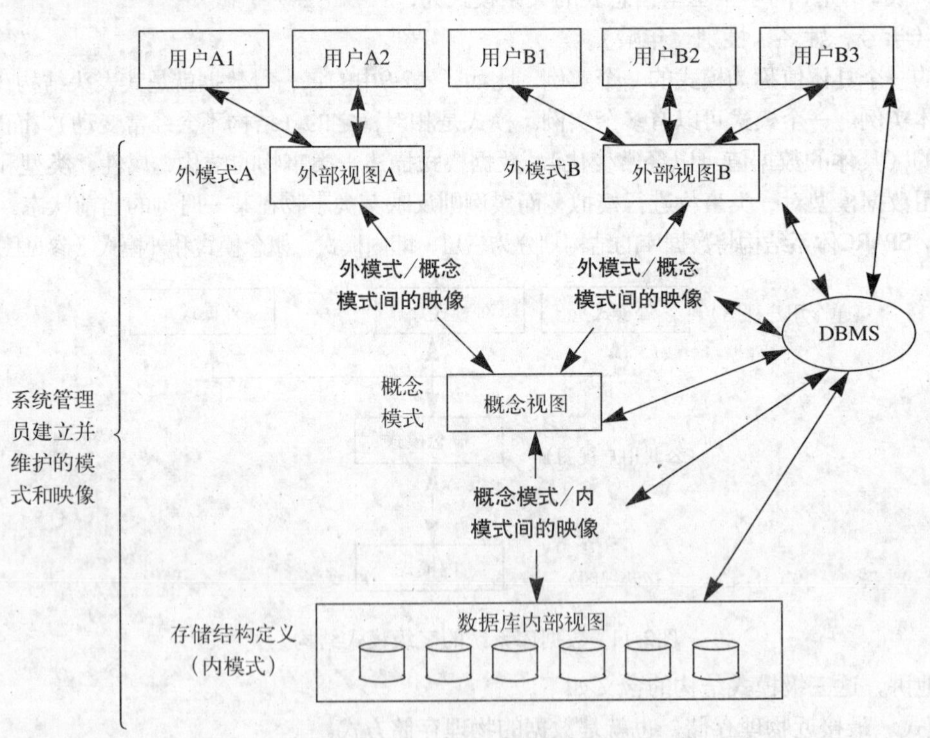

图2-12 数据库系统体系结构

1. 外模式

外模式也称为用户模式或子模式，它是对现实系统中用户感兴趣的整体数据结构的局部描述。用于满足不同数据库用户需求的数据视图，是数据库用户能够看见和使用的局部数据的逻辑结构和特征的描述，是对数据库整体数据结构的子集或局部重构。

外模式通常是模式的子集，一个数据库可以有多个外模式。由于它是各个用户的数据视图，所以如果不同的用户在应用需求、看待数据的方式、对数据保密的要求等方面存在差异，则其外模式描述也就不相同。模式中同样的数据在不同外模式中的结构、类型、长度等都可以不同。

外模式是保证数据库安全的一个措施。因为每个用户只能看到和访问其所对应的外模式中的数据，看不到他权限范围之外的数据，因此不会出现由于用户的误操作和有意破坏而造成数据损失的情况。

ANSI／SPARC将用户视图称为外部视图。外部视图就是特定用户所看到的数据库的内容(即对那些用户来说，外部视图就是数据库)。例如，学校人事部门的用户可能把各系和教师记录的集合值作为数据库，而不需要各个系的其它用户所看见的课程和学生的记录值。

2. 概念模式

概念模式也称为逻辑模式或模式，是数据库中全体数据的逻辑结构和特征的描述，是所有用户的公共数据视图。概念模式表示数据库中的全部信息，其形式要比数据的物理存储方式抽象。它是数据库系统结构的中间层，既不涉及数据的物理存储细节和硬件环境，也与具体的应用程序、所使用的应用开发工具和环境（比如，Visual Basic、PowerBuilder等）无关。

概念视图由许多概念记录类型的值构成。例如，可以包含学生记录值的集合、课程记录值的集合、选课记录值的集合，等等。概念记录既不同于外部记录，也不同于存储记录。

概念视图是由概念模式定义的。概念模式实际上是数据库数据在逻辑层上的视图。一个数据库只有一种模式。数据库模式以某种数据模型为基础，综合地考虑了所有用户的需求，并将这些需求有机地结合成一个逻辑整体。定义数据库模式时不仅要定义数据的逻辑结构，比如，数据记录由哪些数据项组成，数据库项的名字、类型、取值范围等，而且还要定义数据之间的联系，定义与数据有关的安全性、完整性要求。

概念模式不涉及存储字段的表示以及存储记录对列、索引、指针或其它存储的访问细节。如果概念视图以这种方式真正地实现数据独立性，那么根据这些概念模式定义的外模式也会有很强的独立性。

数据库管理系统提供了数据定义语言（DDL）来定义数据库的模式。

有些权威人士认为，概念模式的根本目的是描述整个企业的情况——不只是数据本身，而且还应包括数据的使用情况，即数据在企业中的流动情况，在每个部门的用途，以及对数据的审计和其它控制，等等。但是目前的系统还不能支持这种程度的概念模式，现在大多数系统支持的概念模式实际上只是把单个外模式合并起来，再加上一些安全性约束和完整性约束。但将来的系统在支持概念模式上会更加复杂。

3. 内模式

内模式也称为存储模式。内模式是对整个数据库的底层表示，它描述了数据的存储结构，比如数据的组织与存储。注意，内模式与物理层是不一样的，内模式不涉及物理记录的形式(即物理块或页，输出／输出单位)，也不考虑具体设备的柱面或磁道大小。换句话说，内模式假定了一个无限大的线性地址空间，地址空间到物理存储的映射细节是与特定系统有关的，而这些并不反映在体系结构中。

内模式用另一种数据定义语言——内部数据定义语言来描述。在本书中，我们通常使用更直观的名称“存储结构”或“存储数据库”来代替“内部视图”，用“存储结构定义”代替“内模式”。

2.4.2　二级映像功能

除了三级模式结构之外，我们从图2-12中还可以看到在数据库体系结构中还有一定的映像关系，即概念模式和内模式间的映像以及外模式和概念模式间的映像。

数据库系统的三级模式是抽象数据的三个级别，它把数据的具体组织留给DBMS管理，这样用户就能逻辑地、抽象地处理数据，而不必关心数据在计算机中的具体表示方式与存储方式。

1. 概念模式／内模式映像

概念模式／内模式的映像定义了概念视图和存储的数据库的对应关系，它说明了概念层的记录和字段怎样在内部层次中表示。如果数据库的存储结构改变了，也就是说，如果改变了存储结构的定义，那么概念模式／内模式的映像必须进行相应的改变，以使概念模式保持不变（当然，对这些变动的管理是系统管理员的责任）。换句话说，概念模式／内模式映像保证了数据的物理独立性，由内模式变化所带来的影响必须与概念模式隔离开来。

2. 外模式／概念模式映像

外模式／概念模式间的映像定义了特定的外部视图和概念视图之间的对应关系。一般来说，这两层之间的差异情况与概念视图和存储模式之间的差异情况是类似的。例如，概念模式的结构可以改变，比如添加字段、修改字段的类型等。但概念结构的这些改变不一定会影响外模式。外模式的内容可以包含在多个概念模式中，而且外模式的一个字段可以由几个概念模式的字段合并而成，等等。可能同时存在多个外部视图，多个用户共享一个特定的外部视图，不同的外部视图可以有交叉。

很明显，概念模式／内模式的映像是数据物理独立性的关键，外模式／概念模式的映像是数据逻辑独立性的关键。正如第1章所说的，如果数据库物理结构发生改变，用户和用户的应用程序能相对保持不变，那么系统就具有了物理独立性。同样，如果数据的逻辑结构改变了，用户和用户的应用程序能相对保持不变，则系统就具有了逻辑独立性。

2.4.3 数据库管理系统

数据库管理系统（DBMS）是处理数据库访问的系统软件。从概念上讲，它包括以下处理过程（参见图2-13）：

1) 用户使用数据库语言（比如SQL）发出一个访问请求。

2) DBMS接受请求并分析请求。

3) DBMS检查用户外模式、相应的外模式／概念模式间的映像、概念模式、概念模式／内模式间的映像和存储结构定义。

通常在检索数据时，从概念上讲，DBMS首先检索所有要求的存储记录的值，然后构造所要求的概念记录值，最后再构造所要求的外部记录值。每个阶段都可能需要数据类型或其它方面的转换。当然，这个描述是简化了的，非常简单。但这也说明了整个过程是解释性的，因为它表明分析请求、检查各种模式等等都是在运行时进行的。

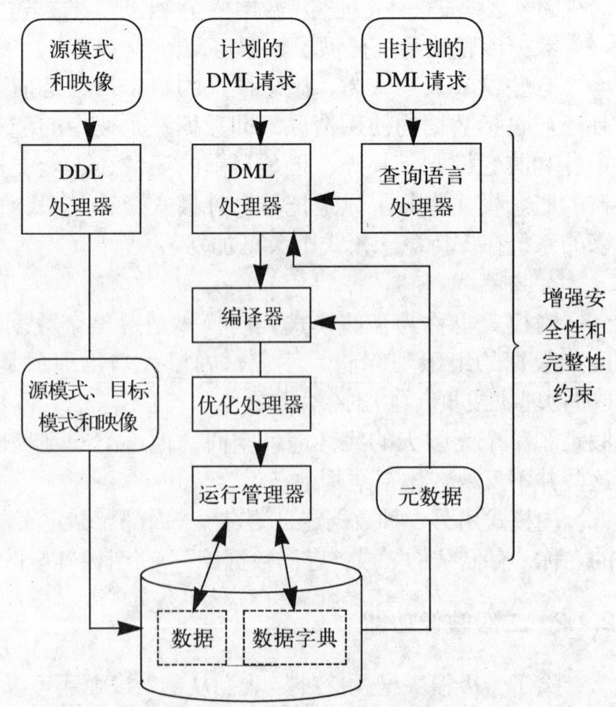

图2-13 DBMS的功能和组成

下面简单地解释一下DBMS的功能。DBMS的功能包括以下几项：

1. 数据定义

DBMS必须能够接受数据库定义的源

形式，并把它们转换成相应的目标形式，即DBMS必须包括支持各种数据定义语言（DDL）的DDL处理器或编译器。

2. 数据操纵

DBMS必须能够检索、更新或删除数据库中已有的数据，或向数据库中插入数据，即DBMS必须包括数据操纵语言（DML）的DML处理器或编译器。

3. 优化和执行

计划（在请求执行前就可以预见到的请求）或非计划（不可预知的请求）的数据操纵语言请求必须经过优化器的处理，优化器是用来决定执行请求的最佳方式。

4. 数据安全性和完整性

DBMS要监控用户的请求，拒绝那些会破坏DBA定义的数据库安全性和完整性的请求。在编译或运行时都会执行这些任务。实际操作中，运行管理器调用文件管理器来访问存储的数据。

5. 数据恢复和并发

DBMS或其它相关的软件（通常称为"事务处理器"或"事务处理监控器"）必须具有恢复和并发控制功能。

6. 数据字典

DBMS包括数据字典。数据字典本身也可以看成是一个数据库，只不过它是系统数据库，而不是用户数据库。"字典"是"关于数据的数据"（有时也称为数据的描述或元数据）。特别地，在数据字典中，也保存各种模式和映像的各种安全性和完整性约束。

有些人也把数据字典称为目录或分类，有时甚至称为数据存储池。

7. 性能

DBMS应尽可能高效地完成上述任务。

总而言之，DBMS的目标就是提供数据库的用户接口。用户接口可定义为系统的边界，在此之下的数据对用户来说是不可见的。

2.5 小结

本章首先介绍了数据库中数据模型的概念。数据模型根据其应用的对象划分为概念层数据模型和组织层数据模型。概念模型是对现实世界信息的第一次抽象，它与具体的数据库管理系统无关，是用户与数据库设计人员的交流工具。因此概念层数据模型一般采用比较直观的模型，本章我们主要介绍的是应用范围很广泛的实体-联系模型。

组织层数据模型是对现实世界信息的第二次抽象，它与具体的数据库管理系统有关，也就是与数据库管理系统采用的数据组织方式有关。从概念层模型转换到组织层模型一般是很方便的。本章我们主要介绍了目前应用范围最广、技术发展非常成熟的关系数据模型。

最后本章从体系结构角度分析了数据库系统，介绍了三级模式和两级映像。三级模式分别为：内模式、概念模式和外模式。内模式最接近物理存储，它考虑数据的物理存储；外模式最接近用户，它主要考虑单个用户看待数据的方式；概念模式介于内模式和外模式之间，它提供数据的公共视图。两级映像分别是概念模式与内模式间的映像和外模式与概念模式间的映像，这两级映像是提供数据的逻辑独立性和物理独立性的关键。最后介绍了数据库管理系统的功能，DBMS主要负责执行用户的数据定义和数据操作语言的请求，同时也负责提供数据字典的功能。

习题

1. 解释数据模型的概念，并说明可以将数据模型分成哪两个层次？
2. 概念层数据模型和组织层模型分别是针对什么进行的抽象？
3. 实体之间的联系有哪几种？请为每一种联系举出一个例子。
4. 数据库系统包含哪三级模式？试分别说明每一级模式的作用。
5. 数据库系统的两级映像是什么？它带来了哪些功能？
6. 数据库三级模式划分的优点是什么？它能带来哪些数据独立性？
7. 简单说明数据库管理系统包含的功能。

第 3 章 关系数据库

关系数据库是支持关系数据模型的数据库系统。现在，绝大多数数据库系统都是关系数据库系统。本章将介绍关系数据模型的基本概念和术语、关系的完整性约束以及关系数据库的数学基础——关系代数。

3.1 关系模型概述

关系数据库使用关系数据模型组织数据，这种思想源于数学，CODASYL在1962年发表的“信息代数”一文中首次提出了类似的方法。之后，David Child于1968年在计算机上实现了集合论数据结构。

而真正系统、严格地提出关系数据模型的是IBM的研究员E.F.Codd，他于1970年在美国计算机学会会刊（《Communication of the ACM》）上发表了题为“A Relational Model of Data for Shared Data Banks”的论文，开创了数据库系统的新纪元。以后，他连续发表了多篇论文，奠定了关系数据库的理论基础。

关系模型由关系数据结构、关系操作和关系完整性约束三部分组成。

3.1.1 关系数据结构

关系数据模型源于数学理论，它用二维表来组织数据，而这个二维表在关系数据库中就称为关系。关系数据库就是表（或者说是关系）的集合。

关系系统让用户感觉到数据就是一张张表。在关系系统中，表是逻辑结构而不是物理结构。实际上，系统在物理层可以使用任何有效的存储结构来存储数据，如有序文件、索引、哈希表、指针等。因此，表是对物理存储的数据的一种抽象表示——对很多存储细节的抽象，如存储记录的位置、记录的顺序、数据值的表示以及记录的访问结构，如索引等，这些对用户来说都是不可见的。

表3-1所示的是用关系模型形式表示的学生基本信息。

表3-1 学生基本信息表

学号	姓名	年龄	性别	所在系
0211101	王小东	18	男	计算机
0211102	张小丽	18	女	计算机
0221101	李 海	19	男	信息管理
0221103	赵 耀	19	男	信息管理

3.1.2 关系操作

关系数据模型给出了操作关系的功能。关系数据模型中的操作包括:

• 传统的关系运算：并（Union）、交（Intersection）、差（Difference）、广义笛卡儿积

(Extended Cartesian Product)。

- 专门的关系运算：选择（Select）、投影（Project）、连接（Join）、除（Divide）。
- 有关的数据操作：查询（Query）、插入（Insert）、删除（Delete）、修改（Update）。

关系模型的操作对象是集合，而不是行，也就是说，操作的数据以及操作的结果都是完整的表（包括只有一行数据的表，甚至不包含任何数据的空表）。而非关系数据库系统中典型的操作是一次一行或一次一个记录。因此，集合处理能力是关系系统区别于其它系统的一个重要特征。

关系操作是通过关系语言实现的，关系语言是高度非过程化的。所谓非过程化是指：

- 用户不必关心数据的存取路径和存取过程，用户只需要提出数据请求，数据库管理系统就会自动完成用户请求的操作。
- 用户不必编写程序代码来实现对数据的重复操作。

3.1.3 数据完整性约束

在数据库中，数据的完整性是指保证数据正确性的特征。数据完整性是一种语义概念，它包括两个方面：

- 与现实世界中应用需求的数据的相容性和正确性。
- 数据库内数据之间的相容性和正确性。

例如，学生的学号必须是惟一的，学生的性别只能是"男"和"女"，学生所选的课程必须是已经开设的课程等。因此，数据库是否具有数据完整性特征关系到数据库系统能否真实地反映现实世界的情况，数据完整性是数据库的一个非常重要的内容。

数据完整性由完整性规则定义，而关系模型的完整性规则是对关系的某种约束条件。在关系数据模型中一般将数据完整性分为三类，即实体完整性、参照完整性和用户定义的完整性。其中，实体完整性和参照完整性是关系模型必须满足的完整性约束，是系统级的约束。用户定义的完整性主要是限制属性的取值范围，也称为域的完整性，这属于应用级的约束。数据库管理系统应该支持这些数据完整性。

3.2 关系数据模型的基本术语与形式化定义

在关系数据模型（简称关系模型）中，现实世界中的实体、实体与实体之间的联系都用关系来表示，它有专门的严格定义和一些固有的术语。

3.2.1 关系模型的基本术语

关系模型采用单一的数据结构——实体以及实体间的联系均用关系来表示，从直观上看，关系就是二维表。图3-1所示的就是一个关系。

学生

学号	姓名	年龄	性别
0211101	王小东	18	男
0211102	张小丽	18	女
0221101	李　海	19	男
0221103	赵　耀	19	男

图3-1　关系示例

下面对关系模型中的有关术语进行介绍。

1. 关系

通俗地讲，关系（relation）就是二维表，二维表的名字就是关系的名字，图3-1中的关系名就是“学生”。

2. 属性

二维表中的列称为属性（attribute），也称为字段。每个属性有一个名字，称为属性名。二维表中某一列的值称为属性值；二维表中列的个数称为关系的元数。如果一个二维表有n个列，则称其为n元关系。图3-1所示的“学生”关系有“学号”、“姓名”、“年龄”、“性别”四个属性，是一个4元关系。

3. 值域

二维表中属性的取值范围称为值域（domain）。例如，在图3-1中，“年龄”列的取值为大于0的整数，“性别”列的取值为“男”和“女”两个值，这些就是列的值域。

4. 元组

二维表中的行称为元组（tuple）即记录值，图3-1的“学生”关系中的元组有：

（0211101，王小东，18，男）

（0211102，张小丽，18，女）

（0221101，李海，19，男）

（0221103，赵耀，19，男）

5. 分量

元组中的每一个属性值称为元组的一个分量（component），n元关系的每个元组有n个分量。例如，元组（0211101，王小东，18，男）有4个分量，对应“学号”属性的分量是“0211101”，对应“姓名”属性的分量是“王小东”，对应“年龄”属性的分量是“18”，对应“性别”属性的分量是“男”。

6. 关系模式

二维表的结构称为关系模式（relation schema），或者说，关系模式就是二维表的表框架或表头结构。设关系名为R，其属性分别为$A_1, A_2, \cdots, A_n$，则关系模式可以表示为：

$R（A_1, A_2, \cdots, A_n）$

对每个A_i（$i = 1, \cdots, n$），还包括该属性到值域的映像，即属性的取值范围。例如，图3-1所示关系的关系模式为：

学生（学号，姓名，性别，年龄）

如果将关系模式理解为数据类型，则关系就是一个具体的值。

7. 关系数据库

对应于一个关系模型的所有关系的集合称为关系数据库（relation database）。

8. 候选码

如果一个属性或属性集的值能够惟一标识一个关系的元组而又不包含多余的属性，则称该属性或属性集为候选码（candidate key）。候选码也称为候选关键字或候选键。在一个关系上可以有多个候选码。

9. 主码

当一个关系中有多个候选码时，可以从中选择一个作为主码（primary key）。每个关系只能有一个主码。

主码也称为主键或主关键字，是表中的属性或属性组，用于惟一地确定一个元组。主码可以由一个属性组成，也可以由多个属性共同组成。例如，图3-1所示的学生基本信息表中，“学号”就是学生基本信息表的主码，因为它可以惟一地确定一个学生。而表3-2所示的学生选课关系的主码由“学号”和“课程号”组成。因为一个学生可以修多门课程，而且一门课程也可以有多个学生选，因此，只有将学号和课程号组合起来才能共同确定一行记录。我们称由多个属性组成的主码为复合主码。当某个表是由多个属性作主码时，我们就用括号将这些属性括起来，表示共同作为主码。比如，表3-2的主码可表示为（学号，课程号）。

表3-2 学生选课关系

学 号	课 程 号	成 绩
0211101	C01	90
0211101	C02	80
0211101	C03	86
0211102	C02	94
0211102	C03	79
0221103	C01	75

注意，我们不能根据表在某时刻所存储的内容来决定其主码，这样做是不可靠的。表的主码与其实际的应用语义和表的设计者的意图有关。

10. 主属性和非主属性

包含在任一候选码中的属性称为主属性（primary attribute），不包含在任一候选码中的属性称为非主属性（nonprimary attribute）。

11. 外码

如果某个属性不一定是所在关系的码，但是其它关系的码，则称该属性为外码（foreign key）。外码也称为外部关键字或外键。

3.2.2 关系数据结构及其形式化定义

在关系模型中，无论是实体还是实体之间的联系均由单一的结构类型——关系来表示。在第2章我们已经简单介绍了关系模型的有关概念。关系模型是建立在集合代数的基础上的，本节我们将从集合论的角度给出关系数据结构的形式化定义。

1. 关系的形式化定义

为了给出关系的形式化的定义，首先定义笛卡儿积：

设$D_1, D_2, \cdots, D_n$为任意集合，定义笛卡儿积$D_1, D_2, \cdots, D_n$为：

$D_1 \times D_2 \times \cdots \times D_n = \{(d_1, d_2, \cdots, d_n) \mid d_i \in D_i, i = 1, 2, \cdots, n\}$

其中每一个元素（$d_1, d_2, \cdots, d_n$）称为一个n元组（n-tuple），简称元组。元组中每一个d_i称为一个分量。

比如，设

D_1 = {计算机软件专业，信息科学专业}

D_2 = {张珊，李海，王宏}

D_3 = {男，女}

则$D_1 \times D_2 \times D_3$的笛卡儿积为：

$D_1 \times D_2 \times D_3$ = {（计算机软件专业，张珊，男），（计算机软件专业，张珊，女），
（计算机软件专业，李海，男），（计算机软件专业，李海，女），
（计算机软件专业，王宏，男），（计算机软件专业，王宏，女），
（信息科学专业，张珊，男），（信息科学专业，张珊，女），
（信息科学专业，李海，男），（信息科学专业，李海，女），
（信息科学专业，王宏，男），（信息科学专业，王宏，女）}

其中，（计算机软件专业，张珊，男）、（计算机软件专业，张珊，女）等都是元组。“张珊”、“计算机专业”、“男”等都是分量。

笛卡儿积实际上就是一个二维表，上例可用如图3-2所示的二维表表示。

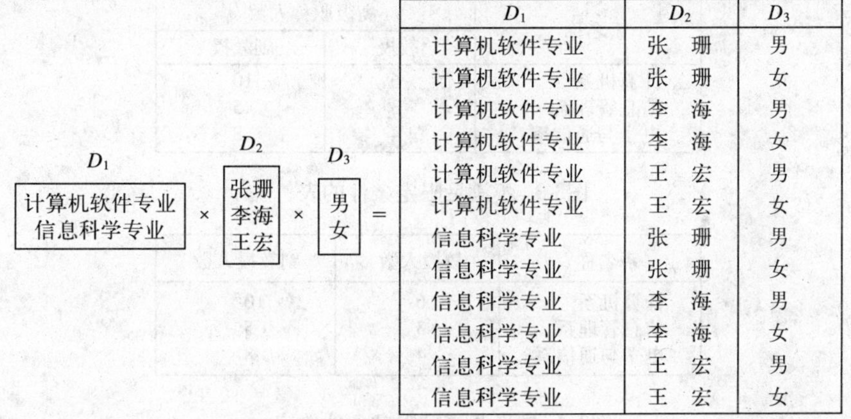

图3-2 笛卡儿积

在图3-2中，笛卡儿积的任意一行数据就是一个元组，它的第一个分量来自D_1，第二个分量来自D_2，第三个分量来自D_3。笛卡儿积就是所有这样的元组的集合。

根据笛卡儿积的定义可以给出一个关系的形式化定义：笛卡儿积$D_1, D_2, \cdots, D_n$的任意一个子集称为$D_1, D_2, \cdots, D_n$上的一个n元关系。

形式化的关系定义同样可以把关系看成二维表，给表的每个列取一个名字，称为属性。n元关系有n个属性，一个关系中的属性的名字必须是惟一的。属性D_i的取值范围（$i = 1, 2, \cdots, n$）称为该属性的值域（domain）。

比如，在上述的例子中，子集

R = {（计算机软件专业，张珊，女），（计算机软件专业，李海，男），（信息科学专业，王宏，男）}

就构成了一个关系。其二维表的形式如表3-3所示，把第一个属性命名为“专业”，第二个属性命名为“姓名”，第三个属性命名为“性别”。

表3-3 一个关系

专 业	姓 名	性 别
计算机软件专业	张 珊	女
计算机软件专业	李 海	男
信息科学专业	王 宏	男

从集合论的观点，可以给出如下关系定义：关系是一个有K个属性的元组的集合。

2. 对关系的限定

可以把关系看成是二维表，但并不是所有的二维表都是关系。关系数据库对关系是有一些限定的，归纳起来有如下几个方面：

1）关系中的每个分量都必须是不可再分的最小数据项，即每个属性都不能再分解为更小的属性，这是关系数据库对关系的最基本的限定。例如，图3-3就不满足这个限定，因为在这个表中，“高级职称人数”不是最小的数据项，它是由两个最小数据项组成的一个复合数据项。对于这种情况，只需要将“高级职称人数”数据项分解为“教授人数”和“副教授人数”两个数据项即可，如图3-4所示。

系名称	高级职称人数	
	教授	副教授
计算机系	6	10
信息管理系	3	5
电子与通信系	4	8

图3-3　不满足限定条件的表

系名称	教授人数	副教授人数
计算机系	6	10
信息管理系	3	5
电子与通信系	4	8

图3-4　转换为满足限定条件的表

2）表中列的数据类型是固定的，即每个列中的分量是同类型的数据，来自相同的值域。

3）不同列的数据可以取自相同的值域，每个列称为一个属性，每个属性有不同的属性名。

4）关系表中列的顺序不重要，即可以任意交换列的次序，不影响其表达的语义。比如，交换图3-4中的“教授人数”列和“副教授人数”列并不影响这个表所表达的语义。

5）行的顺序也不重要，交换行数据的顺序不影响关系的内容。其实，在关系数据库中并没有第一行、第二行这样的概念。

6）同一个关系中元组不能重复，即在一个关系中任意两个元组的值不能完全相同。

3.3　关系模型的完整性约束

数据完整性是指数据库中存储的数据是有意义的或正确的。关系模型中的数据完整性规则是对关系的某种约束条件。它的数据完整性约束主要包括实体完整性、参照完整性和用户定义的完整性。

3.3.1　实体完整性

实体完整性保证关系中的每个元组都是可识别的和惟一的。

实体完整性是指关系数据库中所有的表都必须有主码，而且表中不允许存在如下的记录：

• 无主码值的记录

• 主码值相同的记录

因为若记录没有主码值，则此记录在表中一定是无意义的。前面说过，关系模型中的每一行记录都对应客观存在的一个实例或一个事实。比如，一个学号惟一确定了一个学生。如果表中存在没有学号的学生记录，则此学生一定不属于正常管理的学生。另外，如果表中存在主码值相等的两个或多个记录，则这两个或多个记录对应同一个实例。这会出现两种情况：第一，若表中的其它属性值也完全相同，则这些记录就是重复的记录，存储重复的记录是无意义的；第二，若其它属性值不完全相同则会出现语义矛盾，比如同一个学生学号相同，而其姓名不同或性别不同，这显然不可能。

关系模型中使用主码作为记录的惟一标识，在关系数据库中主属性不能取空值。关系数据库中的空值是特殊的标量常数，它代表未定义的（不适用的）或者有意义但目前还处于未知状态的值。比如当我们向表3-2所示的学生选课关系中插入一行记录时，在学生还没有考试之前，其成绩是不确定的，因此，我们希望“成绩”列上的值为空。空值用“NULL”表示。

3.3.2 参照完整性

参照完整性也称为引用完整性。现实世界中的实体之间往往存在着某种联系，在关系模型中，实体以及实体之间的联系都是用关系来表示的，这样就自然存在着关系与关系之间的引用。参照完整性就是描述实体之间的联系的。

参照完整性一般是指多个实体或表之间的关联关系。

例1 学生实体和班实体可以用下面的关系表示，其中主码用下划线标识：

学生（<u>学号</u>，姓名，性别，班号，年龄）

班（<u>班号</u>，所属专业，人数）

这两个关系之间存在着属性的引用，即“学生”关系引用了“班”关系的主码“班号”。显然，“学生”关系中的“班号”的值必须是确实存在的班的班号，即在“班”关系中应该有该班号的记录。也就是说，“学生”关系中的“班号”的取值参照了“班”关系中的“班号”的取值。这种限制一个表中某列的取值受另一个表中某列的取值范围约束的特点就称为参照完整性。

例2 学生、课程、学生与课程之间的选课关系的多对多联系可用如下三个关系表示：

学生（<u>学号</u>，姓名，性别，专业，年龄）

课程（<u>课程号</u>，课程名，学分）

选课（<u>学号</u>，<u>课程号</u>，成绩）

这三个关系间也存在着属性的引用。“选课”关系中的“学号”引用了“学生”关系的主码“学号”，即“选课”关系中的“学号”的值必须是确实存在的学生的学号，也就是在“学生”关系中必须有这个学生的记录。同样，“选课”关系中的“课程号”引用了“课程”关系的主码“课程号”，即“选课”关系中的“课程号”也必须是课程表中存在的课程号。

同实体间的联系类似，不仅两个或两个以上的关系间可以存在引用关系，同一关系内部属性间也可以存在引用关系。

例3 分析关系：职工（职工号，姓名，性别，直接领导）的参照完整性。

在这个关系模式中，“职工号”是主码，“直接领导”属性表示该职工所在部门的领导的职工号，这个列引用了本关系的“职工号”属性，即“直接领导”必须是确实存在的一个职工。

进一步定义外码：设F是关系R的一个属性，如果F与关系S的主码相对应，则称F是关系R的外码（foreign key），并称关系R为参照关系（referencing Relation），关系S为被参照关系（referenced relation）或目的关系（target relation）。关系R和关系S不一定是不同的关系。

显然，目标关系S的主码K_s和参照关系R的外码F必须在同一个域上定义。

在例1中，“学生”关系中的“班号”属性与“班”关系的主码“班号”对应，因此，“班号”是“学生”关系的外码。这里，“班”关系是被参照关系，“学生”关系是参照关系。其参照关系如图3-5a所示。

在例2中，“选修”关系中的“学号”属性与“学生”关系的主码“学号”相对应，“课程号”属性与“课程”关系的主码“课程号”相对应，因此，“选课”关系中的“学号”和“课程号”属性是外码。这里“学生”关系和“课程”关系均为被参照关系，“选课”关系为参照关系。其参照关系如图3-5b所示。

图3-5　关系的参照图

在例3中，“直接领导”属性与本身所在关系的主码“职工号”属性相对应，因此，“直接领导”是外码。这里，“职工”关系既是参照关系也是被参照关系。

需要说明的是，外码并不一定要与相对应的主码同名（如例3）。但在实际应用中，为了便于识别，当外码与相应的主码属于不同的关系时，一般给它们取相同的名字。

参照完整性规则就是定义外码与主码之间的引用规则。

对于外码，一般应符合如下要求：

- 值为空。
- 等于其所应用的关系中的某个元组的主码值。

例如，对于职工与其所在的部门可以用如下两个关系表示：

职工（<u>职工号</u>，职工名，部门号，工资级别）

部门（<u>部门号</u>，部门名）

其中，“职工”关系的“部门号”是外码，它参照了“部门”关系的“部门号”。如果某个新职工还没有被分配到具体的部门，则其“部门号”就为空值；如果职工已经被分配到某个部门，则其部门号就有了确定的值（非空值）。

主码要求必须是非空且不能有重复值，但外码无此要求。外码可以有重复值，这一点我们从表3-2可以看出。

3.3.3　用户定义的完整性

用户定义的完整性也称为域完整性或语义完整性。任何关系数据库系统都应该支持实体完整性和参照完整性。除此之外，不同的数据库应用系统根据其应用环境的不同，往往还需要一些特殊的约束条件，用户定义的完整性就是针对某一具体应用领域而定义的数据库约束条件。它反映某一具体应用所涉及的数据必须满足的应用语义的要求。

用户定义的完整性实际上指明关系中属性的取值范围，也就是属性的域，即限制关系中的属性的取值类型及取值范围，防止属性的值与应用语义矛盾。例如，学生的考试成绩的取值范围为0~100，或取{优、良、中、及格、不及格}。

3.4　关系代数

关系模型源于数学，关系是由元组构成的集合，可以通过关系的运算来表达查询要求，而关系代数恰恰是关系操作语言的一种传统的表示方式，它是一种抽象的查询语言。

关系代数的运算对象是关系，运算结果也是关系。与一般的运算一样，运算对象、运算符和运算结果是关系代数的三大要素。

关系代数的运算可分为两大类：

- 传统的集合运算。这类运算完全把关系看成是元组的集合。传统的集合运算包括集合的广义笛卡儿积运算、并运算、交运算和差运算。
- 专门的关系运算。这类运算除了把关系看成是元组的集合外，还通过运算表达查询的要求。专门的关系运算包括选择、投影、连接和除运算。

关系代数中的运算符可以分为四类：集合运算符、专门的关系运算符、比较运算符和逻辑运算符。表3-4列出关系代数中的运算符，其中比较运算符和逻辑运算符用于配合专门的关系运算符来构造表达式。

表3-4　关系运算符

运算符		含义
传统的集合运算	∪	并
	∩	交
	−	差
	×	广义笛卡儿积
专门的关系运算	Π	选择
	σ	投影
	⋈	连接
	÷	除
比较运算符	>	大于
	<	小于
	=	等于
	≠	不等于
	⩽	小于等于
	⩾	大于等于
逻辑运算符	¬	非
	∧	与
	∨	或

3.4.1　传统的集合运算

传统的集合运算是二目运算。设关系R和S均是n元关系，且相应的属性值取自同一个值域，则可以定义三种运算：并运算（∪）、交运算（∩）和差运算（－）。

现在我们以图3-6a和图3-6b所示的两个关系为例，来说明三种传统的集合运算。

1. 并运算

关系R与关系S的并记为：

$R \cup S = \{t \mid t \in R \vee t \in S\}$

其结果仍是n目关系，由属于R或属于S的元组组成。

图3-7a显示了图3-6a和图3-6b两个关系的并运算结果。

2. 交运算

关系R与关系S的交记为：

$R \cap S = \{t \mid t \in R \wedge t \in S\}$

其结果仍是n目关系，由属于R并且也属于S的元组组成。

图3-7b显示了图3-6a和图3-6b两个关系的交运算结果。

3. 差运算

关系R与关系S 的差记为：

$R - S = \{t \mid t \in R \wedge t \notin S\}$

其结果仍是n目关系，由属于R并且不属于S的元组组成。

图3-7c显示了图3-6a和图3-6b两个关系的差运算结果。

顾客号	姓名	性别	年龄
S01	张宏	男	45
S02	李丽	女	34
S03	王敏	女	28

a) 顾客表A

顾客号	姓名	性别	年龄
S02	李丽	女	34
S04	钱景	男	50
S06	王平	女	24

b) 顾客表B

图3-6　两个描述顾客信息的关系

顾客号	姓名	性别	年龄
S01	张宏	男	45
S02	李丽	女	34
S03	王敏	女	28
S04	钱景	男	50
S06	王平	女	24

a) 顾客表A ∪ 顾客表B

顾客号	姓名	性别	年龄
S02	李丽	女	34

b) 顾客表A ∩ 顾客表B

顾客号	姓名	性别	年龄
S02	张宏	男	45
S03	王敏	女	28

c) 顾客表A－顾客表B

图3-7　集合的并、交、差运算示意

4. 广义笛卡儿积

广义笛卡儿积不要求参加运算的两个关系具有相同的目。

两个分别为n目和m目的关系R和关系S的广义笛卡儿积是一个（$m+n$）列的元组的集合。元组的前n个列是关系R的一个元组，后m个列是关系S的一个元组。若R有K_1个元组，S有K_2个元组，则关系R和关系S的广义笛卡儿积有$K_1 \times K_2$个元组，记为：

$R \times S = \{t_r \hat{} t_s \mid t_r \in R \wedge t_s \in S\}$

$t_r \hat{} t_s$表示由两个元组t_r和t_s前后有序连接而成的一个元组。

任取元组t_r和t_s，当且仅当t_r属于R且t_s属于S时，t_r和t_s的有序连接即为$R \times S$的一个元组。

实际操作时，可从R的第一个元组开始，依次与S的每一个元组组合，然后，对R的下一个元组进行同样的操作，直至R的最后一个元组也进行完同样的操作为止。最终可得到$R \times S$的全部元组。

图3-8为广义笛卡儿积的示意图。

A	B
a1	b1
a2	b2

×

C	D	E
c1	d1	e1
c2	d2	e2
c3	d3	e3

=

A	B	C	D	E
a1	b1	c1	d1	e1
a1	b1	c2	d2	e2
a1	b1	c3	d3	e3
a2	b2	c1	d1	e1
a2	b2	c2	d2	e2
a2	b2	c3	d3	e3

图3-8 广义笛卡儿积示意

Sno	sname	Ssexz	Sage	Sdept
9512101	李 勇	男	19	计算机系
9512102	刘 晨	男	20	计算机系
9512013	王 敏	女	20	计算机系
9521101	张 立	男	22	信息系
9521102	吴 宾	女	21	信息系
9521103	张 海	男	20	信息系
9531101	钱小平	女	18	数学系
9531102	王大力	男	19	数学系

a) Student 关系

cno	cname	Credit	Semester
c01	计算机文化学	3	1
c02	VB	2	2
c03	计算机网络	4	6
c04	数据库基础	6	6
c05	高等数学	8	2
c06	数据结构	5	4

b) Course 关系

sno	cno	grade
9512101	c01	90
9512101	c02	86
9512102	c02	78
9512102	c04	66
9521102	c01	82
9521102	c02	75
9521102	c04	92
9521102	c05	50

c) SC 关系

图3-9 学生、课程及选课三个关系

3.4.2 专门的关系运算

专门的关系运算包括投影、选择、连接和除操作，其中投影为一元操作，后三者为二元操作。

1. 选择

选择运算是最简单的运算，它从指定的关系中选择某些元组形成一个新的关系，被选择的元组应满足指定的逻辑条件。

选择运算可表示为：

$\sigma_F(R) = \{ r \mid r \in R \wedge F(t) = \text{'真'} \}$

其中σ是选择运算符，R是关系名，r是元组，F是逻辑表达式，取逻辑“真”值或“假”值。

例如，对于图3-9a所示的学生关系，选择计算机系的学生的信息的关系代数表达式为：

$\sigma_{\text{Sdept = '计算机系'}}$（学生表）

结果如图3-10所示。

sno	sname	Ssex	Sage	Sdept
9512101	李　勇	男	19	计算机系
9512102	刘　晨	男	20	计算机系
9512103	王　敏	女	20	计算机系

图3-10　选择结果示意图

2. 投影

投影运算对指定的关系进行投影操作，根据该关系分两步产生一个新关系：

1）选择指定的属性，形成一个可能含有重复行的表。

2）删除重复行，形成新的关系。

投影运算可表示为：

$\Pi_A(R) = \{ r.A \mid r \in R \}$

其中Π是投影运算符，R是关系名，A是被投影的属性或属性组。$r.A$表示r这个元组中相应于属性（集）A的分量，也可以表示为$r[A]$。

例如，对于图3-9a所示的学生关系，选择sname和sdept两个列构成新关系，可以表示为：

$\Pi_{\text{sname, sdept}}$（Student）

结果如图3-11所示。

sname	Sdept
李　勇	计算机系
刘　晨	计算机系
王　敏	计算机系
张　立	信息系
吴　宾	信息系
张　海	信息系
钱小平	数学系
王大力	数学系

图3-11　投影运算示意图

3. 连接

连接运算用来连接相互之间有联系的两个关系，从而产生一个新的关系。这个过程由连接属性（字段）来实现。一般情况下，这个连接属性是出现在不同关系中的语义相同的属性。被连接的两个关系通常是具有一对多联系的父子关系。

连接运算也称为θ运算。连接运算一般表示为：

$R \underset{A\theta B}{\bowtie} S = \{ t_r \frown t_s \mid t_r \in R \wedge t_s \in S \wedge t_r[B]\theta t_s[B] \}$

其中A和B分别是关系R和S上可比的属性组，θ是比较运算符，连接运算从R和S的广义笛卡儿积R × S中选择（R关系）在A属性组上的值与（S关系）在B属性组上值满足比较运算符θ的元组。

连接运算中最重要也是最常用的连接有两个，一个是等值连接，一个是自然连接。

当θ为“=”时的连接为等值连接，它是从关系R与关系S的广义笛卡儿积中选取A，B属性值相等的那些元组，即:

$R \underset{A=B}{\bowtie} S = \{t_r\hat{}t_s \mid t_r \in R \wedge t_s \in S \wedge t_r[B]=t_s[B]\}$

自然连接是一种特殊的连接，它要求两个关系中进行比较的分量必须是相同的属性组，并且在结果中去掉重复的属性列。也就是说，若关系R和S具有相同的属性组B，则自然连接可记作:

$R \bowtie S = \{t_r\hat{}t_s \mid t_r \in R \wedge t_s \in S \wedge t_r[B]= t_s[B]\}$

一般的连接运算是从行的角度进行运算，但自然连接还需要去掉重复的列，所以是同时从行和列的角度进行运算。

自然连接与等值连接的差别为:

- 自然连接要求相等的分量必须有相同的属性名，等值连接则不要求。
- 自然连接要求把重复的属性名去掉，等值连接却不这样做。

例如，对图3-9所示的Student和SC关系，分别进行如下的等值连接和自然连接运算:

等值连接:

$\text{Student} \underset{\text{Student. sno= sc.sno}}{\bowtie} \text{SC}$

自然连接:

$\text{Student} \bowtie \text{SC}$

等值连接的结果如图3-12所示，自然连接的结果如图3-13所示。

sno	sname	Ssex	Sage	Sdept	sno	cno	grade
9512101	李 勇	男	19	计算机系	9512101	c01	90
9512101	李 勇	男	19	计算机系	9512101	c02	86
9512102	刘 晨	男	20	计算机系	9512102	c02	78
9512102	刘 晨	男	20	计算机系	9512102	c04	66
9521102	吴 宾	女	21	信息系	9521102	c01	82
9521102	吴 宾	女	21	信息系	9521102	c02	75
9521102	吴 宾	女	21	信息系	9521102	c04	92
952110	吴 宾	女	21	信息系	9521102	c05	50

图3-12 等值连接示意

sno	sname	Ssex	Sage	Sdept	cno	grade
9512101	李 勇	男	19	计算机系	c01	90
9512101	李 勇	男	19	计算机系	c02	86
9512102	刘 晨	男	20	计算机系	c02	78
9512102	刘 晨	男	20	计算机系	c04	66
9521102	吴 宾	女	21	信息系	c01	82
9521102	吴 宾	女	21	信息系	c02	75
9521102	吴 宾	女	21	信息系	c04	92
9521102	吴 宾	女	21	信息系	c05	50

图3-13 自然连接示意

4. 除

(1) 除法的简单形式

设关系S的属性是关系R的属性的一部分，则$R \div S$为满足以下条件的关系:

- 此关系的属性是由属于R但不属于S的所有属性组成。
- $R \div S$的任一元组都是R中某元组的一部分。但必须符合下列要求，即任取属于$R \div S$的一个元组t，则t与S的任一元组连接后，都为R中原有的一个元组。

(2) 除法的一般形式

设有关系R (X, Y) 和S (Y, Z)，其中X、Y、Z为关系的属性组，则

$$R(X, Y) \div S(Y, Z) = R(X, Y) \div \Pi_Y(S)$$

(3) 关系的除运算是关系运算中最复杂的一种，关系R与S的除运算的以上叙述解决了$R \div S$关系的属性组成及其元组应满足的条件，但怎样确定关系$R \div S$元组仍然没有说清楚。为了说清楚这个问题，首先引入象集的概念。

象集: 给定一个关系R (X, Y)，X和Y为属性组，那么当$t[X] = x$时，x在R中的象集为:

$$Y_x = \{ t[Y] \mid t \in R \wedge t[X] = x \}$$

上式中，$t[Y]$和t[X]分别表示R中的元组t 在属性组Y和X上的分量的集合。

例如在学生（系，班，学号，姓名，性别）关系中有一个元组值为:

（计算机系，0201班，20020102，张三，男）

假设X = {系，班}，Y = {学号，姓名，性别}，则上式中的$t[X]$的一个值为:

x = （计算机系，0201班）

此时，Y_x为$t[X] = x$ =（计算机系，0201班）时所有$t[Y]$的值。即计算机系0201班全体学生的学号、姓名、性别信息表。

又例如，对于图3-9所示的SC关系，如果设X = {学号}，Y = {课程号，成绩}，则当X取“9512101”时，Y的象集为:

$$Y_x = \{(c01, 90), (c02, 86)\}$$

当X取“9521102”时，Y的象集为:

$$Y_x = \{(c01, 82), (c02, 75), (c04, 92), (c05, 50)\}$$

现在，我们再回过头来讨论除法的一般形式:

设有关系R (X, Y) 和S (Y, Z)，其中X、Y、Z为关系的属性组，则

$$R \div S = \{ t_r[X] \mid t_r \in R \wedge \Pi_Y(S) \subseteq Y_x \}$$

图3-14给出了一个除运算的示例。

sno	cno
9512101	c01
9512101	c02
9512102	c02
9512102	c04
9521102	c01
9521102	c02
9521102	c04

÷

cno	cname
c01	数据库
c02	VB

=

sno
9512101
9521102

图3-14　除运算示意

下面给出一些关系运算的综合的例子，这些例子对应图3-9所示的“学生”、“课程”和“选课”关系。

例4 查询修c02号课程的学生的学号和成绩。

$\Pi_{sno,\ grade}(\sigma_{cno='c02'}(SC))$

例5 查询计算机系修c02号课程的学生的姓名和成绩。

$\Pi_{sname,\ grade}(\sigma_{cno='c02'}(SC) \bowtie \sigma_{sdept='计算机系'}(Student))$

例6 查询选修了第2学期课程的学生的姓名和所在系。

$\Pi_{sname,\ sdept}(\sigma_{semester=2}(Course) \bowtie SC \bowtie Student)$

例7 查询选修了全部课程的学生的学号和姓名。

$\Pi_{sno,\ sname}(Student \bowtie (SC \div \Pi_{cno}(Course)))$

3.5 小结

关系数据库是目前应用最广泛的数据库管理系统。本章介绍了关系数据库的重要概念，包括关系模型的结构、关系操作和关系的完整性约束，介绍了关系模型中实体完整性、参照完整性和用户定义的完整性约束的概念。最后介绍了关系代数的运算，包括传统的集合运算——并、交、差和广义笛卡儿积，以及专门的关系运算——选择、投影、连接和除，还介绍了用关系代数表达查询的方法。

习题

1. 试述关系模型的三个组成部分。
2. 解释下列术语的含义:
   1）笛卡儿积
   2）主码
   3）候选码
   4）关系
   5）关系模式
   6）关系数据库
3. 关系数据库的三个完整性约束是什么？它们的含义各是什么？
4. 利用图3-9所给的三个关系，完成如下关系代数表达式。
   1）查询信息系学生的选课情况，列出学号、姓名、课程号和成绩。
   2）查询“VB”课程的考试情况，列出学生姓名、所在系和考试成绩。
   3）查询考试成绩高于90分的学生的姓名、课程名和成绩。
   4）查询至少选修了9512101号学生所选的全部课程的学生的姓名和所在系。

第4章　SQL 语 言

用户使用数据库时需要对数据库进行各种各样的操作，如查询数据，添加、删除和修改数据，定义、修改数据模式等。DBMS必须为用户提供相应的命令或语言，这就构成了用户和数据库的接口。接口的好坏直接影响着用户对数据库的接受程度。

数据库所提供的语言一般局限于对数据库进行操作，它不是完备的程序设计语言，也不能独立地编制应用程序。

SQL（Structured Query Language，结构化查询语言）是用户操作关系数据库的通用语言。SQL虽然叫结构化查询语言，而且查询操作确实是数据库中的主要操作，但并不是说SQL只支持查询操作，它实际上包含数据定义、数据操纵和数据控制等与数据库有关的全部功能。

SQL已经成为关系数据库的标准语言，所以现在所有的关系数据库管理系统都支持SQL，就连个人计算机上使用的数据库也不例外。本章主要介绍SQL语言支持的数据类型、SQL支持的数据定义功能以及数据操作功能。

4.1　基本概念

4.1.1　SQL语言的发展

最早的SQL原型是IBM的研究人员在20世纪70年代开发出来的，该原型被命名为SEQUEL（由Structured English QUEry Language的首字母缩写组成）。现在许多人仍将在这个原型之后推出的SQL语言读做“sequel”，但根据ANSI SQL委员会的规定，其正式发音应该是“ess cue ell”。随着SQL语言的颁布，各数据库厂商纷纷在他们的产品中引入并支持SQL语言。尽管绝大多数产品对SQL语言的支持很相似，但它们之间也存在着一定的差异，这些差异不利于初学者的学习。因此，我们在本章介绍SQL时主要介绍标准的SQL语言，我们将其称为基本SQL。

从20世纪80年代以来，SQL就一直是关系数据库管理系统（RDBMS）的标准语言。最早的SQL标准是1986年10月由ANSI（American National Standards Institute，美国国家标准学会）公布的。随后，ISO（International Standards Organization，国际标准化组织）于1987年6月也正式采纳它为国际标准，并在此基础上进行了补充。到1989年4月，ISO提出了具有完整性特征的SQL，并称之为SQL-89。SQL-89标准的公布，对数据库技术的发展和数据库的应用起到了很大的推动作用。尽管如此，SQL-89仍有许多不足或不能满足应用需求的地方。为此，在SQL-89的基础上，经过3年多的研究和修改，ISO和ANSI共同于1992年8月又公布了SQL的新标准，即SQL-92（或称为SQL2）。SQL-92标准也不是非常完备的，1999年又颁布了新的SQL标准，称为SQL-99或SQL3。

4.1.2　SQL语言的特点

SQL之所以能够被用户和业界所接受并成为国际标准，是因为它是一个综合的、功能强大的且又简捷易学的语言。SQL语言集数据查询、数据操纵、数据定义和数据控制功能于一身，其主要特点包括：

1. 一体化

SQL语言风格统一，可以完成数据库活动中的全部工作，包括创建数据库、定义模式、更改和查询数据以及进行安全控制和维护数据库等。这为数据库应用系统的开发提供了良好的环境。用户在数据库系统投入使用之后，还可以根据需要随时修改模式结构，并且不影响数据库的运行，从而使系统具有良好的可扩展性。

2. 高度非过程化

在使用SQL语言访问数据库时，用户没有必要告诉计算机“如何”一步步地实现操作，只需要描述清楚要“做什么”，SQL语言就可以将要求提交给系统，然后由系统自动完成全部工作。

3. 简洁

虽然SQL语言功能强大，但它只有为数不多的几条命令。另外，SQL的语法也比较简单，它很接近自然语言（英语），因此容易学习、掌握。

4. 能以多种方式使用

SQL语言可以直接以命令方式交互使用，也可以嵌入到程序设计语言中使用。现在很多数据库应用开发工具（比如VB、PowerBuilder、Delphi等）都将SQL语言直接融入到自身的语言当中，使用起来非常方便。这些使用方式为用户提供了很大的选择余地。而且不管用哪种使用方式，SQL语言的语法基本都是一样的。在本书的第三部分中可以看到这一点。

4.1.3 SQL语言功能概述

SQL的功能可分为四部分：数据定义功能、数据控制功能、数据查询功能和数据操纵功能。表4-1列出了实现这四部分功能的命令。

表4-1 SQL包含的命令

SQL功能	命 令	SQL功能	命 令
数据定义	CREATE、DROP、ALTER	数据操纵	INSERT、UPDATE、DELETE
数据查询	SELECT	数据控制	GRANT、REVOKE

数据定义功能用于定义、删除和修改数据库中的对象，前面介绍的关系表、视图都是数据库对象，其它对象会在后面陆续介绍。数据查询功能用于查询数据，查询数据是数据库中使用最多的操作。数据操纵功能用于增加、删除和修改数据库数据。数据控制功能用于控制用户对数据库的操作权限。

本章首先介绍数据定义功能中的定义关系表的功能，然后介绍数据查询和操纵功能。我们将在第12章介绍实现数据控制功能的语句，创建数据库的语句将在第11章介绍。在介绍这些功能之前，我们先介绍一下SQL所支持的数据类型。

4.2 SQL的数据类型

前面介绍过，关系数据库的表由列组成，列指明了要存储的数据的含义，同时指明了要存储的数据的类型。因此，在定义表结构时，必然要指明每个列的数据类型。

每种数据库产品所支持的数据类型并不完全相同，而且与标准的SQL也有差异。我们这里主要介绍Microsoft SQL Server支持的常用数据类型，为进行对比，也列出了对应的标准

SQL数据类型。

4.2.1 数值型

1. 准确型

准确型数值是指在计算机中能够精确存储的数据，比如整型数、定点小数等都是准确型数据。表4-2列出了SQL Server支持的准确型数据类型，同时列出了对应的SQL-92或SQL-99支持的准确型数据类型。

表4-2　准确型数值类型

SQL Server数据类型	SQL-92或SQL-99数据类型	说　明
Bigint		8字节，存储从 -2^{63} (−9 223 372 036 854 775 808) ~ $2^{63}-1$ (9 223 372 036 854 775 807) 的整数
Int	Integer	4字节，存储从 -2^{31} (−2 147 483 648) ~ $2^{31}-1$ (2 147 483 647) 的整数
Smallint	Smallint	2字节，存储从 -2^{15} (−32 768) ~ $2^{15}-1$ (32 767) 的整数
Tinyint		存储从 0 ~ 255 之间的整数
Bit	Bit	存储1或0
Numeric (p,q) 或 Decimal (p,q)	Decimal	定点精度和小数位数。使用最大精度时，有效值从 $-10^{38}+1$ ~ $10^{38}-1$。其中，p为精度，指定小数点左边加右边一共可以存储的十进制数字的最大位数。q为小数位数，指定小数点右边可以存储的十进制数字的最大位数，$0 \leqslant q \leqslant p$。$q$的默认值为0

2. 近似型

近似型是用于表示浮点型数据的近似数据类型。浮点型数据为近似值，表示在其数据类型范围内的所有数据在计算机中不一定都能精确地表示。

表4-3列出了SQL Server支持的近似型数据类型，同时列出了对应的SQL-92或SQL-99支持的准确型数据类型。

表4-3　近似型数值类型

SQL Server数据类型	SQL-92或SQL-99数据类型	说　明
float	float	8字节，存储从 −1.79E + 308 ~ 1.79E + 308 之间的浮点型数
real		4字节，存储从 −3.40E + 38 ~ 3.40E + 38 之间的浮点型数

4.2.2 字符串型

字符串型数据由汉字、英文字母、数字和各种符号组成。目前字符的编码方式有两种：一种是普通字符编码，另一种是统一字符编码（unicode编码）。普通字符编码指的是不同国家或地区的编码长度不一样，比如，英文字母的编码是1个字节（8位），中文汉字的编码是2个字节（16位）。统一字符编码是指不管对哪个地区、哪种语言均采用双字节（16位）编码，即将世界上所有的字符统一进行编码。

表4-4列出了SQL Server支持的字符串型数据类型，同时列出了对应的SQL-92或SQL-99支持的字符串型数据类型。

表4-4 字符串型

SQL Server数据类型	SQL-92或SQL-99数据类型	说 明
char(*n*)	character	固定长度的字符串类型，*n*表示字符串的最大长度，取值范围为1 ~ 8000
varchar(*n*)	character varying	可变长度的字符串类型，*n*表示字符串的最大长度，取值范围为1 ~ 8000
text		可存储$2^{31}-1$ (2 147 483 647) 个字符的大文本
nchar(*n*)	national character	固定长度的 Unicode字符串类型，*n*表示字符串的最大长度，取值范围为1 ~ 4000
nvarchar(*n*)	national character varying	可变长度的 Unicode 字符串类型，*n*表示字符串的最大长度，取值范围为1 ~ 4000
ntext		最多可存储$2^{30}-1$ (1 073 741 823) 个字符的统一字符编码文本
binary(*n*)	binary	固定长度的二进制字符数据，*n*表示最大长度，取值范围为1 ~ 8000
varbinary(*n*)	binary varying	可变长度的二进制字符数据，*n*的取值范围为1~8000
image		大容量的、可变长度的二进制字符数据，可以存储多种格式的文件，如Word、Excel、BMP、GIF和JPEG等的数据。最多可存储$2^{31}-1$ (2 147 483 647) 个字节，约为2GB

4.2.3 日期时间型

SQL Server的日期时间型数据是将日期和时间合起来存储，它没有单独存储的日期和时间类型。但SQL-92或SQL-99是将日期和时间类型数据分开存储，没有日期时间合起来存储的类型，在SQL-92或SQL-99中日期是Date类型，时间是Time类型。表4-5列出了SQL Server支持的日期时间数据类型。

表4-5 日期时间型

SQL Server数据类型	说 明
Datetime	占用8字节空间，存储从1753年1月1日~9999年12月31日的日期和时间数据，精确到百分之三秒（或 3.33 毫秒）
Smalldatetime	占用4字节空间，存储从1900年1月1日~2079年6月6日的日期和时间数据，精确到分钟

对于SQL Server来说，在输入日期部分时可采用英文数字格式、数字加分隔符格式和纯数字格式。采用英文数字格式时，月份可用英文全名或缩写形式，不区分大小写。例如，2001年10月25日可以采用下列几种输入格式:

```
Oct 25 2001                    /* 英文数字格式 */
2001-10-25 或 2001/10/25       /* 数字加分隔符格式 */
20011030                       /* 纯数字格式 */
```

在输入时间部分时可以采用12小时格式或24小时格式。使用12小时格式时要加上AM或PM以便说明是上午还是下午。在时与分之间可以使用冒号（:）作为分隔符。例如，要表示2001年10月25日下午3点28分56秒，可以用如下形式输入:

```
2001-10-25  3:28:56 PM       /* 12小时格式 */
```

```
2001-10-25  15:28:56          /* 24小时格式 */
```

4.2.4 货币型

货币型数据表示货币值。货币型数据存储的精度固定为四位小数，实际上货币类型的数据都是有4位小数的decimal型数据。

表4-6列出了SQL Server支持的货币型数据，SQL92或SQL99没有对应的货币类型。

表4-6 货 币 型

SQL Server数据类型	说 明
money	8字节，存储的货币数据值介于 -2^{63} (−922 337 203 685 477.5808) 与 $2^{63}-1$ (+922 337 203 685 477.5807) 之间，精确到货币单位的千分之十。最多可以包含19位数字
smallmoney	4字节，存储的货币数据值介于 −214 748.3648 与 +214 748.3647 之间，精确到货币单位的千分之十

4.3 基本表的定义、删除及修改

表是数据库中非常重要的对象，它用于存储用户的数据。在有了数据类型的基础知识后，我们就可以开始创建数据库表。关系数据库的表是二维表，包含行和列，创建表就是定义表所包含的列的结构，其中包括列的名称、数据类型、约束等。列的名称是人们为列取的名字，为了便于记忆，最好取有意义的名字。比如，用学号或Sno，而不要取像a1这样无意义的名字。列的数据类型说明了列的可取值范围。列的约束更进一步限制了列的取值范围。这些约束包括：列取值是否允许为空、主码约束、外码约束、列取值范围约束等等。

本节我们介绍表（或称为基本表）的创建、删除以及对表结构的修改。

4.3.1 基本表的定义与删除

1. 定义基本表

定义基本表使用SQL语言数据定义功能中的Create Table语句实现，其一般格式为：

```
CREATE  TABLE  <表名> (
    <列名>   <数据类型>   [列级完整性约束定义]
    {,   <列名>   <数据类型>    [列级完整性约束定义]   … }
    [, 表级完整性约束定义  ] )
```

注意 默认情况下，SQL语言不区分大小写。

其中：

- <表名>是所定义的基本表的名字，这个名字最好能表达表的应用语义。比如，表名可以是学生表或Student。
- <列名>是表中所包含的列的名字，<数据类型>指明列的数据类型，一个表可以包含多个列，也就包含多个列定义。
- 在定义表的同时还可以定义与表有关的完整性约束条件，这些完整性约束条件都会存储在系统的数据字典中。如果完整性约束只涉及表中的一个列，则这些约束条件可以在[列级完整性约束定义]处定义，也可以在[表级完整性约束定义]处定义。但如果完整性约束条件涉及表中多个列，则必须在[表级完整性约束定义]处定义。

上述语法中用到了一些特殊的符号，比如[ ]，这些符号是语法描述的常用符号，而不是SQL语句的组成部分。我们简单介绍一下这些符号的含义（在后边的语法介绍中也要用到这些符号），有些符号在上述这个语法中可能没有用到。

方括号（[ ]）中的内容是可选的（即可出现0次或1次）。比如[列级完整性约束定义]代表可以有也可以没有列级完整性约束定义。花括号（{ }）与省略号（…）一起，表示其中的内容可以出现0次或多次。竖杠（|）表示在多个短语中选择一个，比如 term1 | term2 | term3，表示在三个选项中任选一项。竖杠也能用在方括号中，表示可以选择由竖杠分隔的子选项中的一个，但整个句子又是可选的（也就是说可以不出现该子句）。

在定义基本表时可以定义列的取值约束。完整性约束可以在定义列时定义，也可以在定义完所有列之后再定义。在定义列的同时定义的约束称为列级完整性约束定义，作为一个独立的语句定义的完整性约束称为表级完整性约束。在[列级完整性约束定义]处可以定义如下约束：

• NOT NULL：限制列取值非空。
• DEFAULT：给定列的默认值，使用形式为：DEFAULT 常量。
• UNIQUE：限制列取值不能重复。
• CHECK：限制列的取值范围，使用形式为：CHECK（约束表达式）。
• PRIMARY KEY：指定本列为主码。
• FOREIGN KEY：定义本列为引用其它表的外码。使用形式为：

[FOREIGN KEY（<列名>）] REFERENCES <外表名>（<外表列名>）

在上述约束中，除了NOT NULL和DEFAULT不能在[表级完整性约束]处定义之外，其它约束均可在[表级完整性约束]处定义。但有几点需要注意，第一，如果CHECK约束是限制多列之间的取值约束，则只能在[表级完整性约束]处定义。第二，如果表的主码由多个列（超过一列）组成，则这样的主码也只能在[表级完整性约束]处定义，并注意将主码列用括号括起来，即PRIMARY KEY（列1 {[，列2] …}）。第三，如果在[表级完整性约束]处定义外码，则FOREIGN KEY和<列名>均不能省略，且<列名>必须用括号括起来。

例1 用SQL语句创建如下三张表：学生表（Student）、课程表（Course）和学生选课表（SC），这三张表的结构如表4-7到表4-9所示。

表4-7 Student表结构

列 名	说 明	数据类型	约 束
Sno	学号	字符串，长度为7	主码
Sname	姓名	字符串，长度为10	非空
Ssex	性别	字符串，长度为2	取“男”或“女”
Sage	年龄	整数	取值15～45
Sdept	所在系	字符串，长度为20	默认为“计算机系”

表4-8 Course表结构

列 名	说 明	数据类型	约 束
Cno	课程号	字符串，长度为10	主码
Cname	课程名	字符串，长度为20	非空
Ccredit	学分	整数	取值大于0
Semster	学期	整数	取值大于0
Period	学时	整数	取值大于0

表4-9 SC表结构

列 名	说 明	数据类型	约 束
Sno	学号	字符串，长度为7	主码，引用Student的外码
Cno	课程名	字符串，长度为10	主码，引用Course的外码
Grade	成绩	整数	取值0～100

创建满足约束条件的上述三张表的SQL语句如下（注意，为了说明问题，我们将有些约束在列级完整性约束定义上实现，有些约束在表级完整性约束定义上实现）：

```
CREATE TABLE Student (
  Sno      char (7)    PRIMARY KEY,
  Sname    char (10)   NOT NULL,
  Ssex     char (2)    CHECK (Ssex = '男' OR Ssex = '女'),
  Sage     tinyint     CHECK (Sage >= 15 AND Sage <=45),
  Sdept    char (20)   DEFAULT '计算机系'
)

CREATE TABLE Course (
  Cno      char(10)    NOT NULL,
  Cname    char(20)    NOT NULL,
  Ccredit  tinyint     CHECK (Ccredit > 0),
  Semester tinyint     CHECK (Semester > 0),
  Period   int         CHECK (Period > 0),
  PRIMARY  KEY(Cno)
)

CREATE TABLE SC (
  Sno      char(7)   NOT NULL,
  Cno      char(10)  NOT NULL,
  Grade    tinyint,
  CHECK    (Grade >= 0 and Grade <= 100),
  PRIMARY  KEY ( Sno, Cno ),
  FOREIGN  KEY ( Sno )  REFERENCES  Student ( Sno ),
  FOREIGN  KEY ( Cno )  REFERENCES  Course ( Cno )
)
```

注意 SQL中的字符串常量用单引号括起来。

2. 删除表

当确信不再需要某个表时，可以将其删除。删除表时会将与表有关的所有对象一起删除，包括表中的数据。

删除表的语句格式为：

```
DROP  TABLE  <表名>  { [, <表名> ] … }
```

例如，删除test表的语句为：

```
DROP TABLE test
```

4.3.2 修改表结构

在定义完表之后，如果需要对表进行修改，比如添加列、删除列或修改列定义，可以使用ALTER TABLE语句实现。ALTER TABLE语句可以添加列、删除列、修改列的定义、定义主码和外码，也可以添加和删除约束。

不同的数据库产品的ALTER TABLE语句的格式略有不同，我们这里给出SQL Server的ALTER TABLE语句的部分格式，对于其它的数据库管理系统，可以参考相应的语言参考手册来了解ALTER TABLE语句的格式。

```
ALTER TABLE <表名>
[ALTER COLUMN <列名> <新数据类型>]                      -- 修改列定义
|[ ADD [COLUMN] <列名> <数据类型> [约束]                 -- 添加新列
|[ DROP COLUMN <列名>]                                  -- 删除列
|[ADD PRIMARY KEY (列名[, … n ])]                       -- 添加主码约束
|[ADD FOREIGN KEY (列名) REFERNECES 表名 (列名)]         -- 添加外码约束
```

注意 “--”为SQL语句的单行注释符。

例2 为SC表添加“选课类别”列，此列的定义为XKLB char(4)。

```
ALTER TABLE SC
  ADD XKLB char(4) NULL
```

例3 将新添加的XKLB的类型改为char(6)。

```
ALTER TABLE SC
   ALTER COLUMN XKLB char(6)
```

例4 删除Course表的Period列。

```
ALTER TABLE Course
  DROP COLUMN Period
```

添加和删除约束的例子我们将在第6章中介绍。

4.4 数据查询功能

查询功能是SQL语言的核心功能，是数据库中使用得最多的操作，查询语句也是SQL语句中比较复杂的一个语句。

如果没有特别说明，本节所有的查询均在4.3节创建的三张表（Student、Course和SC）上进行。

假设这三张表中已经有了数据，数据内容如表4-10到表4-12所示。

表4-10 Student表数据

Sno	Sname	Ssex	Sage	Sdept
9512101	李　勇	男	19	计算机系
9512102	刘　晨	男	20	计算机系
9512103	王　敏	女	20	计算机系
9521101	张　立	男	22	信息系
9521102	吴　宾	女	21	信息系
9521103	张　海	男	20	信息系
9531101	钱小平	女	18	数学系
9531102	王大力	男	19	数学系

表4-11 Course表数据

Cno	Cname	Ccredit	Semester
c01	计算机文化学	3	1
c02	VB	2	3
c03	计算机网络	4	7
c04	数据库基础	6	6
c05	高等数学	8	2
c06	数据结构	5	4

表4-12 SC表数据

Sno	Cno	Grade	XKLB
9512101	c01	90	必修
9512101	c02	86	选修
9512101	c06	NULL	必修
9512102	c02	78	选修
9512102	c04	66	必修
9521102	c01	82	选修
9521102	c02	75	选修
9521102	c04	92	必修
9521102	c05	50	必修
9521103	c02	68	选修
9521103	c06	NULL	必修
9531101	c01	80	选修
9531101	c05	95	必修
9531102	c05	85	必修

4.4.1 查询语句的基本结构

查询语句是数据库操作中最基本和最重要的语句之一，其功能是从数据库中检索满足条件的数据。查询的数据源可以是一张表，也可以是多张表甚至视图，查询的结果是由0行（没有满足条件的数据）或多行记录组成的一个记录集合，并允许选择一个或多个字段作为输出字段。SELECT语句还可以对查询的结果进行排序、汇总等。

查询语句的基本结构可描述为：

```
SELECT <目标列名序列>          -- 需要哪些列
  FROM <数据源>               -- 来自于哪些表
 [WHERE <检索条件表达式>]      -- 根据什么条件
 [GROUP BY <分组依据列>]
 [HAVING <组提取条件>]
 [ORDER BY <排序依据列>]
```

在上述结构中，SELECT子句用于指定输出的字段。FROM子句用于指定数据的来源。WHERE子句用于指定数据的选择条件。GROUP BY 子句用于对检索到的记录进行分组。HAVING子句用于指定组的选择条件。ORDER BY子句用于对查询的结果进行排序。在这些子句中，SELECT子句和FROM子句是必需的，其它子句都是可选的。

4.4.2 简单查询

本节介绍单表查询，即数据源只涉及一张表的查询。所有的显示结果按SQL Server数据库管理系统显示的结果形式显示。

1. *选择表中若干列*

(1) 查询指定的列

在很多情况下，用户只对表中的一部分列感兴趣，这时可通过在SELECT子句的<目标列名序列>中指定要查询的列来实现。

例5 查询全体学生的学号与姓名。

```
SELECT Sno, Sname FROM Student
```

结果为:

Sno	Sname
9512101	李 勇
9512102	刘 晨
9512103	王 敏
9521101	张 立
9521102	吴 宾
9521103	张 海
9531101	钱小平
9531102	王大力

例6 查询全体学生的姓名、学号和所在系。

```
SELECT Sname, Sno, Sdept  FROM Student
```

结果为:

Sname	Sno	Sdept
李 勇	9512101	计算机系
刘 晨	9512102	计算机系
王 敏	9512103	计算机系
张 立	9521101	信息系
吴 宾	9521102	信息系
张 海	9521103	信息系
钱小平	9531101	数学系
王大力	9531102	数学系

注意 目标列的选择顺序可以与表中定义的列的顺序不一致。

(2) 查询全部列

如果要查询表中的全部列，可以使用两种方法。一种是在<目标列名序列>中列出所有的列名。另一种方法是，如果列的显示顺序与其在表中定义的顺序相同，则可以简单地在<目标列名序列>中写星号“*”。

例7 查询全体学生的记录。

```
SELECT Sno, Sname, Ssex, Sage, Sdept FROM Student
```

等价于:

```
SELECT * FROM Student
```

结果为:

Sno	Sname	Ssex	Sage	Sdept
9512101	李 勇	男	19	计算机系
9512102	刘 晨	男	20	计算机系
9512103	王 敏	女	20	计算机系
9521101	张 立	男	22	信息系
9521102	吴 宾	女	21	信息系
9521103	张 海	男	20	信息系
9531101	钱小平	女	18	数学系
9531102	王大力	男	19	数学系

(3) 查询经过计算的列

SELECT子句中的<目标列名序列>可以包含表中存在的列，也可以包含表达式、常量或者函数。

例8 查询全体学生的姓名及其出生年份。

在Student表中只记录了学生的年龄，而没有记录学生的出生年份，但我们可以经过计算得到学生的出生年份，即用当前年减去年龄，得到出生年份。因此实现此功能的查询语句为:

```
SELECT Sname, 2001 - Sage  FROM Student
```

查询结果为:

Sname	(无列名)
李　勇	1982
刘　晨	1981
王　敏	1981
张　立	1979
吴　宾	1980
张　海	1981
钱小平	1983
王大力	1982

例9 查询全体学生的姓名和出生年份，并在出生年份列前加入一个列，此列的每行数据均为"Year of Birth"常量值。

```
SELECT Sname, 'Year of Birth', 2001-Sage
 FROM Student
```

查询结果为:

Sname	(无列名)	(无列名)
李　勇	Year of Birth	1982
刘　晨	Year of Birth	1981
王　敏	Year of Birth	1981
张　立	Year of Birth	1979
吴　宾	Year of Birth	1980
张　海	Year of Birth	1981
钱小平	Year of Birth	1983
王大力	Year of Birth	1982

注意，选择列表中的常量和计算是对表中的每行进行的。

我们看到，经过计算的列和常量列的显示结果都没有列标题，通过指定列的别名可以改变查询结果的列标题，这对于含有算术表达式、常量、函数的目标列尤为有用。

改变列标题的语法格式为:

```
列名 | 表达式 [ AS ] 列标题
```

或

```
列标题 =列名 | 表达式
```

例如，例9的代码可写成:

```
SELECT Sname 姓名, 'Year of Birth' 出生年份, 2001 - Sage 年份,
FROM Student
```

结果为:

姓　名	出生年份	年　份
李　勇	Year of Birth	1982
刘　晨	Year of Birth	1981
王　敏	Year of Birth	1981
张　立	Year of Birth	1979
吴　宾	Year of Birth	1980
张　海	Year of Birth	1981
钱小平	Year of Birth	1983
王大力	Year of Birth	1982

2. 选择表中的若干元组

前面我们介绍的例子都是选择表中的全部记录，而没有对表中的记录进行任何有条件的筛选。实际上，在查询过程中，除了可以选择列之外，还可以对行进行选择，使查询的结果更加满足用户的要求。

(1) 消除取值相同的记录

在数据库表中本来不存在取值完全相同的元组，但对列进行了选择后，就有可能在查询结果中出现取值完全相同的行。取值相同的行在结果中是没有意义的，因此应消除这些取值相同的行。

例10　在选课表（SC）中查询有哪些学生选修了课程，并列出学生的学号。

```
SELECT  Sno  FROM  SC
```

查询结果如右表所示。

Sno
9512101
9512101
9512101
9512102
9512102
9521102
9521102
9521102
9521102
9521103
9521103
9531101
9531101
9531102

在这个结果中有许多重复的行（实际上一个学生选修了多少门课程，其学号就在结果中重复多少次）。

使用SQL 中的DISTINCT关键字可以去掉结果中的重复行。DISTINCT关键字放在SELECT命令的后边、目标列名序列的前边。

去掉例10查询结果中重复行的命令为：

```
SELECT  DISTINCT  Sno  FROM  SC
```

则执行结果见右表：

Sno
9512101
9512102
9521102
9521103
9531101

(2) 查询满足条件的元组

查询满足条件的元组是通过WHERE子句实现的。WHERE子句常用的查询条件如表4-13所示。

表4-13　WHERE子句常用的查询条件

查询条件	谓　词
比较（比较运算符）	=、>、>=、<、<=、<>（或!=）、NOT+前述比较运算符
确定范围	BETWEEN AND、NOT BETWEEN AND
确定集合	IN、NOT IN
字符匹配	LIKE、NOT LIKE
空值	IS NULL、IS NOT NULL
多重条件（逻辑谓词）	AND、OR

比较大小

例11　查询计算机系全体学生的姓名。

```
SELECT Sname FROM Student WHERE Sdept = '计算机系'
```

结果为：

Sname
李 勇
刘 晨
王 敏

例12 查询所有年龄在20岁以下的学生的姓名及年龄。

```
SELECT Sname, Sage  FROM Student WHERE Sage < 20
```

或

```
SELECT Sname, Sage  FROM Student WHERE NOT Sage >= 20
```

结果为:

Sname	Sage
李 勇	19
钱小平	18
王大力	19

注意 取反操作的执行效率比较低，因此，例12中的第一个查询语句比第二个查询语句的执行效率高。

例13 查询考试成绩不及格的学生的学号。

```
SELECT DISTINCT Sno  FROM SC WHERE Grade < 60
```

注意 当一个学生有多门不及格课程时，只列出一个学号。

确定范围

BETWEEN…AND和NOT BETWEEN…AND是一个逻辑运算符，可以用来查找值在（或不在）指定范围内的元组。其中BETWEEN后边指定范围的下限，AND后边指定范围的上限。使用BETWEEN…AND的格式为:

```
列名 | 表达式 [ NOT ] BETWEEN 下限值 AND 上限值
```

BETWEEN…AND一般用于比较数值型数据。列名或表达式的类型要与下限值或上限值的类型相同。

“BETWEEN 下限值 AND 上限值”的含义是：如果列或表达式的值在下限值和上限值范围内（包括边界值），则结果为True，表明此记录符合查询条件。

“NOT BETWEEN 下限值 AND 上限值”的含义正好相反：如果列或表达式的值在下限值和上限值范围内，则结果为False，表明此记录不符合查询条件。

例14 查询年龄在20～23岁之间的学生的姓名、所在系和年龄。

```
SELECT Sname, Sdept, Sage  FROM Student
   WHERE Sage BETWEEN 20 AND 23
```

此句等价于:

```
   SELECT Sname, Sdept, Sage  FROM Student
   WHERE Sage >=20 AND Sage<=23
```

结果为:

Sname	Sdept	Sage
刘 晨	计算机系	20
王 敏	计算机系	20
张 立	信息系	22
吴 宾	信息系	21
张 海	信息系	20

例15 查询年龄不在20 ~ 23之间的学生的姓名、所在系和年龄。

```
SELECT Sname, Sdept, Sage  FROM Student
   WHERE Sage NOT BETWEEN 20 AND 23
```

此句等价于:

```
   SELECT Sname, Sdept, Sage  FROM Student
   WHERE Sage <20 OR Sage>23
```

Sname	Sdept	Sage
李 勇	计算机系	19
钱小平	数学系	18
王大力	数学系	19

确定集合

IN是一个逻辑运算符，可以用来查找值属于指定集合的元组。IN的语法格式为:

```
列名 [ NOT ] IN （常量1，常量2，… 常量n）
```

用IN进行比较的数据多为字符型数据，当然也可以是数值数据。

IN的含义为：当列中的值与IN中的某个常量值相等时，结果为True，表明此记录为符合查询条件的记录。

NOT IN的含义正好相反：当列中的值与某个常量值相等时，结果为False，表明此记录为不符合查询条件的记录。

例16 查询信息系、数学系和计算机系学生的姓名和性别。

```
SELECT Sname, Ssex  FROM Student
   WHERE Sdept IN ('信息系', '数学系', '计算机系')
```

此句等价于:

```
SELECT Sname, Ssex  FROM Student
   WHERE Sdept = '信息系' OR Sdept = '数学系' OR Sdept = '计算机系'
```

例17 查询既不属于信息系、数学系，也不属于计算机系的学生的姓名和性别。

```
SELECT Sname, Ssex  FROM Student
   WHERE Sdept NOT IN ('信息系', '数学系', '计算机系')
```

此语句等价于:

```
SELECT Sname, Ssex  FROM Student
   WHERE Sdept!= '信息系' AND Sdept!= '数学系' AND Sdept!= '计算机系'
```

字符匹配

LIKE用于查找指定列中与匹配串常量匹配的元组。匹配串是一种特殊的字符串，其特殊之处在于它不仅可以包含普通字符，还可以包含通配符。通配符用于表示任意的字符或字符串。在实际应用中，如果需要从数据库中检索一批记录，但又不能给出精确的字符查询条件，这时就可以使用LIKE运算符和通配符来实现模糊查询。在LIKE运算符前边也可以使用NOT运算符，表示对结果取反。

LIKE运算符的一般形式为:

```
列名  [NOT ]  LIKE  <匹配串>
```

匹配串中可包含如下四种通配符:

- _（下划线）：匹配任意一个字符。
- %（百分号）：匹配0个或多个字符。

- [ ]：匹配[ ]中的任意一个字符。如[acdg]表示匹配a、c、d、g中的任何一个。
- [^]：不匹配[ ]中的任意一个字符。如[^acdg]表示不匹配a、c、d、g。

例18　查询姓“张”的学生的详细信息。

```
SELECT * FROM Student WHERE Sname LIKE '张%'
```

结果为：

Sno	Sname	Ssex	Sage	Sdept
9521101	张　立	男	22	信息系
9521103	张　海	男	20	信息系

例19　查询学生表中姓“张”、姓“李”和姓“刘”的学生的情况。

```
SELECT * FROM Student WHERE Sname LIKE '[张李刘]%'
```

结果为：

Sno	Sname	Ssex	Sage	Sdept
9512101	李　勇	男	19	计算机系
9512102	刘　晨	男	20	计算机系
9521101	张　立	男	22	信息系
9521103	张　海	男	20	信息系

例20　查询名字中第2个字为“小”或“大”字的学生的姓名和学号。

```
SELECT Sname, Sno FROM Student WHERE Sname LIKE '_[小大]%'
```

结果为：

Sname	Sno
钱小平	9531101
王大力	9531102

例21　查询所有不姓“刘”的学生。

```
SELECT Sname FROM Student WHERE Sname NOT LIKE '刘%'
```

例22　从学生表中查询学号的最后一位不是2、3、5的学生的情况。

```
SELECT * FROM Student WHERE Sno LIKE '%[^235]'
```

结果为：

Sno	Sname	Ssex	Sage	Sdept
9512101	李　勇	男	19	计算机系
9521101	张　立	男	22	信息系
9531101	钱小平	女	18	数学系

涉及空值的查询

空值（NULL）在数据库中有特殊的含义，它表示不确定的值。例如，某些学生选修课程后还没有参加考试，所以这些学生虽然有选课记录，但没有考试成绩，因此考试成绩为空值。判断某个值是否为空值，不能使用普通的比较运算符（=、!=等），而只能使用专门判断空值的子句来完成。

判断取值为空的语句格式为：

```
列名 IS NULL
```

判断取值不为空的语句格式为：

```
列名 IS NOT NULL
```

例23 查询无考试成绩的学生的学号和相应的课程号。

```
SELECT Sno, Cno FROM SC WHERE Grade IS NULL
```

例24 查询所有有考试成绩的学生的学号和课程号。

```
SELECT Sno, Cno FROM SC WHERE Grade IS NOT NULL
```

多重条件查询

在WHERE子句中可以使用逻辑运算符AND和OR来组成多条件查询。AND表示只有在全部满足所有的条件时结果才为True，OR表示只要满足其中一个条件结果即为True。

例25 查询计算机系年龄在20岁以下的学生的姓名。

```
SELECT Sname FROM Student
   WHERE Sdept = 'CS' AND Sage < 20
```

3. 对查询结果进行排序

有时，我们希望查询的结果能按一定的顺序显示出来，比如将学生的考试成绩从高到低排列。SQL语句具有按用户指定的列排列查询结果的功能，而且查询结果既可以按一个列排序，也可以按多个列进行排序。查询结果既可以从小到大（升序）排列，也可以从大到小（降序）排列。排序子句的格式为:

```
ORDER BY <列名> [ASC | DESC ] [ ,… n ]
```

其中<列名>为排序的依据列，可以是列名或列的别名。ASC表示对列进行升序排序，DESC表示对列进行降序排序。如果没有指定排序方式，则默认的排序方式为升序排序。

如果在ORDER BY子句中使用多个列进行排序，则这些列在该子句中出现的顺序决定了对结果集进行排序的次序。当指定多个排序依据列时，首先按先出现的列进行排序，如果排序后存在两个或两个以上列值相同的记录，则将值相同的记录再按第二个依据列进行排序，依此类推。

例26 将学生按年龄升序排序。

```
SELECT * FROM Student ORDER BY Sage
```

结果为:

Sno	Sname	Ssex	Sage	Sdept
9531101	钱小平	女	18	数学系
9531102	王大力	男	19	数学系
9512101	李 勇	男	19	计算机系
9512102	刘 晨	男	20	计算机系
9512103	王 敏	女	20	计算机系
9521103	张 海	男	20	信息系
9521102	吴 宾	女	21	信息系
9521101	张 立	男	22	信息系

例27 查询选修了课程“c02”的学生的学号及其成绩，查询结果按成绩降序排列。

```
SELECT Sno, Grade FROM SC
   WHERE Cno='c02' ORDER BY Grade DESC
```

结果为:

Sno	Grade
9512101	86
9512102	78
9521102	75
9521103	68

例28 查询全体学生的信息，查询结果按所在系的系名升序排列，同一系的学生按年龄降序排列。

```
SELECT * FROM Student
ORDER BY Sdept, Sage DESC
```

结果为:

Sno	Sname	Ssex	Sage	Sdept
9512102	刘 晨	男	20	计算机系
9512103	王 敏	女	20	计算机系
9512101	李 勇	男	19	计算机系
9531102	王大力	男	19	数学系
9531101	钱小平	女	18	数学系
9521101	张 立	男	22	信息系
9521102	吴 宾	女	21	信息系
9521103	张 海	男	20	信息系

4. 使用计算函数汇总数据

计算函数也称为集合函数或聚合函数、聚集函数，其作用是对一组值进行计算并返回一个单值。SQL提供的计算函数有:

- COUNT（ * ）: 统计表中元组的个数。
- COUNT（<列名>）: 统计本列列值的个数。
- SUM（<列名>）: 计算列值总和（必须是数值型列）。
- AVG（<列名>）: 计算列值平均值（必须是数值型列）。
- MAX（<列名>）: 求列值最大值。
- MIN（<列名>）: 求列值最小值。

上述函数中除COUNT（*）外，其它函数在计算过程中均忽略NULL值。

计算函数可以计算满足WHERE子句条件的记录（如果是对整个表进行计算的话），也可以对满足条件的组进行计算（如果进行了分组的话，关于分组我们将在后边介绍）。

例29 统计学生总人数。

```
SELECT COUNT(*) FROM Student
```

例30 统计选修了课程的学生的人数。

```
SELECT COUNT (DISTINCT Sno) FROM SC
```

由于一个学生可选多门课程，为避免重复计算，加上了DISTINCT以便去掉重复值。

例31 计算学号为9512101的学生的考试总成绩之和。

```
SELECT SUM(Grade) FROM SC WHERE Sno = '9512101'
```

例32 计算“C01”课程的考试平均成绩。

```
SELECT AVG(Grade) FROM SC WHERE Cno='C01'
```

例33 查询“C01”课程的最高分和最低分。

```
SELECT MAX(Grade) , MIN(Grade)  FROM SC WHERE Cno='C01'
```

注意 计算函数不能出现在WHERE子句中。

例如，要查询年龄最大的学生的姓名，如下写法是错误的：

```
SELECT Sname FROM Student WHERE Sage = MAX(Sage)
```

5. 对查询结果进行分组计算

有时我们需要先将数据分组，然后再对每个组进行计算，而不是对全表进行计算。比如，统计每个学生的平均成绩、每个系的学生人数时就要将数据分组，这时就需要用到分组子句GROUP BY 。GROUP BY可将计算控制在组一级。分组的目的是细化计算函数的作用对象。在一个查询语句中，可以使用任意多个列进行分组。需要注意的是，如果使用了分组子句，则查询列表中的每个列必须要么是分组依据列（在GROUP BY 后边的列），要么是计算函数。

使用GROUP BY子句时，如果在SELECT的查询列表中包含计算函数，则是针对每个组计算出一个汇总值，从而实现对查询结果的分组统计。

分组子句跟在WHERE子句的后边，它的一般形式为：

```
GROUP BY <分组依据列> [, … n ]
[HAVING <组提取条件>]
```

注意 分组依据列不能是text、ntext、image和bit类型的列。

(1) 使用GROUP BY

例34 统计每门课程的选课人数，列出课程号和人数。

```
SELECT Cno as 课程号, COUNT(Sno) as 选课人数 FROM SC
  GROUP BY Cno
```

该语句首先将查询结果按Cno的值分组，所有Cno值相同的元组归为一组，然后再用COUNT函数对每一组进行计算，求得每组的学生人数。查询结果为：

课 程 号	选 课 人 数
c01	3
c02	4
c04	2
c05	3
c06	2

例35 查询每名学生的选课门数和平均成绩。

```
SELECT Sno 学号, COUNT(*) 选课门数, AVG(Grade) 平均成绩 FROM SC
GROUP BY Sno
```

结果为：

学 号	选 课 门 数	平 均 成 绩
9512101	3	88
9512102	2	72
9521102	4	74
9521103	2	68
9531101	2	87
9531102	1	85

(2) 使用HAVING子句

HAVING子句用于对分组后的结果再进行过滤，它的功能有点像WHERE子句，但它用于组而不是用于单个记录。在HAVING子句中可以使用计算函数，但在WHERE子句中则不能使用计算函数。HAVING子句通常与GROUP BY子句一起使用。

例36　查询选修了3门以上课程的学生的学号。

```
SELECT Sno FROM SC GROUP BY Sno
HAVING COUNT(*) > 3
```

结果为:

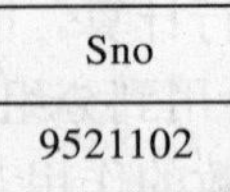

Sno
9521102

此语句的处理过程为：先用GROUP BY按Sno进行分组，然后再用统计函数COUNT分别对每一组进行统计，最后挑选出统计结果大于3的组的Sno。

例37　查询选课门数等于或大于4门的学生的平均成绩和选课门数。

```
SELECT Sno, AVG(Grade) 平均成绩, COUNT(*) 修课门数
  FROM SC GROUP BY Sno HAVING COUNT(*) >= 4
```

结果为:

Sno	平均成绩	修课门数
9521102	74	4

4.4.3　多表连接查询

前面介绍的查询都是针对一个表进行的，但有时我们需要从多个表中获取信息，这样就会涉及多张表。若一个查询涉及两个或两个以上的表，则称之为连接查询。连接查询是关系数据库中最主要的查询，主要包括内连接、外连接和交叉连接等类型。我们这里只介绍内连接和外连接，交叉连接很少使用，其结果也没有太大的意义，这里就不介绍了。

1. 内连接

内连接是一种最常用的连接类型。使用内连接时，如果两个表的相关字段满足连接条件，则从这两个表中提取数据并组合成新的记录。

在非ANSI标准的实现中，连接操作是在WHERE子句中执行的（即在WHERE子句中指定表连接条件），在ANSI SQL-92中，连接是在JOIN子句中执行的。这些连接方式分别被称为theta连接和ANSI连接。我们这里介绍的是ANSI方式的连接。

内连接的格式为:

```
FROM 表1 [ INNER ] JOIN 表2 ON <连接条件>
```

在连接条件中要指明两个表按什么条件进行连接，连接条件中的比较运算符称为连接谓词。连接条件的一般格式为:

```
[<表名1.>][<列名1>] <比较运算符> [<表名2.>][<列名2>]
```

注意　两个表的连接列必须是可比较的，即必须是语义相同的列，否则比较将是无意义的。

当比较运算符为等号（＝）时，称为等值连接，使用其它运算符的连接称为非等值连接。

从概念上讲，DBMS执行连接操作的过程是：首先取表1中的第1个元组，然后从头开始扫描表2，逐一查找满足连接条件的元组，找到后就将表1中的第1个元组与该元组拼接起来，形成结果表中的一个元组。表2全部查找完毕后，再取表1中的第2个元组，然后再从头开始扫

描表2，逐一查找满足连接条件的元组，找到后就将表1中的第2个元组与该元组拼接起来，形成结果表中的另一个元组。重复这个过程，直到表1中的全部元组都处理完毕为止。

例38 查询每个学生的基本信息及其选课的情况。

我们知道学生基本信息存放在Student表中，学生选课信息存放在SC表中，因此此查询实际涉及了两个表，将这两个表进行连接的连接条件是两个表中的Sno相等。

```
SELECT * FROM Student INNER JOIN  SC
   ON Student.Sno = SC.Sno          -- 将Student与 SC连接起来
```

查询结果为:

Sno	Sname	Ssex	Sage	Sdept	Sno	Cno	Grade	XKLB
9512101	李　勇	男	19	计算机系	9512101	c01	90	必修
9512101	李　勇	男	19	计算机系	9512101	c02	86	选修
9512101	李　勇	男	19	计算机系	9512101	c06	NULL	必修
9512102	刘　晨	男	20	计算机系	9512102	c02	78	选修
9512102	刘　晨	男	20	计算机系	9512102	c04	66	必修
9521102	吴　宾	女	21	信息系	9521102	c01	82	选修
9521102	吴　宾	女	21	信息系	9521102	c02	75	选修
9521102	吴　宾	女	21	信息系	9521102	c04	92	必修
9521102	吴　宾	女	21	信息系	9521102	c05	50	必修
9521103	张　海	男	20	信息系	9521103	c02	68	选修
9521103	张　海	男	20	信息系	9521103	c06	NULL	必修
9531101	钱小平	女	18	数学系	9531101	c01	80	选修
9531101	钱小平	女	18	数学系	9531101	c05	95	必修
9531102	王大力	男	19	数学系	9531102	c05	85	必修

从查询结果中可以看到，两个表的连接结果中包含了两个表的全部列，Sno列重复了两次，这是不必要的。因此，在写查询语句时应当将这些重复的列去掉（在SELECT子句中直接写所需要的列名，而不是写*）。而且由于连接后的表中有重复的列名（Sno列），因此我们在ON子句中对Sno加上了表名前缀限制，指明是哪个表中的Sno。

从上述查询结果中我们还可以看到，在SELECT子句中列出的选择列表必须来自两个表的连接结果中的列，而且在WHERE子句中所涉及的列也必须是在连接结果中的列。因此，根据要查询的列数据以及数据的选择条件所涉及的列，可以决定要对哪些表进行连接操作。

例39 去掉例38中的重复列。

```
SELECT Student.Sno, Sname, Ssex, Sage, Sdept, Cno, Grade, XKLB
   FROM Student  JOIN  SC  ON  Student.Sno = SC.Sno
```

例40 查询计算机系学生的选课情况，要求列出学生的名字、所修课的课程号和成绩。

```
SELECT Sname, Cno, Grade
   FROM Student JOIN SC  ON Student.Sno = SC.Sno
   WHERE Sdept = '计算机系'
```

结果为:

Sname	Cno	Grade
李勇	c01	90
李勇	c02	86
李勇	c06	NULL
刘晨	c02	78
刘晨	c04	66

可以为表提供别名，其格式为：

<原表名> [AS] <表别名>

为表指定别名可以简化表的书写，而且在有些连接查询（后面将要介绍的自连接）中要求必须指定别名。

例如，使用别名时例40可写为：

```
SELECT Sname, Cno, Grade
   FROM Student  S  JOIN  SC  ON S.Sno = SC.Sno
   WHERE Sdept = '计算机系'
```

注意 当为表指定了别名后，在查询语句中的其它地方用到该表名时都要使用别名，而不能再使用原表名。

例41 查询信息系选修VB课程的学生的成绩，要求列出学生姓名、课程名和成绩。

```
SELECT Sname, Cname, Grade
  FROM  Student  s  JOIN  SC ON s.Sno = SC. Sno
  JOIN  Course c ON c.Cno = SC.Cno
  WHERE Sdept = '信息系' AND Cname = 'VB'
```

注意 此查询涉及三张表，每连接一张表，就需要加一个JOIN子句。

查询结果为：

Sname	Cname	Grade
吴 宾	VB	75
张 海	VB	68

例42 查询所有选修了VB课程的学生的情况，要求列出学生姓名和所在的系。

```
SELECT Sname, Sdept
  FROM Student S JOIN SC ON S.Sno = SC. sno
  JOIN Course C ON C.Cno = SC.cno
  WHERE Cname = 'VB'
```

结果为：

Sname	Sdept
李 勇	计算机系
刘 晨	计算机系
吴 宾	信息系
张 海	信息系

注意，在这个查询语句中，虽然所要查询的列和元组的选择条件均与SC表无关，但这里还是用了三张表进行连接，原因是Student表和Course表没有可以进行连接的列（语义相同的列），因此，这两张表的连接必须借助于第三张表——SC表。

2. 自连接

自连接是一种特殊的内连接，它是指相互连接的表在物理上为同一张表，但可以在逻辑上分为两张表。

使用自连接时必须为两个表取别名，使之在逻辑上成为两张表。

例43 查询与刘晨在同一个系学习的学生的姓名和所在的系。

实现此查询的过程为：首先应该找到刘晨在哪个系学习（在Student表中，不妨将这个表称为S1表），然后再找出此系的所有学生（在Student表中，不妨将这个表称为S2表），S1表和S2表的连接条件是两个表的系（Sdept）相同。实现此查询的SQL语句为：

```
SELECT S2.Sname, S2.Sdept        -- 取S2表中的数据
FROM Student S1 JOIN Student S2
     ON S1.Sdept = S2.Sdept      -- 两个表的连接条件为所在系相同
   WHERE S1.Sname = '刘晨'        -- 在S1表中找刘晨所在的行
    AND S2.Sname != '刘晨'        -- 在S2表中去掉刘晨
```

查询结果为:

Sname	Sdept
李 勇	计算机系
王 敏	计算机系

3. 外连接

在内连接操作中，只有满足连接条件的元组才能作为结果输出，但有时我们也希望输出那些不满足连接条件的元组的信息，比如我们想知道每个学生的选课情况，包括选课学生（学号在Student表和SC表中都有，满足连接条件）和没有选课的学生（学号在Student表中有，但在SC表中没有，不满足连接条件），这时就需要使用外连接。外连接是只限制一张表中的数据必须满足连接条件，而另一张表中的数据可以不满足连接条件。ANSI方式的外连接的语法格式为:

```
FROM  表1  LEFT | RIGHT  [OUTER]  JOIN  表2  ON  <连接条件>
```

LEFT [OUTER] JOIN 称为左外连接，RIGHT [OUTER] JOIN 称为右外连接。左外连接的含义是限制表2中的数据必须满足连接条件，而不管表1中的数据是否满足连接条件，均输出表1中的内容。右外连接的含义是限制表1中的数据必须满足连接条件，而不管表2中的数据是否满足连接条件，均输出表2中的内容。

theta方式的外连接的语法格式为:

左外连接:

```
FROM  表1 , 表2  WHERE [表1.]列名(+) = [表2.]列名
```

右外连接:

```
FROM  表1 , 表2  WHERE [表1.]列名 = [表2.]列名(+)
```

SQL Server支持ANSI方式的外连接，Oracle支持theta方式的外连接。这里我们采用ANSI方式的外连接格式。

例44 查询学生的选课情况，包括选修课程的学生和没有选修课程的学生。

```
SELECT Student.Sno, Sname, Cno, Grade
   FROM Student LEFT OUTER JOIN SC
   ON Student.Sno = SC.Sno
```

结果为:

Sno	Sname	Cno	Grade
9512101	李 勇	c01	90
9512101	李 勇	c02	86
9512101	李 勇	c06	NULL
9512102	刘 晨	c02	78
9512102	刘 晨	c04	66
9512103	王 敏	NULL	NULL

（续）

Sno	Sname	Cno	Grade
9521101	张 立	NULL	NULL
9521102	吴 宾	c01	82
9521102	吴 宾	c02	75
9521102	吴 宾	c04	92
9521102	吴 宾	c05	50
9521103	张 海	c02	68
9521103	张 海	c06	NULL
9531101	钱小平	c01	80
9531101	钱小平	c05	95
9531102	王大力	c05	85

注意，结果中学号为“9512103”和“9521101”的两行数据，这两行的Cno和Grade列的值均为NULL，表明这两个学生没有选课，即他们不满足表连接条件，但进行左外连接时也将他们显示出来，并对于不满足连接条件的结果在相应的列上放置NULL值。

此查询也可以用右外连接实现，如下所示：

```
SELECT Student.Sno, Sname, Cno, Grade
  FROM SC RIGHT OUTER JOIN Student
     ON Student.Sno = SC.Sno
```

此句的查询结果同左外连接完全一样。

4.4.4 子查询

在SQL语言中，一个SELECT-FROM-WHERE语句称为一个查询块。

如果一个SELECT语句嵌套在一个SELECT、INSERT、UPDATE或DELETE语句中，则称这样的查询为子查询或内层查询，而包含子查询的语句则称为主查询或外层查询。一个子查询也可以嵌套在另外一个子查询中。为了与外层查询有所区别，总是把子查询写在圆括号中。与外层查询类似，子查询语句中也必须至少包含SELECT子句和FROM子句，并根据需要选择使用WHERE子句、GROUP BY子句和HAVING子句。

子查询语句可以出现在任何能够使用表达式的地方，但一般是用在外层查询的WHERE子句或HAVING子句中，与比较运算符或逻辑运算符一起构成查询条件。

1. 使用子查询进行基于集合的测试

使用子查询进行基于集合的测试时，通过使用运算符IN或NOT IN，将一个表达式的值与子查询返回的结果集进行比较。这和前边在WHERE子句中使用IN的作用完全相同。使用IN运算符时，如果该表达式的值与集合中的某个值相等，则此测试的结果为True。如果该表达式的值与集合中所有值均不相等，则返回False。

注意 使用子查询进行基于集合的测试时，子查询返回的结果集中的列的个数和数据类型必须与测试表达式中的列的个数和数据类型相同。当子查询返回结果之后，外层查询将使用这些结果。

例45 查询与刘晨在同一个系的学生。

```
SELECT Sno, Sname, Sdept FROM Student
   WHERE Sdept IN
      (SELECT Sdept FROM Student WHERE Sname = '刘晨')
```

实际的查询过程为:

1) 确定刘晨所在的系，即执行子查询:

```
SELECT Sdept FROM Student WHERE Sname = '刘晨'
```

结果为“计算机系”。

2) 在子查询的结果中查找所有在此系学习的学生:

```
SELECT Sno, Sname, Sdept FROM Student WHERE Sdept IN ('计算机系')
```

查询结果为:

Sno	Sname	Sdept
9512101	李 勇	计算机系
9512102	刘 晨	计算机系
9512103	王 敏	计算机系

可以看到，查询结果中也有刘晨。如果不希望刘晨出现在查询结果中，则可以在上述查询语句中添加一个条件，如下所示:

```
SELECT Sno, Sname, Sdept FROM Student
  WHERE Sdept IN
    (SELECT Sdept FROM Student WHERE Sname = '刘晨')
    AND Sname != '刘晨'
```

注意 这里的“Sname != '刘晨'”不需要使用表名前缀，因为对于外层查询来说，其表名是没有二义性的。

我们在前边曾经用自连接实现过这个查询，从这个例子我们可以看出，SQL语言的使用是很灵活的，同样的查询要求可以用多种形式实现。随着学习的深入我们会对这一点有更深的体会。

例46 查询成绩大于90分的学生的学号和姓名。

```
SELECT Sno, Sname FROM Student
  WHERE Sno IN
    ( SELECT Sno FROM SC
      WHERE Grade > 90 )
```

查询结果见右表。

Sno	Sname
9521102	吴 宾
9531101	钱小平

此查询也可以用多表连接的方式实现:

```
SELECT Sno, Sname FROM Student JOIN SC
  ON Student.Sno = SC.Sno WHERE Grade > 90
```

例47 查询选修了“数据库基础”课程的学生的学号和姓名。

```
SELECT Sno, Sname FROM Student
  WHERE Sno IN
    (SELECT Sno FROM SC
      WHERE Cno IN
        (SELECT Cno FROM Course
          WHERE Cname = '数据库基础'))
```

查询结果见右表。

Sno	Sname
9512102	刘 晨
9521102	吴 宾

此查询也可以用多表连接的方式实现:

```
SELECT Student.Sno, Sname FROM Student
  JOIN SC ON Student.Sno = SC.Sno
  JOIN Course ON Course.Cno = SC.Cno
```

```
    WHERE Cname = '数据库基础'
```

从上面的例子中我们可以看到，用子查询进行基于集合的测试时，先执行子查询，然后再根据子查询的结果执行外层查询。子查询只执行一次，子查询的查询条件不依赖于外层查询，我们将这样的子查询称为不相关子查询或嵌套子查询。

2. 使用子查询进行比较测试

使用子查询进行比较测试时，通过比较运算符（=、<>、<、>、>=、<=）将一个表达式的值与子查询返回的值进行比较。如果比较运算的结果为True，则比较测试返回True。

注意 使用子查询进行比较测试时，要求子查询语句必须是返回单值的查询语句。

例48 查询选修了“C02”课程且成绩高于此课程的平均成绩的学生的学号和成绩。

```
SELECT Sno , Grade FROM SC
  WHERE Cno = 'C02' and Grade > (
    SELECT AVG(Grade) from SC
      WHERE Cno = 'C02')
```

查询结果为:

Sno	Grade
9512101	86
9512102	78

和基于集合的子查询一样，用子查询进行比较测试时，也是先执行子查询，然后再根据子查询的结果执行外层查询。

3. 使用子查询进行存在性测试

使用子查询进行存在性测试时，一般使用EXISTS谓词。带EXISTS谓词的子查询不返回查询的数据，只返回逻辑真值和假值。当子查询中有满足条件的数据时，EXISTS返回真值；当子查询中没有满足条件的数据时，EXISTS返回假值

例49 查询选修了“C01”课程的学生姓名。

```
SELECT Sname FROM Student
   WHERE EXISTS
      (SELECT * FROM SC
         WHERE Sno = Student.Sno AND Cno = 'C01')
```

查询结果为:

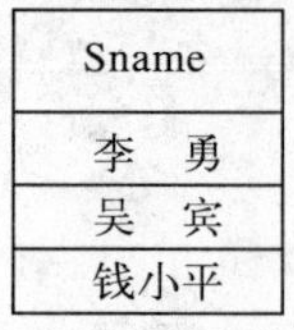

Sname
李　勇
吴　宾
钱小平

注意:

• 带EXISTS谓词的查询是先执行外层查询，然后再执行内层查询。外层查询的值决定了内层查询的结果，内层查询的执行次数由外层查询的结果数决定。

上述查询语句的处理过程为:

1) 先查找外层表Student的第一行，根据其Sno值处理内层查询。

2) 用外层的值执行内层查询，如果有符合条件的数据，则EXISTS返回真值，否则返回假

值。如果EXISTS返回真，则外层结果中的当前行数据为符合条件的结果；否则，是不符合条件的结果。

3) 顺序处理外层表Student表中的第2、3、… 行数据，直到处理完所有行。

• 由于带EXISTS的子查询只能返回真或假值，因此在子查询中指定列名是没有意义的。所以在有EXISTS的子查询中，其目标列名序列通常都用“*”。

例49的查询也可以用多表连接实现:

```
SELECT Sname FROM Student JOIN  SC
   ON SC.Sno = Student.Sno WHERE Cno =  'c01'
```

在子查询语句的前边也可以使用NOT。NOT IN（子查询语句）的含义与前边介绍的基于集合的NOT IN运算的含义相同，NOT EXISTS的含义是当子查询中至少存在一个满足条件的记录时，NOT EXISTS返回False，当子查询中不存在满足条件的记录时，NOT EXISTS返回True。

例50 查询没有选修课程“C01”的学生姓名和所在系。

```
SELECT Sname, Sdept FROM Student
   WHERE NOT EXISTS
     (SELECT * FROM SC
         WHERE Sno = Student.Sno AND Cno = 'c01')
```

4.5 数据更改功能

上一节我们讨论了如何检索数据库中的数据，使用SELECT语句可以返回由行和列组成的结果，但查询操作不会使数据库中的数据发生任何变化。如果要对数据进行各种更新操作，包括添加数据、修改数据和删除数据，则需要使用数据修改语句INSERT、UPDATE和DELETE来完成。数据修改语句修改数据库中的数据，但不返回结果集。

4.5.1 插入数据

在创建完表之后，就可以使用INSERT语句在表中添加新数据。

插入数据的INSERT语句的格式为:

```
INSERT [INTO] <表名> [ (<列名列表>) ] VALUES （值列表）
```

其中:

<列名列表>中的列名必须是表定义中的列名，（值列表）中的值可以是常量也可以是NULL值，各值之间用逗号分隔。

INSERT语句用来新增一个符合表结构的数据行，将值列表中的数据按表中列定义的顺序（或<列名列表>中指定的顺序）逐一赋给对应的列。

使用插入语句时应注意以下几个问题:

• （值列表）中的值与<列名列表>中的列按位置顺序对应，它们的数据类型必须一致。

• 如果<表名>后边没有指明列名，则新插入记录的值的顺序必须与表中定义列的顺序一致，且每一个列均有值（可以为空）。

例51 将新生记录（9521105，陈冬，男，信息系，18岁）插入到Student表中。

```
INSERT INTO Student VALUES ('9521105', '陈冬', '男', 18, '信息系')
```

例52　在SC表中插入一新记录学号为“9521105”课程号为“C01”，修课类别为“必修”），成绩暂缺。

```
INSERT INTO SC (Sno, Cno, XKLB) VALUES('9521105', 'c01','必修')
```

注意　在例52中，由于提供的值个数与表中的列个数不一致，此时必须列出列名。而且 SC中的Grade必须允许为NULL。此句实际插入的值为（‘9521105’, ‘c01’, NULL, ‘必修’）

4.5.2　更新数据

当用INSERT语句向表中添加了记录之后，如果某些数据发生了变化，那么就需要对表中已有的数据进行修改。可以使用UPDATE语句对数据进行修改。

UPDATE语句的语法格式为:

```
UPDATE <表名> SET <列名=表达式> [,… n] [WHERE <更新条件>]
```

其中，<表名>给出了需要修改数据的表的名称。SET子句指定要修改的列，表达式指定修改后的新值。WHERE子句用于指定需要修改表中的哪些记录。如果省略WHERE子句，则是无条件更新，表示要修改SET中指定的列的全部值。

1. 无条件更新

例53　将所有学生的年龄加1。

```
UPDATE Student SET Sage = Sage + 1
```

2. 有条件更新

当用WHERE子句指定更改数据的条件时，有两种情况。一种是基于本表条件的更新，即要更新的记录和更新记录的条件在同一张表中。例如，将计算机系全体学生的年龄加1，要修改的表是Student表，而更改条件——学生所在的系（这里是计算机系）也在Student表中。另一种是基于其它表条件的更新，即要更新的记录在一张表中，而更新的条件来自于另一张表，如将计算机系全体学生的成绩加5分，要更新的是SC表的Grade列，而更新条件——学生所在的系（计算机系）在Student表中。基于其它表条件的更新可以用两种方法实现，一种是使用多表连接方法，另一种是使用子查询方法。

(1) 基于本表条件的更新

例54　将学号为“9512101’的学生的年龄改为21岁。

```
UPDATE Student SET Sage = 21
   WHERE Sno = '9512101'
```

(2) 基于其它表条件的更新

例55　将计算机系全体学生的成绩加5分。

• 用子查询实现

```
UPDATE SC SET Grade = Grade+5
   WHERE Sno IN
      (SELECT Sno FROM Student
         WHERE Sdept = '计算机系' )
```

• 用多表连接实现

```
UPDATE SC SET Grade = Grade + 5
   FROM SC JOIN Student ON SC.Sno = Student.Sno
      WHERE Sdept = '计算机系'
```

4.5.3 删除数据

当确定不再需要某些记录时，就可以用删除语句DELETE，将这些记录删除。DELETE语句的语法格式为:

```
DELETE[FROM] <表名> [WHERE <删除条件>]
```

其中，<表名>说明了要删除哪个表中的数据，WHERE子句说明要删除表中的哪些记录，即只删除满足WHERE条件的记录。如果省略WHERE子句，则是无条件删除，表示要删除表中的全部记录。

1. 无条件删除

无条件删除是删除表中全部数据，但保留表的结构。

例56 删除所有学生的选课记录。

```
DELETE FROM SC              -- SC变成空表
```

2. 有条件删除

当用WHERE子句指定要删除记录的条件时，同UPDATE语句一样，也分为两种情况。一种是基于本表条件的删除，例如删除所有不及格学生的修课记录，要删除的记录与删除的条件都在SC表中。另一种是基于其它表条件的删除，如删除计算机系不及格学生的修课记录，要删除的记录在SC表中，而删除的条件（计算机系）在Student表中。基于其它表条件的删除同样可以用两种方法实现，一种是使用多表连接，另一种是使用子查询。

(1) 基于本表条件的删除

例57 删除所有不及格学生的选课记录。

```
DELETE FROM SC WHERE Grade < 60
```

(2) 基于其它表条件的删除

例58 删除计算机系不及格学生的选课记录。

• 用子查询实现

```
DELETE FROM SC
  WHERE Grade < 60 AND Sno IN (
    SELECT Sno FROM Student
      WHERE Sdept = '计算机系' )
```

• 用多表连接实现

```
DELETE FROM SC
  FROM SC JOIN Student ON SC.Sno = Student.Sno
    WHERE Sdept = '计算机系'AND Grade < 60
```

4.6 建立与删除索引

4.6.1 索引的概念

在数据库中建立索引的目的是加快数据的查询速度。数据库中的索引与书籍中的索引类似。在一本书中，利用索引可以快速查找所需信息，而无需翻阅整本书。在数据库中，利用索引，不必对整个表进行扫描，就可以找到所需的数据。书籍的索引是一个词语列表，其中注明了包含各个词的页码。数据库中的索引是一个表中所包含的值的列表，其中注明了表中包含各个值的行所在的存储位置。可以为表中的单个列建立索引，也可以为一组列建立索引。索引一般采用B树结构，并且索引由索引项组成，索引项由来自表中每一行的一个或多个列（称为搜索关键字）组成。B树按搜索关键字排序，可以对组成搜索关键字的任何子词条集合进行高效搜索。例如，对于一个由A、B、C三个列组成的索引，可以在A以及A、B和A、B、C上对其进行高效搜索。

例如，假设在Student表的Sno列上建立了一个索引，则在索引部分就有指向每个学号所对应的学生的存储位置的信息，如图4-1所示。

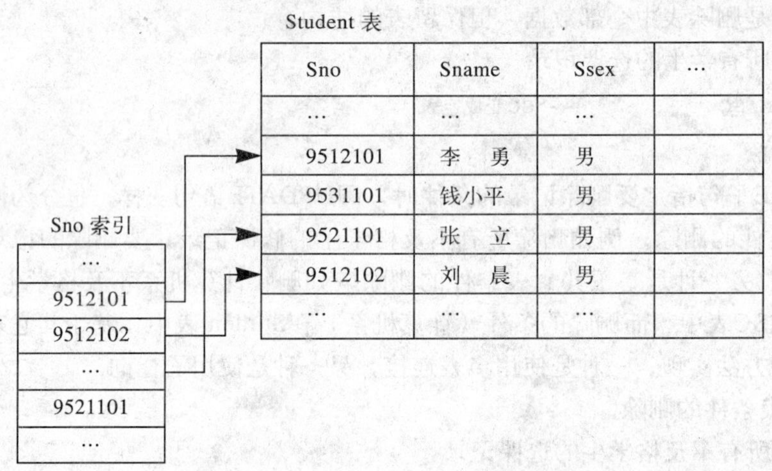

图4-1 索引及数据间的对应关系示意图

当数据库管理系统执行一条在Student表上根据指定的Sno查找学生的信息的语句时，它能够识别Sno列的索引，并首先在索引部分查找对应的学号，然后根据找到的学号指向的数据的存储位置，再到Student表中直接检索需要的信息。如果没有索引，则数据库管理系统需要从Student表的第一行开始，逐行检索指定的Sno的值。

但索引为性能所带来的好处是有代价的，因为索引在数据库中会占用一定的存储空间。另外，在对数据进行插入、更改和删除操作时，为了使索引与数据保持一致，还需要对索引进行维护，维护索引也需要花费一定的时间。因此，在设计和创建索引时，应确保对性能的提高程度大于在存储空间和处理资源方面的代价。

在数据库管理系统中，数据按数据页存储，索引项也按数据页存储。不同的数据库管理系统的数据页的大小不完全相同，在SQL Server 2000中，一个数据页的大小是8 KB。每个数据页都有一个 96 字节的页头，其中包含系统信息，如拥有该页的表的标识符（ID）等。如果页链接在列表中，则页头还包含指向下一页及前一页的指针，这样就可将一个表的全部数据或者索引连在一起。数据页的组织方式如图4-2所示。

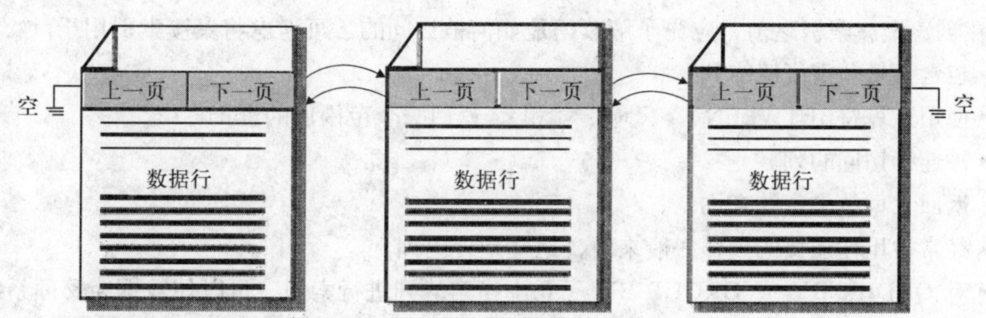

图4-2 数据页的组织方式示意图

4.6.2 索引的分类

索引一般分为聚簇索引和非聚簇索引两类。聚簇索引对数据进行物理的排序，非聚簇索引不对数据进行物理排序，图4-1所示的索引即为非聚簇索引。下面我们分别介绍这两种索引。

1. 聚簇索引

聚簇索引确定表中数据的物理顺序，即将数据按索引列进行物理排序。它类似于电话号码簿，在电话号码簿中数据是按姓氏排列的，这里的姓氏就是聚簇索引列。由于聚簇索引决定数据在表中的物理存储顺序，因此一个表只能包含一个聚簇索引。但该索引可以包含多个列（组合索引），就像电话号码簿按姓氏和名字进行组织一样。

建立聚簇索引的表的存储结构如图4-3所示，对于聚簇索引，其索引B树的叶级就是数据页。当在建立聚簇索引的列上查找数据时，系统先从聚簇索引树的入口开始逐层向下查找，直至达到索引B树的叶级，也就达到了要找的数据所在的数据页，最后在这个数据页中查找所需数据即可。

聚簇索引对于那些经常要搜索连续范围的值的列特别有效，因为在找到第一个匹配行后，由于满足要求的后续行在物理上是连续的，因此可连续提取后续行数据直到达到不满足数据的行。例如，假设要查找名字在“March”到“Richard”范围内的雇员信息，如果在名字列上建有聚簇索引，则当找到第一个匹配值“March”后，便可以确保在“Richard”数据行之间的全部数据均是满足要求的雇员。又例如，如果经常要查询某一日期范围内的记录，则使用聚簇索引可以迅速找到包含开始日期的行，然后检索表中所有相邻的行，直到到达结束日期为止。这样有助于提高此类查询的性能。同样，如果经常使用某列作为排序的依据列，那么也可以在此列上建立聚簇索引，从而避免每次查询该列时都进行排序，以达到提高效率的目的。

当索引值惟一时，使用聚簇索引查找特定的行也很有效率。例如，使用具有惟一值的Sno列查找特定学生的最快速的方法是在Sno列上创建聚簇索引或PRIMARY KEY约束。

注意 SQL Server数据库管理系统自动对具有PRIMARY KEY约束的列建立索引，而且如果此表没有聚簇索引的话，默认建立的是聚簇索引。

也可以在非主码列上创建聚簇索引，例如，如果经常以学生的姓名为条件进行查询，则可以在学生姓名而不是学号上建立聚簇索引。

注意 定义聚簇索引键时使用的列越少越好，这一点很重要。如果定义了一个大型的聚簇索引键，则同一个表上定义的任何非聚簇索引都将增大许多，因为非聚簇索引项将包含聚簇索引键。

在创建聚簇索引之前，应先了解数据是如何被访问的。可考虑将聚簇索引用于:

- 包含大量非重复值的列。
- 使用运算符BETWEEN、>、>=、< 和 <=返回一个范围值的查询。
- 被连续访问的列。
- 返回大型结果集的查询。
- 经常被用作连接的列，一般来说，这些是外码列。
- 对 ORDER BY 或 GROUP BY 子句中指定的列进行索引，可以使数据库管理系统在查询时不必对数据再进行排序，因为这些数据在建立聚簇索引时已经被物理排序，因而可以提高查询性能。

聚簇索引不适用于:

- 频繁更改的列。因为这将导致整行移动。
- 字节长的列。因为聚簇索引的键值将被所有非聚簇索引作为查找键使用，并存储在每个非聚簇索引的B树的叶级索引项中。

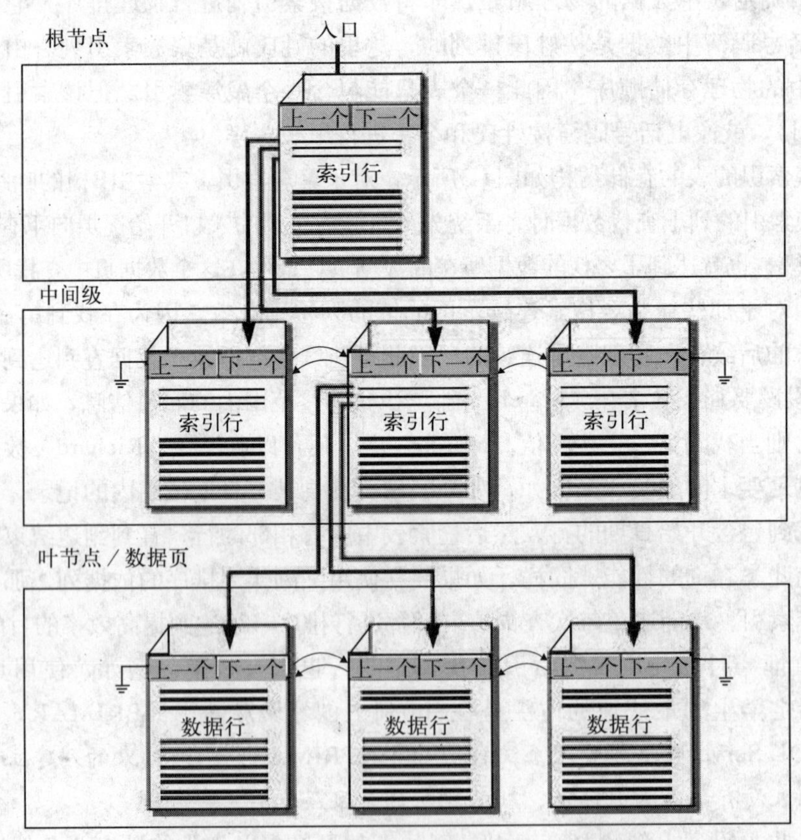

图4-3 建有聚簇索引的表的存储结构示意图

2. 非聚簇索引

非聚簇索引与图书的目录类似，其数据存储在一个地方，索引存储在另一个地方，索引带有指向数据的存储位置的指针。索引中的索引项按索引键值顺序存储，而表中的信息按另一种顺序存储（这可以由聚簇索引决定）。如果在表中未创建聚簇索引，则无法确定这些行的排列顺序。

与使用图书目录的方式类似，数据库管理系统在搜索数据值时，先对非聚簇索引进行搜索，找到数据值在表中的位置，然后从该位置直接检索数据。如果基本表使用聚簇索引排序，则该位置为聚簇索引的键值；否则，该位置为包含数据所在行的文件号、页号和行 ID (RID)信息的指针。

非聚簇索引与聚簇索引一样有B树结构，但是有两个重要差别：

- 数据行不按非聚簇索引键的顺序排序和存储。
- 非聚簇索引的叶级不包含数据页。

非聚簇索引B树的叶节点包含索引行。每个索引行包含非聚簇索引键值以及一个或多个行定位器，这些行定位器指向该键值对应的数据行（如果索引不惟一，则可能是多行）。

非聚簇索引可以在有聚簇索引的表和无聚簇索引的表上定义。在SQL Server 2000 中，非聚簇索引中的行定位器有两种形式：

- 如果表没有聚簇索引，则行定位器就是指向行的指针。该指针用文件标识符 (ID)、页码和页上的行数生成。整个指针称为行ID。
- 如果表有聚簇索引，则行定位器就是行的聚簇索引键值。SQL Server通过使用聚簇索引键搜索聚簇索引来检索数据行，而聚簇索引键存储在非聚簇索引的叶节点行内。

建有非聚簇索引的表的存储如图4-4所示。

由于非聚簇索引并不改变数据的物理存储，因此，可以在一 个表上建立多个非聚簇索引。比如一本介绍园艺的书可能会包含一个植物通俗名称索引和一个植物学名索引，因为这是读者查找信息的两种最常用的方法。和一本书可以有多个索引一样，可以为在表中查找数据时常用的每个列创建一个非聚簇索引。

在创建非聚簇索引之前，应先了解数据是如何被访问的。可考虑将非聚簇索引用于：

- 包含大量非重复值的列。如果某列只有很少的非重复值，比如只有1和0，则不对这些列建立非聚簇索引。
- 不返回大型结果集的查询。
- 经常作为查询条件使用的列。
- 经常作为连接和分组条件的列，应在这些列上创建多个非聚簇索引。

3. 惟一索引

惟一索引可以确保索引列不包含重复的值。在多列惟一索引的情况下，该索引可以确保索引列中每个值的组合都是惟一的。例如，如果在last_name、first_name和middle_initial列的组合上创建了惟一索引full_name，则该表中任何两个人都不能具有相同的全名。

聚簇索引和非聚簇索引都可以是惟一的。因此，只要列中的数据是惟一的，就可以在同一个表上创建一个惟一的聚簇索引和多个惟一的非聚簇索引。

> **注意** 只有当数据本身具有惟一性特征时，指定惟一索引才有意义。如果必须要实施惟一性来确保数据的完整性，则应在列上创建UNIQUE约束或PRIMARY KEY约束（关于约束的详细信息请参见本书的第6章），而不要创建惟一索引。例如，如果想限制学生表（主码为Sno）中的身份证号码（sid）列（假设学生表中有此列）的取值不能重复，则可在sid列上创建 UNIQUE 约束。

实际上，当在表上创建PRIMARY KEY约束或UNIQUE约束时，系统会自动在这些列上创建惟一索引。

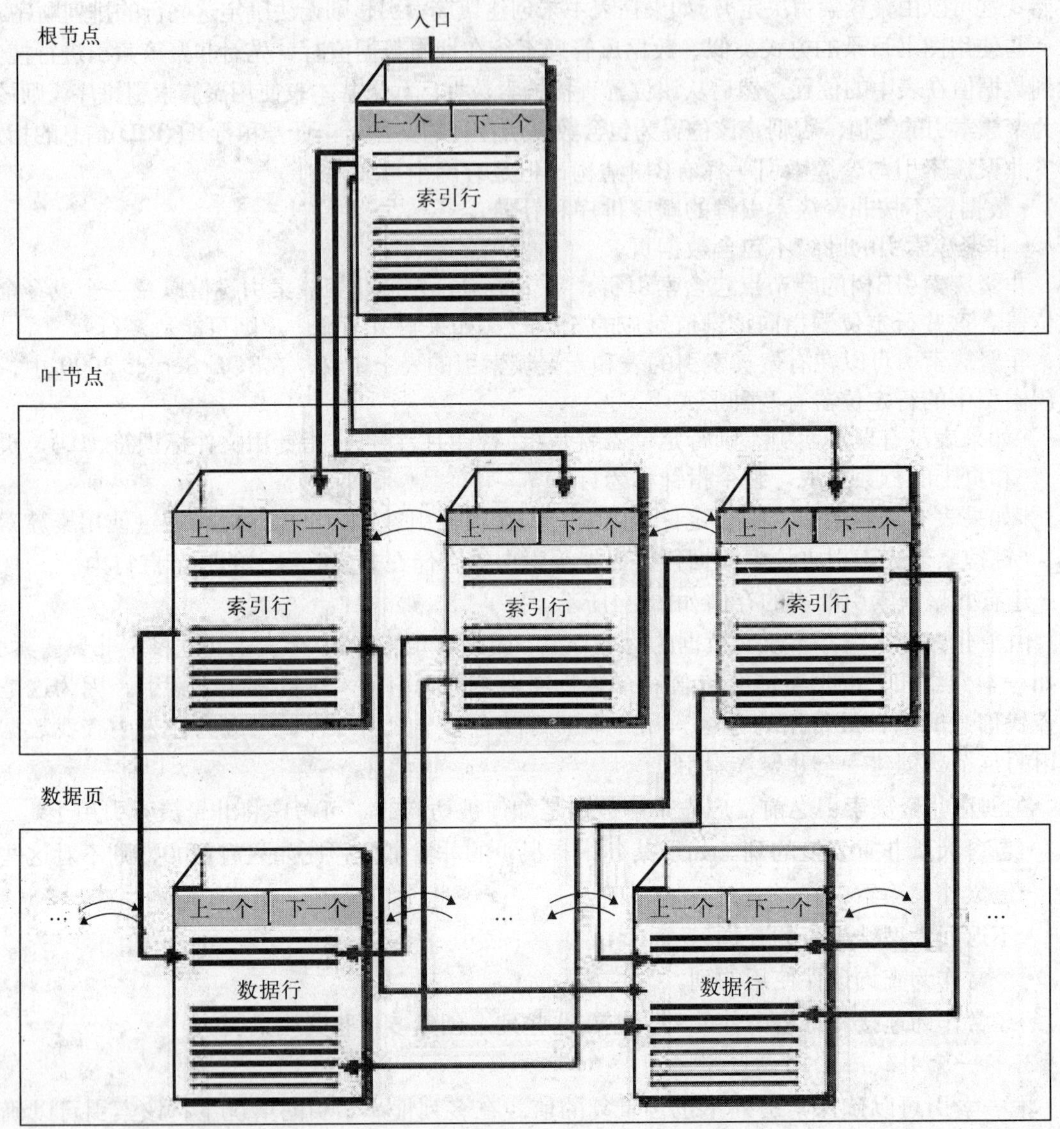

图4-4　建有非聚簇索引存储结构示意图

4.6.3　创建和删除索引

1. 创建索引

确定了索引列之后，就可以在数据库的表上创建索引。创建索引应使用CREATE INDEX语句，其一般语法格式为:

```
CREATE [UNIQUE] [CLUSTERED | NONCLUSTERED]
    INDEX 索引名 ON 表名 (列名 [,...n])
```

其中:

- UNIQUE：表示要创建的索引是惟一索引。
- CLUSTERED：表示要创建的索引是聚簇索引。

• NONCLUSTERED：表示要创建的索引是非聚簇索引。

如果没有指定索引类型，则默认创建的是非聚簇索引。

例59 为Student表的Sname列创建非聚簇索引。

```
CREATE INDEX Sname_ind
   ON Student(Sname)
```

例60 为Student表的Sid列创建惟一性聚簇索引。

```
CREATE UNIQUE CLUSTERED INDEX Sid_ind
   ON Stuent (Sid)
```

2. 删除索引

索引一经建立，就由数据库管理系统自动使用和维护，不需要用户干预。建立索引是为了加快数据的查询效率，但如果频繁地对数据进行增、删、改操作，则系统会花费很多时间来维护索引，这会降低数据的修改效率。另外，存储索引需要占用额外的空间，这增加了数据库的空间开销。因此，当不需要某个索引时，可将其删除。

在SQL语言中，删除索引一般使用DROP INDEX语句。其一般语法格式为：

```
DROP INDEX <索引名>
```

例61 删除Student表中的Sname_ind索引。

```
DROP INDEX Sname_ind
```

4.7 小结

本章首先介绍了SQL语言的发展以及其所支持的数据类型，然后介绍SQL中的数据定义和数据操作功能。在数据定义部分我们介绍了如何用SQL语句创建关系表以及如何在表上创建索引。创建索引的目的是加快数据的查询效率，但维护索引会占用时间和空间，因此，建立的索引不合适会影响数据的增、删、改效率。

数据的增、删、改、查（尤其是查询）是数据库中使用得最多的操作。在查询语句部分，我们介绍了单表查询和多表连接查询，包括无条件查询、有条件查询、分组查询以及排序等功能。在多表连接查询部分介绍了内连接、自连接、左外连接和右外连接。对于条件查询则介绍了多种实现方法，包括用子查询实现和用连接查询实现等。

对数据的更改操作，我们介绍了数据的插入、修改和删除。对删除和更新操作，介绍了无条件的操作和有条件的操作，对有条件的删除和更新操作我们又介绍了用多表连接实现和用子查询实现两种方法。

我们在介绍这些语句时，注意采用新的ANSI格式，目前大多数新数据库管理系统都支持这些格式。

习题

1. 写出创建满足条件的下述三张表的SQL语句：

Student表结构

列名	说明	数据类型	约束
Sno	学号	定长字符串，长度为7	主码
Sname	姓名	定长字符串，长度为10	非空
Ssex	性别	定长字符串，长度为2	
Sage	年龄	微整型（tinyint）	
Sdept	所在系	不定长字符串，长度为20	
Spec	专业	定长字符串，长度为10	

Course表结构

列名	说明	数据类型	约束
Cno	课程号	定长字符串，长度为10	主码
Cname	课程名	不定长字符串，长度为20	非空
Periods	学时数	小整型	
property	课程性质	定长字符串，长度为4	

SC表结构

列名	说明	数据类型	约束
Sno	学号	定长字符串，长度为7	主码，引用Student的外码
Cno	课程号	定长字符串，长度为10	主码，引用Course的外码
Grade	成绩	小整型	

2. 利用本章提供的三张表实现如下操作。
   1）查询学生修课表中的全部数据。
   2）查询计算机系的学生的姓名、年龄。
   3）查询成绩在70~80分之间的学生的学号、课程号和成绩。
   4）查询计算机系年龄在18~20岁之间且性别为“男”的学生的姓名、年龄。
   5）查询c01号课程成绩最高的分数。
   6）查询计算机系学生的最大年龄和最小年龄。
   7）统计每个系的学生人数。
   8）统计每门课程的修课人数和考试最高分。
   9）统计每个学生的选课门数和考试总成绩，并按选课门数的递增顺序显示结果。
   10）查询总成绩超过200分的学生，要求列出学号、总成绩。
   11）查询选修了c02号课程的学生的姓名和所在系。
   12）查询成绩在80分以上的学生的姓名、课程号和成绩，并按成绩的降序排列结果。
   13）查询哪些课程没有人选修，要求列出课程号和课程名。
3. 用子查询实现如下查询:
   1）查询选修了c01号课程的学生的姓名和所在系。
   2）查询数学系成绩在80分以上的学生的学号、姓名。
   3）查询计算机系考试成绩最高的学生的姓名。
4. 删除修课成绩低于50分的学生的修课记录。
5. 将所有选修了c01号课程的学生的成绩加10分。
6. 将计算机系所有选修了“计算机文化学”课程的学生的成绩加10分。
7. 写出创建满足下述要求的索引的语句。
   1）在Course表的Cname列上建立一个惟一性非聚簇索引。
   2）在SC表上为Sno和Cno列共同建立一个聚簇索引。

第 5 章　视图、存储过程和用户自定义函数

视图、存储过程和函数是用户在数据库管理系统中使用SQL语句创建的三种对象，这三种对象各有其优点和作用。视图是构建在基本表之上的逻辑表，是面向用户需求设计的；存储过程是一个可共享的代码段，它可以有输入和输出参数，需要调用执行；函数类似于普通程序设计语言中的函数的概念，它也可以有输出参数，它的返回值可以是一个数据值，也可以是一个表。本章将分别介绍这三个概念。

5.1　视图

5.1.1　视图的概念

我们通常把用CREATE TABLE语句创建的表叫基本表。基本表中的数据实际上是存储在磁盘上的。关系模型有一个重要的特点，那就是由SELECT语句得到的结果仍然是表的形式，由此引出了视图的概念。视图是由子查询产生的表，但它有自己的视图名，也有自己的列名。视图在很多方面都与基本表类似。

视图是由从数据库的基本表中选取出来的数据组成的逻辑窗口，与基本表不同的是，视图是一个虚表。数据库中只存放视图的定义，而不存放视图包含的数据，这些数据仍存放在原来的基本表中。这样，基本表中的数据如果发生变化，视图中查询出的数据也随之变化。从这个意义上讲，视图就像一个窗口，用户可以通过它看到数据库中自己感兴趣的数据。

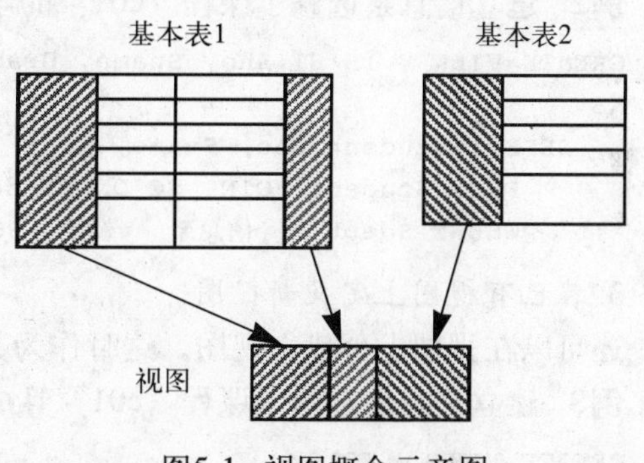

图5-1　视图概念示意图

视图可以建立在基本表上，也可以建立在其它的视图上，即可以在一个视图之上再定义视图。但不管怎样，对视图数据的操作最终都会转换为对基本表的操作。图5-1显示了视图的基本概念。

5.1.2　定义视图

定义视图的SQL语句为CREATE VIEW，其一般格式为:

```
CREATE VIEW <视图名> [（视图列名表）]
    AS 子查询语句
```

其中，子查询语句可以是任意的SELECT语句，但要注意以下几点:

- 子查询中通常不包含ORDER BY和DISTINCT子句。
- 在定义视图时要么指定全部视图列，要么全部省略不写，不能只写出视图的部分属性列。如果省略了视图的属性列名，则视图的列名与子查询列名相同。但在如下三种情况下必

须明确指定组成视图的所有列名:

- 某个目标列不是单纯的属性名，而是计算函数或列表达式。
- 多表连接时选出了几个同名列作为视图的字段。
- 需要在视图中为某个列选用新的更合适的列名。

视图不仅可用于查询数据，而且也可以用于修改基本表中的数据，但并不是所有的视图都可以用于修改数据。比如经过统计或表达式计算得到的视图，就不能用于修改数据。

1. 定义单源表视图

单源表的行列子集视图指视图的数据取自一个基本表的部分行、列，这种视图的行列与基本表的行列对应。用这种方法定义的视图可以对数据进行查询和修改。

例1　建立信息系学生的视图。

```
CREATE VIEW IS_Student
AS
   SELECT Sno, Sname, Sage
   FROM Student WHERE Sdept = '信息系'
```

DBMS执行CREATE VIEW语句后只是保存视图的定义，并不执行其中的SELECT语句。只有在对视图执行查询时，才按视图的定义从相应的基本表中查询数据。

2. 定义多源表视图

多源表视图指的是定义视图的子查询时使用了多个源表，用这种方法定义的视图一般只用于查询，不用于修改数据。

例2　建立信息系选修了课程“c01”的学生的视图。

```
CREATE VIEW V_IS_S1(Sno, Sname, Grade)
AS
   SELECT Student.Sno, Sname, Sage
      FROM Student JOIN  SC ON Student.Sno = SC.Sno
      WHERE Sdept = '信息系'  AND  SC.Cno = 'c01'
```

3. 在已有视图上定义新视图

还可以在视图上再建立视图，这时作为数据源的视图必须是已经建立好的视图。

例3　建立信息系选修了课程“c01”且成绩在90分以上的学生的视图。

```
CREATE VIEW V_IS_S2
AS
   SELECT Sno, Sname, Grade
      FROM V_IS_S1
      WHERE Grade >= 90
```

这里的视图V_IS_S2就是建立在V_IS_S1视图之上的。

4. 定义带表达式的视图

在定义基本表时，为减少数据库中的冗余数据，表中只存放基本数据，而基本数据经过各种计算派生出的数据一般是不存储在基本表中的。但由于视图中的数据并不能实际存储，所以定义视图时可以根据需要设置一些派生属性列，在这些派生属性列中保存经过计算的值。由于这些派生属性在基本表中实际并不存在，因此也称它们为虚拟列。包含虚拟列的视图也称为带表达式的视图。

例4　定义一个反映学生出生年份的视图。

```
CREATE VIEW BT_S(Sno, Sname, Sbirth)
AS
    SELECT Sno, Sname, 2002-Sage
        FROM Student
```

5. 含分组统计信息的视图

含分组统计信息的视图是指视图的子查询中含有GROUP BY子句，这样的视图只能用于查询，不能用于修改数据。

例5 定义一个存放每个学生的学号及平均成绩的视图。

```
CREATE VIEW S_G(Sno, AverageGrade)
AS
    SELECT Sno, AVG(Grade) FROM SC
        GROUP BY Sno
```

注意 如果子查询的选择列表包含表达式或统计函数，而且在子查询中也没有为这样的列指定列标题，则在定义视图的语句中必须要指定视图属性列的名字。

5.1.3 删除视图

删除视图的SQL语句的格式为:

```
DROP VIEW <视图名>
```

例6 删除前边定义的IS_Student视图。

```
DROP VIEW IS_Student
```

删除视图时需要注意的是，如果被删除的视图是其它视图的数据源，如前边的V_IS_S2视图就是定义在V_IS_S1视图之上的，那么删除了作为数据源的视图（比如删除了V_IS_S1）之后，导出视图（如V_IS_S2）也就无法再使用了。同样的道理，如果视图的基本表被删除了，则视图也将无法使用。因此，在删除基本表和视图时一定要注意是否有引用被删除对象的视图，如果有则应同时删除。

5.1.4 视图的作用

正如我们在前面看到的，使用视图可以集中、简化和定制用户对数据的需求。虽然对视图的操作最终都转换为对基本表的操作，所以看起来似乎视图没什么用处，但实际上，如果合理地使用视图能够带来许多好处。

1. 简化数据查询语句

使用视图机制可以使用户将注意力集中在所关心的数据上。如果这些数据来自于多个基本表，或者数据不但来自于基本表，还有一部分来自于视图，并且所用的搜索条件又比较复杂时，需要编写的SELECT语句就会很长，这时定义视图就可以简化数据的查询语句。定义视图可以将表与表之间的复杂的连接操作和搜索条件对用户隐藏起来，用户只需简单地查询一个视图即可。当多次执行相同的数据查询操作时使用视图尤为有用。

2. 使用户能从多角度看待同一数据

视图机制能使不同的用户以不同的方式看待同一数据，当许多不同用户共享同一个数据库时，这种灵活性是非常重要的。

3. 提高了数据的安全性

使用视图可以定制用户能查看哪些数据并屏蔽掉敏感的数据。比如，如果不希望让员工看到别人的工资，就可以建立一个不包含工资项的职工视图，然后让用户通过视图来访问表中的数据，而不授予他们直接访问基本表的权限，这样就提高了数据库数据的安全性。

4. 提供了一定程度的逻辑独立性

视图在一定程度上提供了我们在第2章介绍的数据的逻辑独立性，它与数据库的外模式相对应。

在关系数据库中，数据库的重构是不可避免的。重构数据库最常见的方法是将一个基本表分成多个基本表。例如，可将学生关系Student（Sno, Sname, Ssex, Sage, Sdept）分为SX（Sno, Sname, Sage）和SY（Sno, Ssex, Sdept）两个关系，这时对Student表的操作就变成了对SX和SY的操作，这时可定义视图:

```
CREATE VIEW Student (Sno, Sname, Ssex, Sage, Sdept)
AS
    SELECT SX.Sno, SX.Sname, SY.Ssex, SX.Sage, SY.Sdept
    FROM SX JOIN SY ON SX.Sno = SY.Sno
```

这样，尽管数据库的表结构变了，也不必修改应用程序，因为新建的视图保证了用户原来的关系，用户的外模式未发生改变。

注意，视图只能在一定程度上提供数据的逻辑独立性。由于视图的更新是有条件的，所以应用程序在修改数据时可能会因基本表结构的改变而受一些影响。

5.2 存储过程

存储过程是 SQL 语句和控制流语句的预编译集合，它以一个名称存储并作为一个单元处理，应用程序可以通过调用来执行存储过程。利用存储过程可以使用户对数据库的管理和操作更加容易、效率更高。本章将讨论存储过程的作用以及优点。

5.2.1 存储过程的概念

SQL 语言是应用程序和 SQL Server 数据库之间的主要编程接口。使用SQL语言编写代码时，可用两种方法存储和执行代码。一种是在客户端存储代码，并创建向数据库管理系统发送SQL命令（或SQL语句）并处理返回结果的应用程序；第二种是将发送的SQL语句存储在数据库管理系统中，存储在数据库管理系统中的SQL语句就是存储过程，然后再创建执行存储过程并处理返回结果的应用程序。

数据库管理系统中的存储过程与其它程序设计语言中的过程类似，因为存储过程可以:

- 接受输入参数并以输出参数的形式将多个值返回至调用程序。
- 包含执行数据库操作（包括调用其它存储过程）的编程语句。
- 向调用程序返回状态值，以表明成功或失败（以及失败原因）。

使用数据库管理系统中的存储过程而不使用存储在客户计算机本地的SQL 语句有以下好处:

1. 允许进行模块化程序设计

只需创建一次存储过程并将其存储在数据库中，以后就可以在应用程序中多次调用该存储过程。存储过程可由在数据库编程方面有专长的人员创建，并可独立于程序源代码而单独修改。

2. 改善性能

存储过程在创建时就在服务器上进行编译并生成了可执行代码，所以后续的执行无需再编译，可极大地提高执行速度。

如果某操作需要大量SQL代码或需重复执行，则存储过程的执行速度会比SQL批代码要快。因为系统在创建存储过程时对其进行分析和优化，并在第一次执行时进行语法检查和编译，编译好的代码存储在内存中，以后再执行此存储过程时，只需执行内存中的代码即可。

3. 减少网络流量

使用存储过程时，应用程序只需发送一个简单的语句就可以执行一个由多个SQL语句组成的复杂操作，而不必发送多个SQL语句。

4. 提供了安全机制

如果存储过程可以支持用户需要执行的所有操作，则用户不必直接访问表。

5. 简化管理和操作

可以在单个存储过程中执行一系列复杂的SQL语句。

5.2.2 创建和执行存储过程

创建存储过程的SQL语句为CREATE PROCEDURE，其语法格式为:

```
CREATE PROC [ EDURE ] 存储过程名
    [ { @参数名  数据类型 } [ = default ] [OUTPUT] ]
    AS
         SQL语句[...n]
```

其中:

- [= default]为参数的默认值。如果定义了默认值，则不指定该参数的值也可以执行该存储过程。默认值必须是常量或 NULL。
- [OUTPUT]：带有OUTPUT的参数是输出参数，不带OUTPUT的参数是输入参数。

执行存储过程的SQL语句是EXECUTE，其语法格式为:

```
[EXEC [UTE]] 存储过程名 [实参 [, OUTPUT] [, ... n] ]
```

下面以本书第4章中建立的Student、Course和SC表为例，介绍几个创建存储过程的例子。

例7 创建不带参数的存储过程：查询计算机系学生的考试成绩，列出学生的姓名、课程名和成绩。

创建方法如下:

```
CREATE  PROCEDURE  student_grade1
AS
  SELECT Sname, Cname,Grade
    FROM Student s INNER JOIN sc
    ON s.sno = sc.sno  INNER JOIN course c
    ON c.cno = sc.cno
      WHERE Sdept = '计算机系'
```

执行此存储过程:

```
EXEC student_grade1
```

结果为:

Sname	Cname	Grade
李　勇	计算机文化	90
李　勇	VB	86
李　勇	数据结构	NULL
刘　晨	VB	78
刘　晨	数据库基础	66

例8　创建带有输入参数的存储过程：查询某个指定系学生的考试情况，列出学生的姓名、所在系、课程名和考试成绩。

创建方法如下:

```
CREATE  PROCEDURE  student_grade2
        @dept char(20)
AS
 SELECT Sname, Sdept, Cname, Grade
    FROM Student s INNER JOIN sc
    ON s.sno = sc.sno  INNER JOIN course c
    ON c.cno = sc.cno
    WHERE Sdept = @dept
```

当存储过程有输入参数并且没有为输入参数指定默认值时，若调用此存储过程，必须为此输入参数指定一个常量值。

执行例8定义的存储过程，查询信息系学生的修课情况:

```
EXEC student_grade2 '信息系'
```

结果为:

Sname	Sdept	Cname	Grade
吴　宾	信息系	计算机文化	82
吴　宾	信息系	VB	75
吴　宾	信息系	数据库基础	92
吴　宾	信息系	高等数学	50
张　海	信息系	VB	68
张　海	信息系	数据结构	NULL

例9　创建带有多个输入参数的存储过程：查询某个学生某门课程的考试成绩，列出学生的姓名、课程名和成绩。

创建方法如下:

```
CREATE PROCEDURE student_grade2
   @student_name char(10), @course_name char(20)
AS
  SELECT Sname, Cname, Grade
    FROM Student s INNER JOIN sc ON s.sno = sc.sno
    INNER JOIN course c ON c.cno = sc.cno
    WHERE  sname = @student_name
      AND cname = @course_name
```

执行带参数的存储过程时，参数有两种传递方式:

（1）按参数位置传递值

按参数位置传递值指执行存储过程的EXEC语句中的实参的排列顺序必须与定义存储过程时定义的参数的顺序一致。例如，使用按参数位置传递值方式执行例9所定义的存储过程的语句为:

```
EXEC student_grade2 '刘晨', 'VB'
```

（2）按参数名传递值

按参数名传递值指的是执行存储过程的EXEC语句中要指明定义存储过程时定义的参数的名字以及该参数的值，而不关心参数的定义顺序。例如，使用按参数名传递值方式执行例9所定义的存储过程的语句为:

```
EXEC Student_grade2 @student_name = '刘晨', @course_name='VB'
```

两种调用方式返回的结果均为:

Sname	Cname	Grade
刘　晨	VB	78

例10　创建带有多个输入参数并有默认值的存储过程：查询某个学生某门课程的考试成绩，若没有指定课程，则默认课程为“数据库基础”。

创建方法为:

```
CREATE PROCEDURE student_grade3
  @student_name char(10), @course_name char(20) = '数据库基础'
AS
  SELECT Sname, Cname, Grade
    FROM Student s INNER JOIN sc ON s.sno = sc.sno
    INNER JOIN course c ON c.cno = sc.cno
    WHERE sname = @student_name
      AND cname = @course_name
```

如果在定义存储过程时为参数指定了默认值，则在执行存储过程时可以不为有默认值的参数提供值。例如，执行例9的存储过程:

```
EXEC student_grade3 '吴宾'
```

相当于执行:

```
EXEC student_grade3 '吴宾', '数据库基础'
```

结果均为:

Sname	Cname	Grade
吴　宾	数据库基础	92

例11　创建带有多个输入参数并均指定默认值的存储过程。查询指定系、指定性别的学生中年龄大于等于指定年龄的学生的情况。系的默认值为“计算机系”，性别的默认值为“男生”，年龄的默认值为20。

创建方法如下:

```
CREATE PROC P_Student
  @dept char(20) = '计算机系', @sex char(2) = '男', @age int = 20
AS
  SELECT * FROM Student
```

```
WHERE Sdept = @dept
  AND Ssex = @sex
  AND Sage >= @age
```

执行1：不提供任何参数值。

```
EXEC P_Student
```

结果为：

Sno	Sname	Ssex	Sage	Sdept
9512102	刘　晨	男	20	计算机系

执行2：提供全部参数值。

```
EXEC P_Student '信息系','女',19
```

结果为：

Sno	Sname	Ssex	Sage	Sdept
9521102	吴　宾	女	21	信息系

执行3：只提供第二个参数的值。

```
EXEC P_Student @sex = '女'
```

结果为：

Sno	Sname	Ssex	Sage	Sdept
9512103	王　敏	女	20	计算机系

执行4：只提供第一个和第三个参数的值。

```
EXEC P_Student @sex='女',@age = 19
```

结果为：

Sno	Sname	Ssex	Sage	Sdept
9512103	王　敏	女	20	计算机系

注意，对于第3种和第4种执行方式，必须使用按参数名传递值的方式。

例12　创建带有输出参数的存储过程。计算两个数的和。

注意，在定义含有输出参数的存储过程时，在输出参数的后边要加上output修饰符。

代码如下：

```
CREATE PROCEDURE sum
   @var1 int,   @var2 int, @var3 int output
As
   Set  @var3 = @var1 * @var2
```

执行此存储过程的示例：

```
Declare @res int
Execute Proc1 5,7,@res output
Print @res
```

执行结果为：

```
35
```

注意

1）在执行含有输出参数的存储过程时，执行语句中的变量名的后边也要加上output修饰符。

2）在调用有输出参数的存储过程时，与输出参数对应的是一个变量，此变量用于保存输出参数返回的结果。

例13 创建带输入参数和一个输出参数的存储过程。统计指定课程的平均成绩，并将统计的结果用输出参数返回。

创建过程的代码如下:

```
CREATE PROCEDURE AvgGrade
  @cn char(20), @avg_grade int output
AS
  SELECT @avg_grade = AVG(Grade) FROM SC
    JOIN Course C ON C.Cno = SC.Cno
   WHERE Cname = @cn
```

执行此存储过程:

```
DECLARE @Avg_Grade int
EXEC AvgGrade 'VB', @Avg_Grade output
Print @Avg_Grade
```

结果为:

```
76
```

例14 创建带输入参数和多个输出参数的存储过程。统计指定课程的平均成绩和选课人数，将统计的结果用输出参数返回。

创建过程的方法如下:

```
CREATE PROCEDURE Avg_Count
  @cn char(20), @avg_grade int output, @total int output
AS
  SELECT @avg_grade = AVG(Grade), @total = COUNT(*)
   FROM SC JOIN Course C ON C.Cno = SC.Cno
   WHERE Cname = @cn
```

执行此存储过程:

```
DECLARE @avg_grade int, @sum int
EXEC Proc3 'VB', @Avg_Grade output, @sum output
Print @avg_grade
Print @sum
```

结果为:

```
76
4
```

在定义存储过程的语句中，不但可以写查询语句，而且还可以写任何其它的数据操作语句以及对象定义语句。

例15 创建删除数据的存储过程。删除考试成绩不及格学生的修课记录。

创建的过程如下:

```
CREATE PROCEDURE p_DeleteSC
AS
  DELETE FROM sc WHERE grade < 60
```

例16 创建修改数据的存储过程。将指定课程的学分增加2分。

创建的过程如下:

```
CREATE PROCEDURE p_UpdateCredit
  @cn varchar(20)
AS
  UPDATE course SET credit = credit + 2
    WHERE cname = @cn
```

5.3 用户自定义函数

5.3.1 函数的概念

函数是由一个或多个SQL 语句组成的子程序，它可用于封装代码以提供代码共享的功能。在数据库管理系统中，函数一般分为两种类型：一种是系统提供的内置函数，另一种是用户自己定义的函数。用户自定义函数可以扩展数据操作的功能，在概念上它类似于我们在一般的程序设计语言中定义的函数。现在，很多大型数据库管理系统都支持用户自定义函数，微软的SQL Server数据库管理系统是从SQL Server 2000开始支持用户自定义函数的。本节将以SQL Server 2000为背景介绍如何创建和使用用户自定义函数。

SQL Server 2000 支持三种用户自定义函数:

- 标量函数
- 内嵌表值函数
- 多语句表值函数

下面将分别介绍这三类用户自定义函数。

5.3.2 创建和调用标量函数

标量函数是返回单个数据值的函数。

1. 定义标量函数

定义标量函数的语法格式为:

```
CREATE FUNCTION [ 拥有者名.] 函数名
  ( [ { @参数名 [AS] 标量数据类型 [ = default ] } [ ,...n ] ] )
RETURNS 返回值类型
 [ AS ]
BEGIN
    函数体
    RETURN 标量表达式
END
```

注意:

- 同存储过程一样，函数的参数也可以有默认值。如果函数的参数有默认值，则在调用该函数时必须指定“default”关键字。这与存储过程使用的默认值参数略有不同，在存储过程中省略参数就意味着使用默认值。
- 参数只能用于常量，不能用于表名、列名或其它数据库对象的名称。
- 标量表达式：指定标量函数返回的标量值（即单个数据值）。

标量函数返回类型是与在RETURNS 子句中定义的类型一致的单个数据值。标量函数的返回值类型不能是大文本、图像等类型。

例17 创建计算立方体的体积的函数，此函数有三个输入参数，分别为立方体的长、宽和高，类型均为整型，函数的返回值的类型也为整型。

创建函数的方法如下：

```
CREATE FUNCTION dbo.CubicVolume
  (@CubeLength int, @CubeWidth int, @CubeHeight int)
RETURNS int
AS
BEGIN
  RETURN ( @CubeLength * @CubeWidth * @CubeHeight )
END
```

例18 创建统计指定课程的选课人数的函数。

创建函数的方法如下：

```
CREATE FUNCTION dbo.f_count(@cname varchar(20))
  RETURNS int
AS
 BEGIN
  DECLARE @x int
  SELECT  @x=count(*) from course c join sc on sc.cno = c.cno
    WHERE cname = @cname
  RETURN @x
 END
```

2. 调用标量函数

当调用标量函数时，必须提供至少由两部分组成的名称：函数拥有者名和函数名。可在任何允许出现表达式的SQL语句中调用标量函数，只要类型一致即可。

调用例17所定义的函数，计算长、宽、高分别为4、6、8的立方体的体积，代码如下：

```
SELECT dbo.CubicVolume(4,6,8)
```

返回结果为：

```
192
```

调用例18所定义的函数，查询“VB”课程的选课人数，代码如下：

```
SELECT cname as 课程名, dbo.f_count('VB') as 选课人数
  FROM course
  WHERE cname = 'VB'
```

执行结果为：

课程名	选课人数
VB	4

5.3.3 创建和调用内嵌表值函数

内嵌表值函数的返回值是一个表，该表的内容是一个查询语句的结果。

1. 创建内嵌表值函数

定义内嵌表值函数的语法为:

```
CREATE FUNCTION [ 拥有者名.] 函数名
  ( [ { @参数名 [AS] 标量数据类型 [ = default ] } [ ,...n ] ] )
  RETURNS TABLE
 [ AS ]
  RETURN [ ( ] select语句 [ ) ]
```

其中:

- TABLE: 指定内嵌表值函数的返回值为表。
- Select语句: 定义内嵌表值函数返回值的单个SELECT语句。

在内嵌表值函数中，通过单个SELECT语句定义TABLE返回值。内嵌函数没有相关联的返回变量，也没有函数体。

例19 创建查询指定系的学生的姓名、年龄和性别的函数。

创建函数的代码如下:

```
CREATE FUNCTION dbo.f_sdept (@dept varchar(20))
  RETURNS TABLE
AS
  RETURN (
    SELECT sname, sage, ssex from student
      WHERE sdept = @dept)
```

例20 创建查询指定课程中成绩大于指定分数的学生的姓名、所在系和这门课程的考试成绩。

创建函数的代码如下:

```
CREATE FUNCTION dbo.f_grade (@cname varchar(20), @grade int)
  RETURNS TABLE
AS
  RETURN (
    SELECT sname, sdept, grade from student s
      JOIN sc ON s.sno = sc.sno
      JOIN course c ON c.cno = sc.cno
      WHERE cname = @cname and grade > @grade)
```

2. 调用内嵌表值函数

对内嵌表值函数的调用与视图的调用非常类似，需要放置在查询语句的FROM子句部分，它的作用就像是带参数的视图。

利用例19定义的内嵌表值函数，查询“计算机系”学生的信息，代码如下:

```
SELECT * FROM dbo.f_sdept ('计算机系')
```

执行结果为:

Sname	Sage	ssex
李　勇	19	男
刘　晨	20	男
王　敏	20	女

利用例20所定义的内嵌表值函数，查询“VB”课程成绩大于70分的学生信息，代码如下:

```
SELECT * FR8OM dbo.f_grade ('VB', 70)
```

执行结果为:

sname	sdept	grade
李 勇	计算机系	86
刘 晨	计算机系	78
吴 宾	信息系	75

5.3.4 创建和调用多语句表值函数

多语句表值函数组合了视图和存储过程的功能，可以利用多语句表值函数返回一个表，表中的内容可由复杂的逻辑和多条SQL语句构建（类似于存储过程）。可以在SELECT语句的FROM子句中使用多语句表值函数（同视图）。

1. 创建多语句表值函数

定义多语句表值函数的语法如下:

```
CREATE FUNCTION [ 拥有者名.] 函数名
  ( [ { @参数名 [AS] 标量数据类型 [ = default ] } [ ,...n ] ] )
RETURNS 返回变量 TABLE < 表定义 >
 [ AS ]
BEGIN
    函数体
    RETURN
END
< 表定义 > :: = ( { 列定义 | 表约束 } [ ,...n ] )
```

其中:

- TABLE: 指定多语句表值函数的返回值为表。在多语句表值函数中，“返回变量”是TABLE类型变量，用于存放作为函数值返回的行。
- 函数体: 在多语句表值函数中，函数体是一系列填充表返回变量的SQL语句。

例21 创建返回考试成绩为指定等级的学生的学号、姓名、课程名和考试成绩的多语句表值函数。如果指定的等级为“优秀”，则返回的表中的内容为成绩大于等于90的学生的信息；如果指定的等级为“非优秀”，则返回的表中的内容为成绩小于90的学生的信息。

创建该函数的方法如下:

```
CREATE FUNCTION dbo.f_GradeLevel(@level char(6))
  RETURNS @GradeLevel TABLE
      ( sno char(7),
        sname char(8),
        cname varchar(20),
        grade int)
AS
BEGIN
  IF @level = '优秀'
    INSERT INTO @GradeLevel
      SELECT s.sno,sname,cname,grade
        FROM student s JOIN sc ON s.sno = sc.sno
        JOIN course c ON c.cno = sc.cno
        WHERE grade >= 90
```

```
  ELSE IF @level = '非优秀'
     INSERT INTO @GradeLevel
       SELECT s.sno,sname,cname,grade
         FROM student s JOIN sc ON s.sno = sc.sno
         JOIN course c ON c.cno = sc.cno
         WHERE grade < 90
  RETURN
END
```

2. *调用多语句表值函数*

多语句表值函数的返回值也是一个表，因此对多语句表值函数的调用也放在SELECT语句的FROM子句部分。

利用例21定义的函数，查询成绩等级为“优秀”的学生的信息，方法如下：

```
SELECT * FROM dbo.f_GradeLevel('优秀')
```

执行结果为：

sno	sname	cname	grade
9512101	李　勇	计算机文化学	90
9521102	吴　宾	数据库基础	92
9531101	钱小平	高等数学	95

5.3.5 更改和删除函数

创建好用户自定义函数后，可以用SQL语句对其定义进行修改，也可以用SQL语句删除已定义的用户自定义函数。

1. *更改用户自定义函数*

更改函数的定义可使用ALTER FUNCTION语句来实现，其语法格式为：

```
ALTER FUNCTION 函数名
   <新函数定义语句>
```

例22 修改例19定义的函数为查询指定系的学生的学号、姓名、性别和年龄的函数。

```
ALTER FUNCTION dbo.f_sdept(@sdept varchar(20))
  RETURNS TABLE
AS
  RETURN (
    SELECT sno, sname, ssex, sage from student
      WHERE sdept = @sdept)
```

2. *删除用户自定义函数*

删除函数可以使用DROP FUNCTION语句实现，它从当前数据库中删除一个或多个用户自定义函数。

DROP FUNCTION语句的语法为：

```
DROP FUNCTION { [ 拥有者名.] 函数名 } [ ,...n ]
```

例23 删除例17所定义的函数。

```
DROP FUNCTION dbo.CubicVolume
```

5.4 小结

视图、存储过程和用户自定义函数为我们提供了灵活方便的访问数据的方法。视图是基于数据库基本表的虚表，它实际上不包含数据，它的数据全部来自基本表。视图提供数据库的逻辑独立性，并增加了数据的安全，封装了复杂的查询，为用户提供了从不同的角度看数据的方法。对视图的查询同对基本表的查询在语法上是一样的。

存储过程是预编译的代码段，编译后的可执行代码保存在内存中，因此可以提高数据的操作效率。由于存储过程支持输入和输出参数，因此可灵活满足不同用户的操作要求。存储过程中可以包含任何可执行的SQL语句，因此可以在存储过程中编写复杂的处理逻辑并封装复杂操作。

用户自定义函数也是一个可共享的代码段，也支持输入参数，并能返回执行的结果。SQL Server 2000支持三种类型的用户自定义函数。标量函数类似于普通编程语言中的函数，它返回的是单个的数据值；内嵌表值函数的使用与视图类似，其功能如同带参数的视图；多语句表值函数的函数体类似于存储过程，其使用方法类似于视图，它可以返回根据用户输入参数不同而内容不同的表。

习题

1. 试说明使用视图的好处。
2. 使用视图可以加快数据的查询速度，这句话对吗？为什么？
3. 用第4章建立的三张表，创建满足下述要求的视图。
   1）创建查询学生的学号、姓名、所在系、课程号、课程名、课程学分的视图。
   2）创建查询每个学生的平均成绩的视图，要求列出学生学号及平均成绩。
   3）创建查询每个学生的修课学分的视图，要求列出学生学号及总学分。
4. 用第4章建立的三张表，创建满足下述要求的存储过程：
   1）创建查询每个学生的修课学分的存储过程，要求列出学生学号及总学分。
   2）创建查询指定系的学生的学号、姓名、课程名、课程学分和考试成绩的存储过程。指定系的默认值为“计算机系”。
   3）创建删除指定学生的修课记录的存储过程，学号为输入参数。
   4）创建修改指定学生的年龄的存储过程。输入参数为学号和修改后的年龄。
5. 用第4章建立的三张表，创建满足下述要求的用户自定义函数：
   1）创建计算圆的面积的标量函数。输入参数为圆的半径，类型为整型，返回值为浮点型数。写出利用此函数计算半径为4的圆面积的SQL语句。
   2）创建查询选修指定课程（课程名）的学生的姓名和所在系的内嵌表值函数，并写出利用此函数查询选修“VB”课程的学生信息的SQL语句。
   3）创建多语句表值函数，完成如下功能：当用户输入“高学分”时，此表中的内容为学分大于等于5分的课程的课程号、课程名和学分；当用户输入“中低学分”时，此表中的内容为学分小于5分的课程的课程号、课程名和学分。写出利用此函数查询全部“高学分”课程信息的SQL语句。

第6章 实现数据完整性约束

数据完整性是指保证数据库中的数据符合现实情况，或者说，数据库中存储的数据要有实际意义。我们在第3章已经介绍了数据完整性的概念，并在第4章介绍了如何在定义表时定义数据的主码和外码约束，本章我们将更详细地介绍完整性的概念以及如何在定义完表之后添加数据的完整性约束条件。

6.1 数据完整性基本概念

我们在第3章已经介绍过数据完整性是指数据的正确性和相容性。例如，每个人的身份证号必须是惟一的，人的性别只能是“男”或“女”，人的年龄应该是0~150岁之间（假设人现在最多能活到150岁）的数字，学生所在的系必须是学校有的系等等。

数据的完整性是为了防止数据库中出现不符合语义的数据，为了维护数据的完整性，数据库管理系统必须提供一种机制来检查数据库中的数据是否满足语义规定的条件。这些加在数据库数据之上的语义约束条件就是数据完整性约束条件，这些约束条件作为表定义的一部分存储在数据库中。而DBMS检查数据是否满足完整性条件的机制就称为完整性检查。

6.1.1 完整性约束条件的作用对象

完整性检查是围绕完整性约束条件进行的，因此，完整性约束条件是完整性控制机制的核心。完整性约束条件的作用对象可以是表、元组和列。

1. 列级约束

列级约束主要是对列的类型、取值范围、精度等的约束。具体包括以下约束：

- **对数据类型的约束**　包括对数据类型、长度、精度等的约束。例如，学生的学号的数据类型为字符型，长度为8。
- **对数据格式的约束**　如规定学号的前两位表示学生的入学年份，第三位表示系的编号，第四位表示专业编号，第五位代表班的编号等等。
- **对取值范围或取值集合的约束**　如学生的成绩取值范围为0～100，最低工资要大于200等。
- **对空值的约束**　有些列允许为空（比如成绩），有些列则不允许为空（比如姓名），在定义列时应指明其是否允许取空值。

2. 元组约束

元组约束是元组中各个字段之间的联系的约束。如开始日期小于结束日期，职工的最低工资不能低于规定的最低保障金等。

3. 关系约束

关系约束是指若干元组之间、关系之间的联系的约束。比如学号的取值不能重复也不能取空值，学生选课表中的学号的取值受学生信息表中的学号取值的约束等。

6.1.2 实现数据完整性的方法

我们在第3章介绍了关系模型中的三种数据完整性（实体完整性、参照完整性和用户定义的完整性），本章中我们将介绍实现数据完整性的方法。实现数据完整性一般是在服务器端完成的。在服务器端实现数据完整性主要有两种方法，一种方法是在定义表时声明数据完整性，称为声明完整性；另一种方法是在服务器端编写触发器来实现，称为过程完整性。不管使用哪种方法，只要用户定义好数据完整性，以后在执行数据的增、删、改操作时，数据库管理系统都会自动检查用户定义的完整性约束条件，只有符合约束条件的操作才会被执行。

6.2 实现声明完整性

本节将介绍如何在定义表时实现实体完整性（PRIMARY KEY）、引用完整性（FOREIGN KEY）和用户定义的完整性。在用户定义的完整性中，我们将介绍默认值（DEFAULT）约束、列值取值范围（CHECK）约束和惟一值约束（UNIQUE）的实现方法。

我们以雇员表和工作表为例，逐步在这两张表上添加约束。这两张表的结构如下：

雇员（雇员编号 字符型，长度为7非空，
　　雇员名 字符型，长度为10，
　　工作编号 字符型，长度为8，
　　工资 整型，
　　电话 字符型，长度为8非空）

工作（工作编号 字符型，长度为8，
　　最低工资 整型，
　　最高工资 整型）

其中，“雇员编号”是雇员表的主码，“工作编号”是工作表的主码，而且雇员表中的“工作编号”是引用工作表中的“工作编号”的外码。

假设我们已经按上述说明创建好了这两张表，下面为这两张表添加需要的约束。

1. PRIMARY KEY约束

添加PRIMARY KEY（主码）约束要注意以下问题：

- 每个表只能有一个PRIMARY KEY约束。
- 用PRIMARY KEY约束的列不能有重复值，而且不能有空值。

添加PRIMARY KEY约束的语法格式为：

```
ALTER TABLE 表名
  ADD [ CONSTRAINT ] 约束名
  PRIMARY KEY (<列名> [, … n] )
```

例1 分别为雇员表和工作表添加PRIMARY KEY约束。

```
ALTER TABLE 雇员表
  ADD  CONSTRAINT  PK_EMP
  PRIMARY KEY (雇员编号)
ALTER TABLE 工作表
  ADD  CONSTRAINT  PK_JOB
  PRIMARY KEY (工作编号)
```

2. UNIQUE约束

UNIQUE约束用于限制一个列中不能有重复值。这个约束用在事实上具有惟一性的属性列上，比如每个人的身份证号码、驾驶证号码等均不能有重复值。定义UNIQUE约束时要注

意如下事项:

• 允许有一个空值。
• 在一个表中可以定义多个UNIQUE约束。
• 可以在一个列或多个列上定义UNIQUE约束。

在一个已有主码的表中使用UNIQUE约束是很有用的。比如雇员的电话号码，电话列不是主码，但取值又不能相同（假设雇员的电话号码不能重复），在这种情况下就必须使用UNIQUE约束。

添加UNIQUE约束的语法格式为:

```
ALTER TABLE 表名
  ADD [ CONSTRAINT ] 约束名
  UNIQUE (<列名> [, … n] )
```

例2 为雇员表的“电话”列添加UNIQUE约束。

```
ALTER TABLE 雇员表
  ADD  CONSTRAINT  UK_SID
  UNIQUE (电话)
```

3. FOREIGN KEY约束

FOREIGN KEY（外码）约束实现了引用完整性。添加外码约束时要注意，外码所引用的列必须是有PRIMARY KEY约束或UNIQUE约束的列。

添加FOREIGN KEY约束的语法格式为:

```
ALTER TABLE 表名
  ADD [ CONSTRAINT ] 约束名
  [ FOREIGN KEY ] (<列名>) REFERENCES 引用表名 (<列名>)
```

例3 为雇员表的“工作编号”添加外码约束，此列引用工作表的“工作编号”列。

```
ALTER TABLE 雇员
  ADD CONSTRAINT FK_job_id
  FOREIGN KEY （工作编号）REFERENCES 工作表 （工作编号）
```

4. DEFAULT约束

DEFAULT（默认值）约束用于提供列的默认值。只有在向表中插入数据时系统才检查DEFAULT约束。

添加DEFAULT约束的语法格式为:

```
ALTER TABLE 表名
  ADD [ CONSTRAINT ] 约束名
  DEFAULT 默认值 FOR 列名
```

例4 定义雇员表的工资的默认值为1000。

```
ALTER TABLE 雇员
  ADD CONSTRAINT  DF_SALARY
  DEFAULT  1000  FOR 工资
```

5. CHECK约束

CHECK约束用于将列的取值限制在指定的范围内，从而使数据库中存放的值都是有意义的值。例如，人的性别只能是“男”或“女”，工资必须大于200（假设最低工资为200）。使

用CHECK约束时应注意以下问题:

• 系统在执行INSERT语句和UPDATE语句时自动检查CHECK约束。

• CHECK约束可约束同一个表中多个列之间的取值关系。

添加CHECK约束的语法格式为:

```
ALTER TABLE 表名
  ADD [ CONSTRAINT ] 约束名
  CHECK (逻辑表达式)
```

例5 在雇员表中，添加限制雇员的工资必须大于等于200的CHECK约束。

```
ALTER TABLE 雇员
  ADD CONSTRAINT  CHK_Salary
  CHECK ( 工资 >= 200 )
```

例6 添加限制工资表的最低工资小于等于最高工资的CHECK约束。

```
ALTER TABLE 工作
  ADD CONSTRAINT  CHK_Job_Salary
  CHECK( 最低工资 <= 最高工资 )
```

6.3 实现过程完整性

过程完整性是指在服务器端通过编写实现约束的一段代码来实现的数据完整性约束，这段代码称为触发器。触发器是用编程的方法实现复杂的业务规则，它可以实现一般的数据完整性约束实现不了的复杂的完整性约束。

在触发器中会涉及事务这个概念，事务在数据库中作为一个完整的工作单元，其主要目的是保证数据操作的完整性，事务的详细概念我们将在第8章介绍，本节我们只对其进行简单介绍，然后再介绍如何编写触发器。

6.3.1 事务基本概念

事务（transaction）是作为完整的工作单元执行的一系列操作。如果一个事务中的所有操作都成功，则事务成功，其对数据库的更改会成为永久性的更改。如果事务中的任何一个操作失败，则整个事务失败，其间所完成的操作均被取消，所有对数据的更改均无效。

简言之，事务是一个用户定义的完整的工作单元，一个事务内的所有语句被作为一个整体，要么全部执行，要么全部不执行。

事务一般分为三种类型。

1. 自动提交事务

每一条对数据的增、删、改语句都自动地构成一个事务。我们在前边所写的数据修改语句均是自动提交事务。

2. 显式事务

显式事务是用户定义的事务，有显式的开始和结束标记。

• 事务的开始标记为BEGIN TRANSACTION。

• 事务的结束标记为COMMIT（正常结束）和ROLLBACK（异常结束）。

事务正常结束表示事务中的全部操作均成功，事务中对数据的更改均成为永久性结果；事务异常结束表示事务中有失败的操作，它自动撤销事务中已完成的操作，并返回到事务开始前的状态。

3. 隐式事务

事务的开始是隐式的，以前一个事务结束后的第一个SQL语句作为下一个事务的开始，但每个事务必须有显式的结束标记。

SQL Server支持的是显式事务。

例7　使用显式事务模式完成如下操作：在Student表中添加一条学生记录，然后将这个学生的修课情况插入到SC表中。

```
Begin Transaction
  -- 向学生表中添加记录
  insert into Student(sno,sname,ssex,sage,sdept)
    values('9531103','吴小玲','女',18,'数学系')
-- 向学生修课表中添加记录
  insert into SC(sno,cno,grade, XKLB)
    values('9531103','c03',null,'选修')
COMMIT
```

执行完此事务后查看一下Student表和SC表中的数据，我们发现新插入的数据均在数据库中。如果我们将此事务最后的“COMMIT”改为“ROLLBACK”，然后再重复一次上述的操作，操作完成后查看一下Student表和SC表中的数据，会发现新数据并没有插入到数据库中，尽管每一步的操作都是成功的。

6.3.2　触发器

触发器是一种特殊的存储过程，其特殊性在于它不需要由用户调用执行，而是当用户对表中的数据进行UPDATE、INSERT或DELETE操作时自动触发执行的。触发器通常用于保证业务规则和数据完整性约束，其优点是用户可以用编程的方法来实现复杂的处理逻辑和业务规则，增强了数据完整性约束的功能。

触发器的优点如下：

- 能够完成比CHECK约束更复杂的数据约束。与CHECK约束不同的是，触发器可以引用其它表中的列。
- 为保证数据库性能而维护的非规范化数据。比如，为提高数据的统计效率，在销售情况表中增加统计销售总值的列（使销售情况表成为非规范化表），以后，每当向此表中插入数据时，都使用触发器统计销售总值列的新数值，并将统计后的新值保存在此表中。每当有对销售总值的查询时，直接从表中读取数据即可，不再需要使用查询语句再进行统计，从而提高数据的统计效率。
- 可实现复杂的业务规则。触发器可使业务的处理任务自动进行。例如，在库存系统中，更新触发器可以检测什么时侯库存下降到了需要再进货的量，并自动生成给供货商的定单。
- 触发器也可以评估数据修改前后的表状态，并根据其差异采取对策。

1. 创建触发器

不同的数据库管理系统创建触发器的语法格式不完全一样，我们这里介绍SQL Server数据库管理系统创建触发器的语法格式。

（1）创建触发器的语法

在SQL Server中建立触发器的SQL语句为CREATE TRIGGER，其语法格式为:

```
CREATE TRIGGER 触发器名称
ON 表名
{ FOR | AFTER | INSTEAD OF } { [ INSERT ] [ , ] [ DELETE ] [ , ] [UPDATE ] }
AS
  SQL 语句 [ ... n ]
```

其中:

- “触发器名称”: 在数据库中必须是惟一的。
- ON: 用于指定在其上执行触发器的表。
- AFTER: 指定触发器只有在引发触发器执行的SQL 语句指定的操作都已成功执行，并且所有的约束检查也成功完成后，才执行此触发器。这种类型的触发器称为后触发型触发器。
- FOR: 如果仅指定FOR关键字，则AFTER是默认设置。
- INSTEAD OF: 指定执行触发器而不是执行引发触发器执行的SQL语句，从而替代触发语句的操作。注意，SQL Server 2000以前的版本不支持INSTEAD OF型触发器。一个表只能定义一个INSTEAD OF触发器。这种类型的触发器称为前触发型触发器。本节我们不介绍前触发型触发器，有兴趣的读者可参考SQL Server联机丛书。
- INSERT、DELETE和UPDATE是引发触发器执行的操作，若同时指定多个操作，则各操作之间用逗号分隔。

创建触发器时，需要注意如下几点:

1）在一个表上可以建立多个名称不同、类型各异的触发器，每个触发器可由INSERT 、DELETE和UPDATE三个操作来引发。对于AFTER型的触发器，可以在一种操作上建立多个触发器；对于INSTEAD OF型的触发器，在一种操作上只能建立一个触发器。

2）大部分SQL语句都可用在触发器中，但也有一些限制。例如，所有建立和更改数据库以及数据库对象的语句、所有的DROP语句都不允许在触发器中使用。

3）在触发器定义中，可以使用IF UPDATE子句测试在INSERT和UPDATE语句中是否对指定字段有影响。如果将一个值赋给指定字段或更改了指定字段，则这个子句就为真。

4）通常不要在触发器中返回任何结果，因此不要在触发器定义中使用SELECT语句或变量赋值语句。

5）在触发器中可以使用两个特殊的临时表: INSERTED表和DELETED表。前者保存了INSERT操作中新插入的数据和UPDATE操作中的更新后的数据，后者保存了DELETE操作中删除的数据和UPDATE操作中的更新前的数据。

（2）INSERTED表和DELETED表

前面说过，触发器语句中使用两个特殊的临时工作表: INSERTED 表和DELETED表。这两个表是在用户执行数据的增、删、改操作时，由SQL Server自动创建和管理的。这两个表驻留在内存中，其结构与触发器所作用的基本表的结构相同，并且只可以被触发器使用。当触发器结束时，系统自动释放这两个表的空间。在触发器中，可以像对待普通表一样对这两个表进行查询，并用于测试某些数据修改的结果及设置触发器执行的条件。但在触发器中不能直接对这两个逻辑表中的数据进行更改。

DELETED表用于存储DELETE和UPDATE语句所影响的行的副本。在执行DELETE 或UPDATE语句时，行从触发器表中删除，并传输到DELETED表中。DELETED表和触发器表通常没有相同的行。

INSERTED表用于存储INSERT和UPDATE语句所影响的行的副本。在一个插入或更新操作中，新建行也同时添加到 INSERTED表和触发器表中。INSERTED表中的行是触发器表中新行的副本。

更新操作类似于在删除之后执行插入，即首先在触发器表中删除更新前的行，并将这些行复制到DELETED表中，然后将更新后的新行复制到触发器表和 INSERTED表中。

在设置触发器条件时，应当为引发触发器的操作恰当使用INSERTED和DELETED表。虽然在测试INSERT操作时引用DELETED表或在测试DELETE操作时引用INSERTED表不会引起任何错误，但是在这种情形下这些触发器测试表中不会包含任何数据记录。

在触发器中对这两个逻辑表的使用方法同一般基本表一样，可以通过这两个临时表所记录的数据来判断对数据的修改是否正确。

(3) 示例

例8 创建带有提示信息的触发器。每当用户在SC表中执行插入操作时，产生一条提示信息。

```
CREATE TRIGGER tri_insert_sc
 ON SC
 FOR insert
 AS
  PRINT  '在SC表中插入了数据'
```

执行如下语句测试触发器的作用:

```
insert into SC(sno,cno) values ('9531103','c02')
```

系统显示:

```
在SC表中插入了数据
```

例9 创建实现限制单列取值范围约束的触发器。利用6.2节建立的工作表，实现限制最低工资必须大于等于400的触发器。

```
CREATE TRIGGER tri_job_salary1
  ON 工作表 FOR INSERT, UPDATE
  AS
    IF EXISTS( SELECT * FROM INSERTED WHERE 最低工资 < 400 )
    BEGIN
      PRINT '最低工资必须大于等于400'
      ROLLBACK
    END
```

执行下述语句:

```
INSERT INTO 工作 VALUES('J01',200,500)
```

返回结果:

```
最低工资必须大于等于400
```

若执行:

```
INSERT INTO 工作 VALUES('J01',500,800)
```

返回结果:

(所影响的行数为 1 行)

这时查看工作表，会看到正确的数据已经插入到数据库中，错误的数据没有被插入。

注意 触发器与引发触发器执行的操作共同构成了一个事务，事务的开始是引发触发器执行的操作，事务的结束是触发器的结束。由于在执行AFTER型的触发器时，引发触发器执行的操作已经执行完了，因此，在触发器中应使用ROLLBACK语句撤销已完成的不正确的操作，这里的ROLLBACK实际是回滚到引发触发器执行的操作之前的状态。

例10 创建实现限制多列取值范围约束的触发器。同样利用6.2节建立的工作表，实现限制最低工资必须小于最高工资的触发器。

```
CREATE TRIGGER tri_job_salary2
  ON 工作 FOR INSERT, UPDATE
  AS
    IF EXISTS(SELECT * FROM INSERTED WHERE 最低工资 >= 最高工资 )
    BEGIN
      PRINT '最低工资必须小于最高工资'
      ROLLBACK
    END
```

例11 创建实现多表之间列取值约束的触发器。利用6.2节建立的工作表和雇员表，限制雇员的工资必须在工作表的相应工作的最低工资和最高工资之间。

```
CREATE TRIGGER tri_emp_salary
  ON 雇员
  FOR INSERT, UPDATE
  AS
    IF EXISTS (SELECT * FROM INSERTED a JOIN 工作表 b
                  ON a.工作编号 = b.工作编号
     ROLLBACK WHERE 工资 NOT BETWEEN 最低工资 AND 最高工资 )
```

触发器不仅可以实现强制数据完整性的操作，而且还可以实现限制用户对数据库数据进行不合适的操作，比如更新了不能更改的数据或删除了不能删除的数据等。

例12 创建限制更新数据的触发器，限制将SC表中不及格学生的成绩改为及格。

```
CREATE TRIGGER tri_grade
  ON SC FOR UPDATE
  AS
  IF UPDATE(Grade)
    IF EXISTS(SELECT * FROM INSERTED JOIN DELETED
                 ON INSERTED.Sno = DELETED.Sno
              WHERE INSERTED.Grade >= 60
                 AND DELETED.Grade < 60)
      ROLLBACK
```

例13 创建限制删除的触发器。限制删除SC表中成绩不及格学生的修课记录。

```
CREATE TRIGGER tri_del_grade
```

```
ON SC FOR DELETE
AS
  IF EXISTS(SELECT * FROM DELETED WHERE Grade < 60)
    ROLLBACK
```

2. 修改和删除触发器

（1）修改触发器定义

同其它数据库对象一样，在定义好触发器之后，也可以利用SQL语句对定义好的触发器的代码进行修改。修改触发器的SQL语句为ALTER TRIGGER，其语法格式为：

```
ALTER TRIGGER 触发器名称
ON 表名
{ FOR | AFTER | INSTEAD OF } { [ INSERT ] [ , ] [ DELETE ] [ , ] [UPDATE ] }
AS
  SQL 语句 [ ... n ]
```

我们看到，修改触发器的语句与定义触发器的语句基本是一样的，只是将CREATE TRIGGER 改成了ALTER TRIGGER。

（2）删除触发器

当确认不再需要某个触发器时，可以将其删除。删除触发器的SQL语句为DROP TRIGGER，其语法格式为：

```
DROP TRIGGER 触发器名 [ , ... n ]
```

例14 删除tri_grade触发器。

```
DROP TRIGGER tri_grade
```

6.4 小结

本章我们完整地介绍了实现数据完整性的方法，对于简单的约束可以使用声明完整性方法实现，对于复杂的业务规则和约束可以使用过程完整性实现，即编写实现完整性约束的代码段——触发器。触发器是由对数据的操作自动引发执行的代码。

声明完整性和过程完整性各有各的优势。触发器的主要好处在于它可以包含使用SQL代码的复杂处理逻辑。因此，触发器可以支持完整性约束的所有功能，但它在性能上不如一般的数据完整性好。

实体完整性通过PRIMARY KEY约束实现，引用完整性通过FOREIGN KEY 约束实现，域完整性一般通过CHECK约束实现。当约束所支持的功能无法满足应用程序的约束要求时，触发器就极为有用。例如，CHECK 约束只能对同一表中的一个列或者多个列的取值进行约束，如果是涉及多张表之间的列的相互取值约束，则必须使用触发器实现。

如果触发器所定义的表上存在声明完整性约束，那么在数据更改操作之前先检查过程完整性约束。如果不符合约束，则不执行操作，从而不执行触发器。

简言之，触发器用于实现使用声明完整性约束实现不了的复杂的约束条件和业务规则，对能用声明完整性实现的约束条件，尽量用声明完整性约束实现，因为这样的执行效率比较高。

习题

1. 数据完整性的含义是什么？

2. 在对数据进行什么操作时，系统检查DEFAULT约束？在进行什么操作时，系统检查CHECK约束？
3. UNIQUE约束的作用是什么？
4. 假设有描述顾客购物信息的两张表：顾客表和订购表，其结构如下：
   顾客表（顾客ID，顾客名，电话，地址）
   订购表（商品ID，顾客ID，订购数量，订货日期，交货日期）
   写出用声明完整性实现如下约束的SQL语句：
   1）为顾客表添加主码约束，顾客表的主码为顾客ID。
   2）为订购表添加外码约束，限制订购表的顾客必须来自于顾客表。
   3）当顾客没有提供地址值时，使用默认的值“UNKNOWN”。
   4）限制订购表的“订购数量”必须大于0。
   5）限制订购表的“订货日期”必须早于“交货日期”。
5. 触发器的作用是什么？
6. 引发触发器执行的操作有哪些？是否可以对查询操作定义一个触发器？为什么？
7. 对数据进行增、删、改操作时，系统生成的临时工作表分别是什么？这些表的结构是什么？存放什么内容？
8. 临时工作表的生存期是什么？
9. 是否所有的数据完整性约束都可以用触发器实现？反过来呢？
10. 利用第4题建立的“顾客表”和“订购表”，编写实现如下约束的触发器：
   1）限制订购表中的“顾客ID”列的取值范围必须在顾客表的“顾客ID”的取值范围内。
   2）限制不能删除“订购表”中“交货日期”为空的记录。
   3）限制一次订购数量不能大于100。
   4）限制“交货日期”不能晚于“订货日期”加一个月。

第 7 章 关系数据库规范化理论

数据库设计是数据库应用领域的主要研究课题。数据库设计的任务是在给定的应用环境下，创建满足用户需求且性能良好的数据库模式，建立数据库及其应用系统，使之能有效地存储和管理数据，满足某公司或部门各类用户业务的需求。

数据库设计需要理论指导，关系数据库规范化理论就是数据库设计的一个理论指南。规范化理论研究了关系模式中各属性之间的依赖关系及其对关系模式性能的影响，探讨"好"的关系模式应该具备的性质，以及达到"好"的关系模式的方法。规范化理论为我们提供了判断关系模式好坏的理论标准，帮助我们预测可能出现的问题，是数据库设计人员的有力工具，同时也使数据库设计工作有了严格的理论基础。

本章主要讨论关系数据库规范化理论，讨论一个好的关系模式的标准，以及如何将不好的关系模式转换成好的关系模式，并能保证所得到的关系模式仍能表达原来的语义。

7.1 函数依赖

数据的语义不仅表现为完整性约束，对关系模式的设计也提出了一定的要求。针对一个问题，如何构造一个合适的关系模式，应构造几个关系模式，每个关系模式由哪些属性组成等，这都是数据库设计问题，确切地讲是关系数据库的逻辑设计问题。

首先我们看一下，关系模式中各属性之间的联系。

7.1.1 函数依赖的基本概念

函数是我们非常熟悉的概念，对公式：

$$Y = f(X)$$

自然也不会陌生，但是大家熟悉的是X和Y在数量上的对应关系，即给定一个X值，都会有一个Y值和它对应。也可以说X函数决定Y，或Y函数依赖于X。在关系数据库中，讨论函数或函数依赖注重的是语义上的关系，比如我们有：

$$省 = f(城市)$$

也就是说，只要给出一个具体的城市值，都会有惟一一个省值和它对应。如"武汉市"在"湖北省"，这里"城市"是自变量X，"省"是因变量或函数值Y。X函数决定Y，或Y函数依赖于X可表示为：

$$X \to Y$$

根据以上讨论可以写出较直观的函数依赖定义，即如果有一个关系模式R ($A_1, A_2, \cdots, A_n$)，X和Y为$\{A_1, A_2, \cdots, A_n\}$的子集，那么对于关系$R$中的任意一个$X$值，都只有一个$Y$值与之对应，则称$X$函数决定$Y$，或$Y$函数依赖于$X$。

例如，对学生关系模式Student（Sno, Sname, Sdept, Sage)，有以下依赖关系：

Sno→Sname,　Sno→Sdept,　Sno→Sage

对学生选课关系模式SC（Sno, Cno, Grade）

有以下依赖关系:

（Sno, Cno）→Grade

显然，函数依赖讨论的是属性之间的依赖关系，它是语义范畴的概念，也就是说关系模式的属性之间是否存在函数依赖只与语义有关。下面对函数依赖给出严格的形式化定义。

定义　设有关系模式R $(A_1, A_2, \cdots, A_n)$，X和Y均为$\{A_1, A_2, \cdots, A_n\}$的子集，$r$是$R$的任一具体关系，$t_1$、$t_2$是$r$中的任意两个元组。如果由$t_1[X]=t_2[X]$可以推导出$t_1[Y]=t_2[Y]$，则称$X$函数决定$Y$，或$Y$函数依赖于$X$，记为$X\rightarrow Y$。

在以上定义中特别要注意，只要

$$t_1[X] = t_2[X] \Rightarrow t_1[Y] = t_2[Y]$$

成立，就有$X\rightarrow Y$。也就是说，只有当$t_1[X] = t_2[X]$为真，而$t_1[Y] = t_2[Y]$为假时，函数依赖$X\rightarrow Y$不成立。而当$t_1[X] = t_2[X]$为假时，不管$t_1[Y] = t_2[Y]$为真或为假，都有$X\rightarrow Y$成立。

7.1.2　一些术语和符号

下面给出在本章中经常使用的一些术语和符号。

设有关系模式R $(A_1, A_2, \cdots, A_n)$，X和Y均为$\{A_1, A_2, \cdots, A_n\}$的子集，则有以下结论:

1) 如果$X\rightarrow Y$，但Y不包含于X，则称$X\rightarrow Y$是非平凡的函数依赖。如不作特别说明，我们总是讨论非平凡函数依赖。

2) 如果Y函数不依赖于X，则记为$X\nrightarrow Y$。

3) 如果$X\rightarrow Y$，则称X为决定因子。

4) 如果$X\rightarrow Y$，并且$Y\rightarrow X$，则记为$X\leftrightarrow Y$。

5) 如果$X\rightarrow Y$，并且对于X的一个任意真子集X'都有$X'\nrightarrow Y$，则称Y完全函数依赖于X，记为$X\xrightarrow{f}Y$。如果$X'\rightarrow Y$成立，则称Y部分函数依赖于X，记为$X\xrightarrow{p}Y$。

6) 如果$X\rightarrow Y$（非平凡函数依赖，并且$Y\nrightarrow X$）、$Y\rightarrow Z$，则称Z传递函数依赖于X。

例1　假设有关系模式SC（Sno, Sname, Cno, Grade），其中各属性分别为：学号、姓名、课程号、成绩，主码为（Sno, Cno），则函数依赖关系有:

Sno→Sname　　姓名函数依赖于学号

（Sno, Cno）$\xrightarrow{p}$ Sname　　姓名部分函数依赖于学号和课程号

（Sno, Cno）$\xrightarrow{f}$ Grade　　成绩完全函数依赖于学号和课程号

例2　假设有关系模式S（Sno, Sname, Dept, Dept_master），其中各属性分别为：学号、姓名、所在系和系主任（假设一个系只有一个主任），主码为Sno，则函数依赖关系有:

Sno $\xrightarrow{f}$ Sname　　姓名完全函数依赖于学号

由于：Sno $\xrightarrow{f}$ Dept　　所在系完全函数依赖于学号

Dept $\xrightarrow{f}$ Dept_master　　系主任完全函数依赖于系

系主任传递函数依赖于学号

所以有：Sno $\xrightarrow{传递}$ Dept_master

函数依赖是数据的重要性质，关系模式应能反映这些性质。

7.1.3 为什么要讨论函数依赖

讨论属性之间的关系和函数依赖有什么意义呢？让我们通过例子看一下。

假设有描述学生选课及住宿情况的关系模式:

S-L-C（Sno, Sdept, Sloc, Cno, Grade）

其中各属性分别为：学号、学生所在系、学生所住宿舍楼、课程号和考试成绩。假设每个系的学生都住在一栋楼里，（Sno, Cno）为主码。

看一看这个关系模式存在什么问题？假设有如表7-1所示的数据。

表7-1　S-L-C模式的数据示例

Sno	Sdept	Sloc	Cno	Grade
9812101	计算机	2公寓	DB	80
9812101	计算机	2公寓	OS	85
9821101	信息	1公寓	C	90
9821101	信息	1公寓	DS	84
9821102	信息	1公寓	OS	78

从这个表中可以看出如下问题:

- 数据冗余问题：在这个关系中，有关学生所在系和其所对应的宿舍楼的信息有冗余，因为一个系有多少个学生，这个系所对应的宿舍楼的信息就要重复存储多少遍。
- 数据更新问题：如果某一学生从计算机系转到了信息系，那么不但要修改此学生的Sdept列的值，而且还要修改其Sloc列的值，从而使修改复杂化。
- 数据插入问题：如果某个学生还没有选课，但已经有了Sdept和Sloc信息，我们也不能将此学生的这些已知信息插入到数据库中。因为Cno为空，而Cno为主属性，不能为空，因此也就丢掉了该学生的其它基本信息。
- 数据删除问题：如果一个学生只选了一门课，而后来又不选了，则应该删除此学生选此门课程的记录。但由于这个学生只选了一门课，那么删掉此学生的选课记录的同时也删掉了此学生的其它基本信息。

类似的问题我们统称为操作异常。为什么会出现以上的操作异常现象呢？因为这个关系模式没有设计好，其原因在于它的某些属性之间存在着“不良”的函数依赖。如何改造这个关系模式并克服以上种种问题是我们所要解决的问题，也是我们讨论函数依赖的原因。

解决上述问题的方法就是进行模式分解，即把一个关系模式分解成两个或多个关系模式，在分解的过程中消除那些“不良”的函数依赖，从而获得好的关系模式。关于模式分解将在本章后边介绍。

7.2 关系规范化

7.2.1 关系模式中的码

设用U表示关系模式R的属性全集，即$U = \{A_1, A_2, \cdots, A_n\}$，用$F$表示关系模式$R$上的函数依赖集，则关系模式$R$可表示为$R(U, F)$。

1. 候选码

设K为$R(U, F)$中的属性或属性组，若$K \xrightarrow{f} U$，则K为R的候选码（K为决定R全部属性值的最小属性组)。

主码 关系$R(U, F)$中可能有多个候选码，则选其中一个作为主码。

全码 候选码为整个属性组。

主属性与非主属性:

在$R(U, F)$中，包含在任一候选码中的属性称为主属性，不包含在任一候选码中的属性称为非主属性。

例3 SC（Sno，Cno，Grade）

其候选码为:（Sno，Cno)，也为主码。

则主属性为: Sno，Cno， Grade为非主属性。

例4 R（P，W，A）

其中各属性含义分别为: 演奏者，作品和演出地点。其语义为: 一个演奏者可演奏多个作品，某一作品可被多个演奏者演奏；同一演出地点不同演奏者的不同作品。

其候选码为（P，W，A)，因为只有（演奏者，作品，演出地点）三者才能确定一场音乐会。我们称全部属性均为主码的表为全码表。

2. 外码

用于在关系表之间建立关联的属性（组）称为为外码。

定义 若$R(U, F)$的属性（组）X（X属于U）是另一个关系S的主码，则称X为R的外码（X必须先定义为S的主码)。

7.2.2 范式

我们在7.1.3节已经介绍了设计“不好”的关系模式所带来的问题，本节将继续讨论“好”的关系模式应具备的性质，即关系规范化问题。

关系数据库中的关系要满足一定的要求。若关系满足不同程度要求就称它属于不同的范式。满足最低要求的关系属于第一范式，简称1NF（First Normal Form)。在第一范式中进一步满足一些要求的关系属于第二范式，简称2NF，依此类推，还有3NF、BCNF、4NF、5NF。

所谓“第几范式”是表示关系模式满足的条件，所以经常称某一关系模式为第几范式的关系模式。也可以把这个概念模式理解为符合某种条件的关系模式的集合，因此R为第二范式的关系模式也可以写为$R \in$ 2NF。

对关系模式的属性间的函数依赖加以不同的限制就形成了不同的范式。这些范式是递进的，即如果一个表是1NF的，它比不是1NF的要好；同样，2NF的表要比1NF的表好，……。使用这种方法的目的是从一个表或表的集合开始，逐步产生一个和初始集合等价的表的集合(指提供同样的信息)。范式越高、规范化的程度越高，关系模式就越好。

规范化的理论首先由E.F. Codd于1971年提出，其目的是要设计“好的”关系数据库模式。关系规范化实际就是对有问题（操作异常）的关系进行分解从而消除这些异常。

1. 第一范式

定义 不包含重复组的关系（即不包含非原子项的属性）是第一范式的关系。

图7-1所示的表就不是第一范式的关系，因为在这个表中，“高级职称人数”不是基本的数据项，它是由两个基本数据项组成的一个复合数据项。将非第一范式的关系转换成第一范式的关系非常简单，只需要将所有数据项都分解为不可再分的最小数据项即可。由图7-1所示

的表转换后的第一范式的表如图7-2所示。

系名称	高级职称人数	
	教授	副教授
计算机系	6	10
信息管理系	3	5
电子与通信系	4	8

图7-1 非第一范式的表

系名称	教授人数	副教授人数
计算机系	6	10
信息管理系	3	5
电子与通信系	4	8

图7-2 第一范式的表

2. 第二范式

定义 如果$R(U,F)\in$ 1NF，并且R中的每个非主属性都完全函数依赖于主码，则$R(U,F)\in$ 2NF。

从定义中可以看出，若某个1NF的关系的主码只由一个列组成，那么这个关系就是2NF关系。但是，如果主码是由多个属性列共同构成的复合主码，并且存在非主属性对主属性的部分函数依赖，则这个关系就不是2NF关系。

例如，前面所示的S-L-C（Sno, Sdept, Sloc, Cno, Grade）关系就不是2NF的。

因为（Sno, Cno）是主码，而又有Sno→Sdept, 因此有

$$(\text{Sno},\ \text{Cno}) \xrightarrow{p} \text{Sdept}$$

即存在非主码属性对主码的部分函数依赖关系，所以此S-L-C关系不是2NF的。前面已经介绍过这个关系存在操作异常，而这些操作异常就是因为它存在部分函数依赖造成的。

可以用模式分解的办法将非2NF的关系模式分解为多个2NF的关系模式。去掉部分函数依赖关系的分解过程为：

1) 首先，用组成主码的属性集合的每一个子集作为主码构成一个表。

对于S-L-C表，就分解成如下几个子表：

S-C（Sno, Cno,…）

S（Sno, …）

C（Cno,…）

2) 对于每个子表，将依赖于此主码的属性放置到此表中。

对于S-L-C表，就有：

S-C（Sno, Cno, Grade）

S-L（Sno, Sdept, Sloc）

由于没有依赖于Cno的属性，因此，将C（Cno, …）子表去掉。

S-L-C关系模式分解后的形式为：S-L（Sno, Sdept, Sloc）和S-C（Sno, Cno, Grade）。

S-L关系的主码是（Sno），并且有Sno $\xrightarrow{f}$ Sdept，Sno $\xrightarrow{f}$ Sloc，所以S-L是2NF的。

S-C关系的主码是（Sno，Cno），并且有（Sno, Cno）$\xrightarrow{f}$ Grade，因此S-C也是2NF的。

下面我们看一下分解完之后是否还存在问题，先讨论S-L表。

首先，在这个关系模式中，描述多少个学生就会将每个系和其所在的宿舍楼重复描述多少遍，因此还存在数据冗余。其次，当新组建一个系时，如果此系还没有招收学生，但已分配了宿舍楼，则无法将此系的信息插入到数据库中，因为这时的学号为空。这是插入异常。

由此我们看到，第二范式的表也可能存在操作异常情况，因此还要对此关系模式进行进一步的分解。

3. 第三范式

定义 如果$R(U, F)\in$ 2NF，并且所有非主属性都不传递依赖于主码，则$R(U, F)\in$ 3NF。

从定义中可以看出，如果存在非主属性对主码的传递依赖，则相应的关系模式就不是3NF的。以关系模式S-L（Sno, Sdept, Sloc）为例，因为

$$Sno \rightarrow Sdept，Sdept \rightarrow Sloc$$

所以$Sno \overset{传递}{\rightarrow} Sloc$。

从前边的定义中可以知道，当关系模式中存在传递函数依赖时，这个关系模式仍然有操作异常，因此还需要对其进行进一步的分解。去掉传递函数依赖关系的分解过程为:

1) 对于不是候选码的每个决定因子，从表中删去依赖于它的所有属性;

对于S-L表，去掉这样的属性后成为: S-D（Sno, Sdept）

2) 新建一个表，新表中包含在原表中所有依赖于该决定因子的属性;

对于S-L表，新建的表为: D-L（Sdept, Sloc）

3) 将决定因子作为新表的主码。

为D-L表指定主码后成为: S-L（Sdept, Sloc）

S-L分解后的关系模式为:

S-D（Sno,Sdept）（主码为Sno）和D-L（Sdept,Sloc）（主码为Sdept）

对S-D，有$Sno \overset{f}{\rightarrow} Sdept$，因此S-D是3NF的。

对D-L，有$Sdept \overset{f}{\rightarrow} Sloc$，因此S-L也是3NF的。

由于3NF关系模式中不存在非主码属性对主码的部分依赖和传递依赖关系，因而在很大程度上消除了数据冗余和更新异常，因此在通常的数据库设计中，一般要求要达到3NF。

4. BCNF

BCNF也叫Boyce-Codd范式，它是3NF的进一步规范化，其限制条件更严格。

我们首先分析一下3NF中存在的问题。在3NF的关系模式中可能存在能够决定其它属性取值的属性组，而该属性组非码。

例如，假设有关系模式CSZ（City，Street，Zip），其中各属性分别代表城市、街道和邮政编码。其语义为: 城市和街道可以决定邮政编码，邮政编码可以决定城市。因此有:

$$(City，Street) \rightarrow Zip，Zip \rightarrow City$$

其候选码为（City，Street）和（Street，Zip），此关系模式中不存在非主属性，因此它属3NF。

现在我们看一下此模式存在的问题。假设取（City，Street）为主码，则当插入数据时，如果没有街道信息，则一个邮政编码是哪个城市的邮政编码这样的信息就无法保存到数据库中，因为Street不能为空。由此可见，即使是3NF的表，也有可能存在操作异常。

操作异常的原因是存在Zip → City，Zip是决定因子，但Zip不是码。

在3NF关系模式中之所以存在操作异常，主要是存在主属性对非码的函数依赖。在这种情况下，产生了BCNF。

定义 若关系模式$R\in$ 1NF，且能决定其它属性取值的属性（组）必定包含码，则$R\in$ BCNF。

可以将该定义理解为，如果一个关系的每个决定因子都是候选码，则其是BCNF。

或者说，如果$R\in$3NF，并且不存在主属性对非码的函数依赖，则其是BCNF。

将CSZ分解分解为：ZC（Zip，City），SZ（Street，Zip）。

这样就去掉了决定因子不包含码的情况，它们都是BCNF的关系模式了。

如果一个模型中的所有关系模式都属于BCNF，那么在函数依赖范畴内，就实现了彻底的分解，消除了操作异常。也就是说，在函数依赖的范畴，BCNF达到了最高的规范化程度。

1NF、2NF、3NF和BCNF的相互关系是：BCNF$\subset$3NF$\subset$2NF$\subset$1NF。

7.3　关系模式的分解准则

前面已经介绍过，为了提高规范化程度，通常将范式程度低的关系模式分解为若干个范式程度高的关系模式。每个规范化的关系应该只有一个主题，如果某个关系描述了两个或多个主题，就应该将它分解为多个关系，使每个关系只描述一个主题。当我们发现一个关系存在操作异常时，就应该把关系分解为两个或多个单独的关系，使每个关系只描述一个主题，从而消除这些异常。

规范化的方法是进行模式分解，但分解后产生的模式应与原模式等价，即模式分解必须遵守一定的准则，不能表面上消除了操作异常现象，却留下了其它的问题。模式分解要满足以下标准：

1) 模式分解具有无损连接性。

2) 模式分解能够保持函数依赖。

无损连接是指分解后的关系通过自然连接可以恢复成原来的关系，即通过自然连接得到的关系与原来的关系相比，既不多出信息、又不丢失信息。

保持函数依赖的分解是指在模式的分解过程中函数依赖不能丢失的特性，即模式分解不能破坏原来的语义。

为了得到更高范式的关系而进行的模式分解是否总能既保证无损连接、又保持函数依赖呢？答案是否定的。

那么应如何对关系模式进行分解呢？在不同情况下，同一个关系模式可能有多种分解方案。例如，对于关系模式S-D-L（Sno，Dept，Loc）（其中各属性含义分别为学号、系名和宿舍楼号，假设系名可以决定宿舍楼号），有如下函数依赖：

$$Sno \rightarrow Dept,\ Dept \rightarrow Loc$$

显然这个关系模式不是第三范式的。此关系模式至少可以有三种分解方案，分别为：

方案1：S-L（Sno，Loc），D-L（Dept，Loc）

方案2：S-D（Sno，Dept），S-L（Sno，Loc）

方案3：S-D（Sno，Dept），D-L（Dept，Loc）

使用这三种分解方案得到的关系模式都是第三范式的，那么如何比较这三种方案的好坏呢？由此我们想到，在将一个关系模式分解为多个关系模式时除了提高规范化程度之外，还要考虑其它一些因素。

将一个关系模式$R<U, F>$分解为若干个关系模式$R_1<U_1, F_1>$，$R_2<U_2, F_2>$，…，$R_n<U_n, F_n>$（其中$U=U_1\cup U_2\cup\cdots\cup U_n$，$F_i$为$F$在$U_i$上的投影），这意味着相应地将存储在一张二维表$r$中

的数据分散到了若干个二维表r_1，r_2，…，r_n中（r_i是r在属性组上U_i的投影）。我们当然希望这样的分解不丢失信息，也就是说，对关系r_1，r_2，…，r_n进行自然连接运算后能重新得到关系r中的所有信息。

事实上，要想在关系r投影为r_1，r_2，…，r_n时不会丢失信息，关键是对r_1，r_2，…，r_n做自然连接时可能产生一些r中原来没有的元组，从而无法区别哪些元组是r中原来有的，即数据库中应该存在的数据，哪些是不应该有的。从这个意义上说就丢失了信息。

仍以关系模式S-D-L (Sno, Dept, Loc) 为例，按三种分解方案得到的关系模式是否满足分解要求呢？我们对此进行一些分析。

假设在某一时刻，此关系模式的数据如表7-2所示，此关系用r表示。

若按方案1将关系模式S-D-L分解为S-L（Sno，Loc）和D-L（Dept，Loc），则将S-D-L投影到S-L和D-L的属性上，得到关系r_{11}和r_{12}，如表7-3和表7-4所示。

将r_{11}和r_{12}进行自然连接$r_{11}*r_{12}$，得到r'，如表7-5所示。

r'中的元组（S01, D3, L1）和（S04, D1, L1）不是原来r中的元组，因此，我们无法知道原来的r中到底有哪些元组，这当然是我们所不希望的。

所以，将关系模式$R<U, F>$分解为关系模式$R_1<U_1, F_1>$，$R_2<U_2, F_2>$，…，$R_n<U_n, F_n>$时，若对于R中的任何一个可能的r，都有$r = r_1*r_2*\cdots*r_n$，即r在R_1，R_2，…，R_n上的投影的自然连接等于r，则称关系模式R的分解具有无损连接性。

分解方案1不具有无损连接性，因此不是一个好的分解方法。

再分析方案2。将S-D-L投影到S-D，S-L的属性上，得到关系r_{21}和r_{22}，如表7-6和表7-7所示。

将$r_{11}*r_{12}$做自然连接,得到r''，如表7-8所示。

我们看到，分解后的关系模式经过自然连接后恢复成了原来的关系，因此分解方案2具有无损连接性。现在我们对这个分解做进一步的

表7-2　S-D-L关系模式的某一时刻数据（r）

Sno	Dept	Loc
S01	D1	L1
S02	D2	L2
S03	D2	L2
S04	D3	L1

表7-3　分解所得到的结果（r_{11}）

Sno	Loc
S01	L1
S02	L2
S03	L2
S04	L1

表7-4　分解所得到的结果（r_{12}）

Dept	Loc
D1	L1
D2	L2
D3	L1

表7-5　$r_{11}*r_{12}$自然连接后得到r'

Sno	Dept	Loc
S01	D1	L1
S01	D3	L1
S02	D2	L2
S03	D2	L2
S04	D1	L1
S04	D3	L1

表7-6　分解所得到的结果r_{21}

Sno	Dept
S01	D1
S02	D2
S03	D2
S04	D3

分析。假设学生S03从D2系转到了D3系，于是我们需要在 r_{21}中将元组（S03, D2）改为（S03, D3），同时还需要在r_{22}中将元组（S03, L2）改为（S03, L1）。如果这两个修改没有同时进行，则数据库中就会出现不一致信息。这是由于这样分解得到的两个关系模式没有保持原来的函数依赖关系造成的。原有的函数依赖Dept → Loc在分解后即没有投影到S-D中，也没有投影到S-L中，而是跨在了两个关系模式上。因此分解方案2没有保持原有的函数依赖关系，它也不是好的分解方法。

表7-7　分解所得到的结果（r_{22}）

Sno	Loc
S01	L1
S02	L2
S03	L2
S04	L1

表7-8　$r_{21} * r_{22}$然连接后得到r''

Sno	Dept	Loc
S01	D1	L1
S02	D2	L2
S03	D2	L2
S04	D3	L1

我们看分解方案3，经过分析（读者可以自己思考）可以看出分解方案3既满足无损连接性，又保持了原有的函数依赖关系，因此它是一个好的分解方法。

总结以上分析可以看出，分解具有无损连接性和分解保持函数依赖是两个独立的标准。具有无损连接性的分解不一定保持函数依赖（如前边的分解方案2），保持函数依赖的分解不一定具有无损连接性（请读者自己想例子来说明这种情况）。

一般情况下，在进行模式分解时，我们应将有直接依赖关系的属性放置在一个关系模式中，这样得到的分解结果一般既能具有无损连接性，也能保持函数依赖关系不变。

7.4　小结

关系规范化理论是设计没有操作异常的关系数据库表的基本原则。规范化理论主要研究关系表中各属性之间的依赖关系。根据依赖关系的不同，我们介绍了不包含子属性的第一范式，消除了属性间的部分依赖关系的第二范式，消除了属性间的传递依赖关系的第三范式，最后到每个决定因子都必须是码的BCNF。范式的每一次升级都是通过模式分解实现的，在进行模式分解时应注意保持分解后的关系能够具有无损连接性并能保持原有的函数依赖关系。

关系规范化理论的根本目的是指导我们设计没有数据冗余和操作异常的关系模式。对于一般的数据库应用来说，设计到第三范式就足够了。因为规范化程度越高，表的个数也就越多，因而有可能降低数据的查询效率。

习题

1. 关系规范化中的操作异常有哪些？它是由什么原因引起的？解决的办法是什么？
2. 设有关系模式：Student1（学号，姓名，出生日期，所在系，宿舍楼），其语义为：一个学生只在一个系学习，一个系的学生只住在一个宿舍楼里。指出此关系模式的候选码，判断此关系模式是第几范式的。若不是第三范式的，请将其规范化为第三范式关系模式，并指出分解后的每个关系模式的主码和外码。
3. 有关系模式：Student2（学号，姓名，所在系，班号，班主任，系主任），其语义为：一个学生只在一个系的一个班学习，一个系只有一个系主任，一个班只有一名班主任。指出此关系模式的候选码，判断此关系模式是第几范式的。若不是第三范式的，请将其规范化为第三范式关系模式，并指出分解后的每个关系模式的主码和外码。

4. 设有关系模式：授课表（课程号，课程名，学分，授课教师号，教师名，授课时数），其语义为：一门课程可以由多名教师讲授，一名教师可以讲授多门课程，每个教师对每门课程有惟一的授课时数。指出此关系模式的候选码，判断此关系模式属于第几范式。若不是第三范式的，请将其规范化为第三范式关系模式，并指出分解后的每个关系模式的主码。

第 8 章　数据库保护

数据库保护包括数据的一致性和并发控制、安全性、备份和恢复等内容，事务是保证数据一致性的基本手段。本章我们介绍事务、并发控制和数据库备份和恢复机制，安全性管理将在第12章中介绍。事务是数据库中一系列的操作，这些操作是一个完整的执行单元，事务处理技术主要包括数据库恢复技术和并发控制技术。数据库是一个多用户的共享资源，因此在多个用户同时操作数据时，保证数据的正确性是并发控制要解决的问题。如果数据库在使用过程中出现了故障，比如硬件损坏，那么保证数据库信息不丢失就是备份和恢复要解决的问题。

本章主要介绍事务的基本概念、并发控制方法以及数据库的备份和恢复技术。

8.1　事务的基本概念

8.1.1　事务

事务（Transaction）是用户定义的数据操作系列，这些操作可作为一个完整的工作单元。一个事务内的所有语句是一个整体，要么全部执行，要么全部不执行。

例如，A帐户要向*B*帐户转帐*n*元钱，这个活动包含两个动作:

第一个动作：*A*帐户 $-n$

第二个动作：*B*帐户 $+n$

可以设想，假设第一个动作成功了，但第二个动作由于某种原因没有成功（比如突然停电等），那么在系统恢复运行后，A帐户的金额是减*n*之前的值还是减*n*之后的值呢？如果B帐户的金额没有变化（没有加上*n*），则正确的情况是A帐户的金额也应该是没有做减*n*操作之前的值（如果A帐户是减*n*之后的值，则A帐户中的金额和B帐户中的金额就无法对应了，这显然是不正确的）。那么怎样保证在系统恢复之后，A帐户中的金额是减*n*前的值呢？这时就需要用到事务的概念。事务可以保证在一个事务中的全部操作或者全部成功，或者全部失败。也就是说，当第二个动作没有成功时，系统自动将第一个动作也撤销掉，使第一个动作没有发生。这样当系统恢复正常时，A帐户和B帐户中的数值才是正确的。

要让系统知道哪几个动作属于一个事务，必须显式地通知系统，这可以通过标记事务的开始与结束来实现。在不同的事务处理模型中，事务的开始标记也不完全一样（我们将在8.1.3节介绍事务处理模型），但不管是哪种事务处理模型，事务的结束标记都是一样的。事务的结束标记有两个，一个是正常结束，用COMMIT（提交）表示，此时事务中的所有操作都会保存到物理数据库中，成为永久的操作。另一个是异常结束，用ROLLBACK（回滚）表示，此时事务中的全部操作都被撤销，数据库回到事务开始之前的状态。事务中的操作一般是对数据的更新操作。

8.1.2　事务的特征

事务具有四个特性，即原子性（Atomicity）、一致性（Consistency）、隔离性（Isolation）

和持续性（Durability）。这四个特性也简称为事务的ACID特性。

1. 原子性

事务的原子性是指事务是数据库的逻辑工作单位，事务中的操作要么都做，要么都不做。

2. 一致性

事务一致性是指事务执行的结果必须是使数据库从一个一致性状态转换到另一个一致性状态。如前所述的转帐事务。因此，当事务成功提交时，数据库就从事务开始前的一致性状态转到了事务结束后的一致性状态。同样，如果由于某种原因，事务在尚未完成时出现了故障，那么就会出现事务中的一部分操作已经完成，而另一部分操作还没有做的现象，这样就有可能使数据库产生不一致的状态（参考前面的转帐实例）。因此，事务中的操作如果有一部分成功，一部分失败，为避免数据库产生不一致状态，系统会自动撤销事务中已完成的操作，使数据库回到事务开始前的状态。因此，事务的一致性和原子性是密切相关的。

3. 隔离性

事务的隔离性是指数据库中一个事务的执行不能受其它事务干扰，即一个事务内部的操作及使用的数据对其它事务是隔离的，并发执行的各个事务不能相互干扰。

4. 持久性

事务的持久性也称为永久性（Permanence），指事务一旦提交，则对数据库中数据的改变就是永久性的，以后的操作或故障不会对事务的操作结果产生任何影响。

事务是数据库并发控制和恢复的基本单位。

保证事务的ACID特性是事务处理的重要任务。事务的ACID特性可能由于以下情况而遭到破坏:

- 多个事务并行运行时，不同事务的操作有交叉情况。
- 事务在运行过程中被强迫停止。

在第一种情况下，数据库管理系统必须保证多个事务在交叉运行时不影响这些事务的原子性。在第二种情况下，数据库管理系统必须保证被强迫终止的事务对数据库和其它事务没有任何影响。

以上这些工作都由数据库管理系统中的恢复和并发控制机制完成。

8.1.3 SQL事务处理模型

事务有两种类型，一种是显式事务，一种是隐式事务。隐式事务是指每一条数据操作语句都自动地成为一个事务，显式事务是指有显式的开始和结束标记的事务。对于显式事务，不同的数据库管理系统又有不同的形式，一类是采用国际标准化组织（ISO）制定的事务处理模型，另一类是采用Transact-SQL的事务处理模型。下面分别介绍这两种模型。

1. ISO事务处理模型

ISO的事务处理模型是明尾暗头，即事务的开始是隐式的，而事务的结束有明确标记。在这种事务处理模型中，程序的首条SQL语句或事务开始符后的第一条语句自动作为事务的开始。而在程序正常结束处或在COMMIT或ROLLBACK语句处是事务的终止。

以前面介绍的A帐户转帐给B帐户*n*元钱的事务为例，用ISO事务处理模型可描述为:

```
UPDATE 支付表 SET 帐户总额 = 帐户总额 - n
   WHERE 帐户名 = 'A'
UPDATE 支付表 SET 帐户总额 = 帐户总额 + n
```

```
    WHERE 帐户名 = 'B'
COMMIT
```

2. Transact-SQL事务处理模型

Transact-SQL使用的事务处理模型对每个事务都有显式的开始和结束标记。事务的开始标记是BEGIN TRANSACTION（TRANSACTION可简写为TRAN），事务的结束标记为COMMIT ［TRANSACTION | TRAN］ 和ROLLBACK ［TRANSACTION | TRAN］。

前面的转帐例子用Transact-SQL事务处理模型可描述为:

```
BEGIN TRANSACTION
  UPDATE 支付表 SET 帐户总额 = 帐户总额 - n
    WHERE 帐户名 = 'A'
  UPDATE 支付表 SET 帐户总额 = 帐户总额 + n
    WHERE 帐户名 = 'B'
COMMIT
```

8.2 并发控制

数据库系统一个明显的特点是多个用户共享数据库资源，尤其是多用户可以同时存取相同数据，飞机订票系统数据库、银行系统数据库等都是多用户共享的数据库系统。在这样的系统中，同一时刻可同时运行数百个事务。若对多用户的并发操作不加控制，就会造成数据的存取错误，破坏数据库的一致性和完整性。

如果事务是顺序执行的，即一个事务完成之后，再开始另一个事务，则称这种执行方式为串行执行。如果DBMS可以同时接受多个事务，并且这些事务在时间上可以重叠执行，则这种执行方式就称为并发执行。在单CPU系统中，同一时间只能有一个事务占据CPU，各个事务交叉地使用CPU，这种并发方式称为交叉并发。在多CPU系统中，多个事务可以同时占有CPU，这种并发方式称为同时并发。这里主要讨论的是单CPU中的交叉并发的情况。

8.2.1 并发控制概述

数据库中的数据是可以共享的资源，因此会有很多用户同时使用数据库中的数据。也就是说，在多用户系统中，可能同时运行着多个事务。事务的运行需要时间，并且事务中的操作需要一定的数据，那么当系统中同时有多个事务运行时，特别是当这些事务使用同一段数据时，彼此之间就有可能产生相互干扰的情况。

上一节我们说过，事务是并发控制的基本单位，保证事务的ACID特性是事务处理的重要任务，而事务的ACID特性可能会因多个事务对数据的并发操作而遭到破坏。为保证事务之间的隔离性和一致性，数据库管理系统应该对并发操作进行正确的调度。

下面我们看一下并发事务之间可能的相互干扰情况。

假设有两个飞机订票点A和B，如果A、B两个订票点恰巧同时办理同一架航班的飞机订票业务。其操作过程及顺序如下:

1) A订票点（事务A）读出航班目前的机票余额数，假设为10张。

2) B订票点（事务B）读出航班目前的机票余额数，也为10张。

3) A订票点卖出6张机票，修改机票余额为10 - 6 = 4，并将4写回到数据库中。

4) B订票点卖出5张机票，修改机票余额为10 - 5 = 5，并将5写回到数据库中。

由此可见，这两个事务不能反映出飞机票数不够的情况，而且B事务还覆盖了A事务对数据库的修改，使数据库中的数据不可信，这种情况就称为数据的不一致。这种不一致是由并发操作引起的。在并发操作情况下会产生数据的不一致，是因为系统对A、B两个事务的操作序列的调度是随机的。这种情况在现实当中是不允许发生的，因此，数据库管理系统必须想办法避免出现这种情况，这就是数据库管理系统在并发控制中要解决的问题。

并发操作所带来的数据不一致情况大致可以概括为四种，即丢失修改、不可重复读、读“脏”数据和产生“幽灵”数据，下面分别介绍这四种情况。

1. 丢失数据修改

丢失数据修改是指两个事务T_1和T_2读入同一数据并进行修改，T_2提交的结果破坏了T_1提交的结果，导致T_1的修改被T_2覆盖掉了。上述飞机订票系统就属这种情况。丢失修改的情况如图8-1所示。

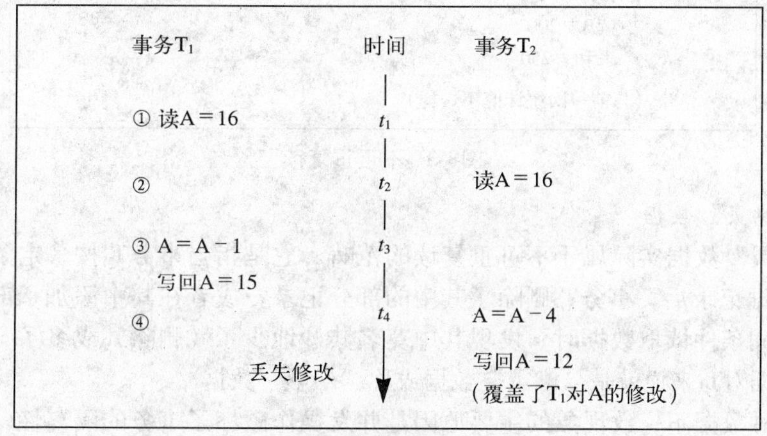

图8-1 丢失数据修改

2. 读“脏”数据

读“脏”数据是指一个事务读取了某个失败事务运行过程中的数据。也就是说，事务T_1修改了某一数据，并将修改结果写回到磁盘，然后事务T_2读取了同一数据（是T_1修改后的结果），但T_1后来由于某种原因撤销了它所做的操作，这样被T_1修改过的数据又恢复为原来的值，那么T_2读到的值就与数据库中实际的数据值不一致了。这时就说T_2读的数据为T_1 的“脏”数据，或不正确的数据。读“脏”数据的过程如图8-2所示。

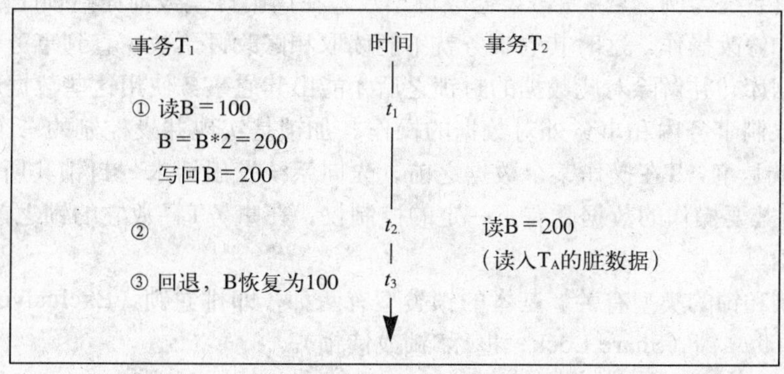

图8-2 读“脏”数据

3. 不可重复读

不可重复读是指事务T_1读取数据后，事务T_2执行了更新操作，修改了T_1读取的数据，T_1操作完数据后，又重新读取了同样的数据，但这次读完之后，当T_1再对这些数据进行相同操作时，所得的结果与前一次不一样。不可重复读的情况如图8-3所示。

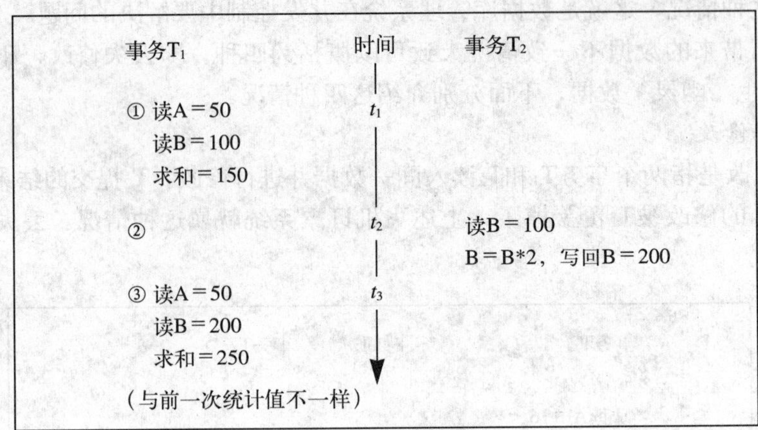

图8-3 不可重复读

4. 产生“幽灵”数据

产生“幽灵”数据实际属于不可重复读的范畴。它是指当事务T_1按一定条件从数据库中读取了某些数据记录后，事务T_2删除了其中的部分记录，或者在其中添加了部分记录，那么当T_1再次按相同条件读取数据时，发现其中莫名其妙地少了（删除）或多了（插入）一些记录。这样的数据对T_1来说就是“幽灵”数据或称“幻影”数据。

产生这四种数据不一致现象的主要原因是并发操作破坏了事务的隔离性。并发控制就是要用正确的方法来调度并发操作，使一个事务的执行不受其它事务的干扰，避免造成数据的不一致情况。

8.2.2 并发控制措施

在数据库环境下，进行并发控制的主要方式是使用封锁机制，即加锁（Locking）。加锁是一种并发控制技术，是用来调整对共享目标（如数据库中共享记录）进行并行存取的技术。事务通过向封锁管理程序发出请求而对记录加锁。

以飞机订票系统为例，若A事务要修改订票数，在读出订票数前先封锁此数据，然后再对数据进行读取和修改操作。这时其它事务就不能读取和修改订票数，直到事务A修改完成并将数据写回到数据库，并解除对此数据的封锁之后才能由其它事务使用这些数据。

加锁就是限制事务内和事务外对数据的操作。加锁是实现并发控制的一个非常重要的技术。所谓加锁就是事务T在操作某个数据之前，先向系统发出请求，封锁其所要使用的数据。加锁后事务T对其要操作的数据具有了一定的控制权，在事务T释放它的锁之前，其它事务不能使用这些数据。

具体的控制和锁的类型有关。基本的锁类型有两种，即排它锁（Exclusive Lock，也称为X锁或写所）和共享锁（Share Lock，也称S锁或读锁）。

- 共享锁：若事务T给数据对象A加了S锁，则事务T可以读A，但不能修改A，其它事务只能再给A加S锁，而不能加X锁，直到T释放了A上的S锁为止。对于读操作（检索）来说，可以有多个事务同时获得S锁，但其它事务对已获得S锁的数据不能加X锁。

共享锁的操作基于以下事实：检索操作并不破坏数据的完整性，而修改操作（Insert、Delete、Update）才会破坏数据的完整性。加锁的真正目的在于防止更新带来的失控操作破坏数据一致性，而可以放心地进行检索操作。

- 排它锁：若事务T为数据对象A加了X锁，则T可以读取和修改A，但其它事务不能给A加任何类型的锁和进行任何操作。也就是说，一旦事务获得了对某一数据的排它锁，任何其它事务均不能对该数据进行排它封锁，其它事务只能进入等待状态，直到第一个事务撤销了对该数据的封锁为止。

排它锁和共享锁的控制方式可以用图8-4所示的相容矩阵来表示。

T_1 \ T_2	X	S	无锁
X	No	No	Yes
S	No	Yes	Yes
无锁	Yes	Yes	Yes

图8-4 加锁类型的相容矩阵

在图8-4所示的加锁类型相容矩阵中，最左边一列表示事务T_1已经获得的数据对象上的锁的类型，最上面一行表示另一个事务T_2对同一数据对象发出的加锁请求。T_2的加锁请求能否满足在矩阵中分别用“Yes”和“No”表示，“Yes”表示事务T_2的加锁请求与T_1已有的锁兼容，加锁请求可以满足；“No”表示事务T_2的加锁请求与T_1已有的锁冲突，加锁请求不能满足。

8.2.3 封锁协议

在运用X锁和S锁为数据对象加锁时，还需要约定一些规则，如何时申请X锁或S锁、持锁时间、何时释放锁等。这些规则称为封锁协议或加锁协议（Locking Protocel）。对封锁方式规定不同的规则，就形成了不同级别的封锁协议。不同级别的封锁协议所能达到的系统一致性级别是不同的。

1. 一级封锁协议

一级封锁协议的规则如下：给事务T要修改的数据加X锁，直到事务结束（包括正常结束和非正常结束）时才释放锁。

一级封锁协议可以防止丢失修改，并保证事务T是可恢复的，如图8-5所示。在图8-5中，事务T_1要对A进行修改，因此，它在读A之前先对A加了X锁。当T_2要对A进行修改时，它也申请给A加X锁，但由于A已经加了X锁，因此T_2的请求被拒绝，T_2只能等待，直到T_1释放掉对A加的X锁为止。当T_2能够读取A时，它所得到的已经是T_1更新后的值了。因此，一级封锁协议可以防止丢失修改。

在一级封锁协议协议中，如果事务T只是读数据而不修改数据，则不需要加锁，这样就不能保证可重复读和不读“脏”数据。

2. 二级封锁协议

二级封锁协议的规则如下：一级封锁协议加上事务T对要读取的数据加S锁，读完后即释放S锁。

二级封锁协议除了可以防止丢失修改外，还可以防止读“脏”数据。图8-6所示即为使用二级封锁协议防止读“脏”数据的情况。

在图8-6中，事务T_1要对C进行修改，因此先对C加了X锁，修改完后将值写回数据库。这时T_2要读C的值，因此申请对C加S锁，由于T_1已在C上加了X锁，因此T_2只能等待。当T_1由于某种原因撤销了它所做的操作时，C恢复为原来的值50，然后T_1释放对C加的X锁，因而T_2获得了对C的S锁。当T_2能够读C时，C的值仍然是原来的值，即T_2读到的是50。这样就避免了读“脏”数据。

在二级封锁协议协议中，由于事务T读完数据后立即释放S锁，因此不能保证可重复读数据。

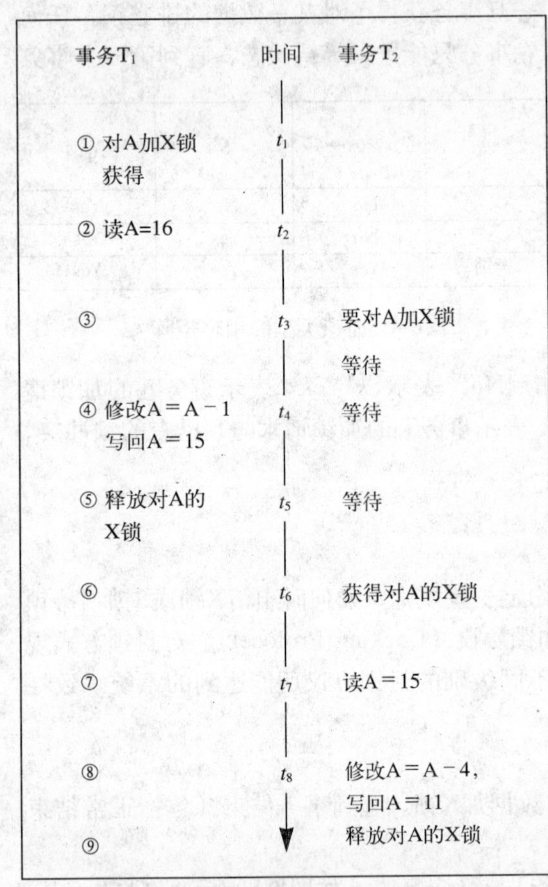

图8-5　没有丢失修改

事务T_1	时间	事务T_2
① 对C加X锁 获得	t_1	
② 读C＝50	t_2	
③ 求C＝C*2 写回C＝100	t_3	
④	t_4	要对C加S锁 等待
⑤ 回退 （C恢复为50）	t_5	等待
⑥ 释放C的锁	t_6	等待
⑦	t_7	获得C的S锁
⑧	t_8	读 C＝50 释放C的S锁

图8-6　不读“脏”数据

3. 三级封锁协议

三级封锁协议的规则是：一级封锁协议加上事务T对要读取的数据加S锁，并直到事务结束才释放。

三级封锁协议除了可以防止丢失修改和不读“脏”数据之外，还进一步防止了不可重复读。如图8-7所示为使用三级封锁协议防止不可重复读的情况。

在图8-7中，事务T_1要读取A、B的值，因此先对A、B加了S锁，这样其它事务只能再对A、B加S锁，而不能加X锁，即其它事务只能对A、B进行读取操作，而不能进行修改操作。因此，当T_2为修改B而申请对B加X锁时被拒绝，T_2只能等待。T_1为验算再读A、B的值，这时读出的值仍然是A、B原来的值，因此求和的结果也不会变，即可重复读。直到T_1释放了在A、B上加的锁，T_2才能获得对B的X锁。

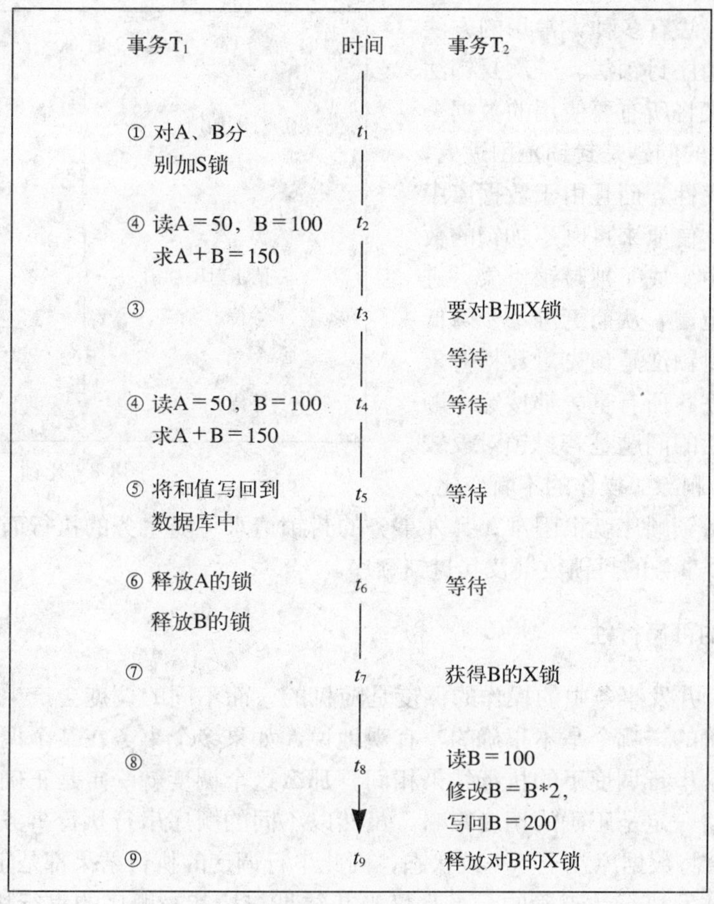

图8-7 可重复读

三个封锁协议的主要区别在于哪些操作需要申请封锁，以及何时释放锁。三个级别的封锁协议的总结如表8-1所示。

表8-1 不同级别的封锁协议

封锁协议	X锁（对写数据）	S锁（对只读数据）	不丢失修改（写）	不读脏数据（读）	可重复读（读）
一级	事务全程加锁	不加锁	✓		
二级	事务全程加锁	事务开始加锁，读完即释放	✓	✓	
三级	事务全程加锁	事务全程加锁	✓	✓	✓

8.2.4 死锁

如果事务T_1封锁了数据R_1，T_2封锁了数据R_2，然后T_1又请求封锁R_2，由于T_2已经封锁了R_2，因此T_1等待T_2释放R_2上的锁。然后T_2又请求封锁R_1，由于T_1已经封锁了R_1，因此T_2也只能等待T_1释放R_1上的锁。这样就会出现T_1等待T_2先释放R_2上的锁，而T_2又等待T_1先释放R_1上的锁的局面，此时T_1和T_2都在等待对方先释放锁，因而形成死锁，如图8-8所示。

死锁问题在操作系统和一般并行处理中已经有深入的阐述，本书就不作过多解释。目前在数据库中解决死锁问题的方法主要有两类，一类是采取一定的措施来预防死锁的发生，另一类是允许死锁的发生，但采用一定的手段定期诊断系统中有无死锁，若有则解除之。

预防死锁的方法有多种，常用的方法有一次封锁法和顺序封锁法。一次封锁法是指每个事务一次将所有要使用的数据全部加锁。这种方法的问题是封锁范围过大，降低了系统的并发性。而且由于数据库中的数据不断变化，使原来可以不加锁的数据，在执行过程中变成了被封锁对象，进一步扩大了封锁范围，从而更进一步降低了并发性。顺序封锁法是预先对数据对象规定一个封锁顺序，所有事务都按这个顺序封锁。这种方法的问题是若封锁对象较多，则随着插入、删除等操作的不断变化，维护这些资源的封锁顺序就很困难，另外事务的封锁请求可随事务的执行而动态变化，因此很难事先确定每个事务的封锁数据及其封锁顺序。

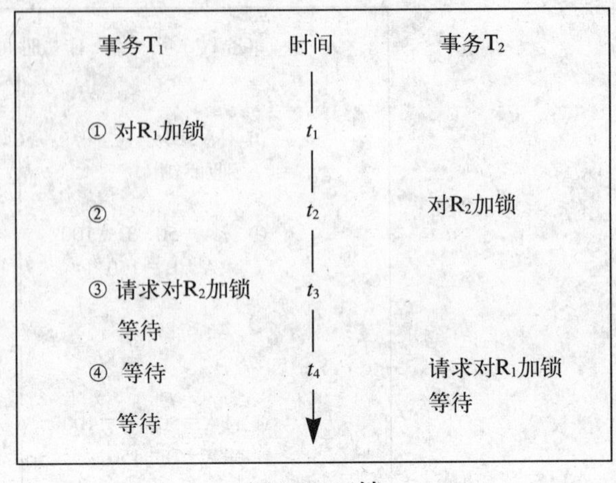

图8-8　死锁

8.2.5　并发调度的可串行性

计算机系统对并发事务中的操作的调度是随机的，而不同的调度会产生不同的结果，那么哪个结果是正确的，哪个是不正确的？直观地说，如果多个事务在某个调度下的执行结果与这些事务在某个串行调度下的执行结果相同，那么这个调度就一定是正确的，因为所有事务的串行调度策略一定是正确的调度策略。虽然以不同的顺序串行执行事务可能会产生不同的结果，但都不会将数据库置于不一致状态，因此串行调度的执行结果都是正确的。

多个事务的并发执行是正确的，当且仅当其结果与按某一顺序的串行执行的结果相同，则我们称这种调度为可串行化的调度。

可串行性是判断并发事务是否正确的准则。根据这个准则可知，对于一个给定的并发调度，当且仅当它是可串行化的，才认为是正确的调度。

例如，假设有两个事务，分别包含如下操作：

- 事务T_1：读B；A＝B＋1；写回A。
- 事务T_2：读A；B＝A＋1；写回B。

假设A、B的初值均为4，若按$T_1 \rightarrow T_2$的顺序执行，其结果为A＝5，B＝6；若按$T_2 \rightarrow T_1$的顺序执行，则其结果为A＝6，B＝5。当并发调度时，如果执行的结果是这两者之一，就认为结果是正确的。

图8-9给出了这两个事务的几种不同的调度策略。

为了保证并发操作的正确性，数据库管理系统的并发控制机制必须提供一定的手段来保证调度是可串行化的。

从理论上讲，若在某一事务执行过程中禁止执行所有其它事务，则这样的调度策略一定是可串行化的，但这种方法实际上是不可取的，因为这样不能让用户充分共享数据库资源。目前的数据库管理系统普遍采用封锁方法来实现并发操作的可串行性，从而保证调度的正确性。

两段锁（Two-Phase Locking，简称2PL）协议是保证并发调度的可串行性的封锁协议。除此之外还有一些其它的方法，比如乐观方法等来保证调度的正确性。我们这里只介绍两段锁协议。

T_1	T_2
B加S锁	
Y=B=4	
B释放S锁	
A加X锁	
A=Y+1	
写回A(5)	
A释放X锁	
	A加S锁
	X=A=5
	A释放S锁
	B加X锁
	B=X+1
	写回B(6)
	B释放X锁

a) 串行调度

T_1	T_2
	A加S锁
	X=A=4
	A释放S锁
	B加X锁
	B=X+1
	写回B(4)
	B释放X锁
B加S锁	
Y=B=5	
B释放S锁	
A加X锁	
A=Y+1	
写回A(6)	
A释放X锁	

b) 串行调度

T_1	T_2
B加S锁	
Y=B=4	
	A加S锁
	X=A=4
B释放S锁	
	A释放S锁
A加X锁	
A=Y+1	
写回A(5)	
	B加X锁
	B=X+1
	写回B(5)
A释放X锁	
	B释放X锁

c) 不可串行化调度

T_1	T_2
B加S锁	
Y=B=4	
B释放S锁	
A加X锁	
	A加S锁
A=Y+1	等待
写回A(5)	等待
A释放X锁	等待
	X=A=5
	A释放S锁
	B加X锁
	B=X+1
	写回B(6)
	B释放X锁

d) 可串行化调度

图8-9 并发事务的不同调度

8.2.6 两段锁协议

两段锁协议是指所有的事务必须分为两个阶段对数据进行加锁和解锁。具体内容如下:

• 在对任何数据进行读、写操作之前，首先要封锁该数据。

• 在释放一个封锁之后，事务不再申请和获得任何其它封锁。

两段锁协议是实现可串行化调度的充分条件。

两段锁的含义是，可以将每个事务分成两个时期：申请封锁期（开始对数据操作之前）和释放封锁期（结束对数据操作之后）。申请期申请要进行的封锁，释放期释放所占用的封锁。在申请期不允许释放任何锁，在释放期不允许申请任何锁，这就是两段式封锁。

若某事务遵守两段锁协议，则其封锁序列如图8-10所示：

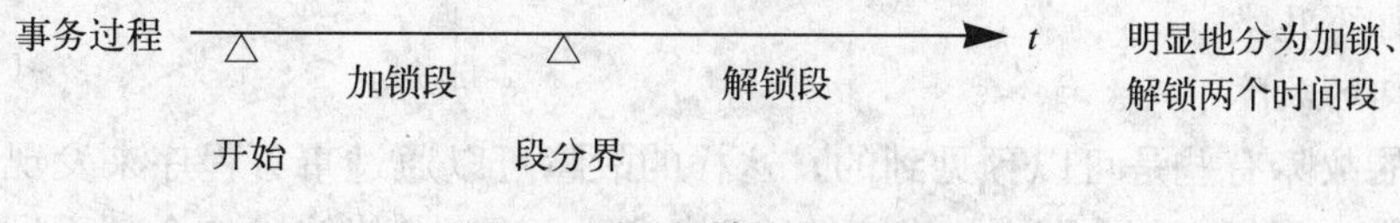

图8-10 两段锁协议示意图

可以证明，若并发执行的所有事务都遵守两段锁协议，则这些事务的任何并发调度策略都是可串行化的。

事务遵守两段锁协议是可串行化调度的充分条件，而不是必要条件。也就是说，如果并发事务都遵守两段锁协议，则对这些事务的任何并发调度策略都是可串行化的。反之，若对并发事务的调度是可串行化的，并不意味着这些事务都符合两段锁协议。

例如，对于图8-9所示的两个事务的例子，图8-11a和图8-11b都是可串行化的调度。但图8-11a中的T_1和T_2都遵守了两段锁协议，但图8-11b中的T_1和T_2没有遵守两段锁协议，但它也是可串行化的调度。

T_1	T_2
B加S锁	
Y＝B＝4	
	A加S锁
	等待
A加X锁	等待
A＝Y+1	等待
写回A(5)	等待
B释放S锁	等待
A释放X锁	等待
	A加S锁
	X＝A＝5
	B加X锁
	B＝X+1
	写回B(6)
	A释放S锁
	B释放X锁

a）遵守两段锁协议

T_1	T_2
B加S锁	
Y＝B＝4	
B释放S锁	
A加X锁	
	A加S锁
A＝Y+1	等待
写回A(5)	等待
A释放X锁	等待
	X＝A＝5
	A释放S锁
	B加X锁
	B＝X+1
	写回B(6)
	B释放X锁

b）不遵守两段锁协议

图8-11 可串行化调度

8.3 数据库备份与恢复

计算机同其它设备一样，都有可能发生故障。计算机故障的原因多种多样，包括磁盘故障、电源故障、软件故障、灾害故障以及人为破坏等。一旦发生这些情况，就有可能造成数据的丢失。因此，数据库系统必须采取必要的措施，以保证发生故障时，可以恢复数据库。数据库管理系统的备份和恢复机制就是保证在数据库系统出现故障时，能够将数据库系统还原到正确状态。

8.3.1 数据库故障的种类

数据库故障是指导致数据库值出现错误描述状态的情况。数据库系统中可能发生的故障大致可以分为如下几类。

1. 事务内部的故障

事务内部的故障有些是可以预见到的，这样的故障可以通过事务程序来发现。例如，在银行转帐事务中，当把一笔金额从A帐户转给B帐户时，如果A帐户中的金额不足，则应该不能进行转帐，否则可以进行转帐。这个对金额的判断就可以在事务的程序代码中完成。如果发现不能转帐，则对事务进行回滚即可。这种事务内部的故障是可预见的。

但事务内部的故障有很多是非预见性的，这样的故障就不能由应用程序来处理。如运算溢出或因并发事务死锁而被撤销的事务等。我们以后所讨论的事务故障均指这类非预见性的故障。

事务故障意味着事务没有达到预期的终点（COMMIT或ROLLBACK），这时数据库可能处于不正确的状态。数据库的恢复机制要在不影响其它事务运行的情况下，强行撤销该事务中的全部操作，使得该事务就像没发生过一样。这类恢复操作称为事务撤销（UNDO）。

2. 系统故障

系统故障是指造成系统停止运转、重启的故障。例如，硬件错误（CPU故障）、操作系统故障、突然停电等都是系统故障。这样的故障会影响正在运行的所有事务，但不破坏数据库。这时内存中的内容全部丢失。这时可能会出现以下两种情况。第一种是一些未完成事务的结果可能已经送入物理数据库中，从而造成数据库处于不正确状态。另一种是有些已经提交的事务可能有一部分结果还保留在缓冲区中，尚未写到物理数据库中，这样系统故障会丢失这些事务对数据的修改，也使数据库处于不一致状态。

因此，恢复子系统必须在系统重新启动时撤销所有未完成的事务，并重做所有已提交的事务，以保证将数据库恢复到一致状态。

3. 其他故障

介质故障或由计算机病毒引起的故障或破坏可归为其它故障。

介质故障指外存故障，如磁盘损坏等。这类故障会对数据库造成破坏，并影响正在操作的数据库的所有事务。这类故障虽然发生的可能性很小，但破坏性很大。

计算机病毒的破坏性很大，而且极易传播，它也可能对数据库造成毁灭性的破坏。

不管是哪类故障，都可能对数据库造成以下两种影响：一种是破坏数据库，另一种是数据库虽然没有遭到破坏，但数据可能不正确（因事务非正常终止）。

数据库恢复就是保证数据库的正确性和一致性，其原理很简单，就是冗余，即数据库中任何一部分被破坏的或不正确的数据均可根据存储在系统别处的冗余数据来重建。尽管恢复的原理很简单，但实现的技术细节却很复杂。

8.3.2 数据库备份

数据的恢复涉及到两个关键问题：第一，如何建立冗余数据；第二，如何利用这些冗余数据实施数据库恢复。本节介绍如何建立冗余数据，即如何进行数据备份。下一小节将介绍如何利用备份数据恢复数据库。

数据备份是指定期或不定期地对数据库数据进行复制。可以将数据复制到本地机器上，也可以复制到其它机器上。备份的介质可以是磁带也可以是磁盘，但通常选用磁带。数据备份是保证系统安全的一项重要措施。

由于外界原因而引起的数据库系统故障，人们还没有很好的预防措施，只能依靠数据备份来恢复。为了保证系统安全，应综合使用多种安全措施。

在制定备份策略时，应考虑如下几个方面：

1. 备份的内容

备份数据库应备份数据库中的表（结构）、数据库用户（包括用户和用户操作权）以及用户定义的数据库对象和数据库中的全部数据。表应包含系统表、用户定义的表，还应该备份数据库日志等内容。

2. 备份频率

确定备份频率要考虑两个因素：

• 存储介质出现故障或出现其它故障时，允许丢失的数据量的大小。
• 数据库的事务类型（读多还写多）以及事故发生的频率（经常发生还是不经常发生）。

不同的数据库管理系统提供的备份种类也不尽相同。通常情况下，数据库可以每周备份一次，事务日志可以每日备份一次。对于一些重要的联机事务处理数据库，数据库也可以每日备份，事务日志则每隔数小时备份一次。

日志的备份速度比数据库备份快，且在联机情况下，对数据库的性能影响小，但在出现故障时，采用日志备份的恢复时间较长。

8.3.3　数据库恢复

恢复数据库是指将数据库从错误描述状态恢复到正确的描述状态（最近的正确时刻）的过程。

1. 恢复策略

(1) 事务故障的恢复

事务故障是指事务在正常结束前被终止，这时恢复子系统可以利用日志文件撤销此事务对数据库进行的修改。

事务故障的恢复是由系统自动完成的，对用户是透明的。恢复的过程为：反向扫描日志文件并执行相应操作的逆操作。比如，如果日志中记录的是“删除”操作，则进行“插入”；若记录的是修改操作，就用更新前的值替换更新后的值。

(2) 系统故障的恢复

系统故障造成数据库不一致状态的原因有两个，一是未完成事务对数据库的更新已写入数据库，二是已提交事务对数据库的更新还留在缓冲区中未写入数据库。因此，恢复系统故障的操作就是撤销故障发生时未完成的事务，重做已完成的事务。

系统故障的恢复是系统在重启时自动完成的，不需用户干预。

系统故障的恢复过程为：正向扫描日志文件，找出故障发生前已提交的事务，将其重做；同时找出故障发生时未完成的事务（只有BEGIN TRANSACTION记录，无相应的COMMIT记录），并撤销这些事务。

(3) 介质故障的恢复

介质故障发生后，磁盘上的物理数据和日志文件均遭到破坏，这是最严重的一种故障。恢复的方法是首先重装数据库管理系统，使数据库管理系统能正常运行，然后利用介质损坏前对数据库已做的备份或利用镜像设备恢复数据库。

2. 恢复方法

利用数据库备份、事务日志备份可以将数据库从出错状态恢复到最近的正确状态。

(1) 利用备份技术

由DBA定期对数据库进行备份，生成数据库瞬时正确状态的副本（备份）。当发生错误时，利用备份（文件）可以将数据库恢复到备份完成时的数据库状态。

(2) 利用事务日志

事务日志记录了对数据库数据的全部更新操作（插入、删除、修改），日志内容包括事务标识、操作类型、操作前后的数据值等。利用事务日志可以恢复非完整事务，即从非完整事务当前值按事务日志记录的顺序反做，直到事务开始时的数据库值为止。利用事务日志的恢复一般是系统自动完成的。

(3) 利用镜像技术

所谓镜像就是在不同的设备上同时存有两份数据库，我们把其中的一个设备称为主设备，把另一个称为镜像设备。主设备与镜像设备互为镜像关系。每当主数据库更新时，DMBS自动把更新后的数据复制到另一个镜像设备上，保证主设备上的数据库与镜像设备上的数据库一致。

数据库镜像功能可用于有效地恢复磁盘介质的故障。

镜像技术也可用于数据的并发操作。当一个用户给数据加排它锁后修改数据时，其它用户可读取镜像数据库上的数据，而不必等待释放锁。一般情况下，主数据库主要用于修改，镜像数据库主要用于查询。

我们在第14章会结合SQL Server具体的环境介绍如何实现数据库的备份和恢复。

8.4 小结

本章我们介绍了事务、并发控制和数据库的备份和恢复三个概念。事务在数据库中是非常重要的概念，它是保证数据并发性的重要方面。事务中的操作是一个完整的工作单元，这些操作或者全部成功，或者全部不成功。并发控制是指当同时执行多个事务时，为了保证一个事务的执行不受其它事务的干扰所采取的措施。并发控制的主要方法是加锁，根据对数据操作的不同，锁分为共享锁和排它锁两种。为了保证并发执行的事务是正确的，一般要求事务遵守两段锁协议，即在一个事务中明显地分为锁申请期和释放期，它是保证事务是可并发执行的充分条件。

数据库的备份和恢复是保证数据库出现故障时能够将数据库尽可能地恢复到正确状态的技术。备份数据库时不仅备份数据，而且备份与数据库有关的所有对象、用户和权限。对于大型数据库来说，数据库备份是一项必不可少的任务。

习题

1. 试说明事务的概念及四个特征。
2. 事务处理模型有哪两种?
3. 在数据库中为什么要有并发控制?
4. 并发控制的措施是什么?
5. 设有三个事务：T_1、T_2和T_3，其所包含的动作为:

   T_1：A = A + 2

   T_2：A = A * 2

   T_3：A = A ** 2

   设A的初值为1，若这三个事务并行执行，那么可能的调度策略有几种？A最终的结果分别是什么?
6. 当某个事务对某段数据加了S锁之后，在此事务释放锁之前，其它事务还可以对此段数据添加什么锁?
7. 什么是死锁?
8. 怎样保证多个事务的并发执行是正确的?
9. 数据库故障大致分为几类?
10. 数据库备份的作用是什么?

第 9 章　数据库设计

数据库设计是指利用现有的数据库管理系统为具体的应用对象构造适合的数据库模式，建立数据库及其应用系统，使之能有效地收集、存储、操作和管理数据，满足企业中各类用户的应用需求（信息需求和处理需求）。

从本质上讲，数据库设计的过程是将数据库系统与现实世界密切地、有机地、协调一致地结合起来的过程。因此，一个数据库设计者必须非常了解数据库系统及其实际应用对象。

本章我们介绍数据库设计的全过程，包括需求分析、结构设计以及数据库的实施和维护。

9.1　数据库设计概述

数据库设计虽然是一项应用课题，但由于它涉及范围广，所以设计一个性能良好的数据库并不是一件容易的工作。数据库的设计质量与设计者的知识、经验和水平有密切的关系。

数据库设计中面临的主要困难和问题有:

1) 懂得计算机与数据库的人一般都缺乏应用业务知识和实际经验，而熟悉应用业务的人又往往不懂计算机和数据库，同时具备这两方面知识的人是很少的。

2) 在开始时往往不能确定应用业务的数据库系统的目标。

3) 缺乏完善的设计工具和设计方法。

4) 用户总是在系统的开发过程中不断提出新的要求，甚至在数据库建立之后还会要求修改数据库结构或增加新的应用。

5) 应用业务系统千差万别，很难找到一种适合所有应用业务的工具和方法，这就增加了研究数据库自动生成工具的难度。因此，研制适合一切应用业务的全自动数据库生成工具是不可能的。

在进行数据库设计时，必须要确定系统的目标，这样可以确保开发工作顺利进行，并能保证良好的工作效率以及数据库模型的准确性和完整性。数据库设计的最终目标是数据库必须能够满足客户的数据存储需求，但定义系统的长期和短期目标，能够提高系统的服务以及新数据库的性能期望值，客户对数据库的期望也是非常重要的。新的数据库能在多大程度上方便最终用户？新的数据库的近期和长期发展计划是什么？是否所有的手工处理过程都可以自动化地实现？现有的自动化处理是否可以得到改善？这些问题只是定义一个新的数据库设计目标时必须要考虑的一小部分问题或因素。

完善的数据库系统应具备如下特点:

• 功能强大。

• 能准确地表示业务数据。

• 使用方便，易于维护。

• 在合理的时间内响应最终用户的操作。

• 为以后改进数据库结构留下空间。

• 便于检索和修改数据。

- 维护数据库的工作较少。
- 具备有效的安全机制来确保数据安全。
- 冗余数据最少或不存在。
- 便于进行数据的备份和恢复。
- 数据库结构对最终用户透明。

9.1.1 数据库设计的特点

数据库设计工作量大而且比较复杂，它是一项数据库工程也是一项软件工程。数据库设计的很多阶段都可以和软件工程的各阶段对应起来，软件工程的某些方法和工具同样也适合于数据库工程。但由于数据库设计和用户的业务需求紧密相关，因此，它还有很多自己的特点。

1. 综合性

数据库设计涉及的范围很广，包含了计算机专业知识和业务系统的专业知识，同时还要解决技术及非技术两方面的问题。

非技术问题包括组织机构的调整，经营方针的改变，管理体制的变更等等。这些问题都不是设计人员所能解决的，但新的管理信息系统要求必须有与之相适应的新的组织机构、新的经营方针、新的管理体制，这就是一个较为尖锐的矛盾。另一方面，数据库设计者需要具备两方面的知识（计算机知识和应用业务知识），但同时具备两方面知识的人是很少的。数据库设计者一般都会花费相当长的时间去熟悉应用业务系统知识，这一过程有时很麻烦，会使设计人员产生厌烦情绪，而这会影响系统的最后成功。而且，由于承担部门和应用部门是一种委托雇佣关系，在客观上存在着一种对立的势态，若在某些问题上意见不一致有时会使双方关系比较紧张。这在MIS（管理信息系统）中尤为突出。

2. 静态结构设计与动态行为设计是分离的

静态结构设计是指数据库的模式结构设计，包括概念结构、逻辑结构和存储结构的设计。动态行为设计是指应用程序设计，包括功能组织、流程控制等方面的设计。在传统的软件工程中，比较注重处理过程的设计，不太注重数据结构的设计。在结构程序设计中只要可能就尽量推迟数据结构的设计，这种方法对于数据库设计就不太适用。

数据库设计与传统的软件工程的做法正好相反。进行数据库设计时主要精力要放在数据结构的设计上，比如数据库的表结构、视图等等。

数据库设计的特点是:

- 实体的静态特性在模式或子模式中定义。
- 实体的动态行为在存取数据库的程序中重复设计和实现。
- 程序和数据不易结合。
- 数据库设计较为复杂。
- 结构设计和行为设计是分离进行的。

图9-1表示了结构设计和行为设计分离

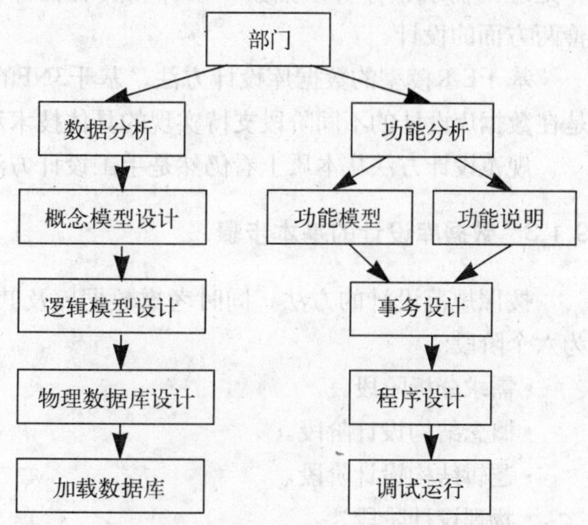

图9-1 结构设计和行为设计分离进行的模型

进行的模型。

9.1.2 数据库设计方法概述

要使数据库设计更合理，就需要有效的指导原则，这种原则就称为数据库设计方法学。

首先，一个好的数据库设计方法学，应该能在合理的期限内，以合理的工作量，产生一个有实用价值的数据库结构。这里的“实用价值”是指既满足用户关于功能、性能、安全性、完整性及发展需求等方面的要求，同时又服从特定DBMS的约束，并且可以用简单的数据模型来表达。其次，数据库设计方法学还应具有足够的灵活性和通用性，不仅能够供具有不同经验的人使用，而且应该不受数据模型及DBMS的限制。最后，数据库设计方法学应该是可再生的，即不同的设计者使用同一方法设计同一问题时，应该得到相同或相似的设计结果。

十几年来，人们经过不断的努力和探索，提出了各种数据库设计方法。这些方法结合了软件工程的思想和方法，从而形成了各种设计准则和规程，都属于规范设计方法。

数据库设计方法中比较著名的有新奥尔良（New Orleans）方法，这种方法将数据库设计分为四个阶段，即需求分析阶段、概念结构设计阶段、逻辑结构设计阶段和物理结构设计阶段，如图9-2所示。

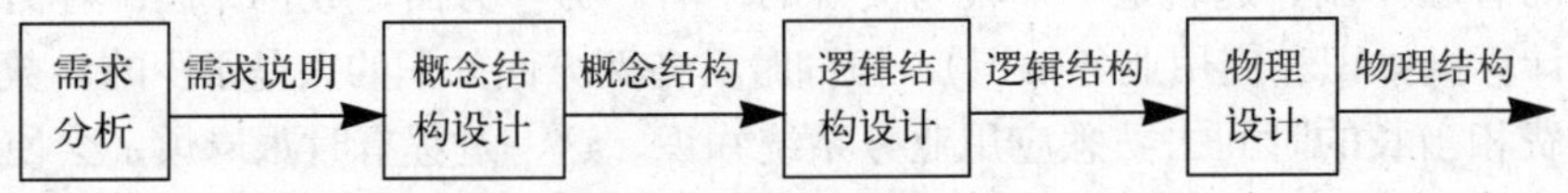

图9-2 新奥尔良方法的数据库设计步骤

其后，S.B.Yao等又将数据库设计分为五个阶段，也有人主张数据库设计应包括设计系统开发的全过程，并在每一阶段结束时进行评审，及早发现设计错误，及早纠正。各阶段也不是严格线性的，而是采取“反复探寻、逐步求精”的方法。在设计时从数据库应用系统设计和开发的全过程来考察数据库设计问题，既包括数据库模型的设计，也包括围绕数据库展开的应用处理的设计。在设计过程中努力把数据库设计和系统其它成分的设计紧密结合，数据和处理的需求、分析、抽象、设计和实现在各个阶段同时进行，相互参照，相互补充，以完善两方面的设计。

基于E-R模型的数据库设计方法、基于3NF的设计方法、基于抽象语法规范的设计方法等都是在数据库设计的不同阶段支持实现的具体技术和方法。

规范设计方法从本质上看仍然是手工设计方法，其基本思想是过程迭代和逐步求精。

9.1.3 数据库设计的基本步骤

按照规范设计的方法，同时考虑数据库及其应用系统开发的全过程，可以将数据库设计分为六个阶段：

- 需求分析阶段。
- 概念结构设计阶段。
- 逻辑结构设计阶段。
- 物理设计阶段。
- 数据库实施阶段。

• 数据库运行和维护阶段。

需求分析阶段主要是收集信息并对信息进行分析和整理，从而为后续的各个阶段提供充足的信息。这个阶段是整个设计过程的基础，也是最困难、最耗时间的一个阶段。需求分析做的不好，会导致整个数据库设计重新返工。概念结构设计阶段是整个数据库设计的关键，此过程对需求分析的结果进行综合、归纳，从而形成一个独立于具体DBMS的概念模型。逻辑结构设计阶段将概念结构设计的结果转换为某个具体的DBMS所支持的数据模型，并对其进行优化。物理数据库设计阶段为逻辑结构设计的结果选取一个最适合应用环境的数据库物理结构。数据库实施阶段是设计人员运用DBMS提供的数据语言以及数据库开发工具，根据逻辑设计和物理设计的结果建立数据库，编制应用程序，组织数据入库并进行试运行。数据库运行和维护阶段是指将经过试运行的数据库应用系统投入正式使用，在数据库应用系统的使用过程中不断对其进行调整、修改和完善。

设计一个完善的数据库应用系统不可能一蹴而就，往往需要不断重复上述六个过程才能获得成功。

9.2 数据库需求分析

需求分析简单地说就是分析用户的要求。需求分析是数据库设计的起点，其结果将直接影响到后面各阶段的设计，并影响到最终的数据库系统能否被合理地使用。

9.2.1 需求分析的任务

需求分析阶段的主要任务是详细调查现实世界要处理的对象（公司、部门、企业），在了解现行系统的概况、确定新系统功能的过程中，收集支持系统目标的基础数据及其处理方法。需求分析是在用户调查的基础上，通过分析，逐步明确用户对系统的需求，包括数据需求以及与这些数据有关的业务处理需求。

进行用户调查的重点是“数据”和“处理”。通过调查，要从用户那里获得对数据库的下列要求:

• **信息需求** 信息需求定义未来数据库系统用到的所有信息，明确用户将向数据库中输入什么数据，希望从数据库中获得什么内容，期望输出什么信息等。即了解要在数据库中存储哪些数据，对这些数据将做哪些处理等，同时还要描述数据间的联系等。
• **处理需求** 处理需求定义了系统数据处理的操作功能，描述操作的优先次序，包括操作的执行频率和场合，操作与数据间的联系。处理需求还包括确定用户要完成什么样的处理功能，每种处理的执行频率，用户需求的响应时间以及处理的方式，比如是联机处理还是批处理，等等。
• **安全性与完整性要求** 安全性要求描述了系统中不同用户使用和操作数据库的情况，完整性要求描述了数据的之间的关联以及数据的取值范围要求。

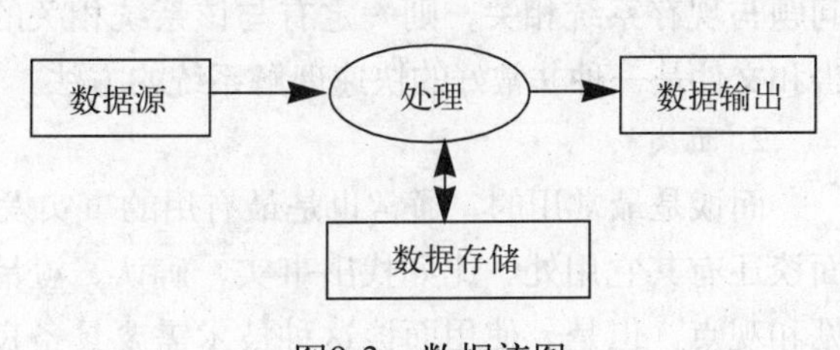

图9-3 数据流图

在需求分析中，可以使用自顶向下、逐步分解的方法分析系统。任何一个系统都可以抽象为图9-3所示的数据流图的形式。

数据流图是从“数据”和“处理”两方

面表达数据处理的一种图形化表示方法。在需求分析阶段，不必确定数据的具体存储方式，这些问题可留到物理数据库设计阶段考虑。数据流图中的“处理”抽象地表达了系统的功能需求。系统的整体功能要求可以分解为系统的若干子功能要求，这种分解可以不断进行，直到将系统的工作过程表达清楚为止。

需求分析是整个数据库设计（严格讲是管理信息系统设计）中最重要的一步，它是其它各步骤的基础。如果把整个数据库设计当做一个系统工程的话，那么需求调查就是为这个系统工程输入最原始信息。如果这一步做得不好，那么即使后面的各步设计再优化也只能前功尽弃。这一步是非常重要的一步，也是最困难、最麻烦的一步。其困难之处不在于技术，而在于要了解、分析、表达客观世界并非易事。这也是数据库自动生成工具的研究中最困难的部分。目前许多自动生成工具都绕过这一步，先假定需求分析已经有结果，这些自动工具就以这一结果作为后面几步的输入。

9.2.2 需求调查

需求分析首先要通过调查确定用户的实际需求，与用户达成共识，然后再分析和表达这些需求。

需求调查的重点是“数据”和“处理”，但为了达到这一目的，在调查前要拟定调查提纲。调查时要抓住两个“流”，即“信息流”和“处理流”，而且调查中要不断地将这两个“流”结合起来。

需求调查的任务是调查现行系统的业务活动规则，并提取出描述系统业务的现实系统模型。

通常需求调查包括三方面内容，即系统的业务现状、信息源流及外部要求。

1) *业务现状*　业务现状包括业务方针政策，系统的组织机构，业务内容，约束条件和各种业务的全过程。

2) *信息源流*　信息源流包括各种数据的种类、类型及数据量，各种数据的源头、流向和终点，各种数据的产生、修改、查询及更新过程和频率以及各种数据与业务处理的关系。

3) *外部要求*　外部要求包括对数据保密性的要求，对数据完整性的要求，对查询响应时间的要求，对新系统使用方式的要求，对输入方式的要求，对输出报表的要求，对各种数据精度的要求，对吞吐量的要求，对未来功能、性能及应用范围扩展的要求。

在进行需求调查时，实际上就是发现现行业务系统的运作事实。常用的发现事实的方法有检查文档、面谈、观察操作中的业务、研究和问卷调查等。

1. 检查文档

当要深入了解为什么客户需要数据库应用时，检查用户的文档是非常有用的。通过检查文档也可以发现文档中有助于提供与问题相关的业务信息（或者业务事务的信息）的内容。如果问题与现存系统相关，则一定有与该系统相关的文档。检查与目前系统相关的文档、表格、报告和文件是一种非常好的快速理解系统的方法。

2. 面谈

面谈是最常用的，通常也是最有用的事实发现方法，通过面对面谈话可以获取有用的信息。面谈还有其它用处，比如找出事实、确认、澄清事实、得到所有最终用户、标识需求、集中意见和观点。但是，使用面谈这种技术需要具备良好的交流能力，面谈成功与否通常依赖于谈话者是否具备良好的交流技巧，而且面谈也有它的缺点，比如非常消耗时间。为了保证谈话成功，必须选择合适的谈话人选，准备问题的涉及面要广，谈话者要能够引导谈话有效地进行。

3. 观察业务的运转

观察是理解一个系统的最有效的事实发现方法之一。使用这个技术可以观察做事的人甚至参与到其中以了解系统。当用其它方法收集的数据的有效性值得怀疑或者系统特定方面的复杂性阻碍了最终用户做出清晰的解释时，这种技术尤其有用。

与其它事实发现技术相比，成功的观察要求进行大量的准备工作。为了确保成功，要尽可能多地了解你要观察的人和活动。例如，所观察的活动的低谷、正常以及高峰期分别在什么时候出现？

4. 研究

研究是通过查阅计算机行业的杂志、参考书和因特网，来查找是否有解决此问题的方法，甚至可以查找和研究是否存在解决此问题的软件包。但这种方法也有很多缺点，比如，如果存在解决此问题的方法，则可以节省很多时间，但如果没有，则可能会非常浪费时间。

5. 问卷调查

另一种事实发现方法是进行问卷调查。问卷是一种有着特定目的的小册子，这样可以在控制答案的同时，集中大批人的意见。当和大批用户打交道时，若其它的事实发现技术都不能有效地了解用户需求，就可以采用问卷调查的方式。

问卷有两种格式，自由形式和固定形式。在自由格式问卷上，提问人没有给出固定答案，而是由答卷人在题目后的空白地方写答案。例如，“你当前收到的是什么报表，它们有什么用？”“这些报告是否存在问题？如果有，请说明”，这些问题就可以作为自由格式问卷的问题。自由格式问卷的缺点是答卷人的答案可能难以列成表格，而且，有时答卷人可能答非所问。

另一种是固定格式问卷。在这种格式的问卷上，提问人提出一个问题后，回答者必须从提供的答案中选择一个。因此，容易将结果归纳成列表。但另一方面，答卷人不能提供一些有用的附加信息。例如，“现在的业务系统的报告形式非常理想，不必改动”就是一个固定格式问题。答卷人可以选择的答案有“是”或“否”，或者一组选项，包括“非常赞同”、“基本同意”、“不同意”、“强烈反对”等。

9.3 数据库结构设计

数据库设计分为数据库结构设计和数据库行为设计。结构设计包括设计数据库的概念结构、逻辑结构和存储结构。行为设计包括设计数据库的功能组织和流程控制。

数据库结构设计过程是在数据库需求分析的基础上，逐步形成对数据库概念、逻辑、物理结构的描述。概念结构设计的结果是形成数据库的概念模式，用语义层模型描述，如E-R图。逻辑结构设计的结果是形成数据库的逻辑模式与外模式，用结构层模型描述，如基本表、视图等。物理结构设计是形成数据库的内模式，用文件级术语描述，如数据库文件或目录、索引等。

9.3.1 概念结构设计

概念设计的重点在于信息结构的设计，它是整个数据库系统设计的关键。它独立于逻辑结构设计和DBMS。

1. 概念设计的特点和策略

概念结构设计的目的是产生反映企业组织信息需求的数据库概念结构，即概念模型。概念模型不依赖于计算机和具体的DBMS。

(1) 概念模型的特点

概念模型应具备的特点主要有:

- 有丰富的语义表达能力，能表达用户的各种需求，包括描述现实世界中各种事物和事物与事物之间的联系，能满足用户对数据的处理需求。
- 易于交流和理解。概念模型是数据库设计人员和用户之间的主要交流工具，因此必须能通过概念模型和不熟悉计算机的用户交换意见，用户的积极参与是数据库成功的关键。
- 易于更改。当应用环境和应用要求发生变化时，能方便地对概念模型进行修改，以反映这些变化。
- 易于向各种数据模型转换，易于导出与DBMS有关的逻辑模型。

描述概念模型的一个有力工具是E-R模型。有关E-R模型的概念已经在第2章中做了介绍，本章我们在介绍概念结构设计时也采用E-R模型。

(2) 概念结构设计的策略

概念结构设计主要采用以下几种策略:

- **自底向上**　先定义每个局部应用的概念结构，然后按一定的规则把它们集成起来，从而得到全局概念模型。
- **自顶向下**　先定义全局概念模型，然后再逐步细化。
- **由里向外**　先定义最重要的核心结构，然后再逐步向外扩展。
- **混合策略**　将自顶向下和自底向上方法结合起来使用。先用自顶向下方法设计一个概念结构的框架，然后以它为框架再用自底向上策略设计局部概念结构，最后把它们集成起来。

最常用的设计策略是自底向上策略。

从这一步开始，要将需求分析所得到的结果按“数据”和“处理”分开考虑设计。概念设计着重信息结构的设计，而“处理”则由应用设计来考虑。这就是数据库设计的特点，即“行为”设计与“结构”设计分离进行。但由于两者原本是一个整体，因此在设计概念模型和逻辑模型时，要考虑如何有效地为“处理”服务，而设计应用模型时，也要考虑如何有效地利用结构模型提供的条件。

概念结构设计使用集合概念，抽取出现实业务系统的元素及其应用语义关联，最终形成E-R模型。

2. 采用E-R模型方法的概念结构设计

设计数据库概念模型的最著名、最常用的方法是E-R方法。采用E-R方法的概念结构设计可分为如下三步:

1) 设计局部E-R模型。局部E-R模型的设计内容包括确定局部E-R模型的范围、定义实体、联系以及它们的属性。

2) 设计全局E-R模型。这一步是将所有局部E-R图集成为一个全局E-R图，即全局E-R模型。

3) 优化全局E-R模型。

(1) 设计局部E-R模型

概念结构是对现实世界的一种抽象。所谓抽象是对实际的人、物、事和概念进行人为处理，抽取所关心的共同特性，忽略非本质的细节，并把这些特性用各种概念准确地描述出来。

常用的抽象方法有如下三种:

分类

分类（Classification）是定义某一类概念作为现实世界中一组对象的类型，这些对象具有某些共同的特性和行为。它抽象的是对象值和型之间的“Is a member of”的语义。在E-R模型中，实体就是由这种抽象而来（是对具有相同特征的实例的抽象）。例如，张三是学生（如图9-4所示），表示张三是学生（实体）中的一员（实例），即“张三 is a member of 学生”，这些学生具有系统的特性和行为。

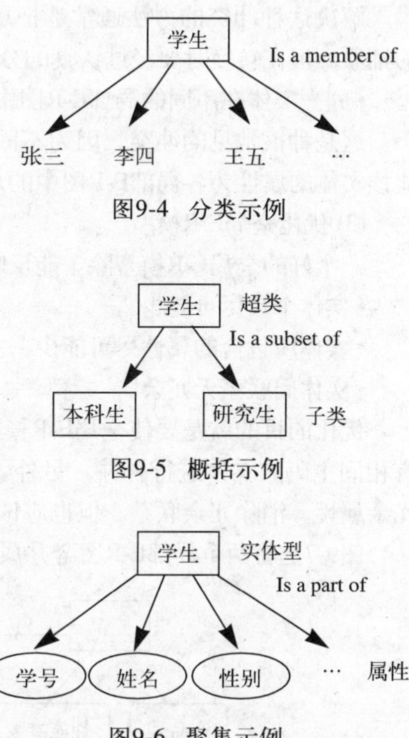

图9-4 分类示例

图9-5 概括示例

图9-6 聚集示例

概括

概括（Generalization）定义实体之间的一种子集联系，它抽象了实体之间的“is a subset of”的语义。例如，学生是一个实体，本科生、研究生也是实体，而本科生和研究生均为学生的子集。如果把学生称为超类，那么本科生和研究生就是学生的子类，如图9-5所示。

聚集

聚集（Aggregation）定义某一类型的组成成分，它抽象了对象内部类型和成分之间的“is a part of”语义。在E-R模型中，若干个属性的聚集就组成了一个实体。聚集的示例如图9-6所示。

(2) 设计全局E-R模型

把局部E-R图集成为全局E-R图时，可以采用一次将所有的E-R图集成在一起，也可以用逐步集成、进行累加的方式，一次只集成少量几个E-R图，这样实现起来会比较容易些。

当将局部E-R图集成为全局E-R图时，需要消除各分E-R图合并时产生的冲突。解决冲突是合并E-R图的主要工作和关键任务。

各分E-R图之间的冲突主要有三类：属性冲突、命名冲突和结构冲突。

属性冲突

属性冲突又包括如下几种情况:

- **属性域冲突** 即属性的类型、取值范围和取值集合不同。例如，部门编号有的定义为字符型，有的定义为数字型。又比如年龄，有的地方把它定义为出生日期，有的地方又把它定义为整数。
- **属性取值单位冲突** 例如学生的身高，有的用米为单位，有的用厘米为单位。

命名冲突

命名冲突包括同名异义和异名同义，即不同意义的实体名、联系名或属性名在不同的局部应用中具有相同的名字或相同意义的实体名、联系名和属性名在不同的局部应用中具有不同的名字。例如科研项目，在财务部门称为项目，在科研处称为课题。

属性冲突和命名冲突通常可以通过讨论、协商等方法解决，解决起来比较容易。

结构冲突

结构冲突有两种情况:

• 同一对象在不同应用中具有不同的抽象。例如，职工在某一局部应用中可作为实体，而在另一局部应用中却作为属性。

解决这种冲突的方法通常是把属性变换为实体或把实体转换为属性，使同样对象具有相同的抽象。但在转换时要经过认真的分析。

• 同一实体在不同的局部E-R图中所包含的属性个数和属性的排列次序不完全相同。

这是种很常见的冲突，因为不同的局部E-R图关心的实体的侧重点有所不同。解决的方法是让该实体的属性为各局部E-R图中的属性的并集，然后再适当调整属性的顺序。

(3) 优化全局E-R模型

一个好的全局E-R模型除了能反映用户功能需求外，还应满足如下条件:

• 实体个数尽可能少。
• 实体所包含的属性尽可能少。
• 实体间联系无冗余。

优化的目的就是要使全局E-R模型满足上述三个条件。可进行相关实体的合并，一般是把具有相同主码的实体进行合并。另外，还可以考虑将1∶1联系的两个实体合并为一个实体，消除冗余属性，消除冗余联系。但也应该根据具体情况，有时候适当的冗余可以提高效率。

图9-7是将两个局部E-R图合并成一个全局E-R图的示例。

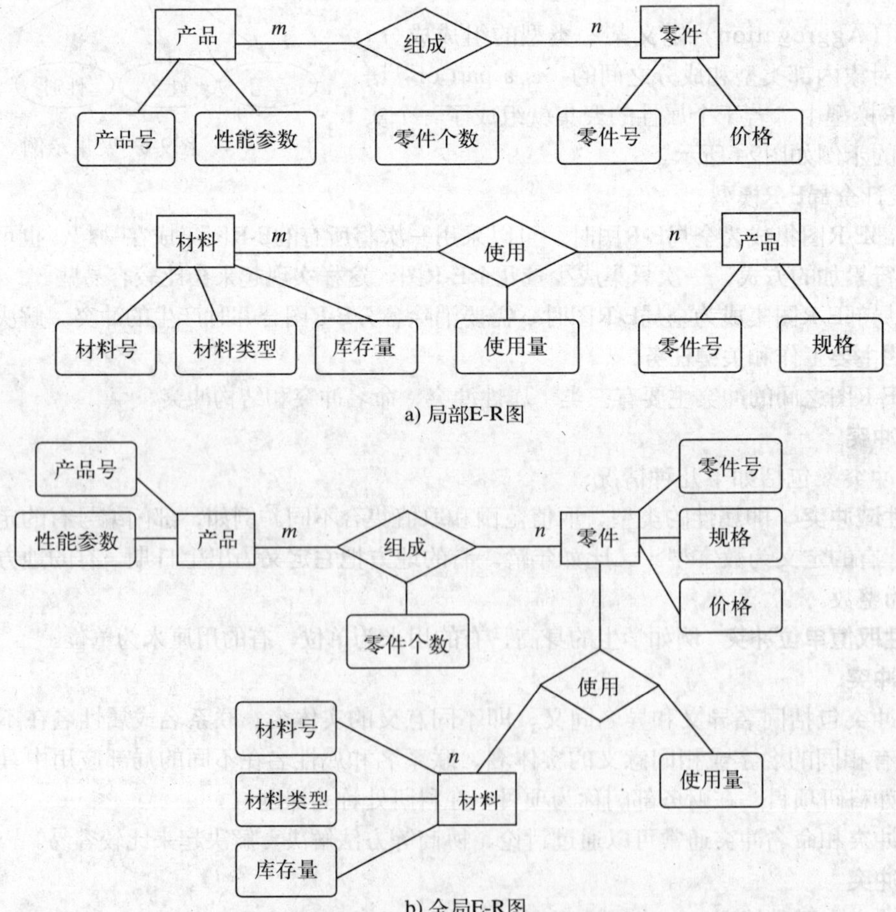

图9-7　将局部E-R图合并为全局E-R图

9.3.2 逻辑结构设计

逻辑结构设计的任务是把在概念结构设计阶段设计好的基本E-R图转换为具体的数据库管理系统支持的数据模型，也就是导出特定的DBMS可以处理的数据库逻辑结构（数据库的模式和外模式）。这些模式在功能、性能、完整性和一致性约束方面满足应用要求。

特定的DBMS可以支持的数据模型包括层次模型、网状模型、关系模型、面向对象模型等。下面我们仅讨论从概念模型向关系模型的转换。

逻辑结构设计一般包含两个步骤:

1) 将概念模型转换为某种组织层数据模型。

2) 对数据模型进行优化。

1. 将E-R模型转换为关系模型

将E-R模型转换为关系模型时要解决的问题是如何将实体以及实体间的联系转换为关系模式，如何确定这些关系模式的属性和码。

关系模型的逻辑结构是一组关系模式的集合。E-R图由实体、实体的属性以及实体之间的联系三部分组成，因此将E-R图转换为关系模型实际上就是将实体、实体的属性和实体间的联系转换为关系模式。转换的一般规则为:

- 一个实体转换为一个关系模式。实体的属性就是关系的属性，实体的码就是关系的码。

对于实体间的联系有以下不同的情况:

- 一个1∶1联系可以转换为一个独立的关系模式，也可以与任意一端所对应的关系模式合并。如果转换为一个独立的关系模式，则与该联系相连的各实体的码以及联系本身的属性均转换为关系的属性，每个实体的码均是该关系模式的候选码。如果是与联系的任意一端实体所对应的关系模式合并，则需要在该关系模式的属性中加入另一个实体的码和联系本身的属性。
- 一个1∶n联系可以转换为一个独立的关系模式，也可以与任意n端所对应的关系模式合并。如果转换为一个独立的关系模式，则与该联系相连的各实体的码以及联系本身的属性均转换为关系的模式，而关系的码为n端实体的码。
- 一个m∶n联系转换为一个关系模式。与该联系相连的各实体的码以及联系本身的属性均转换为关系的模式，而关系的码为各实体码的组合。
- 三个或三个以上实体间的一个多元联系可以转换为一个关系模式。与该多元联系相连的各实体的码以及联系本身的属性均转换为此关系的属性，而此关系的码为各实体码的组合。
- 具有相同码的关系模式可以合并。

例1 有1∶1联系的E-R图如图9-8所示，如果将联系与某一端的关系模式合并，则转换后的结果为两张表:

部门表（部门号，部门名，经理号），其中部门号为主码，经理号为引用经理表的外码。

经理表（经理号，经理名，电话），其中经理号为主码。

也可以转换为以下两张表:

部门表（部门号，部门名），其中部门号为主码。

经理表（经理号，部门号，经理名，电话），经理号为主码，部门号为引用部门表的外码。

如果将联系转换为一个独立的关系模式，则该E-R图可以转换成三张表:

部门表（部门号，部门名），其中部门号为主码。

经理表（经理号，经理名，电话），其中经理号为主码。

部门-经理表（经理号，部门号），其中经理号和部门号为候选码，同时也都为外码。

在1：1联系中一般不将联系单独作为一张表，因为这样转换出来的表太多，查询时涉及的表个数越多，查询效率就越低。

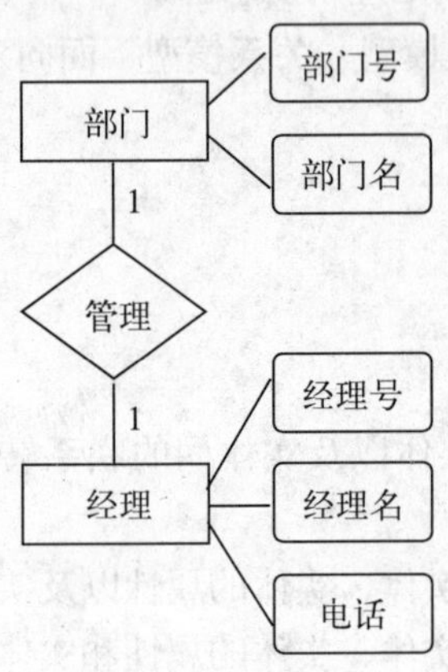

图9-8 1：1示例

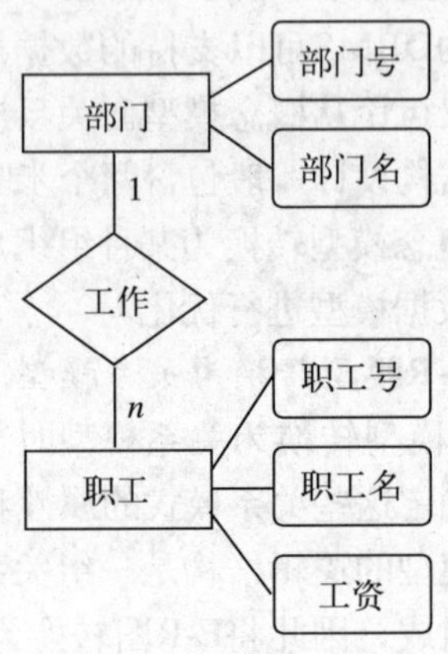

图9-9 1：n示例

例2 有1：n联系的E-R图如图9-9所示，如果与n端的关系模式合并，则可以转换成两个关系模式，如下所示：

部门表（部门号，部门名），其中部门号为主码。

职工表（职工号，部门号，职工名，工资），其中职工号为主码，部门号为引用部门表的外码。

如果将联系作为一个独立的关系模式，则可以转换为以下三张表：

部门表（部门号，部门名），其中部门号为主码。

职工表（职工号，职工名，工资），其中职工号为主码。

部门-职工表（部门号，职工号），其中部门号和职工号为候选码，同时也都为外码。

如前所示，对1：n关系，我们一般也不将联系转换为一张独立的表。

例3 有m：n关系的E-R图如图9-10所示，对m：n联系，必须将联系转换为一张独立的关系模式。转换后的结果为：

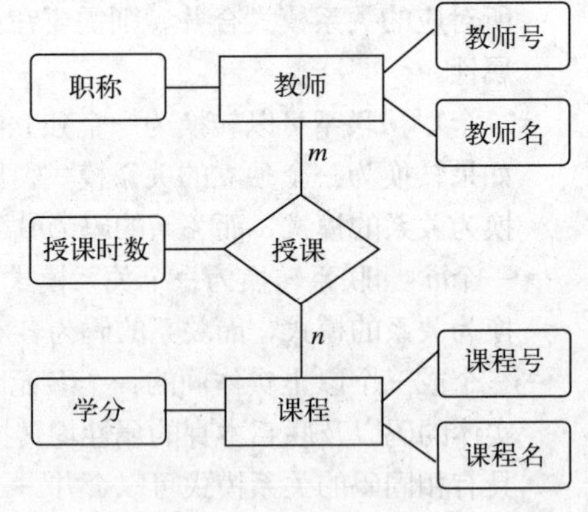

图9-10 m：n示例

教师表（教师号，教师名，职称），教师号为主码。

课程表（课程号，课程名，学分），课程号为主码。

授课表（教师号，课程号，授课时数），（教师号，课程号）为主码，同时教师号和课程号也为外码。

2. 数据模型的优化

逻辑结构设计的结果并不是惟一的。为了进一步提高数据库应用系统的性能，还应该根据应用的需要对逻辑数据模型进行适当的修改和调整，这就是数据模型的优化。关系数据模型的优化通常以规范化理论为指导，并考虑系统的性能。具体方法为：

1) 确定各属性间的数据依赖。根据需求分析阶段得出的语义，分别写出每个关系模式的各属性之间的函数依赖以及不同关系模式各属性之间的数据依赖关系。

2) 对各个关系模式之间的数据依赖进行极小化处理，消除冗余的联系。

3) 判断每个关系模式的范式，根据实际需要确定最合适的范式。

4) 根据需求分析阶段得到的处理要求，分析这些模式是否适用于这样的应用环境，从而确定是否要对某些模式进行分解或合并。

注意，如果系统的查询操作比较多并且比较重要，而且对查询响应速度的要求也比较高，则可以适当地降低规范化的程度，即将几个表合并为一个表，以减少查询时要连接的表的个数。甚至可以在表中适当增加冗余数据列，比如把一些经过计算得到的值也作为一个列保存在表中。但这样做时要考虑可能引起的潜在的数据不一致的问题

对于一个具体的应用来说，到底规范化到什么程度，则需要权衡响应时间和潜在问题两者的利弊，才能作出最佳的决定。

5) 对关系模式进行必要的分解，以提高数据的操作效率和存储空间的利用率。常用的两种分解方法是水平分解和垂直分解。

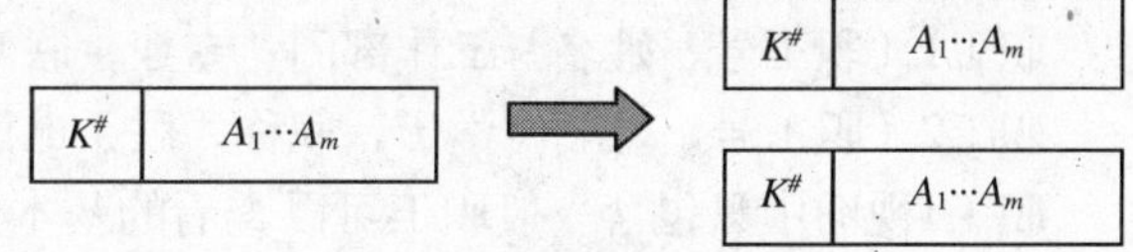

图9-11 水平分解示意图

水平分解是根据时间、空间、类型等范畴属性设置取值条件，满足相同条件的数据行作为一个子表。分解时依据范畴属性取值范围划分数据行。这样在操作同表数据时，时空范围相对集中，便于管理。水平分解过程如图9-11所示，其中$K^{\#}$代表表的主码。

源表数据内容相当于分解后表数据内容的并集。例如，对于管理学校学生情况的“学生情况表”，我们可以将其分解为“历史学生情况表”和“在册学生情况表”。“历史学生情况表”中存放已毕业学生的数据，“在册学生情况表”存放目前在校学习的学生的数据。因为我们经常需要了解当前在校学生的情况，而不太关心已毕业学生的情况。因此将历年学生的信息存放在单独的表中，可以提高对在校学生的处理速度。

垂直分解是以非主属性所描述的应用对象生命历程的先后为条件，对应相同历程的属性作为一个子表。分解时按非主属性的数据生成的时间段进行划分，描述相同时间段的属性划分在一个组中。这样操作同表数据时时空范围相对集中，便于管理。垂直分解过程如图9-12所示，其中$K^{\#}$代表表的主码。

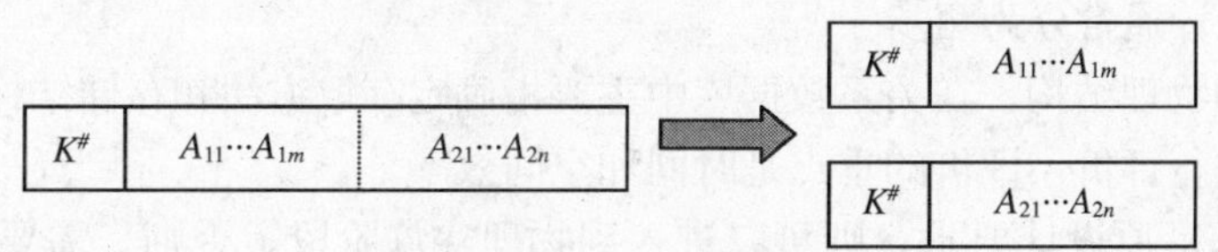

图9-12 垂直分解示意图

垂直分解后源表数据内容相当于分解后表数据内容的连接。例如，可以将“学生情况表”拆为“学生基本信息表”和“学生家庭情况表”。

3. 设计外模式

将概念模型转换为逻辑数据模型之后，还应该根据局部应用的需求，并结合具体的数据库管理系统的特点，设计用户的外模式。

外模式概念对应关系数据库的视图概念，设计外模式是为了更好地满足局部用户的需求。

定义数据库的模式主要是从系统的时间效率、空间效率、易维护等角度出发。由于外模式与模式是相对独立的，因此在定义用户外模式时可以从满足各类用户的需求出发，同时考虑数据的安全和用户的操作方便。在定义外模式时可以考虑以下因素：

使用更符合用户习惯的别名

在概念模型设计阶段，当合并各E-R图时，曾进行了消除命名冲突的工作，以使数据库中的同一个关系和属性具有惟一的名字。这在设计数据库的全局模式时是非常必要的。但这样修改了某些属性或关系的名字之后，可能会不符合某些用户的习惯，因此在设计用户模式时，可以利用视图的功能，对某些属性进行重新命名，也可以将视图的名字换成符合用户习惯的名字，使用户的操作更方便。

为不同级别的用户定义不同的视图，以保证数据的安全

假设有关系模式：职工（职工号，姓名，工作部门，学历，专业，职称，联系电话，基本工资，浮动工资）。在这个关系模式上建立了两个视图：

职工1（职工号，姓名，工作部门，专业，联系电话）

职工2（职工号，姓名，学历，职称，联系电话，基本工资，浮动工资）

职工1视图中只包含一般职工可以查看的基本信息，职工2视图中包含允许领导查看的信息。这样就可以防止用户非法访问不允许他们访问的数据，从而在一定程度上保证了数据的安全。

简化用户对系统的使用

如果某些局部应用经常要进行某些很复杂的查询，为了方便用户，可以将这些复杂查询定义为一个视图，这样用户每次可以只查询定义好的视图，而不必再编写复杂的查询语句，从而简化了用户的使用。

9.3.3 物理结构设计

数据库的物理设计是利用已确定的逻辑数据结构以及DBMS提供的方法、技术，以较优的存储结构、数据存取路径、合理的数据存储位置以及存储分配，设计出一个高效的、可实现的物理数据库结构。

由于不同的DBMS提供的硬件环境和存储结构、存取方法以及提供给数据库设计者的系统参数以及变化范围有所不同，因此，物理结构设计还没有一个通用的准则。本节提供的技术和方法可供参考。

数据库的物理设计通常分为两步：

1) 确定数据库的物理结构，在关系数据库中主要指确定存取方法和存储结构。

2) 对物理结构进行评价，评价的重点是时间和空间效率。

如果评价结果满足原设计要求，则可以进入到物理实施阶段，否则，需要重新设计或修改物理结构，有时甚至要返回到逻辑设计阶段修改数据模型。

1. 物理结构设计的内容和方法

如果物理数据库设计的好，那么可以获得事务的响应时间短、存储空间利用率高、事务吞吐量大的优点。因此，在设计数据库时首先要对经常用到的查询和对数据进行更新的事务进行详细地分析，获得物理结构设计所需的各种参数。其次，要充分了解所使用的DBMS的内部特征，特别是系统提供的存取方法和存储结构。

对于数据查询，需要得到如下信息：

• 查询所涉及的关系。

• 查询条件所涉及的属性。

• 连接条件所涉及的属性。

• 查询列表中涉及的属性。

对于更新数据的事务，需要得到如下信息:

• 更新所涉及的关系。

• 每个关系上的更新条件所涉及的属性。

• 更新操作所涉及的属性。

除此之外，还需要了解每个查询或事务在各关系上的运行频率和性能要求。例如，假如某个查询必须在1秒钟之内完成，则数据的存储方式和存取方式就非常重要。

需要注意的是，在数据库上运行的操作和事务是不断变化的，因此需要根据操作的变化不断调整数据库的物理结构，以获得最佳的数据库性能。

通常关系数据库的物理结构设计主要包括如下内容:

• 确定数据的存取方法。

• 确定数据的存储结构。

(1) 确定存取方法

存取方法是快速存取数据库中的数据的技术，数据库管理系统一般都提供多种存取方法。具体采取哪种存取方法由系统根据数据的存储方式来决定，用户一般不能干预。

用户通常可以利用建立索引的方法来加快数据的查询效率。如果建立了索引，系统就可以使用索引查找方法。

索引方法实际上就是根据应用要求确定在关系的哪个属性或哪些属性上建立索引，确定在哪些属性上建立复合索引，哪些索引要设计为惟一索引以及哪些索引要设计为聚簇索引。聚簇索引是将索引列在物理上有序排列后得到的索引。

建立索引的一般原则为:

• 如果某个（或某些）属性经常作为查询条件，则考虑在这个（或这些）属性上建立索引。

• 如果某个（或某些）属性经常作为表的连接条件，则考虑在这个（或这些）属性上建立索引。

• 如果某个属性经常作为分组的依据列，则考虑在这个属性上建立索引。

• 为经常进行连接操作的表建立索引。

一个表可以建立多个索引，但只能建立一个聚簇索引。

需要注意的是，索引一般可以提高查询性能，但会降低数据修改性能。因为在修改数据时，系统要同时对索引进行维护，使索引与数据保持一致。维护索引要占用相当多的时间，而且存放索引信息也会占用空间资源。因此在决定是否建立索引时，要权衡数据库的操作，如果查询多，并且对查询的性能要求比较高，则可以考虑多建一些索引。如果数据更改多，并且对更改的效率要求比较高，则应该考虑少建一些索引。

(2) 确定存储结构

物理结构设计中一个重要的考虑因素就是确定数据记录的存储方式。常用的存储方式有:

• 顺序存储。这种存储方式的平均查找次数为表中记录数的1/2。

• 散列存储。这种存储方式的平均查找次数由散列算法决定。

• 聚簇存储。聚簇存储是指将不同类型的记录分配到相同的物理区域中，充分利用物理顺序性的优点，提高数据访问速度。即将经常在一起使用的记录聚簇在一起，以减少物理I/O次数。

用户通常可以通过建立索引来改变数据的存储方式。但在其它情况下，数据是采用顺序存储、散列存储还是其它的存储方式是由系统根据数据的具体情况来决定的。一般系统都会为数据选择一种最合适的存储方式。

2. 物理结构设计的评价

进行物理结构设计时要对时间效率、空间效率、维护代价和各种用户要求进行权衡，其结果可以产生多种方案，数据库设计者必须对这些方案进行细致的评价，从中选择一个较优的方案作为数据库的物理结构。

评价物理结构设计完全依赖于具体的DBMS，主要考虑操作开销，即为使用户获得及时、准确的数据所需的开销和计算机的资源的开销。具体可分为如下几类:

(1) 查询和响应时间

响应时间是从查询开始到开始显示查询结果所经历的时间。一个好的应用程序设计可以减少CUP时间和I/O时间。

(2) 更新事务的开销

主要是修改索引、重写物理块或文件以及写校验等方面的开销。

(3) 生成报告的开销

主要包括索引、重组、排序和显示结果的开销。

(4) 主存储空间的开销

包括程序和数据所占用的空间。一般对数据库设计者来说，可以对缓冲区作适当的控制，包括控制缓冲区个数和大小。

(5) 辅助存储空间的开销

辅助存储空间分为数据块和索引块两种，设计者可以控制索引块的大小、索引块的充满度等。

实际上，数据库设计者只能对I/O服务和辅助空间进行有效控制。对于其它的方面则只能进行有限的控制或者根本不能控制。

9.4 数据库行为设计

到目前为止，我们详细讨论了数据库的结构设计问题，这是数据库设计中最重要的任务。前面已经说过，数据库设计的特点是结构设计和行为设计是分离的。由于行为设计与传统程序设计没有太大的区别，软件工程中的所有工具和手段几乎都可以用到数据库行为设计中，因此，多数的数据库教科书都没有讨论数据库行为设计问题。但考虑到数据库应用程序设计具有特殊性，而且不同的数据库应用程序设计也有许多共性，因此，我们在这里还是介绍一下数据库的行为设计。

数据库行为设计一般分为如下几个步骤:

1) 功能需求分析。

2) 功能设计。

3) 事务设计。

4) 应用程序实现。

我们主要讨论前三个步骤。

9.4.1 功能需求分析

在进行需求分析时，我们实际上进行了两项工作，一项是“数据流”的调查分析，另一项是“事务处理”过程的调查分析，也就是应用业务处理的调查分析。数据流的调查分析为数据库的信息结构提供了最原始的依据，而事务处理的调查分析则是行为设计的基础。

对于行为特性要进行如下分析:

1) 标识所有的查询、报表、事务及动态特性，指出要对数据库进行的各种处理。

2) 指出对每个实体进行的操作（增、删、改、查）。

3) 给出每个操作的语义，包括结构约束和操作约束。通过下列条件，可定义下一步的操作:

- 执行操作要求的前提。
- 操作的内容。
- 操作成功后的状态。

例如，教师退休行为的操作特征为:

- 该教师没有未教授完的课程。
- 删除此教师记录。
- 当前教师表中不再有此教师记录。

4) 给出每个操作（针对某一对象）的频率。

5) 给出每个操作（针对某一应用）的响应时间。

6) 给出该系统总的目标。

功能需求分析是在需求分析之后功能设计之前的一个步骤。

9.4.2 功能设计

系统目标的实现是通过系统的各功能模块来达到的。由于每个系统功能又可以划分为若干个更具体的功能模块，因此可以从目标开始，一层一层分解下去，直到每个子功能模块只执行一个具体的任务为止。子功能模块是独立的，具有明显的输入信息和输出信息。当然，也可以没有明显的输入和输出信息，只是动作产生后的一个结果。通常我们将按功能关系画成的图称为功能结构图，如图9-13所示。

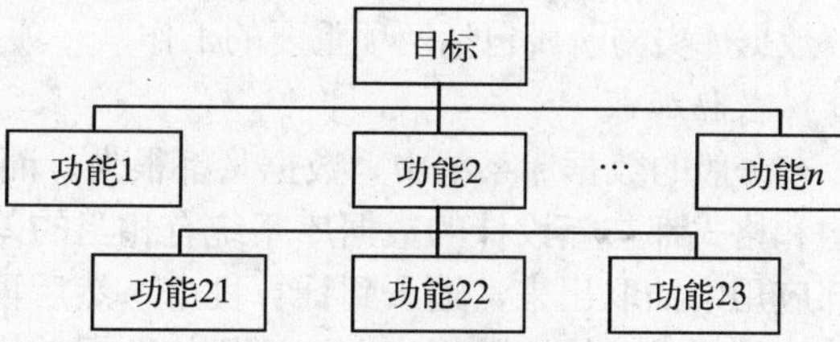

图9-13 功能结构图

例如，“学籍管理”的功能结构图如图9-14所示。

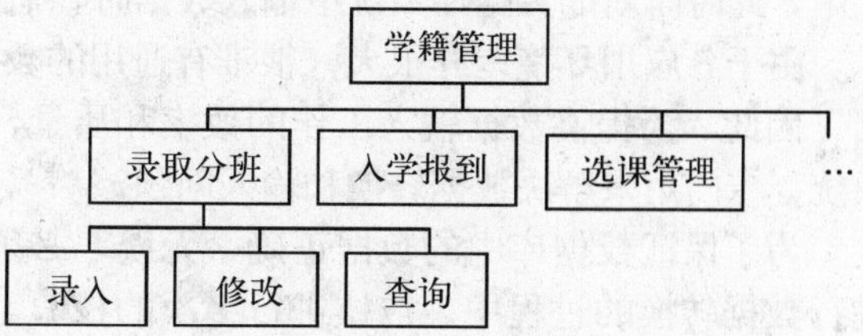

图9-14 学籍管理的功能结构图

9.4.3 事务设计

事务设计是计算机模拟人处理事务的过程，它包括输入设计、输出设计、功能设计等方面。功能设计已经在前边介绍过了，本节我们简单讨论其它的设计。

1. 输入设计

系统中的很多错误都是由于输入不当而引起的，因此设计好的输入是减少系统错误的一个重要方面。在进行输入设计时应完成如下几方面的工作:

- 原始单据的设计格式。要根据新系统的要求重新设计表格，其设计的原则是简单明了，便于填写，尽量标准化，便于归档，简化输入工作。

• 制成输入一览表，将全部功能所用的数据整理成表。

• 制作输入数据描述文档，包括数据的输入频率、数据的有效范围和出错校验。

2. 输出设计

输出设计也是系统设计中重要的一环。如果说用户看不出系统内部的设计是否科学、合理，那么输出报表是直接与用户见面的，而且输出格式的好坏会给用户留下深刻的印象，它甚至是衡量一个系统好坏的重要标志。因此，要精心设计好输出报表。

在输出设计时要考虑如下因素：

• 用途。区分输出结果是给客户的还是用于内部或报送上级领导的。

• 输出设备的选择。根据仅仅显示出来，打印出来或需要永久保存等不同要求选择输出设备。

• 输出量。

• 输出格式。

9.5 数据库的实施和维护

完成数据库的结构设计和行为设计之后，下一步就要利用DBMS提供的功能将数据库逻辑设计和物理设计的结果描述出来，然后编写好实现用户需求的应用程序，就可以将整个数据库系统投入运行了。这就是数据库的实施阶段。

9.5.1 数据库数据的加载和试运行

数据库实施阶段包括两项重要的工作，一项是数据的加载，一项是应用程序的调试和运行。

1. 数据加载

在一般的数据库系统中，数据量都很大，而且数据会来源于许多的部门，数据的组织方式、结构和格式都与新设计的数据库系统有相当的差别。组织数据的录入时就要将各类数据从各个局部应用中抽取出来，输入到计算机中，然后再进行分类转换，最后综合成符合新设计的数据库结构的形式，输入数据库中。这样的数据转换、组织入库的工作是相当耗费人力、物力和财力的。特别是原来用手工处理数据的系统，各类数据分散在各种不同的原始表单、凭据、单据之中，此时向新的数据库系统中输入数据时，需要处理大量的纸质数据，工作量就更大。

由于各应用环境差异很大，很难有通用的数据转换器，DBMS也很难提供一个通用的转换工具。因此，为提高数据输入工作的效率和质量，应该针对具体的应用环境设计一个数据录入子系统，专门用来解决数据转换和输入问题。

为了保证数据库中的数据正确、无误，必须要十分重视数据的校验工作。在数据输入系统进行数据转换的过程中，应该进行多次的校验。对于重要的数据更应该反复多次校验，确认无误后才能送入到数据库中。

如果新建数据库的数据来自已有的文件或数据库，那么应该注意旧的数据模式结构与新的数据模式结构是否对应，然后再将旧的数据导入到新的数据库中。

目前很多DBMS都提供了数据导入的功能，有些DBMS还提供了功能强大的数据转换功能，比如我们将在第13章介绍的SQL Server的数据传输技术就提供了功能强大、方便易用的数据导入和导出功能。

2. 数据库的试运行

在将一部分数据加载到数据库之后，就可以开始对数据库系统进行联合调试了，这个过程又称为数据库试运行。

这一阶段要实际运行数据库应用程序，执行对数据库的各种操作，测试应用程序的功能是否满足设计要求。如果不满足要求，则要对应用程序进行修改、调整，直到满足设计要求为止。

在数据库试运行阶段，还要对系统的性能指标进行测试，分析其是否达到设计目标。在对数据库进行物理设计时已经初步确定了系统的物理参数，但一般情况下，设计时的考虑在很多方面只是一个近似的估计，和实际系统的运行还有一定的差距，因此必须在试运行阶段实际测量和评价系统的性能指标。事实上，有些参数的最佳值往往是经过调试后找到的。如果测试的结果与设计目标不符，则要返回到物理设计阶段，重新调整物理结构，修改系统参数，有时甚至要返回到逻辑设计阶段，对逻辑结构进行修改。

特别要强调的是，首先，由于组织数据入库的工作是十分费力的，如果试运行后要修改数据库的逻辑设计，则就需要重新组织数据入库。因此在试运行时应该先输入小批量数据，在试运行基本合格后，再大批量输入数据，以减少不必要的工作浪费。其次，在数据库试运行阶段，由于系统还不稳定，随时可能发生软、硬件故障，而且系统的操作人员对系统也还不熟悉，误操作不可避免。因此应该首先调试运行DBMS的恢复功能，做好数据库的备份和恢复工作。一旦出现故障，可以尽快地恢复数据库，以减少对数据库的破坏。

9.5.2 数据库的运行和维护

数据库投入运行标志着开发工作的基本完成和维护工作的开始，数据库只要存在一天，就需要不断地对它进行评价、调整和维护。

在数据库运行阶段，对数据库的经常性的维护工作主要由数据库系统管理员完成，其主要工作包括:

- 数据库的备份和恢复。要定期备份数据库，一旦出现故障，可以及时将数据库恢复到尽可能的正确状态，以减少数据库损失。
- 数据库的安全性和完整性控制。随着数据库应用环境的变化，对数据库的安全性和完整性要求也会发生变化。比如，要收回某些用户的权限，增加、修改某些用户的权限，增加、删除用户，或者某些数据的取值范围发生变化等。这时就需要系统管理员对数据库进行适当的调整，以反映这些新的变化。
- 监视、分析、调整数据库性能。监视数据库的运行情况，并对检测数据进行分析，找出能够提高性能的可行性，并适当地对数据库进行调整。目前有些DBMS产品提供了性能检测工具，数据库系统管理员可以利用这些工具方便地监视数据库。
- 数据库的重组。数据库经过一段时间的运行后，随着数据的不断添加、删除和修改，会使数据库的存取效率降低，这时数据库管理员可以改变数据库数据的组织方式，通过增加、删除或调整部分索引等方法，改善系统的性能。注意，数据库的重组并不改变数据库的逻辑结构。

数据库的结构和应用程序设计的好坏只是相对的，它并不能保证数据库应用系统始终处于良好的性能状态。这是因为数据库中的数据是随着数据库的使用而变化的，随着这些变化的不断增加，系统的性能就有可能会日趋下降，所以即使不出现故障，也要对数据库进行维护，以便始终能够获得较好的性能。总之，数据库的维护工作与一台机器的维护工作类似，花的工夫越多，它服务的就越好。因此，数据库的设计工作并非一劳永逸，一个好的数据库应用系统同样需要精心的维护方能使其保持良好的性能。

9.6 小结

本章介绍了数据库设计的全过程。数据库设计的特点是行为设计和结构设计相分离，设计时先进行结构设计，再进行行为设计，其中结构设计是关键。数据库的设计包括需求分析、结构设计和物理设计。结构设计又分为概念结构设计、逻辑结构设计、物理结构设计。概念结构设计是用概念模型来描述用户的业务需求，我们这里介绍的是E-R模型，它与具体的数据库管理系统无关。逻辑设计是将概念设计的结果转换为数据的组织模型，对于关系数据库来说，是转换为关系表。根据实体之间的不同的联系方式，转换的方式也有所不同。逻辑设计与具体的数据库管理系统有关。物理结构设计主要设计数据的存储方式和存储结构，一般来说，数据的存储方式和存储结构对用户是透明的，用户只能通过建立索引来改变数据的存储方式。

数据库的行为设计是对系统的功能需求的设计，一般的设计思想是将大的功能模块划分为功能相对专一的小的功能模块，这样便于用户使用和操作。

数据库设计完成后，要进行数据库的实施和维护工作。数据库应用系统不同于一般的应用软件，它在投入运行后必须要有专人对其进行监视和调整，以便保证应用系统能够保持持续的高效率。

数据库设计的成功与否与许多具体因素有关，但只要掌握了数据库设计的基本方法，就可以设计出可行的数据库系统。

习题

1. 试说明数据库设计的特点。
2. 简述数据库的设计过程。
3. 数据库结构设计包含哪几个过程？
4. 需求分析中需求调查包括哪些内容？
5. 概念模型应该具有哪些特点？
6. 概念结构设计的策略是什么？
7. 什么是数据库的逻辑结构设计？简述其设计步骤。
8. 把E-R模型转换为关系模式的转换规则有哪些？
9. 数据模型的优化包含哪些方法？
10. 设有图9-15所示的两个E-R图，分别将它们转换为关系模式，并指出每个关系模式的主码和外码。

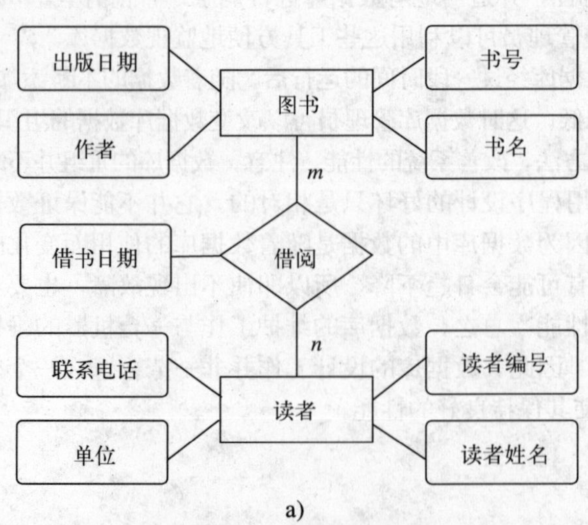

a)

图9-15　习题10的E-R图

顾客号
联系电话
顾客
顾客名
m
职工编号
订购日期
订购
p
销售人员
职工姓名
订购数量
所在部门
库存量
n
商品编号
商品
商品分类
商品名称

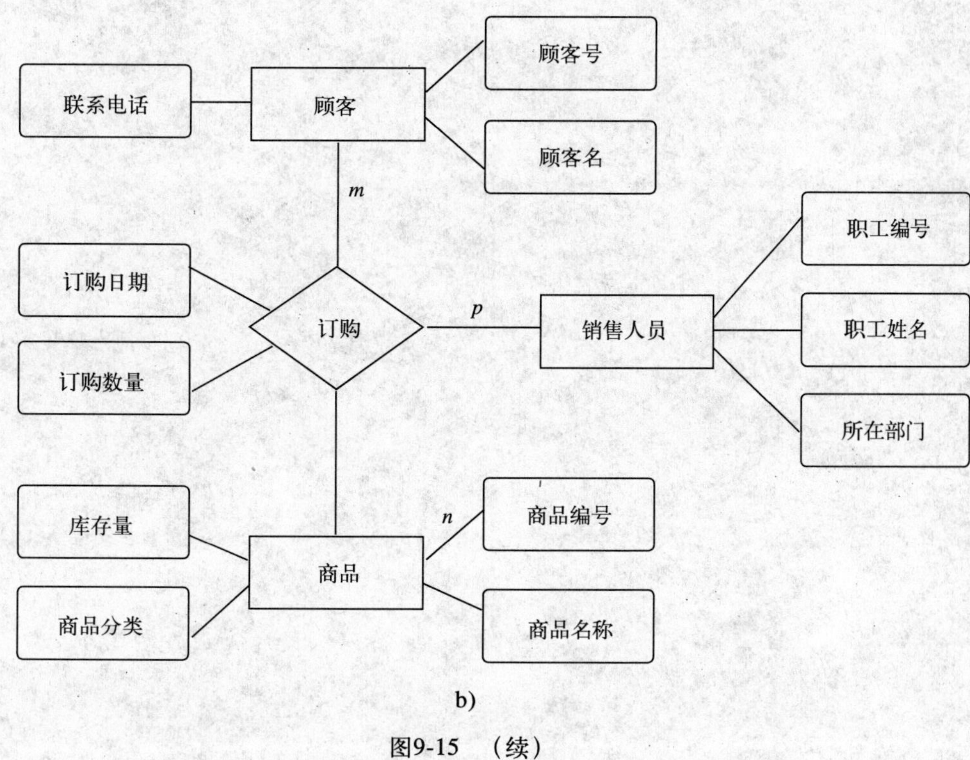

b)

图9-15 （续）

第二部分 SQL Server 2000 基础及使用

本部分主要介绍SQL Server数据库管理系统。我们以SQL Server 2000版本为主，介绍在SQL Server 2000中如何进行数据库的管理、维护和实施。SQL Server 2000是Microsoft公司的数据库产品，也是Microsoft公司鼎力推出的最新数据库管理系统，此新版本无论在功能上还是在性能上都较以前版本有较大的改进。

本部分的目的是将第一部分的一些概念应用在实际的系统中，使读者深入了解用数据库管理数据的特点以及数据库管理系统的功能。

本部分由下述5章组成：

- 第10章 SQL Server 2000基础
- 第11章 数据库与基本表的创建和管理
- 第12章 安全管理
- 第13章 数据传输
- 第14章 备份和恢复数据库

第 10 章　SQL Server 2000基础

SQL Server是Microsoft公司推出的适用于大型网络环境的数据库产品。一经推出，它很快得到了广大用户的积极响应并迅速占领了NT环境下的数据库领域，成为数据库市场上的一个重要产品。Microsoft公司经过对SQL Server的不断更新，目前已经推出了SQL Server 2000版本。这是Microsoft公司在推出了Windows 2000后的又一力作。SQL Server 2000的出现极大地推动了数据库的应用和普及，SQL Server 2000无论在功能上，还是在安全性、可维护性和易操作性上都较以前版本有了很大的提高。

本章主要介绍SQL Server 2000的组件、安装以及安装后的配置。

10.1　SQL Server 2000概述

SQL Server 7.0 是SQL Server发展史上具有里程碑意义的一个版本。在这个版本中，Microsoft重写了SQL Server以前版本中的大部分代码，并重新设计了系统的体系结构，同时增加了许多新的功能，使得SQL Server产品得以进入主流数据库市场，并被广大业界人士所接受。SQL Server 2000作为最新一代的数据库产品，很好地吸取了SQL Server 7.0的成功经验，并结合近几年计算机技术的最新成果，同时还充分考虑了数据库应用背景的变化，为用户的Internet应用提供了完善的数据管理和数据分析解决方案，极大地方便了用户电子商务和数据仓库应用的开发。SQL Server 2000还提供了对XML和HTTP的全方位的支持，同时充分利用了Windows 2000中引入的新技术，与Windows 2000很好地集成在一起，很好地利用了Windows 2000的技术优势。

服务是数据库完成所需功能的基础，没有服务的支持在数据库中就不能做任何事情。SQL Server 2000共提供了四种基本的服务类型，即SQL Server、SQL Server Agent（代理服务）、Distributed Transaction Coordinator（DTC，分布式事务协调器）和Microsoft Search（全文检索服务）。不同的服务完成不同的功能，SQL Server的正常运行离不开这些服务的支持。下面我们简单介绍一下这四个服务的功能。

1. SQL Server

SQL Server服务是SQL Server 2000的核心服务。它直接管理和维护数据库，负责处理所有来自客户端的Transact-SQL（SQL Server使用的数据库语言）语句并管理服务器上构成数据库的所有文件，同时还负责处理存储过程，并将执行结果返回给客户端。其它SQL Server服务都依赖于此服务，并对SQL Server服务的功能进行扩展和补充。

2. SQL Server Agent

对于那些需要定期进行的管理工作，SQL Server 2000提供了一种称为代理的功能。这个代理能够根据系统管理员预先设定好的计划自动执行相应的功能，同时它还能对系统管理员设定好的错误等特定事件自动报警，而且代理服务还能通过电子邮件等方式把系统存在的各种问题发送给指定的用户。这种服务可以很好地帮助管理员对系统进行监视和管理。

3. Distributed Transaction Coordinator

Distributed Transaction Coordinator（分布式事务处理协调器，DTC）是一个事务管理器。

在DTC支持下，客户可以在一个事务中访问不同服务器上的数据库。在这种情况下，客户的事务可以提交给分布式事务处理协调器，分布式事务处理协调器再把用户的请求提交给所有涉及到的服务器。分布式事务处理协调器能够保证一个事务中的所有操作在所有的服务器上全部成功，或者当在某个服务器上不成功时，确保所有服务器上的操作均被撤销，使全部服务器均回到事务开始前的状态。

4. Microsoft Search

一直以来，从数据库列或文件系统中检索特定文本数据曾经是很麻烦且开销很大的过程，通常经常需要借助第三方工具。SQL Server 2000 提供了全文检索服务，能够对字符数据进行检索。

10.2 安装与测试

同其它Microsoft产品一样，Microsoft也为SQL Server 2000的安装过程提供了一个很友好的安装向导。但在实际安装之前，我们还是应该先熟悉一下SQL Server 2000所提供的版本以及其对软、硬件的需求。

10.2.1 安装前的准备

在安装SQL Server 2000之前，应确保SQL Server 2000版本安装在合适的操作系统之下，并且保证计算机满足SQL Server 2000的系统要求，因为不同的SQL Server 2000版本对操作系统有不同的要求。

1. SQL Server 2000的版本

SQL Server 2000共有四个版本，即企业版、标准版、开发版和个人版。其中，企业版支持SQL Server 2000中的全部功能，适合作为生产数据库服务器使用。标准版支持许多SQL Server 2000功能，但在服务器扩展性、大型数据库支持、数据仓库、Web站点等方面能力稍逊。标准版适合于作为小工作组或部门的数据库服务器使用。开发版支持企业版的全部功能，但开发版通常只作为开发和测试系统使用，不能作为生产服务器使用。个人版适用于在移动环境中作业的用户，并且所运行的应用程序需要本地数据存储。

2. 选择合适的操作系统

在选择了要安装的SQL Server 2000的版本之后，必须为其选择合适的操作系统。Microsoft推荐使用Windows 2000系列的操作系统。另外，所有的SQL Server 2000版本都需要Internet Explorer 5.0或以上版本的支持。

SQL Server 2000不同的版本适用的操作系统如表10-1所示。

表10-1 SQL Server 2000版本与操作系统

SQL Server版本	操作系统要求
企业版	Windows NT Server 4.0或以上版本、Windows 2000 Server或以上版本
标准版	Windows NT Server 4.0或以上版本、Windows 2000 Server或以上版本
个人版	Windows Me、Windows 98、Windows NT Workstation 4.0、Windows 2000 Professional、Windows NT Server 4.0或以上版本、Windows 2000 Server或以上版本
开发版	Windows NT Workstation 4.0、Windows 2000 Professional 和所有其它 Windows NT 和 Windows 2000 操作系统

10.2.2 安装及安装选项

将包含SQL Server 2000软件的光盘插入光驱后，系统将自动启动SQL Server 2000的安装程序，也可以在资源管理器中通过运行SQL Server 2000的Autorun.exe程序来启动安装程序。要注意，如果是在Windows 98、Windows NT Workstation或Windows 2000 Professional操作系统下，只能安装SQL Server 2000个人版。如果是在Windows 2000 Server或Windows NT 4.0 Server环境下，则可以安装SQL Server 2000企业版。这里以在Windows 2000 Server环境下安装SQL Server 2000中文企业版为例说明安装过程及安装选项。在个人操作系统下，安装SQL Server 2000个人版的过程及选项与此类似，在介绍企业版的过程中也会对个人版做相应介绍。启动安装程序的界面如图10-1所示，安装程序会列出如下安装选项供用户选择。

图10-1 安装程序的启动界面

安装界面中各选项的含义如下:

- 安装SQL Server 2000组件：安装SQL Server 2000。
- 安装SQL Server 2000的先决条件：安装运行SQL Server 2000必需的辅助软件（比如NT4.0需要的SP5、IE5等）。
- 浏览安装/升级帮助：浏览安装和升级的帮助信息。
- 浏览发布说明：浏览授权信息。
- 浏览我们的Web站点：访问SQL Server 站点。

一般情况下，选择“安装SQL Server 2000组件”即可。

选择“安装SQL Server 2000组件”后可进入如图10-2所示的对话框。此对话框要求用户选择安装SQL Server 2000的组件，其中的选项包括:

- 安装数据库服务器：安装数据库服务器组件。
- 安装Analysis Service：安装分析服务组件。Analysis Services 包含联机分析处理(OLAP) 和数据挖掘。
- 安装English Query：安装英语查询组件。English Query 是在SQL Server 2000 上使用的开发工具。使用 English Query 可以创建应用程序，用户也可以用英语语句查询SQL Server数据库或Analysis Services数据库，而不必使用SQL语句。

图10-2　选择安装的组件

选择“安装数据库服务器”选项后，进入如图10-3所示的对话框。

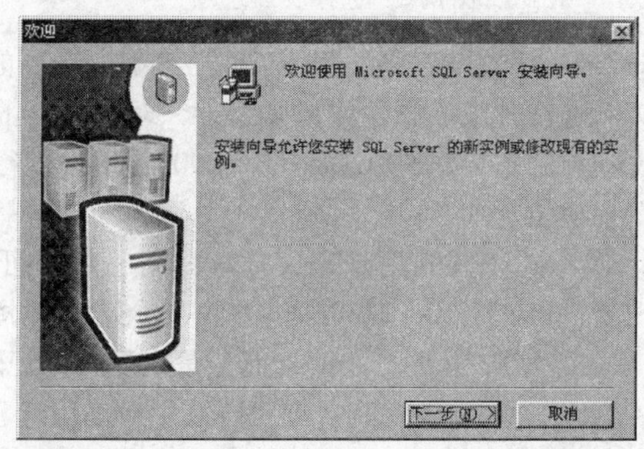

图10-3　选择“安装数据库服务器”后进入“欢迎”对话框

在图10-3上单击“下一步”，进入如图10-4所示的选择安装位置和计算机名的对话框。

图10-4用于选择要安装SQL Server 2000的计算机，默认的选项是“本地计算机”，表示SQL Server 2000将安装在运行安装程序的计算机上。如果选择“远程计算机”，则表示要将SQL Server 2000安装在其它计算机上。

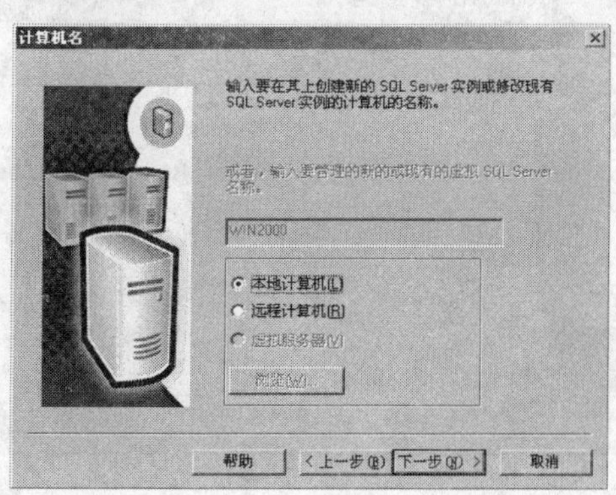

图10-4　选择要安装的计算机

在图10-4上选择“本地计算机”并单击“下一步”，进入如图10-5所示的“安装选项”对话框。此对话框列出了三个选项供用户选择。

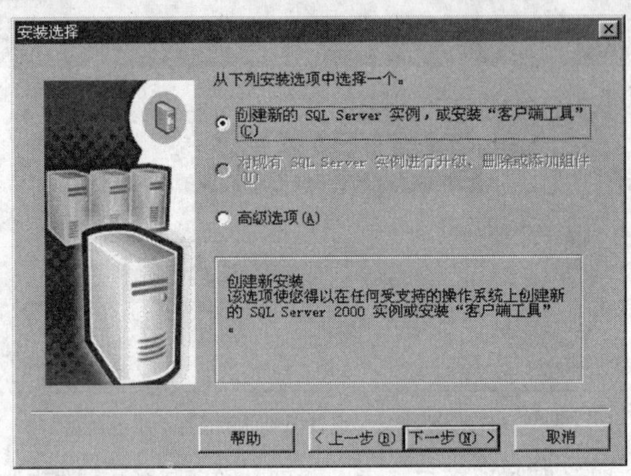

图10-5　选择安装选项

- 创建新的SQL Server实例，或安装“客户端工具”：创建一个新的SQL Server实例。
- 对现有SQL Server实例进行升级、删除或添加组件：对计算机上以前安装的SQL Server的版本进行升级，或者对已安装好的SQL Server 2000的组件进行添加或删除。
- 高级选项：其它的安装功能。

对于第一次安装SQL Server 2000的用户来说，选择第一项即可。如果已经安装有SQL Server以前的版本，比如SQL Server 7.0，则可以选择第二个选项，将以前的版本升级到SQL Server 2000。如果不想实际安装SQL Server 2000，而只是制作一个记录安装选项的安装程序，供以后安装使用，或者希望完成一些高级功能，则可以选择“高级选项”。

选择图10-5中的第一个选项，并单击“下一步”，进入如图10-6所示的设置用户信息的对话框。

图10-6　设置用户信息

图10-6所示的对话框用于设置用户的信息，这些信息包括用户的姓名和公司的名称。输入合适的信息后单击“下一步”，则弹出如图10-7所示的关于SQL Server 2000的“软件许可证协议”窗口，单击该对话框中的“是”按钮，会弹出如图10-8所示的“安装定义”对话框。

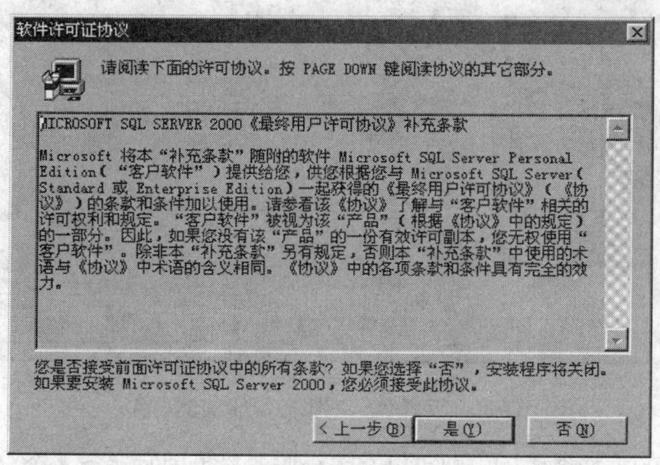

图10-7　“软件许可证协议”窗口

图10-8所示的对话框主要用于进一步定义安装的内容。如果选择“仅客户端工具”，则表示只安装SQL Server 2000的客户端数据库管理工具，其中包含管理 SQL Server 的客户端工具和客户端连接组件。如果选择“服务器和客户端工具”（默认选项），则表示同时安装SQL Server 2000的服务器端和客户端软件。如果选择“仅连接”，则表示只安装客户端Microsoft的数据访问组件和网库，该选项只提供连接工具，不提供客户端工具或其它组件。

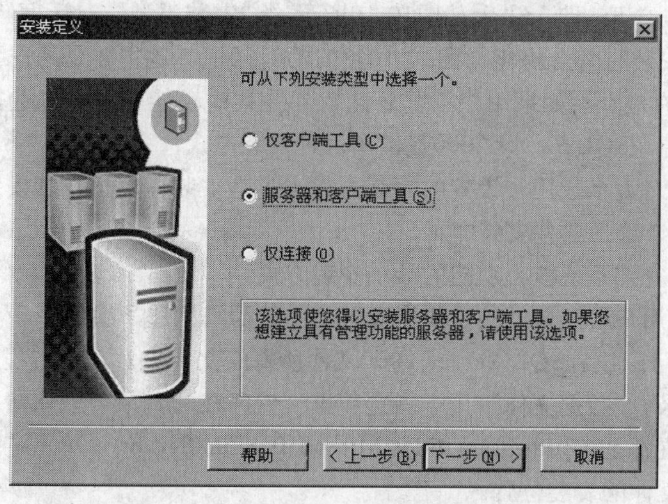

图10-8　定义安装

在图10-8上选择“服务器和客户端工具”，单击“下一步”，会弹出如图10-9所示的“实例名”对话框。

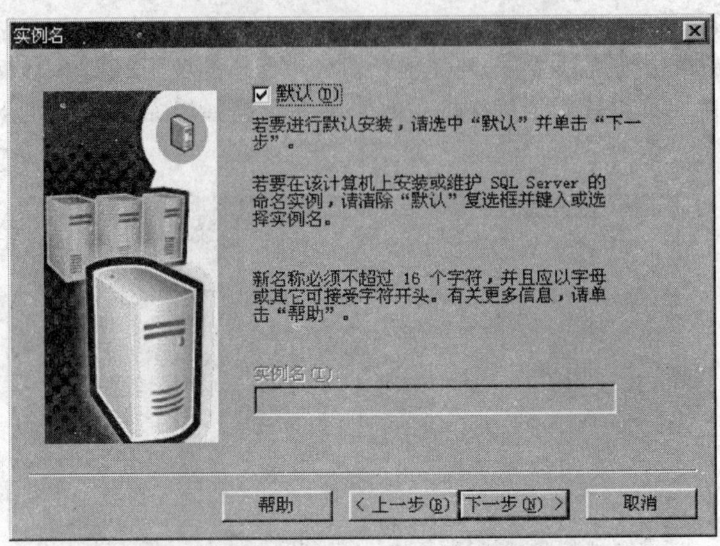

图10-9　设置数据库服务器的实例名称

SQL Server 2000支持多实例，即可以在一台服务器上同时运行多个SQL Server系统，这些系统运行的版本可以是SQL Server 2000，也可以是比它低的版本。不同的SQL Server系统是用实例名来标识的。

默认情况下，安装程序会将第一个安装的SQL Server 2000系统作为默认实例（“默认”选项处于激活状态，并且已被选中），并自动地为其提供一个默认实例名（即安装SQL Server 2000的计算机名）。如果“默认”选项处于失活状态，则表示该系统已经安装了SQL Server系统，而且该SQL Server使用了安装程序提供的默认实例名称。这时就应该在“实例名”框中为新安装的SQL Server输入一个实例名称。

单击图10-9中的“下一步”进入如图10-10所示的“安装类型”对话框。

大多数软件在安装时都会提供与图10-10类似的对话框，这主要是考虑到不同的用户对软件的需求会有一定的差别。如果用户不需要此软件的某些功能，就可以选择不安装它们，这样可以节省系统资源。SQL Server 2000提供了三种安装方式:

- 典型安装：针对大多数用户设置的安装方式，也是安装程序推荐的安装方式。对于绝大多数用户来说，选择典型安装即可。
- 最小安装：只安装系统核心功能的最小安装方式。
- 自定义安装：用户根据自己的需要选择需要安装的组件和子组件。

在图10-10上还可以设置SQL Server 2000文件所在的文件夹，其中“程序文件”用于指定程序文件所在的目录，“数据文件”用于指定数据文件所在的目录。默认情况下，程序文件和数据文件的安装位置都是 C:\Program Files\Microsoft SQL Server\。单击“浏览”按钮可以设置程序文件和数据文件的安装位置。

为便于说明安装过程中的选项，我们在图10-10上选择“自定义”并单击“下一步”，弹出如图10-11所示的“选择组件”对话框。用户可根据自己的需要选择安装相应的组件。

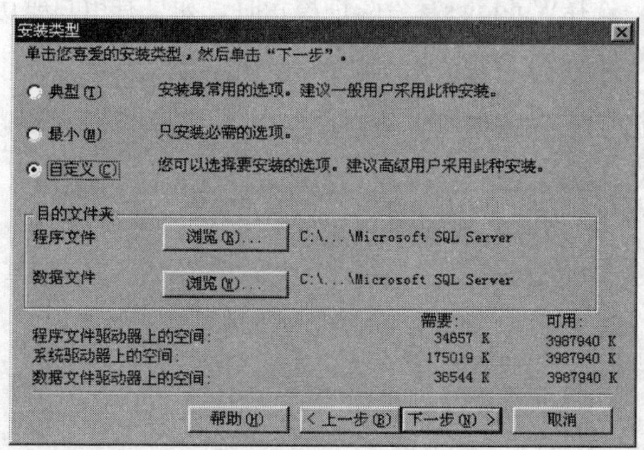

图10-10 设置安装方式

在图10-11上单击“下一步”，进入如图10-12所示的“服务帐户”对话框。

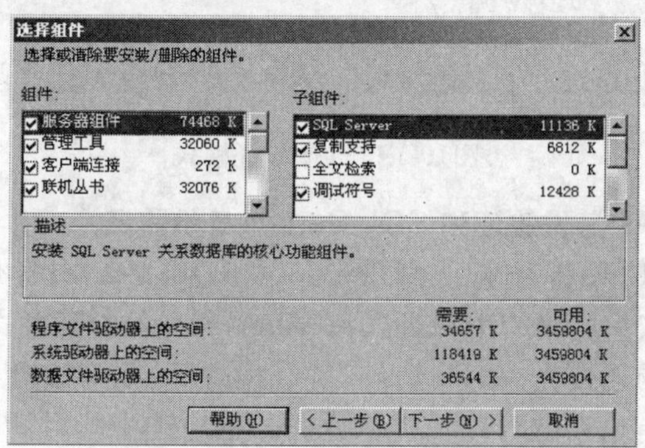

图10-11 选择安装组件

在图10-12的“用户名”框中输入系统管理员名字，然后在“密码”框中输入系统管理员的密码。可以使用本地系统帐户或域用户帐户。本地系统帐户不需要设置密码，也没有Windows 2000 的网络访问权限，同时，它可能限制 SQL Server 安装与其它服务器交互。域用户帐户使用 Windows 身份验证设置并连接 SQL Server。默认情况下，将显示当前登录到计算机的域用户帐户的帐户信息。一般情况下，我们选择使用Win2000域用户帐户作为启动服务的帐户，这样便于与其它服务器连接。

在图10-12上单击“下一步”，进入如图10-13所示的“身份验证模式”对话框。

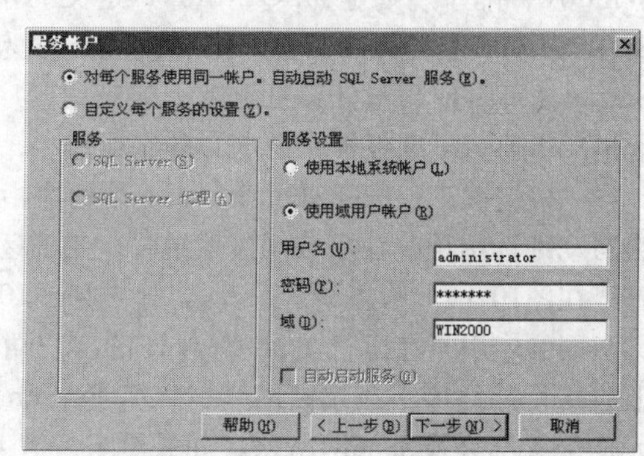

图10-12 服务帐户对话框

SQL Server 2000提供了两种身份验证模式:

- **Windows 身份验证模式**

用户通过Windows用户帐户连接时，SQL Server 使用Windows操作系统（一般是Windows 2000 Server或者Windows NT 4.0 Server）中的信息验证用户名和密码。SQL Server 2000个人版没有Windows身份验证模

式，只有“混合模式”。选择Windows身份验证模式时，如果有用户要访问SQL Server，则他必须是Windows的合法用户，否则无法访问SQL Server。

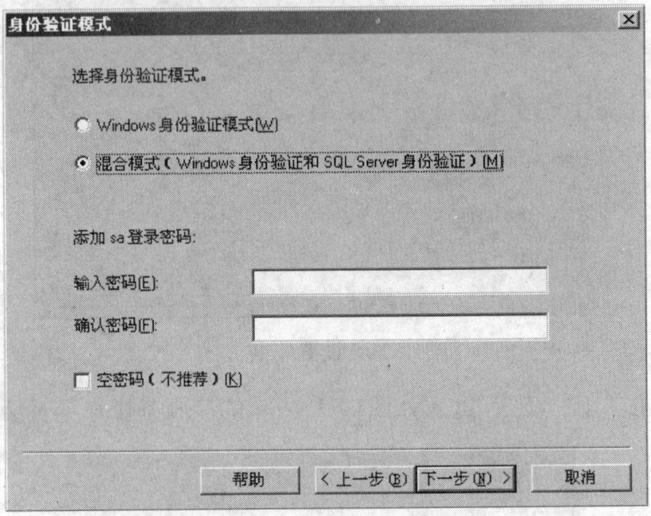

图10-13　选择验证模式

- **混合模式（Windows 身份验证和 SQL Server 身份验证）**

允许用户使用Windows操作系统身份验证或SQL Server身份验证进行连接。通过Windows操作系统用户帐户连接的用户可以在Windows身份验证模式或混合模式中使用信任连接（由Windows验证的连接）。如果选择“混合模式”，则应该输入SQL Server 2000的系统管理员密码。如果没有给系统管理员提供密码，则应选中此对话框上的“空密码”。建议不要使用空密码，因为如果SQL Server 2000的系统管理员没有密码，对系统来说是很不安全的。

我们这里选择的是“混合模式”验证模式。在图10-13上单击“下一步”，进入如图10-14所示的“排序规则设置”对话框。

“排序规则设置”对话框用于设置数据库中字符的排序规则。

在SQL Server 2000 中有两组排序规则，即Windows 排序规则和 SQL 排序规则。Windows 排序规则是为SQL Server定义的排序规则，用于支持Windows区域设置。通过为SQL Server 指定 Windows 排序规则，并为计算机指定相关联的Windows区域设置，SQL Server便可以使用与计算机上运行的应用程序相同的排序和比较规则。SQL 排序规则是为兼容SQL Server早期版本所指定的排序规则。

一般情况下，选择SQL Server安装程序指定的默认选项即可。在此对话框中，SQL Server会自动地选用用户在安装操作系统时指定的区域，并选择合适的字符集和排序规则。

在图10-14上单击“下一步”，弹出如图10-15所示的选择网络库对话框。

网络库用于在运行 SQL Server 的客户端和服务器之间传递网络数据包。服务器可以一次监听多个网络库。在安装期间，SQL Server安装程序允许将所有网络库安装到计算机上，并允许配置部分或全部网络库。如果没有配置某个网络库，则服务器将无法监听该网络库。安装完成后，可以使用服务器网络实用工具更改这些配置。

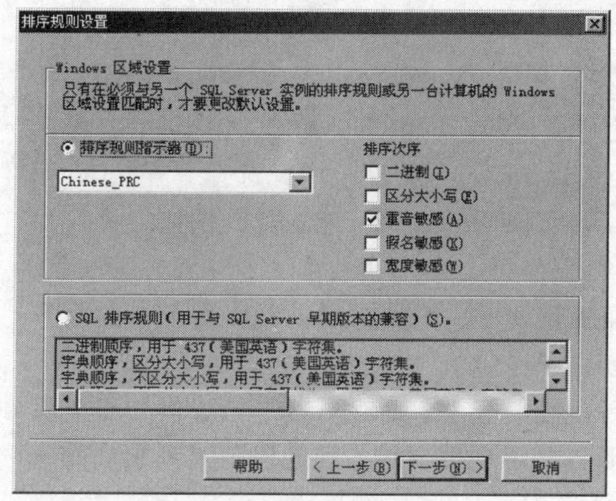

图10-14 设置排序规则

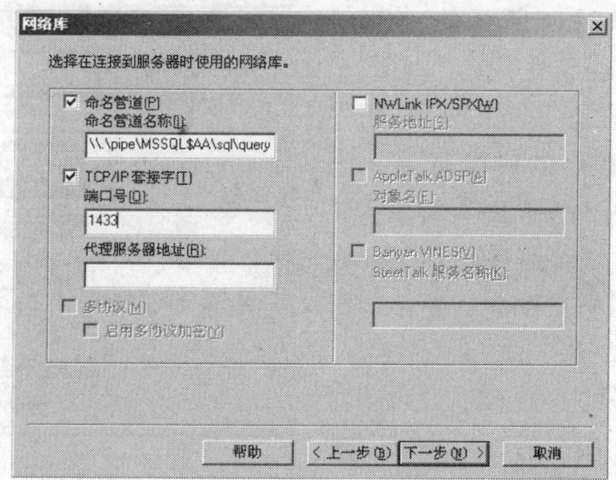

图10-15 选择网络库

在图10-15上单击“下一步”，进入如图10-16所示的“开始复制文件”对话框。

在图10-16上单击“下一步”，SQL Server安装程序进入文件复制阶段并开始安装，这个阶段一般会持续一段时间。安装完毕后，将弹出一个对话框提示用户SQL Server 2000的安装已经完成，单击对话框中的“完成”按钮即可结束安装。

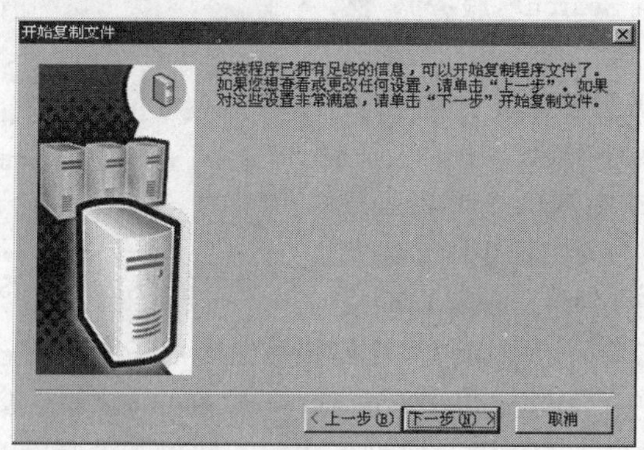

图10-16 开始复制文件对话框

10.2.3 测试安装

安装完SQL Server 2000之后，应当验证一下安装的正确性，并了解系统中安装了哪些组件或工具。SQL Server 2000提供的各种工具均包含在“Microsoft SQL Server”程序组中。选择“开始|程序|Microsoft SQL Server”，就可以看到这些管理工具的快捷方式，如图10-17所示。

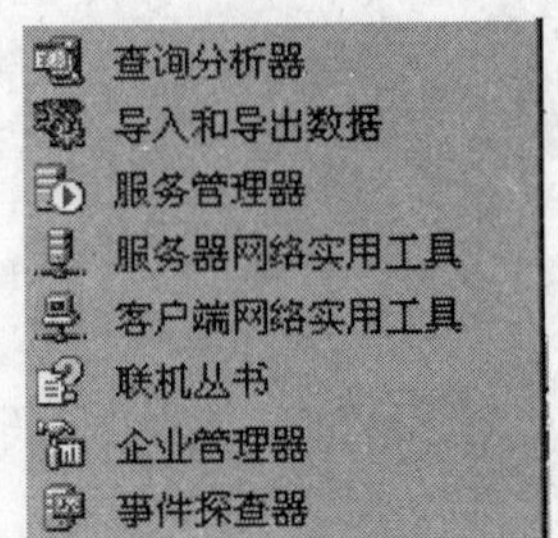

图10-17 SQL Server 2000常用管理工具

验证安装可通过“服务管理器”工具，启动SQL Server的服务来实现。

要想使用SQL Server，必须至少启动SQL Server提供的四个服务中的“SQL Server”服务。可利用“服务管理器”工具来启动此项服务。

运行“Microsoft SQL Server”下的“服务管理器”，弹出如图10-18所示的“SQL Server服务管理器”窗口。

图10-18 服务管理器

SQL Server服务管理器是一个任务栏应用程序，它遵从任务栏应用程序的标准行为。当SQL Server服务管理器图标最小化时，将显示任务栏右边的任务栏时钟区域，服务启动之前或停止状态的图标为，服务启动之后处于运行状态的图标为。

启动SQL Server服务的方式有手工启动和自动启动两种。在安装完成之后，用户可以决定以后的启动方式。如果希望每次操作系统启动时都自动启动SQL Server服务，则可选中图10-18下边的“当启动OS时自动启动服务”复选框。手工启动的设置方法是先在“服务”下拉列表框中选择要启动的服务（图10-18所示的四个服务是企业版所具有的服务，如果是个人版，则没有“Microsoft Search”服务），然后单击绿色三角形的“开始/继续”按钮( )，启动选中的服务。启动服务需要花费一段时间。启动成功后的窗口如图10-19所示。

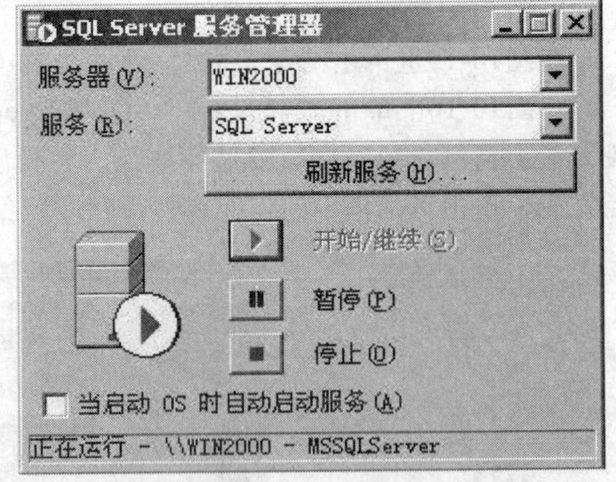

图10-19 启动SQL Server服务之后

图10-19所示的是启动完SQL Server服务之后的状态。这时，左边的大图标变成了绿色三角（在启动之前是红色方块），表示启动成功。启动成功后，右边三个按钮中的暂停和停止按钮变成了激活状态。如果希望停止某个服务，则可单击“停止”按钮（ ）。停止SQL Server服务可防止新连接并与当前用户断开连接。若要暂停某个服务，则可单击“暂停”按钮（ ）。暂停某个服务的含义是，已连接到服务

器的用户不受影响，可以继续完成其任务，但不允许有新的连接。在某些情况下，为了维护服务器，可能要暂停SQL Server服务。

10.3 SQL Server 2000常用工具简介

1. 企业管理器

SQL Server企业管理器（Enterprise Manager）是SQL Server 2000 的主要管理工具，它提供了一个遵从 Microsoft 管理控制台 (MMC) 的用户界面。

运行“Microsoft SQL Server”程序组中的“企业管理器”，会弹出如图10-20所示的“SQL Server Enterprise Manager”窗口。

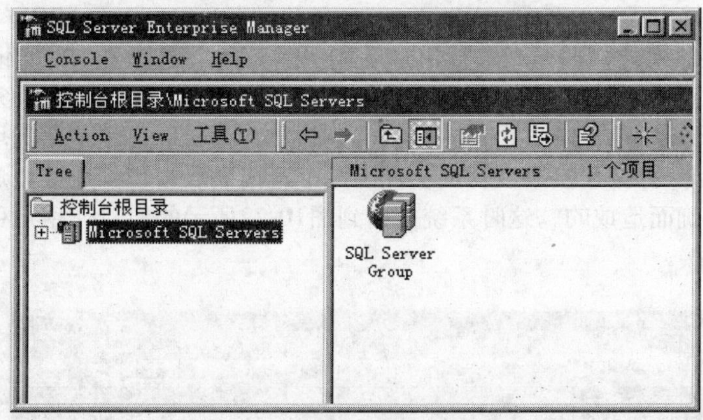

图10-20 企业管理器窗口

单击左边控制台中的“+”号，可以展开此目录，然后再单击下层出现的“+”号。如果能将服务器名前边的“+”号展开，则表示与SQL Server的连接成功了，否则表示连接不成功。部分展开“数据库”项后的企业管理器的形式如图10-21所示。

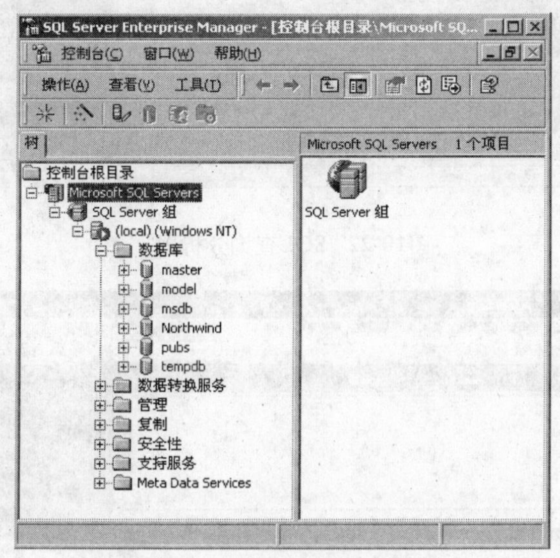

图10-21 部分展开后的企业管理器

在企业管理器中可以完成几乎所有的管理工作。如管理登录帐户、数据库用户和权限，创建和管理数据库，创建和管理表、视图、存储过程以及用户自己定义的数据类型等。

总体来说，对数据库服务器和数据库的绝大多数管理工作都可以在企业管理器中用图形化方式实现，这样极大地简化了系统管理员的管理工作。

2. 查询分析器

SQL查询分析器（Query Analysier）是一个图形化的查询工具，用来以文本的方式编辑Transact-SQL语句，然后将语句发送给服务器，并接受执行的结果。使用这个工具，用户可以通过交互的方式设计和测试Transact-SQL语句、批处理和脚本。

运行“Microsoft SQL Server”程序组中的“查询分析器”，会弹出如图10-22所示的“SQL 查询分析器”窗口。在图10-22所示的“连接到SQL Server”窗口中，注意在“连接使用”部分有两种连接方式，一种是“Windows 身份验证”，另一种是“SQL Server身份验证”。如果使用第一种验证模式，则不必输入用户名和密码，如果选择第二种验证方式，则必须输入用户名和密码。选择了其中一种验证方式后，单击“确定”按钮连接服务器。如果连接成功，则弹出如图10-23所示的窗口，其中空白部分为文本编辑区，在这个区域中可以编写SQL语句（也称为脚本）。如果连接不成功则会弹出一个连接失败窗口。连接失败很可能是由于用户输入的密码不正确而造成的，这时系统会回到图10-22所示的窗口，用户可以重新输入正确的密码，然后再连接。

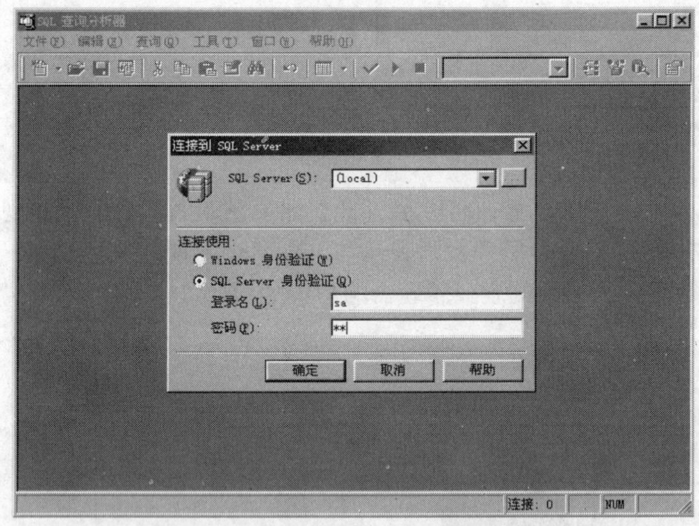

图10-22　SQL查询分析器

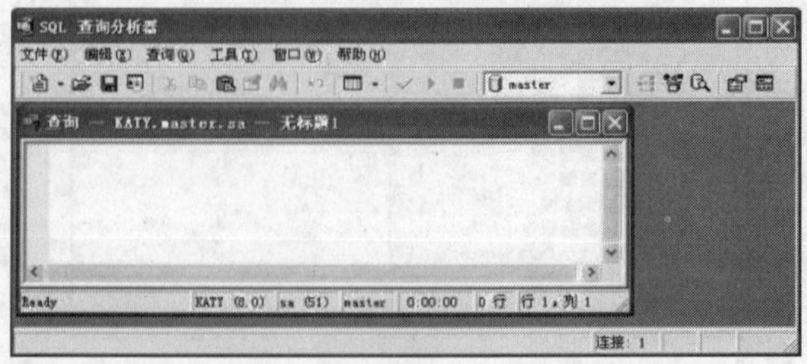

图10-23　连接成功后的窗口

SQL查询分析器除了具有上述功能外，还具有如下特点：

- 在Transact-SQL语法中用不同的颜色标识不同单词的含义，以提高复杂语句的易读性。
- 具有对象浏览器和对象搜索工具，使用户可以轻松查找数据库中的对象和对象结构。单击（ ）图标后会在文本编辑器的左边出现“对象浏览器”，用户可在对象浏览器上查看服务器上的所有数据库以及数据库中的所有对象。单击（ ）图标则会弹出一个“对象搜索”对话框，在这个对话框中，用户可以搜索数据库中的对象。

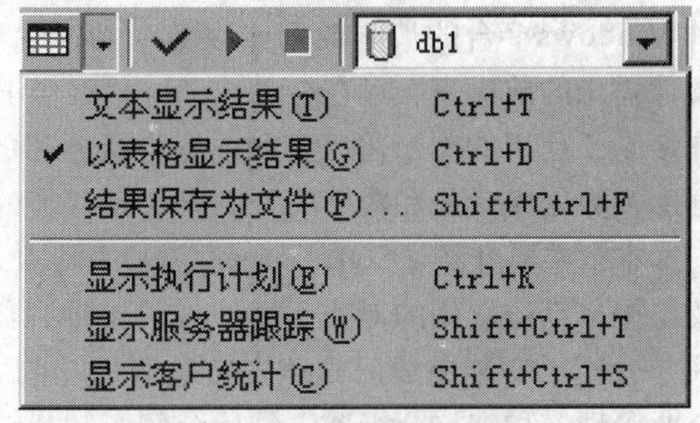

图10-24 选择结果显示格式

- 可以以网格或自由格式的文本窗口显示结果。单击工具栏上的“执行模式”图标（ ）右边的下三角，可选择结果的显示形式。如图10-24所示。
- 可以有选择地执行选中的脚本，可单击工具栏上的“执行查询”图标（ ）来执行脚本。执行的结果显示在窗口的下方。
- 可以将在查询分析器的文本编辑器中编写的脚本保存起来（选择“文件”菜单下的“保存”，或单击工具栏上的“保存查询/结果”图标（ ）)，以备以后使用，也可以在查询分析器中打开已存在的脚本（选择“文件”菜单下的“打开”，或单击工具栏上的“装载SQL脚本图标”（ ））进行编辑和执行。脚本是以文本格式保存的，所以可以使用记事本查看其内容。

10.4 卸载SQL Server 2000

如果不再需要SQL Server 2000，则可以将其卸载。在卸载之前，应首先关闭所有打开的工具，然后停止所有已经启动的服务，最后关闭服务管理器（在任务栏上右击 图标，在弹出的菜单中选“退出”即可关闭服务管理器）。卸载时，如果直接删除保存SQL Server 2000文件的目录，将会给系统留下大量的垃圾文件，同时还会影响到系统的注册表。比较好的办法是在控制面板中启动“添加/删除程序”，然后选择要删除的程序，再单击“添加/删除”按钮，如图10-25所示。这样，系统会自动清除与之相关的所有文件，并修改注册表。

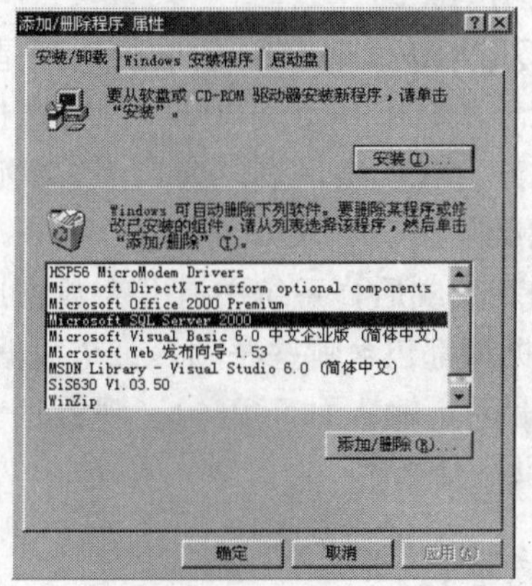

图10-25 卸载SQL Server 2000

10.5 小结

SQL Server 2000是一种大型的支持客户/服务器结构的关系数据库管理系统。作为基于各种Windows平台的最佳数据库服务产品，它可应用在许多方面，包括电子商务等。在满足软硬件需求的前提下，可在各种Windows平台上安装SQL Server 2000。SQL Server 2000提供了许多易于使用的图形化工具和向导（最常用的是企业管理器和查询分析器），为创建和管理数据库及数据库对象和数据库资源带来了很大的方便。

本章主要介绍了SQL Server 2000的特点，SQL Server 2000提供的版本，各版本的功能以及与操作系统之间的对应关系，较详细地介绍了SQL Server 2000的安装以及安装过程中的选项，介绍了安装完成后检测安装是否成功的方法以及SQL Server 2000中最常用的两个工具：企业管理器和查询分析器。最后介绍了卸载SQL Server的方法。

习题

1. SQL Server 2000企业版提供了哪几个服务？每个服务的作用是什么？
2. SQL Server 2000提供了几个版本？每个版本分别适用于哪些操作系统？
3. “Windows 身份验证模式”和“混合模式”的区别是什么？
4. 在安装时选择“本地计算机”和“远程计算机”的区别是什么？
5. SQL Server的实例名的作用是什么？
6. SQL Server的默认安装位置是什么？
7. SQL Server的网络库的作用是什么？
8. 要启动SQL Server 2000服务，需要使用哪个工具？
9. 要使用SQL Server 2000，必须至少启动哪个服务？
10. 卸载SQL Server 2000的步骤是什么？

上机练习

1. 查看一下你所用的计算机的操作系统，选择合适的SQL Server 2000版本并进行安装，安装过程中使用自定义安装，注意查看每个安装选项及其说明。
2. 如果在“安装定义”窗口中选择“仅客户端工具”，查看一下安装完成后有哪些工具，这时企业管理器和查询分析器能使用吗？为什么？
3. 如果机器上已经安装了一个SQL Server 2000（安装的选项是“服务器和客户端工具”），那么若此时再在这台机器上安装一次SQL Server 2000，同样选择的是“服务器和客户端工具”，是否能够安装成功？如果能成功，在“实例名”窗口中“默认”选项是否可用？
4. 安装完成后，使用“服务管理器”启动“SQL Server”服务。
5. 启动企业管理器，查看一下安装完成后，系统中有几个数据库？分别是哪些？
6. 展开数据库，查看一下每个数据库都包含哪些子项？每个数据库所包含的子项一样吗？
7. 启动查询分析器，在文本编辑区，输入如下语句，观察语句中各单词的颜色，然后单击“执行”按钮，看一下执行结果是什么？

```
Use pubs
Select * from authors
```

第 11 章　数据库与基本表的创建和管理

SQL Server支持在一台服务器上创建多个数据库。每个数据库可以存储相关的数据，例如，可以用一个数据库存储职工数据，另一个数据库存储与产品相关的数据。本章首先介绍在SQL Server 2000中如何创建和管理数据库，然后介绍基本表的创建与管理方法。

11.1　数据库的创建与管理

11.1.1　SQL Server数据库的构成

1. 数据库的组成

SQL Server的数据库由数据文件和日志文件组成。数据文件用于存放数据库数据，日志文件用于存放对数据库数据的操作记录。在SQL Server 中创建数据库时，了解SQL Server如何存储数据是很有必要的，这样用户可以了解如何估算数据库空间大小以及如何为数据文件和日志文件分配磁盘空间。

SQL Server的每个数据库都包括一个主数据文件和一个或多个日志文件。此外，还可以包括零到多个辅助数据文件。每个文件都有操作系统使用的物理文件名和数据库管理系统使用的逻辑文件名。数据文件和日志文件的默认存放位置为C:\Program Files\Microsoft SQL Server\MSSQL\ Data文件夹。在SQL Server 2000中，数据的存储单位是页（Page）。一页是一块8KB的连续磁盘空间，页是存储数据的最小单位。页的大小决定了数据库表的一行数据的最大大小，而且在SQL Server中，表中的一行数据不能存储在不同的数据页上，即行不能跨页存储。由此可知，在SQL Server 2000中，表中行的大小不能超过8KB。

2. 数据文件和日志文件的作用

在SQL Server中，数据文件用于存放数据库数据。数据文件又包括主数据文件和辅助数据文件。主数据文件的扩展名是.mdf，它包含数据库的启动信息以及数据库数据，每个数据库只能包含一个主数据文件。辅助数据文件的扩展名是.ndf，一个数据库可以有多个辅助数据文件。因为有些数据库可能非常大，用一个主数据文件可能存放不下，因此就需要有一个或多个辅助数据文件存储这些数据。辅助文件还可以建立在与主数据文件不同的多个磁盘驱动器上，这样就可以充分利用多个磁盘上的存储空间，从而提高数据存取的并发性。辅助数据文件可以和主数据文件存放在相同的位置，也可以存放在不同的位置。

日志文件用来记录页的分配和释放以及对数据库数据的修改操作。日志文件的扩展名为.ldf，它包含用于恢复数据库的日志信息。每个数据库必须至少有一个日志文件，也可以有多个日志文件。

3. 数据库文件的属性

在定义数据库的数据文件和日志文件时，可以指定如下属性:

- **文件名及其位置**　每个数据库的数据文件和日志文件都具有一个逻辑名称以及文件的物

理存放位置。一般情况下，为了获得更好性能，建议将文件分散存储在多个磁盘上。

- **文件大小**　可以指定每个数据文件和日志文件的大小，一般以MB为单位。
- **增长方式**　如果需要的话，可以指定文件是否自动增长，该选项的默认配置为自动增长，即当数据库空间用完后，系统自动扩大数据库的空间。这样可以防止由于数据库空间用完而造成的不能插入新数据或不能进行数据操作的错误。
- **最大大小**　指定文件增长的最大大小，默认是大小无限制。

11.1.2　创建数据库

用户可以使用企业管理器图形化地创建数据库，也可以使用SQL语句创建数据库。

1. 使用企业管理器创建数据库

使用企业管理器创建数据库的步骤如下:

1) 如果还没有启动SQL Server服务，应先启动SQL Server服务，然后启动企业管理器。

2) 在控制台上依次单击“Microsoft SQL Servers”和“SQL Server Group”左边的加号，然后单击要创建数据库的服务器左边的加号图标，展开树形目录，如图11-1所示。

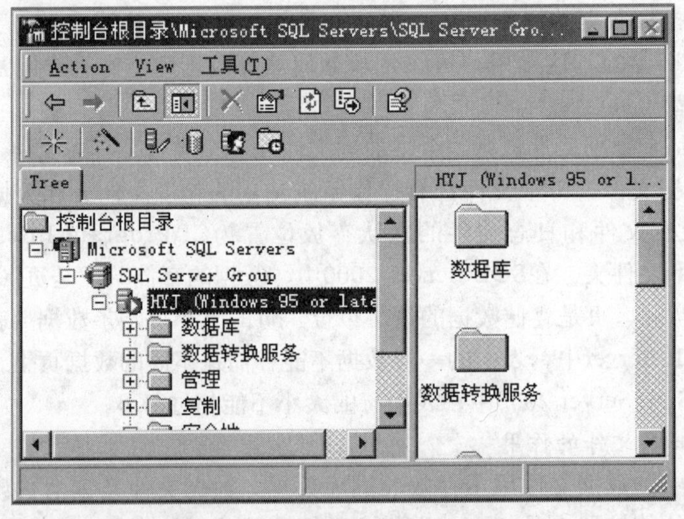

图11-1　展开控制台的树形目录

3) 右击“数据库”，然后在弹出的菜单中选择“新建数据库”命令，弹出如图11-2所示的对话框，在此对话框的“名称”文本框中输入数据库名，如图中的student。

4) 单击图11-2上的“数据文件”选项卡，在此对话框的“文件名”列表框中输入主数据文件的名称和辅助数据文件的名称，如图11-3所示。

默认情况下，用数据库名作为主数据文件名的前缀。例如，如果数据库的名字为student，则主数据文件的默认名为student_Data.mdf。主数据文件的默认存储位置在SQL Server 2000安装目录下的data子目录下，默认的初始大小为1MB。

若要更改数据文件的存储位置，单击“位置”列表框上的 ... 按钮，弹出设置数据文件存储位置的窗口，用户可在此窗口中指定数据文件的存储位置。

若要更改数据文件的初始大小，可直接在“初始大小”项上输入希望的大小（以MB为单位）。

5) 如果希望使用辅助数据文件，则可在“文件名”列表框的第二行指定另一个文件名、存储位置和初始大小。这些文件的扩展名为.ndf。

6) 如果希望数据库文件的容量能根据实际数据的需要自动增加，可选中“文件属性”部分的“文件自动增长”复选框（如图11-3所示）。文件的自动增长方式有如下几种：

- 如果希望每次数据文件增长时都是以MB为单位自动增加，则可选中图11-3上的“按兆字节”单选按钮，并指定每次增加多少MB（默认为1MB）。
- 如果希望文件按当前大小的百分比增长，可选中图11-3上的“按百分比”单选按钮，并指定每次增加的百分比（默认为10%）。

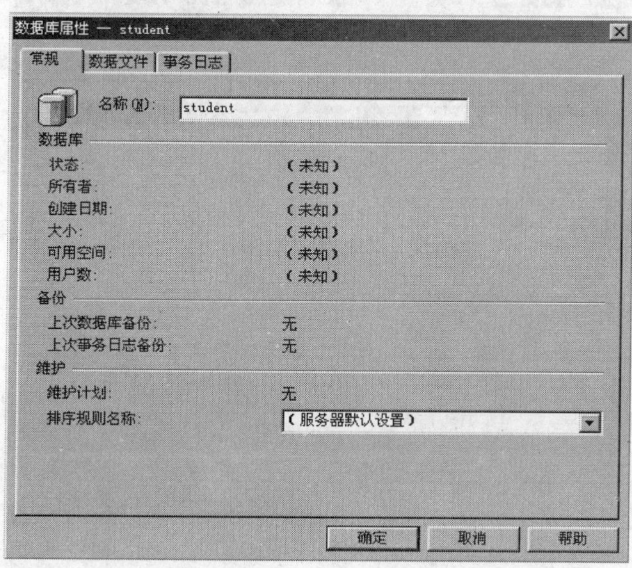

图11-2　创建数据库的“常规”选项卡

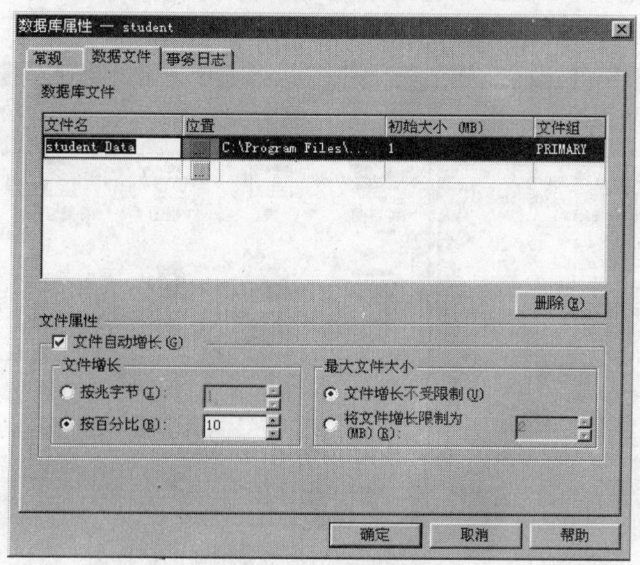

图11-3　创建数据库的“数据文件”选项卡

7) 设置数据库文件的大小是否有上限。

- 若要允许文件的增长没有限制，可选择“文件增长不受限制”单选按钮（没有上限的含义是数据库文件增长只受磁盘空间的限制)。

• 要使文件的增长有限制，可选择“将文件增长限制为（MB）”单选按钮，并在后面的框中设置上限值表示当文件增长到此上限值时将不再增长。

8) 选择图11-2上的“事务日志”选项卡，对事务日志进行设置，如图11-4所示。具体操作与“数据文件”选项卡中的操作类似，不再赘述。

9) 单击图11-4的“确定”按钮，关闭数据库属性设置对话框。

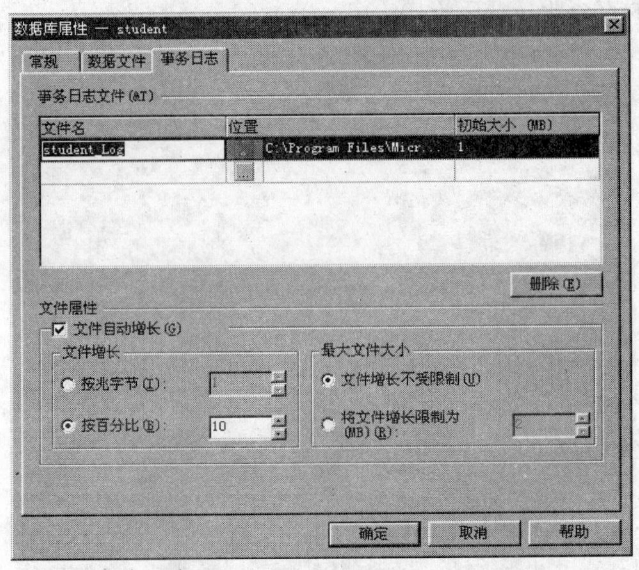

图11-4 创建数据库的“事务日志”选项卡

至此，数据库创建完毕。此时用企业管理器可以看到新创建的数据库列在“数据库”目录下，如图11-5所示。

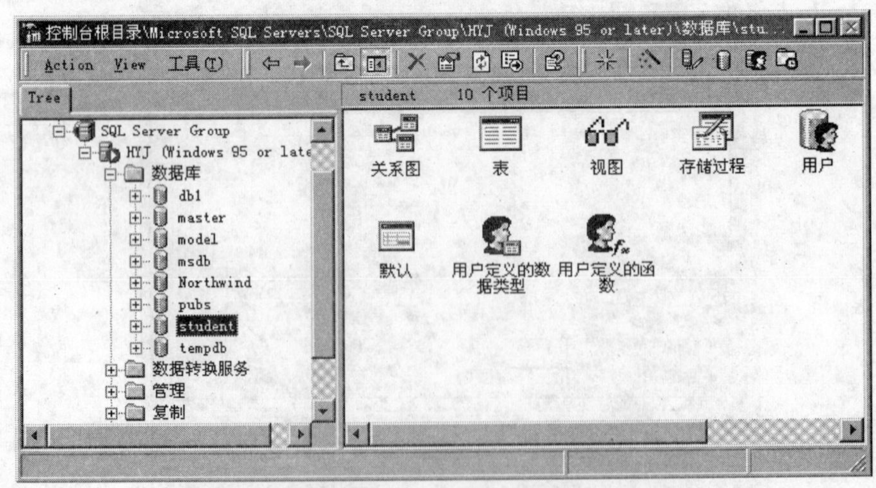

图11-5 在企业管理器中查看新创建的数据库

2. 使用Transact-SQL创建语句

创建数据库的SQL语句为CREATE DATABASE，此语句的语法格式大致为:

```
CREATE DATABASE 数据库名
```

```
[ON
    [  <文件格式> [ , ... n ]  ]
]
[ LOG  ON {  <文件格式> [ , ... n ]  } ]
<文件格式> ::=
  ( [ NAME = 逻辑文件名, ]
    FILENAME = '操作系统下的物理路径和文件名'
   [, SIZE = 文件初始大小 ]
   [, MAXSIZE = 文件最大大小 | UNLIMITED ]
   [, FILEGROWTH = 增量值 ] )  [ ,  … n]
```

上述语法中各部分的含义为:

- ON关键字表示数据库是根据后面的参数来创建的。
- n是一个占位符，表明可为新数据库指定多个文件。
- LOG ON 子句用于指定该数据库的事务日志文件。
- NAME用于指定数据库文件的逻辑文件名。
- FILENAME用于指定数据库文件的存放位置及在磁盘上的文件名。
- SIZE用于指定数据库文件的初始大小，单位为MB或KB，默认为MB。
- MAXSIZE用于指定数据库文件的最大大小，单位为MB、KB、GB、TB或百分比（%）默认为MB。省略此项表示数据库文件按10%增长。0值表示不自动增长。
- FILEGROWTH用于指定数据库文件的增加量，单位为MB或KB或%，默认为MB。省略此项表示文件大小不自动增长。

在使用语句创建数据库时，最简单的情况是可以省略所有的选项，用户只要提供一个数据库名即可，这时系统会按选项的默认值创建数据库。

例1 用CREATE DATABASE语句创建一个数据库,此数据库的名字为“学生管理数据库”，其它选项均采用默认设置。

创建该数据库的语句如下:

```
CREATE DATABASE 学生管理数据库
```

此语句表示在默认位置（C:\program files\Microsoft SQL Server\Mssql\Data）创建数据库的主数据文件（文件名为“学生管理数据库.mdf”）和事务日志文件（文件名为“学生管理数据库_log.ldf”），数据文件和日志文件的初始大小均为1MB，增长方式为自动增长，每次增加10%，最大大小为无限制。

例2 用CREATE DATABASE语句创建一个数据库。此数据库名称为“人事信息数据库”，此数据库包含一个数据文件和一个事务日志文件。数据文件只有主数据文件，其逻辑文件名为“人事信息数据库”，其物理文件名为“人事信息数据库.mdf”，存放位置在默认目录下，其初始大小为10MB，最大大小为30MB，自动增长时的递增量为5MB。事务日志文件的逻辑文件名为“人事信息日志”，物理文件名为“人事信息日志.ldf”，也存放在默认目录下，初始大小为3MB，最大大小为12MB，自动增长时的递增量为2MB。

```
CREATE  DATABASE  人事信息数据库
ON
( NAME =人事信息数据库,
 FILENAME = 'C:\program files\Microsoft SQL Server\Mssql\Data\
              人事信息数据库.mdf ',
```

```
 SIZE = 10,
 MAXSIZE = 30,
 FILEGROWTH = 5 )
LOG ON
( NAME =人事信息日志,
 FILENAME = 'C:\program files\Microsoft SQL Server\Mssql\Data\人事信息日志.ldf ',
 SIZE = 3,
 MAXSIZE = 12,
 FILEGROWTH = 2 )
```

11.1.3 删除数据库

当不再需要某个数据库时，应当把它从数据库服务器中删除。删除一个数据库时也删除了该数据库的全部对象，从而将其所占的磁盘空间全部释放掉，以供其它人使用。删除数据库的方法有两种。一种方法是使用企业管理器，另一种方法是使用SQL语句——DROP DATABASE。

1. 使用企业管理器删除数据库

在企业管理器中删除数据库的步骤如下:

1) 启动企业管理器，并在“控制台”目录下单击“数据库”节点。

2) 选中要删除的数据库，然后选择如下操作之一即可删除数据库。

• 从“操作”菜单中选择“删除”命令。

• 在工具栏上单击“删除”按钮（ ）。

• 右击待删除的数据库，在弹出式菜单中选择“Delete”命令。

2. 使用Transact-SQL语句删除数据库

在查询分析器中执行DROP DATABASE语句也可以删除数据库。DROP DATABASE语句的语法格式为:

```
DROP DATABASE 数据库名 [ , … n ]
```

注意，被删除的数据库不能是当前正在使用的数据库。因为数据库一旦删除就不能再恢复（如果没有备份的话），因此使用删除数据库语句时一定要小心，不要误删有用的数据库。

使用数据库删除语句可以一次删除多个数据库。

例3 用DROP DATABASE语句删除Test1和Test2数据库的语句如下:

```
DROP DATABASE Test1, Test2
```

11.1.4 修改数据库

创建完数据库之后，还可以根据需要修改数据库的结构。例如增加或删除数据库文件。修改数据库结构有两种方法：一种方法是在企业管理器中进行修改，另一种方法是在查询分析器中通过执行ALTER DATABASE语句来实现。我们这里介绍用企业管理器扩大数据库空间的方法。

如果在创建数据库时没有设置自动增长方式，而在使用了一段时间后发现数据库空间已经不够了（数据库空间不够，意味着不能再向数据库中插入数据），那么应当扩大数据库空间。扩大数据库空间有两种方法，一种是扩大数据库中已有文件的大小，另一种方法是为数据库添加新的文件。这两种方法均可用企业管理器实现，也可以使用Transact-SQL语句实现。我们这里只介绍使用企业管理器扩大数据库空间的方法。

使用企业管理器扩大数据库空间的步骤为：

1) 启动企业管理器，在“控制台”目录中展开“数据库”。

2) 选中要设置或要修改的数据库，选择下列操作之一：

• 从“操作”菜单上选“属性”命令。

• 在工具栏上单击“属性”按钮（ ）。

• 在选中的数据库上单击鼠标右键，选择“属性”。

3) 在弹出的对话框中选择“数据文件”选项卡，结果如图11-6所示。

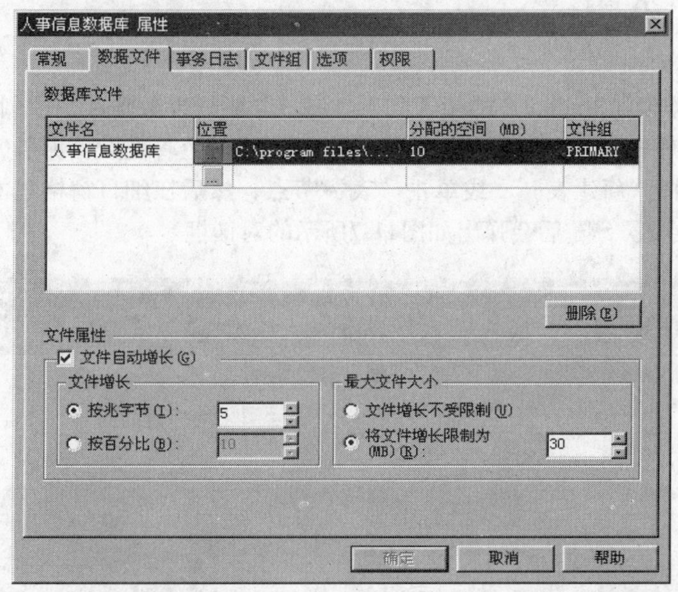

图11-6　使用数据库属性对话框修改数据库结构

4) 在此对话框中可以完成扩大已有文件和添加新文件的操作。

• 若要扩大已有数据文件的大小，只需在“分配的空间”字段中输入新的大小即可。

• 若要添加新的数据文件，只需在已有文件名的后边添加一个新数据文件名，然后分别在对应的“位置”、“分配的空间”处输入合适的值即可，同时也可以设置新数据文件的自动增长属性，这些操作与创建数据库的操作一样。

• 扩大事务日志文件的方法与扩大数据文件的方法一样。

5) 可以同时实现扩大已有文件的大小和增加多个新文件的操作。全部完成后，单击“确定”按钮关闭此对话框，保存所做的修改。

11.2　基本表的创建与管理

当用户在SQL Server 2000中创建了一个新的数据库后，就在该数据库中自动包含了一些表、视图、存储过程以及其它对象，这些对象是系统从模板数据库（Model）中自动复制过来的，主要用于管理用户的数据库。在这些系统表中存放的都是系统的信息，用户要想存放自己的数据，必须创建自己的数据库表。

11.2.1 定义表及约束

表是数据库中非常重要的对象，它用于存储用户的数据。我们在4.3节已经介绍过，创建表就是定义表的列的结构，包括列的名称、数据类型、约束等。列的数据类型说明了列的取值范围，列的约束更进一步限制了列的有效取值范围，这些约束包括主码约束、外码约束、列取值范围约束、列取值是否允许为空等等。关于数据完整性约束的实现方法我们已经在第6章做了详细的介绍。

在SQL Server 2000中可以使用企业管理器图形化地创建表，也可以使用SQL语句在查询分析器中创建表。我们在第4章已经介绍了如何使用SQL语句创建和修改表结构，本节将介绍如何使用企业管理器创建表，以及如何定义主码约束、外码约束和完整性约束。这里还将创建第4章中介绍的三张表。

1. 创建表

使用企业管理器创建Student表的步骤如下（在“学生管理数据库”中创建这三张表）：

1) 启动企业管理器，并在“控制台”窗格中展开“学生管理数据库”。右击“表”节点，在弹出的菜单中选择“新建表”；或单击“表”节点，然后在细目窗格里右击鼠标，在弹出的菜单中选择“新建表”，随后会弹出如图11-7所示的对话框。

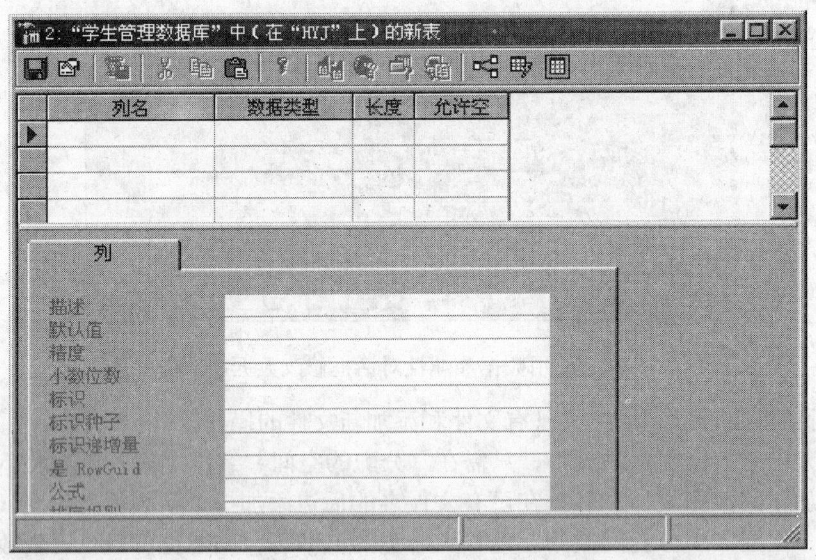

图11-7　表设计器窗口

2) 在表设计器窗口中定义表的结构。其中，每个字段的设置方法如下：

- 在“列名”中输入字段的名称。在同一个表中，字段名称必须是惟一的。
- 在“数据类型”下拉框中选择字段的数据类型。可以选择系统提供的数据类型，也可以使用用户定义的数据类型。
- 指定字段的长度或精度。对于字符型数据类型，要在“长度”列中输入一个数字，以指定字段的长度。对于decimal和numeric类型，还应在窗口下边的“精度”部分输入p（数字位数）的值，在“小数位数”部分输入q的值（小数位数）。
- 指定字段是否允许为空。如果不允许空值，则把“允许空”列中的复选框清除掉，这表示不允许为空（NOT NULL约束）。

3) 定义表的主码。选中要定义为主码的列，然后单击“设置主键”按钮，如图11-8所示。设置好主码后，会在列名的左边出现一把钥匙，该列已设置为主码，如图11-9所示。

2:“学生管理数据库”中（在“HYJ”上）的新表

设置主键

列名	数据类型	长度	允许空
sno	char		
sname	char	10	
Ssex	char	2	✓
Sage	tinyint	1	✓
Sdept	char	20	✓

图11-8　设置表的主码

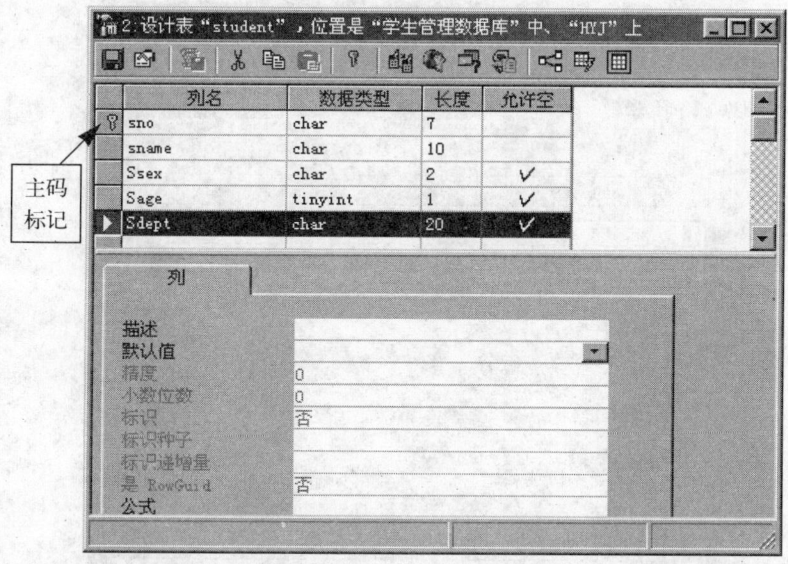

图11-9　定义好后的Student表

4) 单击“保存”按钮保存表的定义，在弹出的“选择名称”窗口中输入表的名称（Student），单击“确定”创建表。

5) 关闭此窗口。

2. 定义外码约束

下面我们介绍定义外码约束的方法。按照上述步骤定义好Course表和SC表。在SC表中，除了要定义与Student、Course表相似的部分外，还需要定义外码。定义好的SC表如图11-10所示。

定义外码的步骤如下:

1) 在图11-10所示的窗口中，单击“管理关系”按钮（），弹出如图11-11所示的对话框。

2) 单击“新建”按钮，图11-11下面的“主键表”和“外键表”部分成为可用状态。在“主键表”下拉列表框中选择外键引用的列所在的表（主表），并在“主键表”下边的下拉列表框中选择主表中的外键引用列。然后在“外键表”下拉列表框中选择外键所在的表（子表），并在“外键表”下边的下拉列表框中选择子表中的外码列。

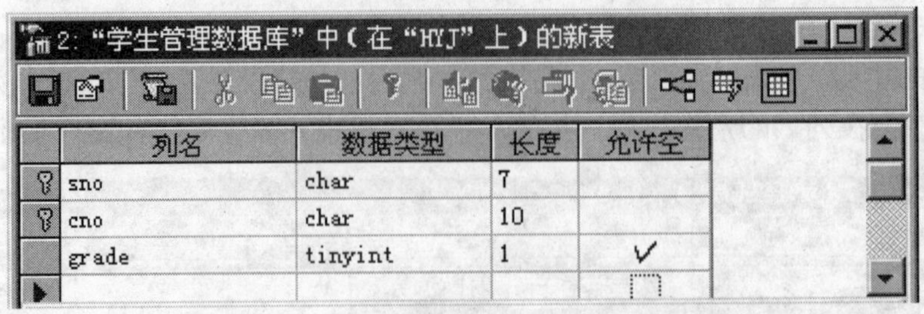

图11-10　定义好后的SC表

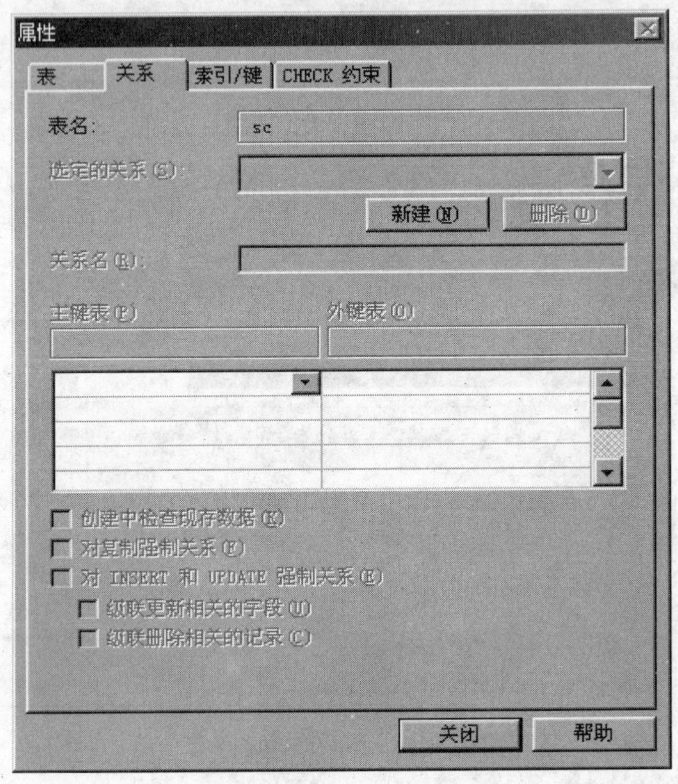

图11-11　设置外码窗口

3) 在"关系名"文本框中可以输入外码约束的名字，也可以采用系统提供的默认名称。图11-12显示了SC表的Sno外码对Student表的sno列的引用的定义。

3. 定义UNIQUE约束

假设我们要为学生表的sname列添加UNIQUE约束。在企业管理器中设置UNIQUE约束的步骤如下:

1) 在企业管理器的控制台中展开数据库，在要设置UNIQUE约束的表上右击鼠标，在弹出的菜单中选择"设计表"命令，弹出如图11-13所示的对话框。

2) 在图11-13所示的对话框上单击工具栏上的"管理索引/键"按钮 ( )，弹出如图11-14所示的对话框。

3) 在图11-14上单击"新建"按钮，然后在"列名"下拉列表框中选择要创建UNIQUE约束的列（这里是"sname"），然后选中下边的"创建UNIQUE"复选框，并在这个组中选中

“约束”单选按钮，结果如图11-15所示。

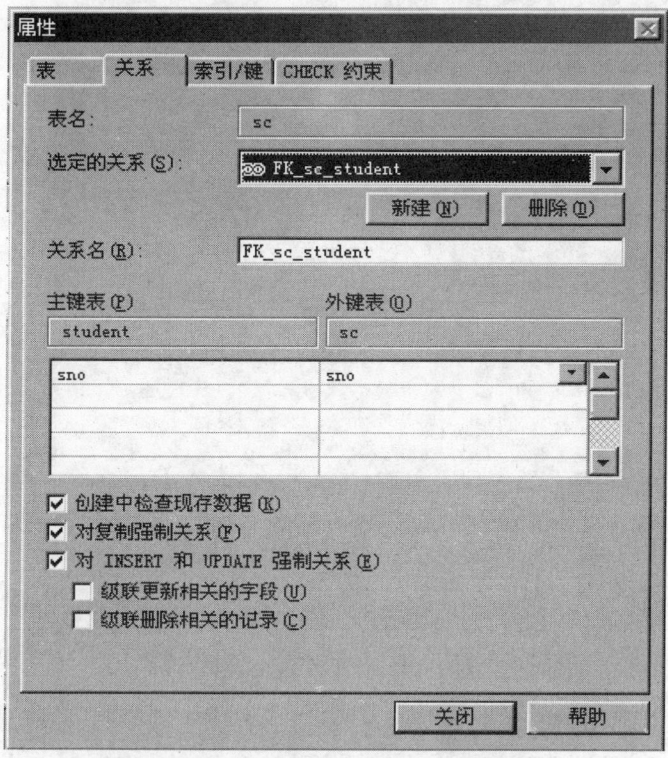

图11-12 定义好SC表的sno外码后的情况

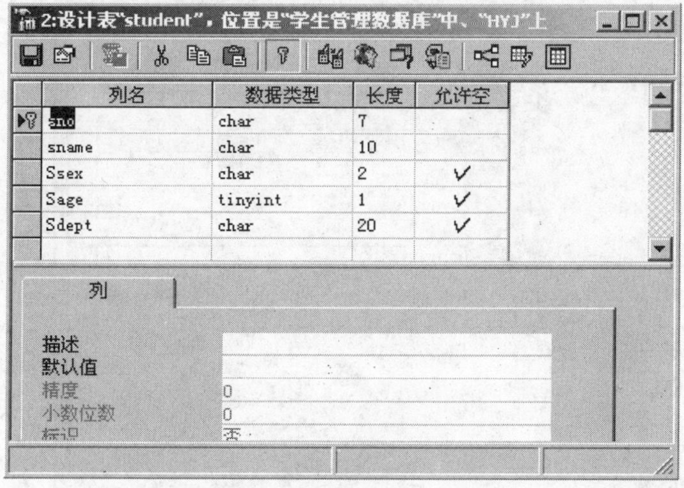

图11-13 设计表窗口

4) 单击“关闭”按钮关闭此窗口，返回到设计表窗口，在此窗口中单击“保存”按钮，然后关闭此窗口。

4. 定义DEFAULT约束

我们在第6章已经介绍过，DEFAULT约束用于定义列的默认值。假设要将Student表的Sdept的默认值设置为计算机系。

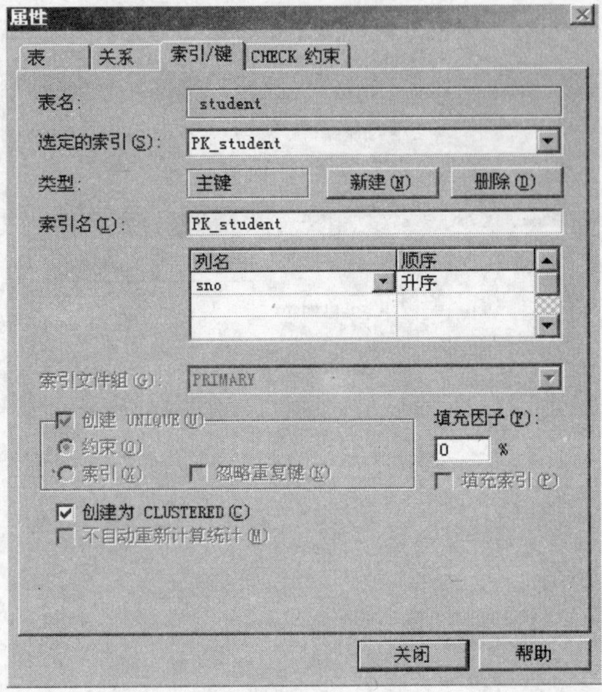

图11-14 设置索引/键窗口

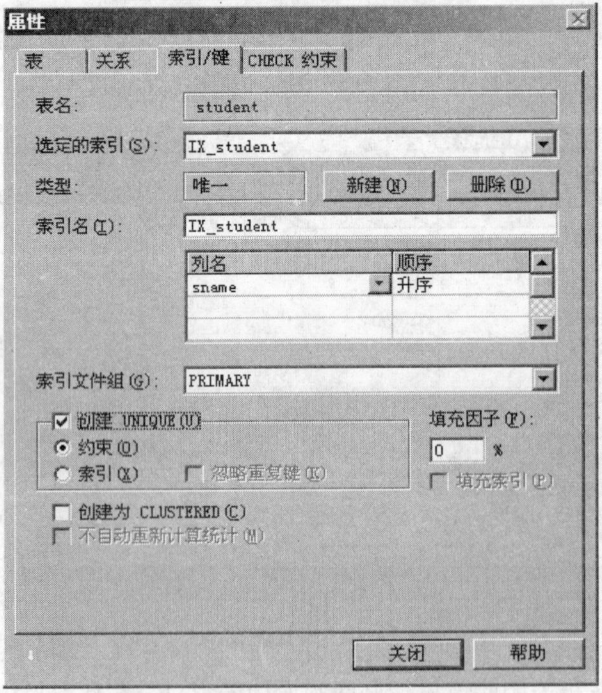

图11-15 设置好惟一值约束后的窗口

在企业管理器中图形化地设置DEFAULT约束的步骤为:

1) 在企业管理器的控制台中展开数据库，在要设置DEFAULT约束的表上右击鼠标，然后在弹出的菜单中选“设计表”，弹出如图11-13所示的对话框。

2) 选中要设置DEFAULT约束的列，然后在对话框下边的“默认值”中输入本列的DEFAULT约束值。如图11-16所示。

3) 单击“保存”按钮，保存所作的修改，然后关闭此窗口。

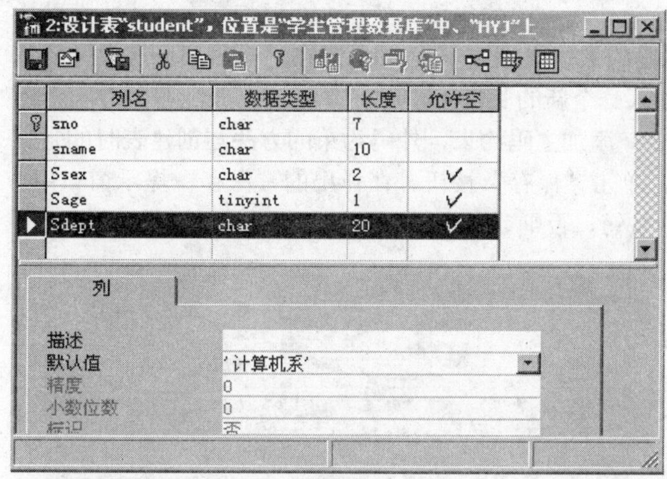

图11-16 设置好后的默认值

5. 定义CHECK约束

CHECK约束用于将列的输入值限制在指定的范围内，即约束列的取值符合应用语义。现在添加限制年龄必须大于15的CHECK约束。

也可以在企业管理器中图形化地设置CHECK约束，其步骤为:

1) 在企业管理器的控制台中展开数据库，在要设置CHECK约束的表上右击鼠标，在弹出的菜单中选“设计表”，弹出如图11-13所示的对话框。

2) 在图11-13上单击“管理约束”按钮（▦），弹出如图11-17所示的对话框。

3) 在图11-17上单击“新建”按钮，并可以在“约束名”文本框中输入约束的名字，然后在“约束表达式”框中输入约束的表达式。定义好学生的年龄大于等于15的约束后的形式如图11-18所示。

4) 单击“关闭”按钮，回到前一个窗口，单击“保存”按钮，保存所作的修改，然后关闭窗口。

11.2.2 修改表结构

创建完表之后，还可以继续修改表的结构，修改表结构包括为表添加字段、修改字段的定义、定义主码、外码等。

修改表结构可以在企业管理器中图形化地实现，也可以在查询分析器中通过语句实现。我们在第4章已经介绍了使用语句修改表结构，现在将介绍在企业管理器中修改表结构的方法。

在企业管理器中修改表结构的步骤为:

1) 在企业管理器中，展开要修改表结构的数据库，在“表”节点上单击鼠标，然后在右边的窗格中，在要修改结构的表名上单击鼠标右键，并在弹出的菜单中选择“设计表”。这时弹出的窗口与定义表的窗口非常类似。

2) 在此窗口中进行表结构的修改。修改的内容包括以下几项:

- **为表添加字段**　可在列定义的最后添加新列，也可以在列的中间插入新列。方法是在要插入新列的列定义上右击鼠标，然后在弹出的菜单中选择“插入列”，这时会在此列前空出一行，用户可在此行定义新插入的列。
- **删除已有字段**　选中要删除的字段，然后右击鼠标，在弹出式菜单中选择“删除列”。
- **修改已有的字段的数据类型或长度**　只需在“数据类型”项上选择一个新的类型或在“长度”项上输入一个新的长度值即可。
- **为字段添加约束**　添加主码约束、外码约束的方法与创建表时的定义方法相同。

3) 修改完毕后，单击“保存”按钮，在弹出的“保存”提示窗口中，如果确信要保存修改，则单击“确定”按钮，否则，单击“否”按钮。

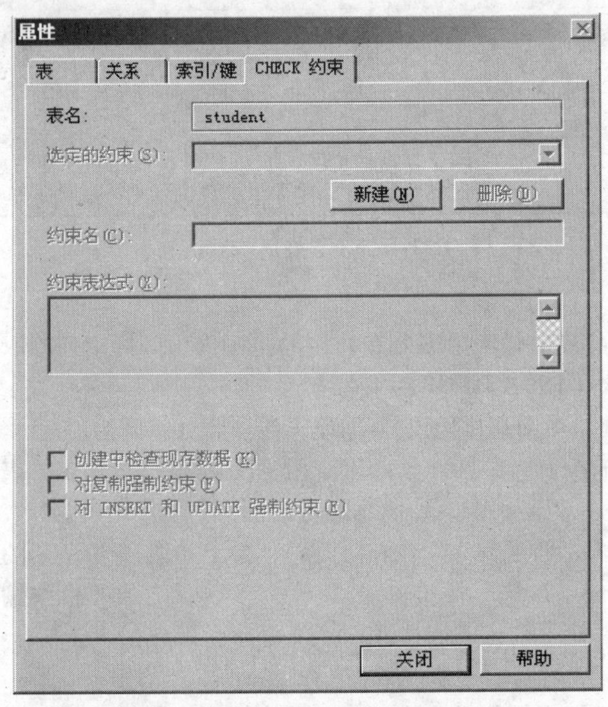

图11-17　设置CHECK约束对话框

11.2.3　删除表

当确信不再需要某个表时，可将其删除，删除表时会将与表有关的所有对象一起删掉。删除表的操作可以在企业管理器中图形化地实现，也可以在查询分析器中通过语句实现。删除表时要注意有外码引用关系的表的删除过程和顺序，不能删除存在外码引用关系的主表。删除表时必须先删除有外码的子表，然后再删除主表。

在企业管理器中，展开包含要删除表的数据库，在“表”节点上单击鼠标，然后在右边的细目窗格中，在要删除的表名上单击鼠标右键，并在弹出的菜单中选择“删除”。此时弹出“除去对象”窗口，如图11-19所示。单击“全部除去”按钮，将表及与表有关的所有对象删除。

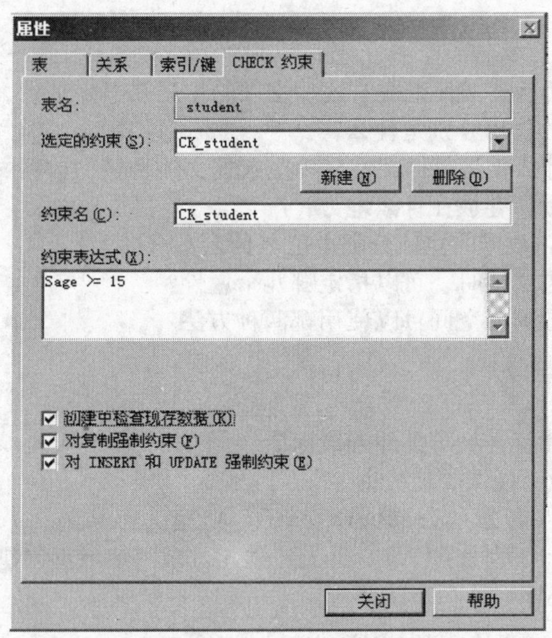

图11-18　定义好年龄约束后的形式

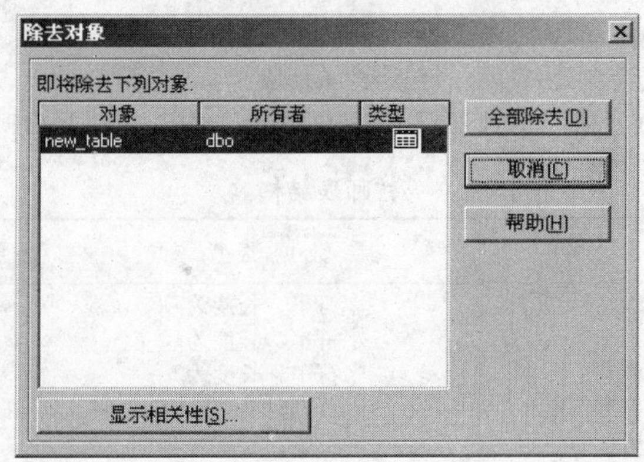

图11-19　删除表

11.3　小结

本章主要介绍了如何使用企业管理器来建立和维护数据库及表。本章首先介绍了如何创建用户的数据库，以及在创建数据库时需要设置的一些选项。SQL Server的数据库由数据文件和日志文件组成，可以为每个文件设置其物理存储位置、逻辑文件名、初始大小、增长方式、最大大小五个属性，并且在创建完数据库之后还可以对它的这些属性进行修改。然后介绍了如何创建表。创建表时除了要给出表名、表所包含的列名、列数据类型之外，还应该定义表的主码、外码以及其它一些完整性约束条件。比如，列是否允许取空值、列的默认值等。本章还介绍了如何对已创建的表的结构进行修改以及如何删除无用的表的方法。从这些建表过程中也可以看到，当创建表时，只需指明表建立在哪个数据库上，而不用关心表是建立在哪个文件上，更不用关心数据库的存储位置。这正是我们在第一部分中介绍的数据库的物理独立性的体现。

习题

1. SQL Server数据库由哪两类文件组成？这些文件的扩展名分别是什么？
2. 数据文件和日志文件的作用分别是什么？
3. 在SQL Server中，为什么要将数据文件分为主数据文件和辅助数据文件？
4. 数据文件和日志文件默认存放在什么地方？
5. 在SQL Server 2000中，数据的空间分配单位是什么？有多大？
6. 在定义数据文件和日志文件时，可以指定哪几个属性？
7. 在企业管理器中扩大数据库空间可以使用哪两种方法？

上机练习

1. 用“企业管理器”创建符合如下条件的数据库：
   - 数据库的名字为“教师授课管理数据库”。
   - 数据文件的逻辑文件名为“Teachers_dat”，物理文件名为“Teachers.mdf”，存放在D:\Test目录下（若D:中无此子目录，可先建立此目录，然后再创建数据库）。
   - 文件的初始大小为5MB。
   - 增长方式为自动增长，每次增加1MB。
   - 日志文件的逻辑文件名字为“Teachers_log”，物理文件名Teachers.ldf，也存放在D:\Test目录下。
   - 日志文件的初始大小为2MB。
   - 日志文件的增长方式为自动增长，每次增加15%。
2. 使用企业管理器在刚创建的“教师授课管理数据库”中创建满足如下条件的三张表：

教师表结构

列　名	说　明	数据类型	约　束
Tno	教师号	字符串，长度为7	主码
Tname	姓名	字符串，长度为10	非空
Tsex	性别	字符串，长度为2	取值为“男”、“女”
Birthday	出生日期	小日期时间型	允许空
Dept	所在部门	字符串，长度为20	允许空
Sid	身份证号	字符串，长度为18	不重

课程表结构

列　名	说　明	数据类型	约　束
Cno	课程号	字符串，长度为10	主码
Cname	课程名	字符串，长度为20	非空
Credit	学分	小整型	大于0
property	课程性质	字符串，长度为10	默认值为“必修”

授课表结构

列　名	说　明	数据类型	约　束
Tno	教师号	字符串，长度为7	主码，引用教师表的外码
Cno	课程名	字符串，长度为10	主码，引用课程表的外码
Hours	授课时数	整数	大于0

3. 使用企业管理器实现如下操作:

   a) 在授课表中添加一个授课类别列，列名为Type，类型为char(4)。

   b) 将授课表的Hours的类型改为Smallint。

   c) 删除Course表的property列。

第12章 安全管理

安全性对于任何一个数据库管理系统来说都是至关重要的。数据库中通常存储了大量的数据，这些数据可能包括个人信息、客户清单或其它机密资料。如果有人未经授权非法侵入了数据库，并查看和修改了数据，那么将会造成极大的危害，特别是在银行、金融等系统中更是如此。SQL Server 2000使用身份验证、数据库用户权限确认等措施来保护数据库中的信息的安全性，防止这些资源遭到破坏。本章首先介绍数据库安全控制模型，然后讨论如何在SQL Server 2000中实现安全控制，包括确认用户身份和授予用户操作权限等。

12.1 安全控制

安全性问题并非数据库管理系统所独有，实际上在许多系统中都存在同样的问题。数据库的安全控制是指在数据库应用系统的不同层次提供安全防范措施，以免数据库应用系统遭到有意和无意的损害。

在数据库中，可采用加密存、取数据的方法防止有意的非法活动；使用用户身份验证、限制操作权来控制有意的非法操作；采用提高系统的可靠性和数据备份等方法来控制无意的损坏。

在介绍数据库管理系统如何实现对数据库的安全控制之前，先了解一下数据库的安全控制模型和数据库中的用户的类型。

12.1.1 安全控制模型

通常，在计算机系统中，安全措施是一级一级层层设置的。图12-1显示了计算机系统中从用户使用数据库应用程序开始一直到访问后台数据库数据要经过的安全认证过程。

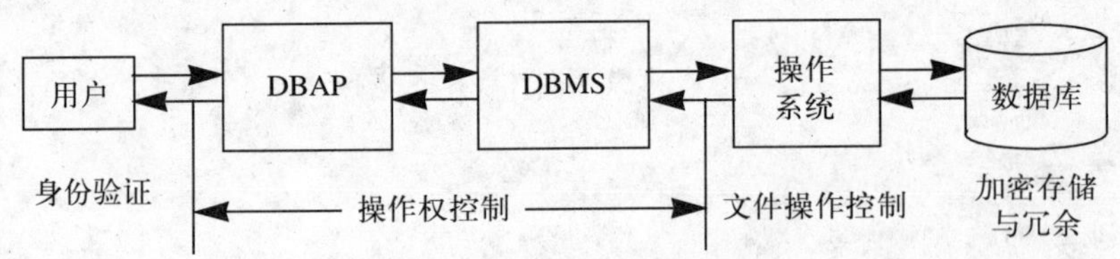

图12-1 计算机系统的安全模型

当用户访问数据库数据时，应该首先进入到数据库系统。用户进入到数据库系统通常是通过数据库应用程序（DBAP）实现的，这时用户要向数据库应用程序出示其身份，然后数据库应用程序将用户的身份交给数据库管理系统进行验证，只有合法的用户才能进行下一步的操作。若是合法的用户，当其要进行数据库操作时，DBMS还要验证此用户是否具有这种操作权。如果有操作权才能进行操作，否则拒绝执行用户的操作。在操作系统一级也有相应的保护措施，比如设置文件的访问权限等。对于存储在磁盘上的文件，还可以加密存储，这样即使数据被人窃取，窃取的人也很难读懂数据。另外，还可以将数据库文件保存多份，这样当出现意外情况时（比如，磁盘坏了），可以不至于丢失数据。

我们现在只讨论与数据库有关的用户身份验证和用户权限管理等技术。

12.1.2 数据库权限的种类及用户的分类

1. 权限的种类

通常情况下，数据库的中的权限分为两类，一类是维护数据库管理系统的权限，另一类是操作数据库中的对象和数据的权限，这类权限又可以分为两种，一种是操作数据库对象的权限，包括创建、删除和修改数据库对象；另一种是操作数据库数据的权限，包括对表、视图数据的增、删、改、查操作。

2. 数据库用户的分类

数据库中的用户按其操作权限的大小可分为如下三类:

(1) 数据库系统管理员

数据库系统管理员（在SQL Server中为sa）具有数据库中全部的权限，当用户以系统管理员身份进行操作时，系统不对其权限进行检验。

(2) 数据库对象拥有者

创建数据库对象的用户即为数据库对象拥有者。数据库对象拥有者对其所拥有的对象具有一切权限。

(3) 普通用户

普通用户只具有增、删、改、查数据库数据的权限。

在数据库中，为了简化对用户操作权限的管理，可以将具有相同权限的一组用户组织在一起，这组用户在数据库中称为“角色”。

12.2 SQL Server的安全控制

如果一个用户要访问SQL Server数据库中的数据，他必须经过三个认证过程。第一个认证过程是身份验证，这通过登录帐户来标识用户。身份验证只验证用户是否具有连接到SQL Server数据库服务器的资格，即验证该用户是否具有连接到数据库服务器的“连接权”。第二个认证过程是当用户访问数据库时，他必须具有对具体数据库的访问权，即验证用户是否是数据库的合法用户。第三个认证过程是当用户操作数据库中的数据或对象时，他必须具有相应的操作权，即验证用户是否具有操作许可。

由于SQL Server是支持客户/服务器的关系数据库管理系统，而且它与Windows的操作系统很好地融合在了一起，因此，SQL Server的许多功能，包括安全机制都与操作系统进行了很好的集成。

SQL Server的用户有两种类型:

- Windows授权用户：来自于Windows的用户或组。
- SQL授权用户：来自于非Windows的用户，我们也将这种用户称为SQL用户。

SQL Server为不同的用户类型提供了不同的安全认证模式。

1. Windows身份验证模式

Windows身份验证模式允许Windows NT用户或Windows 2000用户连接到SQL Server。在

这种安全模式下，SQL Server将通过Windows NT或Windows 2000来获得用户信息，并对帐户名和密码进行重新验证。SQL Server通过使用网络用户的安全特性来控制登录访问，以实现与Windows NT或Windows 2000的集成。当一个网络用户试图连接到SQL Server时，SQL Server使用基于Windows的功能对这个网络用户进行验证，并由此决定是否允许用户登录。

当使用Windows身份验证模式时，用户必须首先登录到Windows中，然后再登录到SQL Server。用户登录到SQL Server时，只需选择Windows身份验证模式即可，无需再提供登录帐户和密码。此时，系统会从用户登录到Windows时提供的用户名和密码中查找当前用户的登录信息，以判断其是否为SQL Server的合法用户。

对于SQL Server来说，一般推荐使用Windows验证模式。因为这种安全模式能够与Windows操作系统的安全系统集成在一起，从而提供更多的安全功能。但Windows验证模式只能用在运行Windows 4.0或Windows 2000服务器版操作系统的服务器上，在Windows 98等个人操作系统上，不能使用Windows身份验证模式。

2. 混合验证模式

混合验证模式表示SQL Server接受Windows授权用户和SQL授权用户。如果不是Windows操作系统的用户也希望使用SQL Server，则应该选择混合验证模式。如果在混合模式下选择使用SQL授权用户登录SQL Server，则用户必须提供登录名和密码两部分内容，因为SQL Server必须要用这两部分内容来验证用户的身份。

在Windows 98等个人操作系统上运行的SQL Server版本（个人版）中只能使用混合验证模式，因为这些操作系统不支持Windows验证模式。

3. 设置验证模式

用户在使用SQL Server时，可以根据自己的需要设置身份验证模式。在企业管理器中设置SQL Server的身份验证模式的方法如下:

1) 进入企业管理器的控制台，在要设置验证模式的服务器名上单击鼠标右键，然后在弹出的菜单上选择“属性”(如图12-2所示)，则弹出如图12-3所示的窗口。

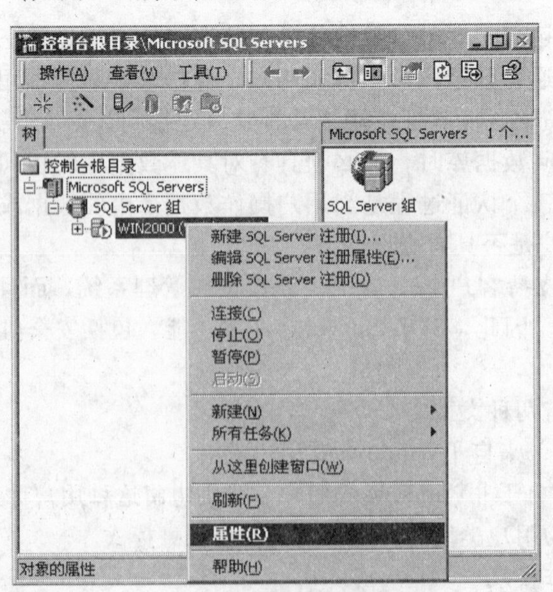

图12-2　设置服务器属性

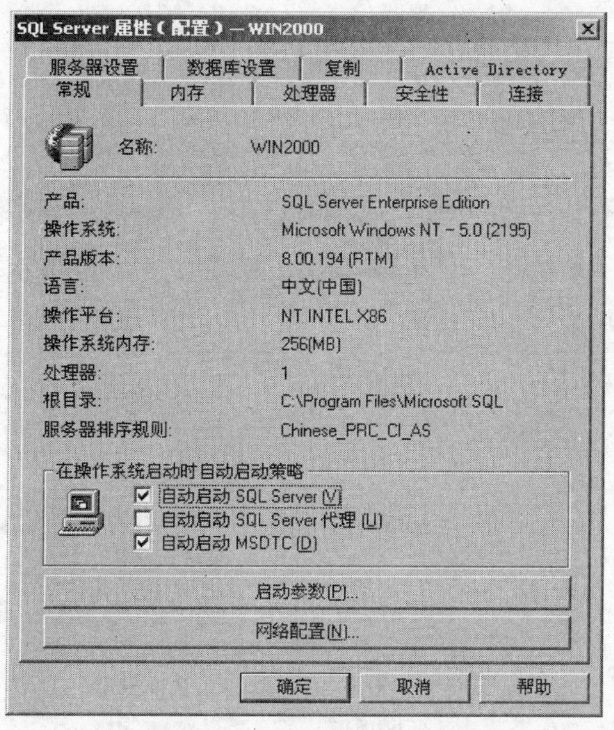

图12-3 设置服务器属性窗口

2) 在如图12-3所示的窗口中选择“安全性”选项卡，显示的窗口如图12-4所示。在图12-4所示的窗口的“安全性”区域的“身份验证”下，有两个选项：“SQL Server和Windows”以及“仅Windows”。前一个选项代表混合验证模式，后一个选项代表Windows验证模式。

3) 选定一个认证模式，然后单击“确定”按钮，弹出如图12-5所示的确认窗口。如果要使设置生效，可单击“是”，否则单击“否”。

SQL Server在使服务器的设置生效之前，必须先停止当前的所有服务，然后在更改完服务器的设置后，再按新的设置重新启动服务器服务。因此，应该在没有用户使用服务器的时候修改服务器的设置。

12.3 管理SQL Server登录帐户

SQL Server 2000的安全系统基于标识用户身份的登录标识符（Login ID，登录ID），登录ID就是控制访问 SQL Server 服务器的用户帐户。如果不指定有效的登录 ID，用户就不能连接到 SQL Server。

在SQL Server 2000中，有两类登录帐户。一类是由SQL Server 负责身份验证的登录帐户；另一类是登录到SQL Server 的Windows NT/2000网络帐户，这些网络帐户可以是组帐户也可以是用户帐户。在安装完SQL Server 2000之后，系统会自动地创建一些登录帐户，这些帐户称为内置系统帐户。用户也可以根据自己的需要创建登录帐户。

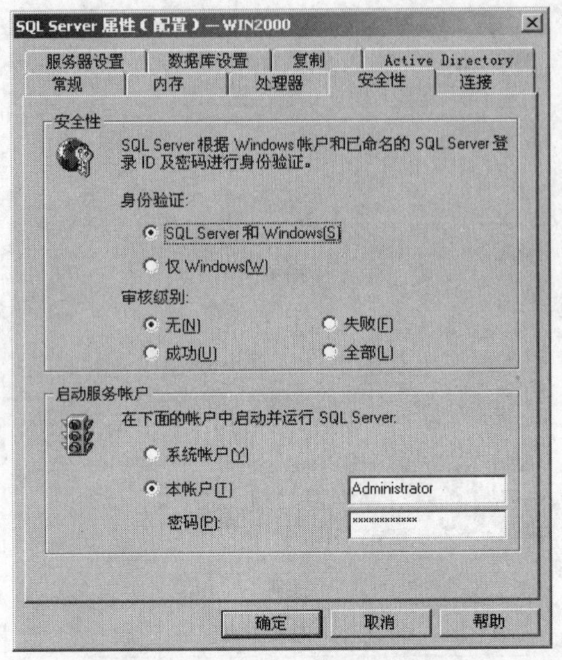

图12-4　设置SQL Server的身份认证模式

图12-5　更改服务器设置之后的确认窗口

12.3.1　建立登录帐户

在对SQL Server进行维护和管理时，通常需要建立一些用户自己的登录帐户。有了登录帐户，用户才能连接到SQL Server。可以使用企业管理器建立登录帐户，也可以使用系统存储过程建立登录帐户。我们这里只介绍使用企业管理器建立登录帐户的方法。

使用企业管理器建立登录帐户的步骤为:

1) 如果SQL Server服务还没有启动，应先启动SQL Server服务，然后启动企业管理器。

2) 在控制台上依次单击“Microsoft SQL Servers”和“SQL Server组”左边的加号，然后单击要建立登录帐户的服务器左边的加号图标，展开树形目录。

3) 展开“安全性”，然后单击“登录”节点。

4) 右击内容窗格中的空白处，从弹出式菜单中选择“新建登录”命令，则弹出如图12-6所示的“新建登录”对话框（如果是在Windows 98环境下，则第一个单选按钮“Windows身份验证”为不可用状态）。

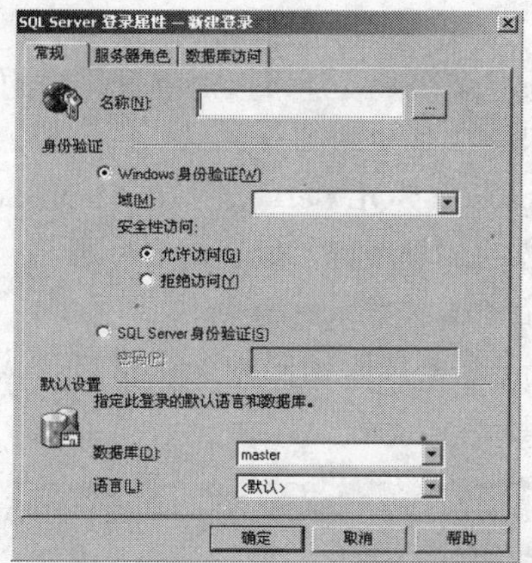

图12-6 SQL Server登录属性对话框

5) 在图12-6所示对话框中，可以设置如下选项:

• 在“名称”文本框中输入登录的帐户名，本例假设为user1。

• 在“身份验证”区域中，有如下两个选择:

  • “Windows身份验证”模式。如果要在连接SQL Server时使用Windows身份验证模式，则选择此选项，并在“域”下拉列表框中选择一个Windows NT/2000域。注意，选择此种模式时输入的用户名必须是Windows NT/2000中已有的用户名或组名。

  • “SQL Server身份验证”模式（Windows 98环境下只有此模式）: 如果要在连接SQL Server时使用SQL Server身份验证模式，则选择此选项。这时可在“名称”文本框中输入任何登录帐户名，并且还应该在“密码”文本框中输入密码。在“SQL Server身份验证”模式下，“密码”文本框为可用状态。

假设这里选择的SQL Server身份验证模式。

• 在“数据库”下拉列表框中选择登录到SQL Server之后默认情况下要连接的数据库。默认的设置为master数据库。

• 在“语言”列表框中选择给用户显示信息时所使用的默认语言。

6) 单击“确定”按钮，关闭此对话框。

建立完登录帐户之后，在企业管理器中展开“安全性”目录，单击“登录”便可以在右边内容窗格中看到新建立的登录帐户（如图12-7所示）。

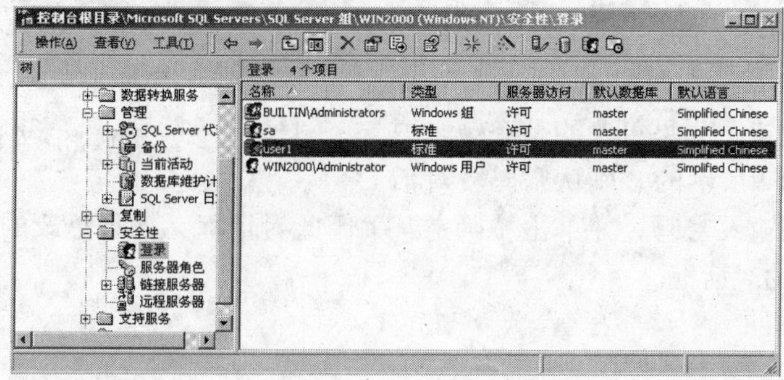

图12-7 查看新建的登录帐户

12.3.2 修改登录帐户的属性

如果已经建立好了SQL Server登录帐户，还可以对登录帐户的密码等属性进行修改。

使用使用企业管理器修改登录密码的步骤为:

1) 在控制台上依次单击“Microsoft SQL Servers”和“SQL Server组”左边的加号，然后单击要修改登录帐户的服务器左边的加号图标，展开树形目录。

2) 展开“安全性”目录，然后单击“登录”节点。

3) 在右边的内容窗格中，右击想要修改密码的登录帐户，从弹出的菜单中选择“属性”命令。弹出如图12-8所示的对话框。

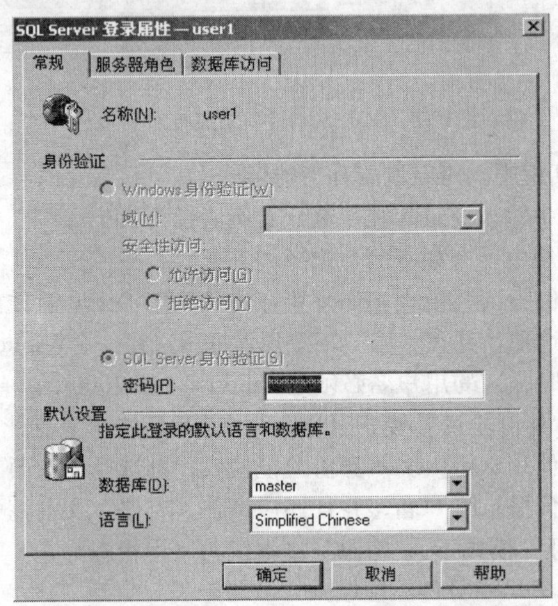

图12-8 更改登录帐户属性对话框

4) 在图12-8所示的对话框中，可以进行如下更改:

- 更改密码: 在“常规”选项卡的“密码”文本框中可以输入新的密码。
- 更改默认数据库: 在“数据库”列表框中可以选择一个新的数据库。
- 更改显示给用户所使用的语言: 在“语言”列表框中可以选择一种新的语言。

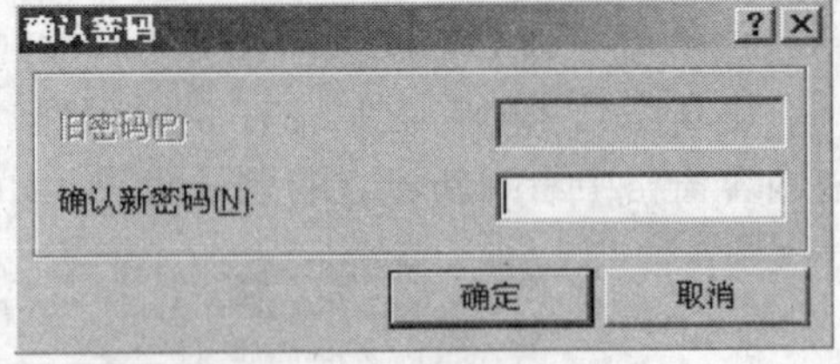

图12-9 确认密码对话框

5) 单击“确定”按钮，如果更改的是登录帐户的密码，则弹出如图12-9所示的“确认密码”对话框。在此对话框中再次输入密码，并单击“确定”关闭此对话框。如果更改的是其它属性，则直接关闭图12-8所示的对话框。

12.3.3 删除登录帐户

若不再需要某个登录帐户，或者不再允许某个登录帐户访问SQL Server，就可以将其删

除。使用企业管理器删除登录帐户的步骤如下:

1) 在控制台上依次单击“Microsoft SQL Servers”和“SQL Server组”左边的加号，然后单击服务器，展开树形目录。

2) 展开“安全性”目录，然后单击“登录”节点。

3) 在右边的内容窗格中，右击想要删除的登录帐户，从弹出的菜单中选择“删除”命令或按Delete键，则会弹出如图12-10所示的窗口。

4) 此时，若确实想删除此登录帐户，则单击“是”，否则单击“否”，取消删除操作。

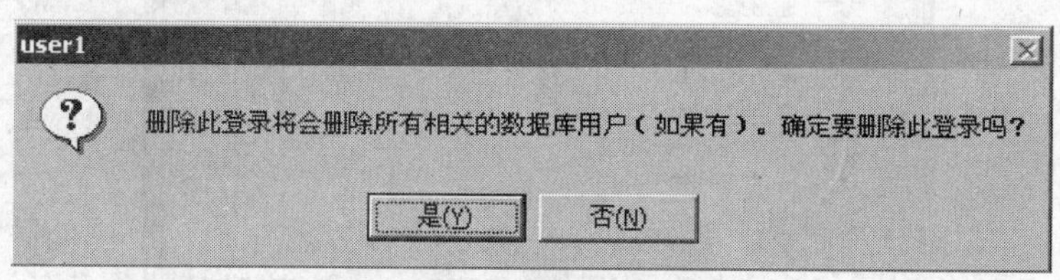

图12-10 确认删除窗口

12.4 管理数据库用户

用户具有了登录帐户之后，他只能连接到SQL Server服务器上，并不具有访问任何数据库的能力。只有成为了数据库的合法用户后，才能访问此数据库。本节将介绍如何管理数据库用户。

数据库的用户只能来自于服务器上已有的登录帐户，让登录帐户成为数据库的用户就称为“映射”。一个登录帐户可以映射为多个数据库中的用户，这种映射关系为同一服务器上不同数据库的权限管理带来了很大的方便。管理数据库用户的过程实际上就是建立登录帐户与数据库用户之间的映射关系的过程。默认情况下，新建立的数据库只有一个用户dbo，它是数据库的拥有者。

12.4.1 建立数据库用户

如果要让一个登录帐户访问数据库，则应该将这个登录帐户映射为数据库中的用户。这个过程可以在企业管理器中实现。使用企业管理器建立数据库用户的步骤为:

1) 如果SQL Server服务还没有启动，应先启动SQL Server服务，然后启动企业管理器。

2) 在控制台上依次单击“Microsoft SQL Servers”和“SQL Server组”左边的加号，然后展开服务器以及“数据库”节点。

3) 单击要建立数据库用户的数据库节点，右击“用户”，并在弹出的菜单上选择“新建数据库用户”命令，此时弹出如图12-11所示的窗口。

4) 在图12-11所示的窗口中，在“登录名”列表框中选择一个登录帐户名。默认情况下“用户名”文本框的内容和用户选择的登录帐户一样，用户可以在“用户名”文本框中输入一个新的数据库用户名，也可以采用与登录帐户一样的用户名。

5) 单击“确定”关闭此窗口。

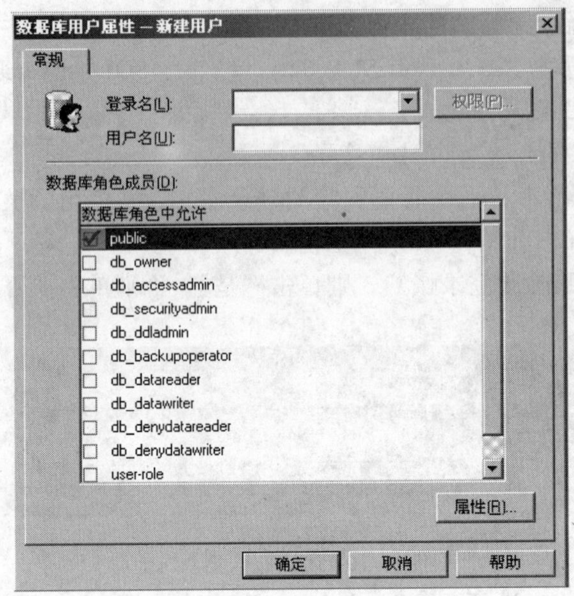

图12-11 “新建数据库用户”窗口

12.4.2 删除数据库用户

从当前数据库中删除一个用户，就是去掉登录帐户和数据库用户之间的映射关系。删除数据库用户之后，登录帐户仍然存在。

使用企业管理器删除数据库用户的步骤如下:

1) 在控制台上，展开服务器组以及服务器。

2) 展开“数据库”节点，然后展开要删除用户的数据库。

3) 单击“用户”，然后在右边的内容窗格中右击想要删除的数据库用户，从弹出的菜单中选择“删除”命令。

4) 在弹出的确认窗口中，单击“是”，删除此用户。

12.5 管理权限

当用户成为数据库中的合法用户之后，他除了可以查询一些系统表之外，并不具有操作数据库中对象的任何权限，因此，下一步就要给数据库中的用户授予操作数据库对象的权限。实际上，将登录帐户映射为数据库用户也是为了方便给用户授予相应的权限。

12.5.1 SQL Server权限种类

在SQL Server 2000 中，权限分为对象权限、语句权限和隐含权限三种。

1. 对象权限

对象权限是指用户对数据库中的表、视图等对象的操作权，相当于数据操作语言（DML）的语句权限，例如是否允许查询、增加、删除和修改数据等。

2. 语句权限

语句权限相当于数据定义语言（DDL）的语句权限，这种权限限制是否允许执行:

CREATE TABLE、CREATE VIEW等与创建数据库对象有关的操作。

3. 隐含权限

隐含权限是指由SQL Server预定义的服务器角色、数据库角色（下一节介绍）、数据库拥有者和数据库对象拥有者所具有的权限。隐含权限相当于内置权限，不需要再明确地授予这些权限。例如，数据库拥有者自动地拥有对数据库进行一切操作的权限。

12.5.2 权限的管理

在前面介绍的三种权限中，隐含权限是由系统预先定义好的，这类权限不需要、也不能进行设置。因此，设置权限实际上是指设置对象权限和语句权限。权限的管理包含如下三个内容:

- 授予权限：允许用户或角色具有某种操作权。
- 收回权限：不允许用户或角色具有某种操作权，或者收回曾经授予的权限。
- 拒绝访问：拒绝某用户或角色具有某种操作权。即使用户或角色由于继承而获得这种操作权，也不允许该用户执行相应的操作。

管理权限可以使用企业管理器实现，也可以使用Transact-SQL语句实现。

1. 使用企业管理器管理数据库用户权限

使用企业管理器管理数据库用户权限的步骤如下:

1) 启动企业管理器。

2) 在控制台上，展开服务器组以及服务器。

3) 展开“数据库”并展开要设置权限的数据库，单击“用户”节点。

4) 在内容窗格中右击要设置权限的数据库用户，并从弹出的菜单中选择“所有任务”下的“管理权限”命令（如图12-12所示），则弹出如图12-13所示的对话框。

5) 在图12-13所示的窗口中，可以对用户的权限进行如下操作:

- 授予权限：若要授予此用户操作某个对象（表、视图、存储过程）的权限（对表和视图可进行SELECT、INSERT、UPDATE、DELETE操作，对存储过程可执行EXEC操作），可单击相应的方框，使其中出现 ✔ 标记（如图12-13中的“student”表的“SELECT”权限）。

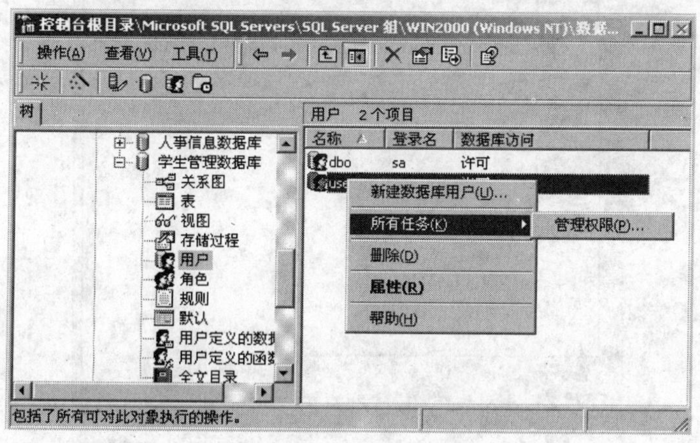

图12-12 选择“管理权限”命令

- 拒绝权限：若要拒绝此用户对某个对象的操作权，可单击相应的方框，使其中出现 ✕ 标记（如图12-13中的“sc”表的“SELECT”权限）。
- 收回权限：若要收回此用户对某个对象的操作权，可单击相应的方框，使其方框成为空的（如图12-13中的“student”表的“INSERT”权限）。

6) 设置好权限后，单击“确定”按钮，使设置的权限生效。

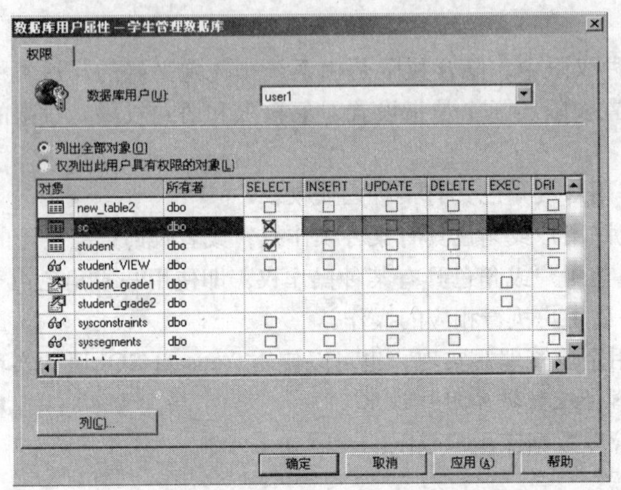

图12-13　设置操作权

2. 使用企业管理器管理语句权限

使用企业管理器管理数据库用户的语句权限的步骤如下：

1) 在控制台上，展开服务器组以及服务器。

2) 展开“数据库”，右击要设置语句权限的数据库，并从弹出的菜单中选择“属性”，在弹出的窗口中，选择“权限”选项卡，如图12-14所示。

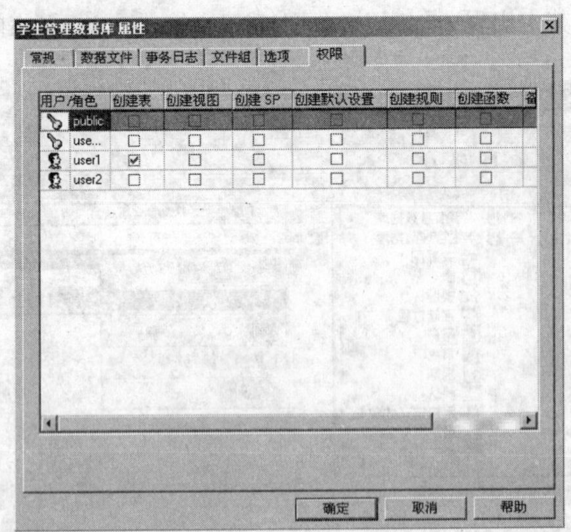

图12-14　设置语句权限窗口

3) 在要设置的操作权限以及用户所对应的方框中单击鼠标，使其中出现✔标记。若要拒绝某用户具有某操作权，只要使对应的方框中出现✘标记即可。若要收回授予的语句权限，只要使对应的方框成为空白即可。

4) 单击“确定”按钮，使设置的权限生效。

3. 使用Transact-SQL语句管理对象权限

在Transact-SQL语句中，用于管理权限的语句有三条：

- GRANT语句：用于授权。
- REVOKE语句：用于收回权限。
- DENY语句：用于拒绝权限。

下面分别介绍这三条管理对象权限的语句的语法格式。

(1) GRANT语句

GRANT语句的格式为：

```
GRANT 对象权限名 [ , ... ] ON {表名 | 视图名 | 存储过程名}
     TO { 数据库用户名 | 用户角色名 } [ , ... ]
```

(2) REVOKE语句

REVOKE语句的格式为：

```
REVOKE 对象权限名 [ , ... ]  ON { 表名 | 视图名 | 存储过程名 }
   FROM { 数据库用户名 | 用户角色名 } [ , ... ]
```

(3) DENY权限

DENY权限语句的格式为：

```
DENY 对象权限名 [ , ... ] ON {表名 | 视图名 | 存储过程名}
  TO { 数据库用户名 | 用户角色名 } [ , ... ]
```

例1 为用户user1授予Student表的查询权。

```
GRANT SELECT ON Student TO user1
```

例2 为用户user1授予SC表的查询权和插入权。

```
GRANT SELECT,INSERT ON SC TO user1
```

例3 收回用户user1对Student表的查询权。

```
REVOKE SELECT ON Student FROM user1
```

例4 拒绝user1用户对SC表进行更改。

```
DENY UPDATE ON SC TO user1
```

4. 使用Transact-SQL语句管理语句权限

管理语句权限的语句同管理对象权限的语句一样，也有GRANT、REVOKE和DENY三种。

(1) GRANT语句

GRANT语句的格式为：

```
GRANT  语句权限名 [ , ... ]  TO {数据库用户名 | 用户角色名} [ , ... ]
```

(2) REVOKE语句

REVOKE语句的格式为:

```
REVOKE 语句权限名 [ , ... ]  FROM { 数据库用户名 | 用户角色名 } [ , ... ]
```

(3) DENY权限

DENY权限语句的格式为:

```
DENY  语句权限名 [ , ... ]  TO  {数据库用户名 | 用户角色名} [ , ... ]
```

例5　授予user1创建数据库表的权限。

```
GRANT CREATE TABLE TO user1
```

例6　授予user1和user2创建数据库表和视图的权限。

```
GRANT CREATE TABLE, CREATE VIEW TO user1, user2
```

例7　收回user1创建数据库表的权限。

```
REVOKE CREATE TABLE FROM user1
```

例8　拒绝user1创建视图的权限。

```
DENY CREATE VIEW TO user1
```

12.6　角色

在数据库中，为便于管理用户及权限，可以将一组具有相同权限的用户组织在一起，这一组具有相同权限的用户就称为角色（Role）。在SQL Server 2000中，角色分为系统预定义的固定角色和用户根据自己的需要定义的用户角色。系统角色又根据其作用范围而分为固定的服务器角色和固定的数据库角色，服务器角色是为整个服务器设置的，而数据库角色是为具体的数据库设置的。

用户自定义的角色属于数据库一级的角色。用户可以根据实际情况定义自己的一系列角色，并给每个角色授予合适的权限。有了角色，就不用直接管理每个具体的数据库用户的权限，而只需将数据库用户放置到合适的角色中即可。当工作职能发生变化时，只要更改角色的权限即可，而无需再更改角色中的成员。用户自定义的角色的成员可以是数据库的用户，也可以是用户定义的角色。只要权限没有被拒绝过，角色中的成员的权限是角色的权限加上它们自己所具有的权限。如果某个权限在角色中是拒绝的，则角色中的成员就不能再拥有此权限，即使为此成员授予了此权限。

用户自定义的角色主要是用于简化用户应用时的权限管理。

12.6.1　建立用户自定义的角色

使用企业管理器建立用户自定义的角色的步骤如下:

1) 在控制台上展开服务器组，并展开服务器。

2) 展开“数据库”，并展开要添加用户自定义角色的数据库。

3) 右击“角色”节点，在弹出的菜单中选择“新建数据库角色”命令，则会弹出如图12-15所示的窗口。

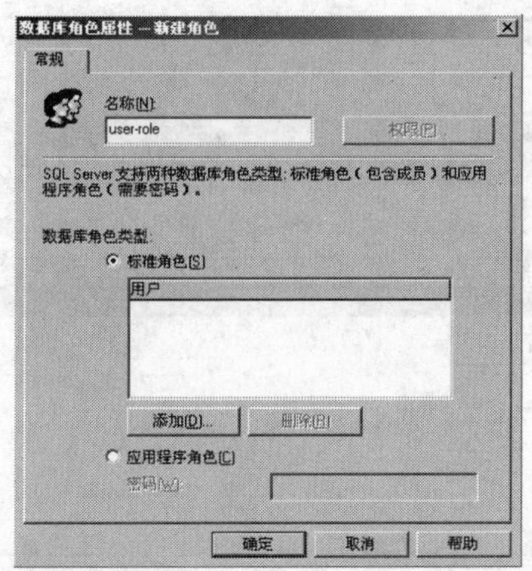

图12-15 新建用户自定义角色窗口

4) 在"名称"文本框中输入角色的名字。在这里输入user-role。

5) 选中"标准角色"单选按钮，建立一个标准的数据库角色。

6) 然后，单击"添加"按钮，直接为此角色添加成员。也可以单击"确定"按钮，关闭此窗口，在以后需要时再添加角色的成员。

这时在数据库的"角色"节点中可以看到新建立的数据库角色。

12.6.2 为用户定义的角色授权

为用户定义的角色授权可以在企业管理器中完成，也可以使用SQL语句实现。使用SQL语句为用户定义的角色授权与为数据库用户授权完全一样，我们在前面已经介绍，因此这里只介绍在企业管理器中为用户定义的角色授权的方法。

使用企业管理器为用户定义的角色进行授权的步骤如下:

1) 在控制台上展开服务器组，并展开服务器。

2) 展开"数据库"，并展开要操作的用户定义的角色所在的数据库。

3) 右击"角色"节点，在右边的内容窗格中，右击要授予权限的用户定义的角色，在弹出的菜单中选择"属性"命令，弹出如图12-16所示的窗口。

4) 单击"权限"按钮，弹出如图12-17所示的窗口。然后即可按为数据库用户授权的方法给角色进行授权，这里不再赘述。

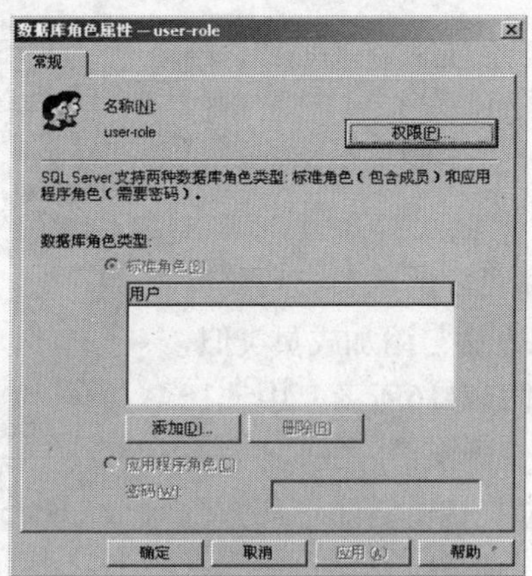

图12-16 数据库角色属性窗口

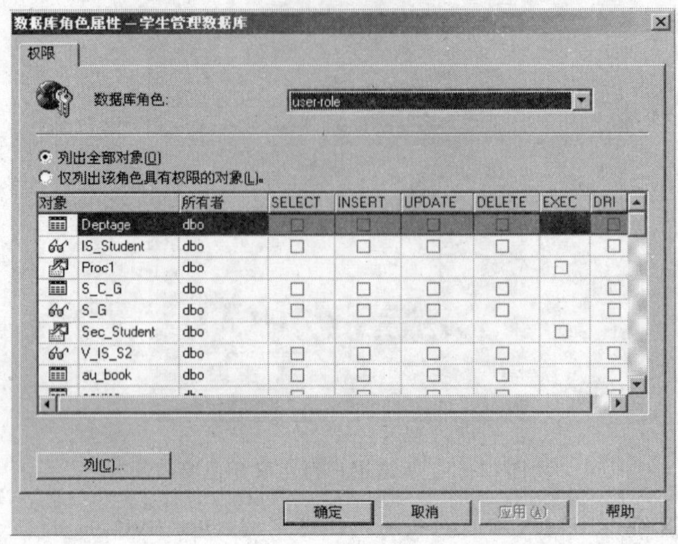

图12-17　授予角色权限窗口

12.6.3　添加和删除用户自定义角色的成员

定义好了用户的角色之后，就可以向角色中添加成员了，若不需要某个成员也可以将其删除。

1. 为角色添加成员

使用企业管理器为角色添加成员的步骤为：

1) 在控制台上展开服务器组，并展开服务器。

2) 展开“数据库”，并展开要操作的用户自定义角色所在的数据库。

3) 右击“角色”节点，在右边的内容窗格中，右击要添加成员的角色，在弹出的菜单中选择“属性”命令，弹出如图12-16所示的窗口。

4) 单击“添加”按钮，弹出如图12-18所示的“添加成员”窗口。

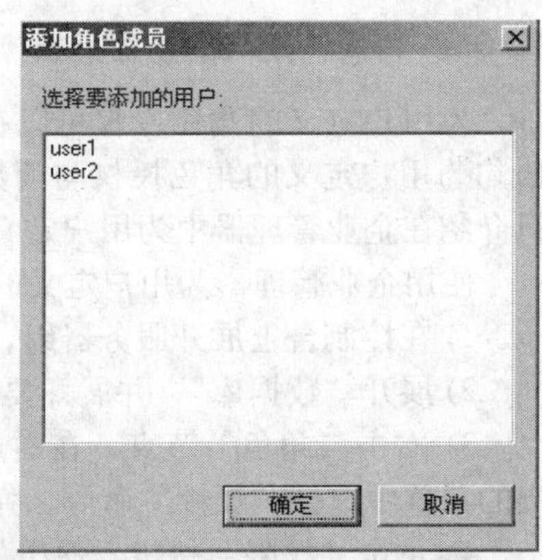

图12-18　添加角色成员窗口

5) 在图12-18窗口中选择要添加的登录帐户，然后单击“确定”按钮，即可添加选择的成员。可以同时添加多个成员。

2. 删除角色成员

如果不再希望某个用户是角色中的成员，可将其从角色中删掉。删除角色成员的方法与添加成员类似，只是在角色“属性”窗口（如图12-16所示）中选择要删除的登录帐户，然后单击“删除”按钮（如图12-19所示），然后再单击“确定”按钮，即可从角色中删除所选择的成员。

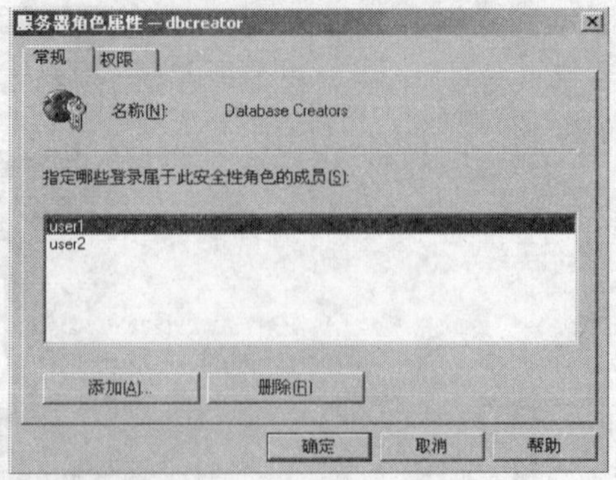

图12-19　选择要删除的成员

12.7 小结

数据库的安全管理是数据库系统中非常重要的一部分，安全管理设置的好坏直接影响到数据库中数据的安全，因此，数据库系统管理员一定要仔细研究数据的安全性问题，并进行适当的设置。

本章介绍了数据库安全控制模型、SQL Server 2000的安全认证过程以及权限的种类。SQL Server 2000将权限的认证过程分为三步：第一步是验证用户是否是合法的服务器的登录帐户。第二步是验证用户是否是要访问的数据库的合法用户。第三步是验证用户是否具有适当的操作权。为便于对用户和权限进行管理，SQL Server 2000采用角色的方法来管理权限，角色是具有相同权限的一组用户。利用SQL Server 2000提供的安全管理功能，可以很方便地实现数据库的安全管理。

习题

1. 通常情况下，将数据库的中的权限划分为哪两类？
2. 数据库中的用户按其操作权限可分为哪几类，每一类的权限是什么？
3. 简述SQL Server 2000的安全认证过程。
4. SQL Server 2000的登录帐户有哪两种？
5. SQL Server 2000的权限有哪几种类型？
6. 建立SQL Server的登录帐户的操作是在哪里完成的？
7. 建立数据库用户的操作是在哪里完成的？
8. 权限的管理包含哪些内容？
9. 数据库中的角色的定义是什么？
10. 在SQL Server 2000中，角色分为哪几种？
11. 用SQL语句为log1授予对课程表的插入、删除权限。

上机练习

1. 用企业管理器建立登录帐户：log1、log2、log3。
2. 将log1、log2、log3映射为第9章建立的教师授课管理数据库中的用户。
3. 在企业管理器中为log1、log2、log3授予对教师表的查询权。
4. 在查询分析器中为log3授予对教师表的插入权，并在企业管理器中查看授予log3权限后的情况。
5. 在企业管理器的教师授课管理数据库中建立用户角色ROLE1，并将log1、log2添加到此角色中。为此角色授予对教师表的修改权，在查询分析器中用log2登录，并修改教师表中某个教师的“所在部门”的值，能执行成功吗？如果用log3登录查询分析器，执行同样的操作，结果又如何？
6. 在查询分析器中用系统管理员撤销log2对教师表的修改权，再用log2登录到在查询分析器，再修改教师表中某个教师的“所在部门”的值，这次能执行成功吗？

第13章 数据传输

将数据集中进行分析处理，并以此作为决策的依据已经成为数据库应用的一大趋势。这主要是因为经过多年的应用，很多部门和机构都积累了大量的数据，如何利用好这些积累的历史数据为自己服务（例如有效地利用多年积累的数据来进行辅助决策支持）就很自然地提到议事日程上来。这种应用需求直接导致了数据仓库技术的出现，而数据仓库技术的出现则有力地推动了数据转移技术和工具的出现。

所谓数据传输（或叫数据转移）就是将不同来源的数据进行相互传输，以便利用其它数据源上的数据。SQL Server专门提供了一个数据转换服务（Data Transformation Service，DTS）来实现数据转移任务。SQL Server的数据转移工具支持不同数据源之间的数据的传输，本章主要介绍DTS所提供的功能。

13.1 DTS功能概述

DTS提供了许多传输数据的工具，不同的工具适用于不同的情况。主要的工具有:

- 导入/导出向导：此向导用于方便快捷地建立简单的数据导入和导出操作，它可以实现不同数据源之间的数据传输以及数据传输过程中的数据转换。
- DTS设计器：此工具用于建立带有工作流和事件驱动逻辑的较为复杂的数据转换操作。

除此之外，DTS引入了一组新的数据库对象和工具，这些对象和工具可以帮助用户将数据从一个地方移动到另一个地方。利用DTS提供的向导，可以快速地掌握DTS实现的步骤，同时还可以完成一些比较常用的数据转换操作。

在DTS中，一般使用OLE DB提供程序（OLE DB Provider）在不同的数据库之间传输和转换数据。OLE DB是支持一致的数据访问技术的一种访问数据库的标准接口（我们将在第15章介绍数据库访问接口），通过OLE DB可以访问关系型和非关系型数据。针对不同的数据源，有不同的OLE DB提供程序。

使用DTS实现数据传输的过程如图13-1所示。

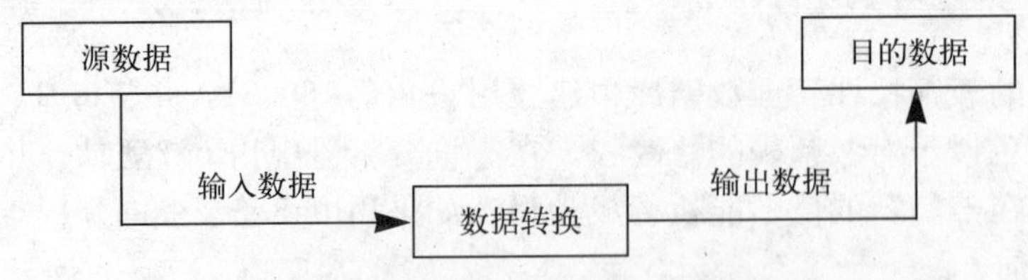

图13-1 使用DTS实现数据传输的过程

DTS的源数据和目的数据可以是异构的数据库，比如将电子表格数据导入到数据库中等。DTS的源数据和目的数据支持相同类型的数据，它们可以支持Excel、Access、Foxpro、Oracle、SQL Server、text等多种格式的数据间的导入和导出。

13.2　利用DTS向导实现数据的导入和导出

DTS提供了数据导入和导出的向导（DTS Import/Export Wizard）来帮助用户导入和导出数据。利用这个向导可以实现异构数据源之间的数据转移。

下面，以将SQL Server数据库中的数据导出到Excel文件为例介绍DTS的导入/导出过程。

导入/导出向导可以在企业管理器中启用，也可以从“Microsoft SQL Server”程序组中的“导入和导出数据”中启用。下面以学生管理数据库为例，介绍导入/导出的实现过程。

1) 在企业管理器中，选择“工具”菜单下的“向导”命令在弹出的窗口中，展开“数据转换服务”，然后选择数据转移的方式（导入或导出），如图13-2所示。也可以在“工具”菜单中直接选择“数据转换服务”下的“导入数据”或“导出数据”命令。

2) 在图13-2所示的窗口中，选择“DTS导出向导”，单击“确定”按钮，在弹出的窗口中单击“下一步”，弹出如图13-3所示的选择数据源窗口。

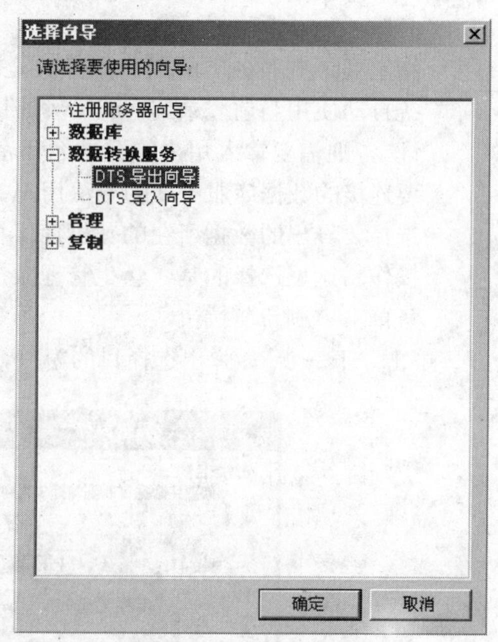

图13-2　选择数据转换向导

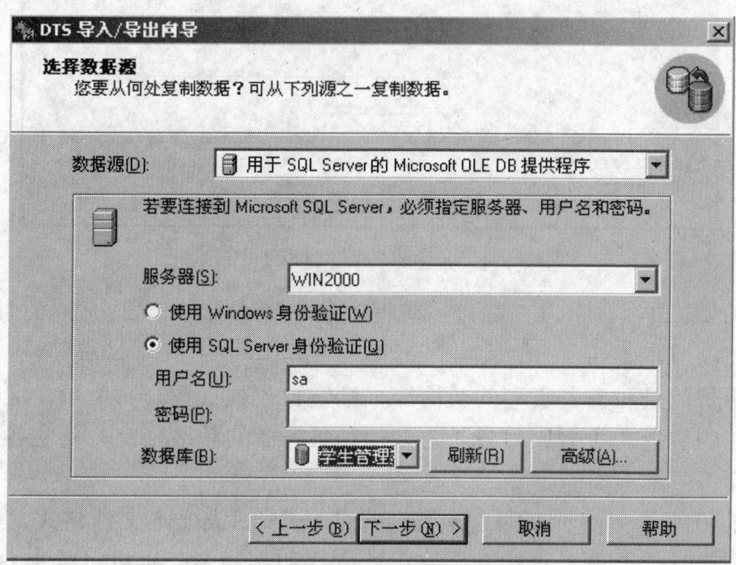

图13-3　选择数据源

3) 图13-3所示的窗口用于定义数据的来源，其中包括如下几项内容：

• 定义数据源的类型：在“数据源”下拉列表框中选择作为数据源的数据库的类型。SQL

Server支持的数据源的类型全部列在此处。这里选择的是“用于SQL Server的Microsoft OLE DB提供程序”。

- 指定数据源所在的服务器：在“服务器”下拉列表框中选择服务器名字。若要连接的服务器的名字不在下拉列表框中，可以直接在此输入服务器的名字。“local”代表本地服务器。
- 指定登录到服务器的用户的身份验证方式：如果选择“使用Windows身份验证”，则系统自动使用当前登录到Windows的用户连接服务器。如果选择“使用SQL Server身份验证”，则需要输入用户的登录名和密码。注意，不管使用哪种验证方式，此用户必须是要连接的数据库服务器的合法用户，而且要具有查询要导出的表的数据的权限。
- 选择要导出的数据所在的数据库：指定对服务器上的哪个数据库中的表进行导入和导出操作。这里选择的是“学生管理数据库”。如果要选择的数据库没有列在下拉列表框中，可单击“刷新”按钮。

单击“下一步”，弹出选择目的窗口，如图13-4所示。

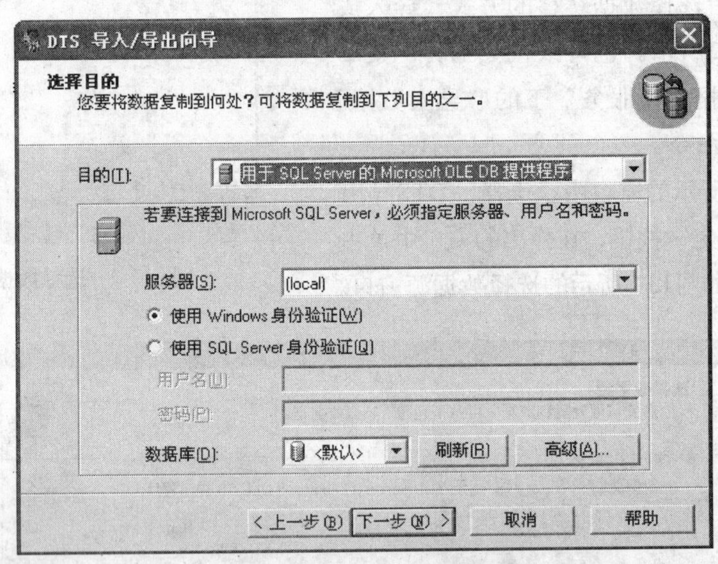

图13-4 选择服务器类型的目的地

4) 在选择目的窗口中，可以选择目的数据源的类型和存放位置。选择目的数据库时会出现如下几种情况：

- 如果选择的目的是服务器类型的数据库，则窗口形式如图13-4所示。这时需要设置目的数据库所在的位置、数据库服务器的名称和服务器的登录帐户，其它各选项的含义和选择数据源窗口中选项类似。
- 如果选择的目的是文件类型的，比如选择的是Excel或文本文件格式，则窗口形式如图13-5所示。这时需要设置目的文件的存放位置和文件名，也可以单击右边的 ... 按钮指定文件的存放位置。
- 如果选择的目的地是Access或dBase类型的数据库，则窗口形式如图13-6所示。这时需要指定数据库文件名（如果是Access，则指定数据库文件名，其后缀为.mdb。如果是dBase，则指定存放数据文件的目录名）。若有安全认证的话，还需要输入用户名和密码。

假设我们这里选择的目的数据类型是Excel文件。单击“下一步”，弹出如图13-7所示的窗口。

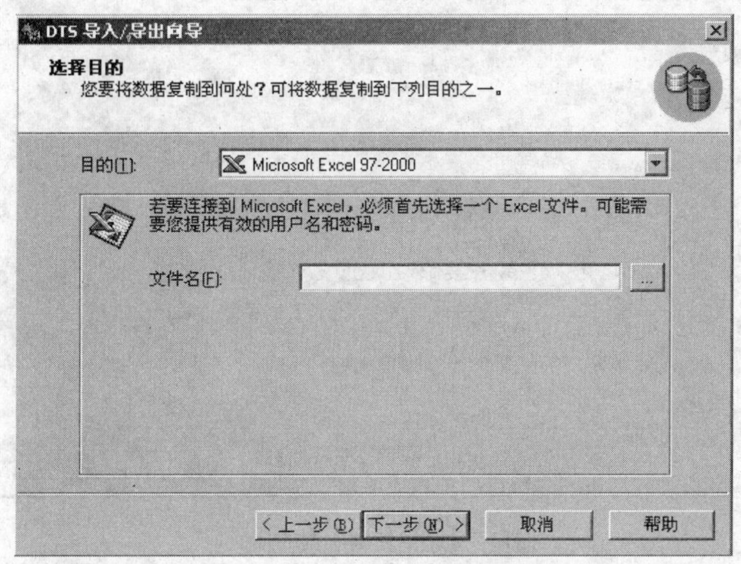

图13-5 选择文件类型的目的地

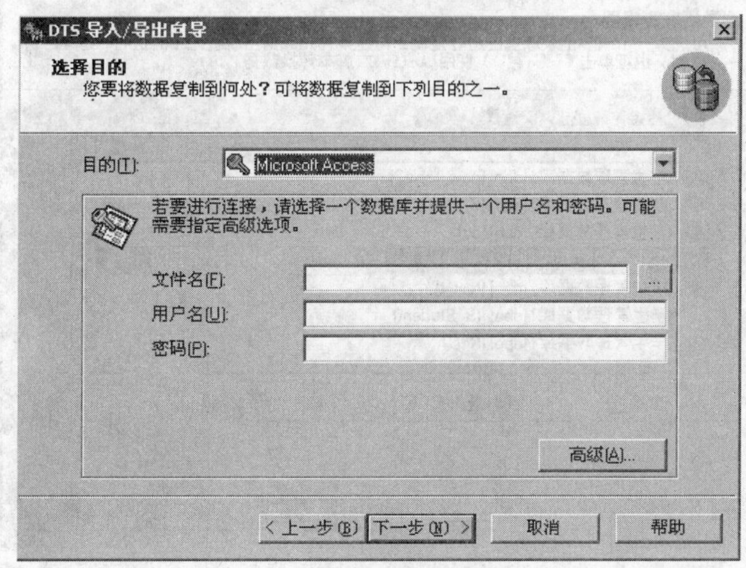

图13-6 选择单机类型的数据库目的地

5) 在图13-7所示的窗口中选择要传输的数据的来源，选择时有三种方式:

- 从源数据库复制表和视图：此选项表示将表或视图中的全部数据进行传输，它类似于一个无条件选择表中全部列的查询语句。

如果导出的文件格式为Excel，则弹出如图13-8所示的对话框。在此窗口中，对要传输数据的表或视图选中其左边的复选框。可以单击“预览”按钮查看所选表的数据。单击相应的“转换”（ ... ）按钮，可以设置数据源到目的地之间进行的列之间的数据类型转换，如图13-10所示。

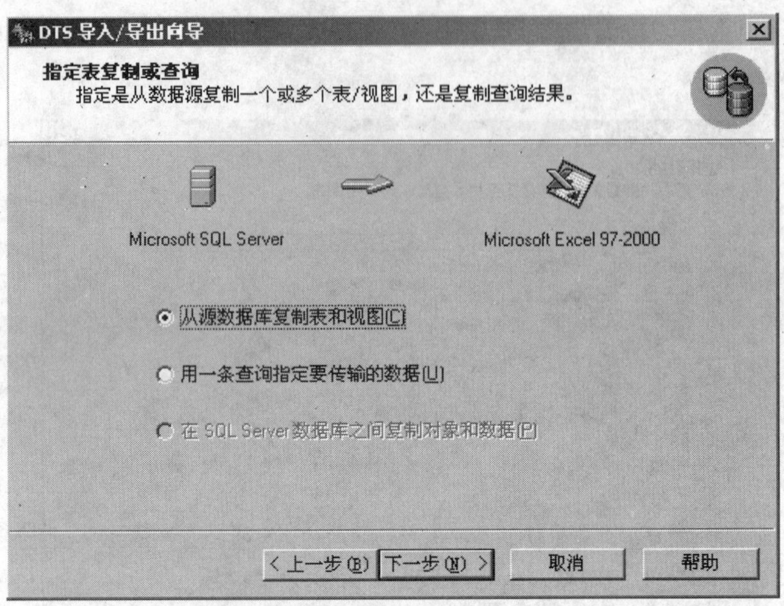

图13-7　选择复制数据的形式

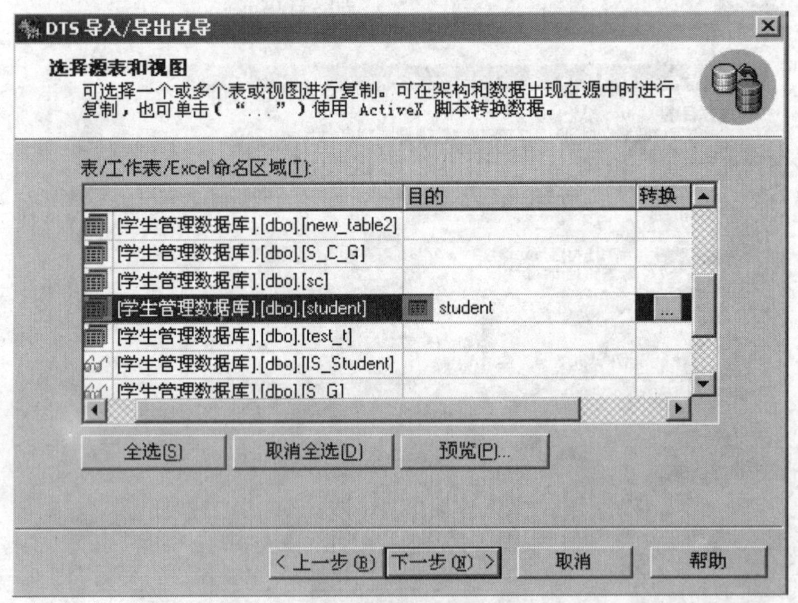

图13-8　选择要传输数据的表或视图

如果导出的文件为文本文件，则弹出的对话框如图13-9所示。在图13-9中，用户需要完成如下设置：

- 在“源”下拉列表框中选择要导出的数据所在的表。
- 设置文本文件的各列之间是用分隔符分隔，还是使用固定的宽度。
- 在“文件类型”下拉列表框中选择文本文件中字符的编码方式。可以使用ANSI、OEM和Unicode编码方式。
- 在“行分隔符”下拉列表框中选择每一行结束时各行之间的分隔符。可以使用回车、换行、分号、逗号等分隔符。

- 在“列分隔符”下拉列表框中选择每一个字段之间的分隔符。可以使用逗号、分号、制表符和垂直条分隔符。
- 在“文本限定符” 下拉列表框中选择字符类型数据的限定符。可以使用双引号、单引号分隔符，也可以不使用分隔符。
- 设置文本文件的第一行是否需要包含表的列名。如果要包含列名，则选中“第一行含有列名称”复选框。

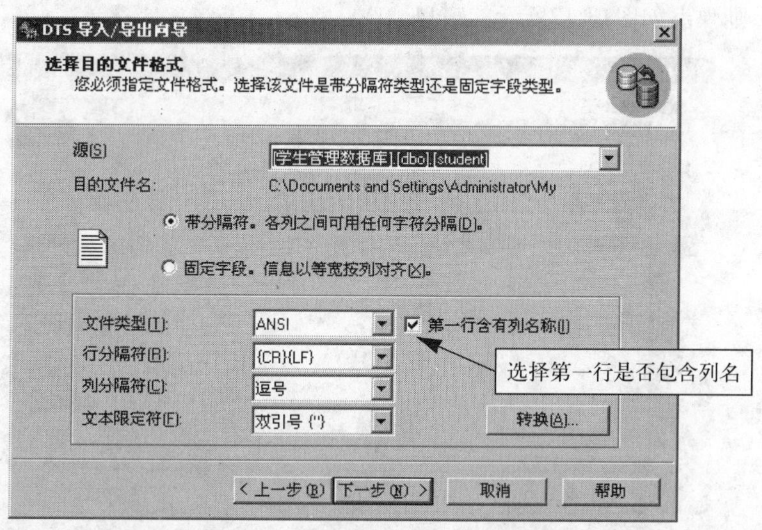

图13-9 选择文本格式的导出文件需设置的内容

用户可单击此窗口上的“转换”按钮对导出的数据进行类型转换。单击“转换”按钮时弹出的窗口与图13-10所示的窗口类似。

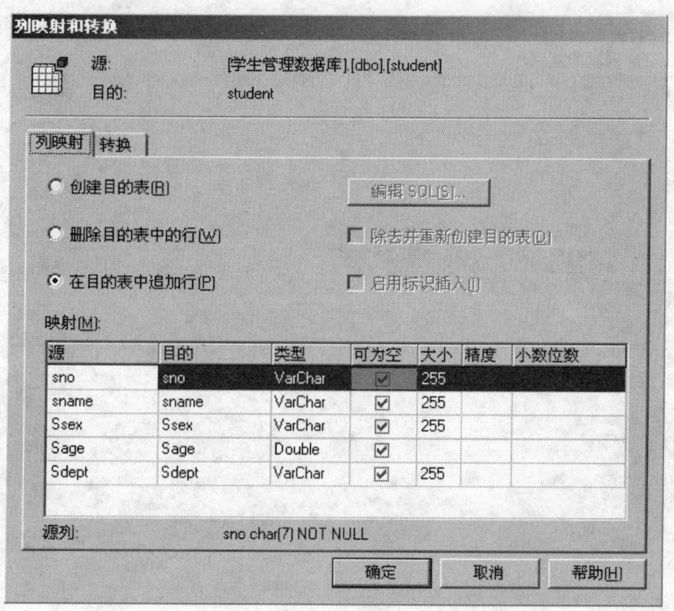

图13-10 导入/导出中的数据类型转换窗口

• 用一条查询指定要传输的数据：该选项表示将查询语句的结果作为要传输的数据，此时弹出如图13-11所示的对话框。用户可以在“查询语句”文本框中输入SELECT语句，输入完毕后可单击“分析”按钮查看所输入的语句语法是否正确。
• 在SQL Server数据库之间复制对象和数据：此选项只能用在数据源和目的都是SQL Server的情况，此选项表示不仅可以传输数据，而且还可以在数据库间复制对象。可复制的数据库对象包括表、视图、存储过程和约束。

假设我们这里选中的是第一个选项“从源数据库复制表和视图”，并选中了Student表。单击“下一步”则弹出如图13-12所示的窗口。

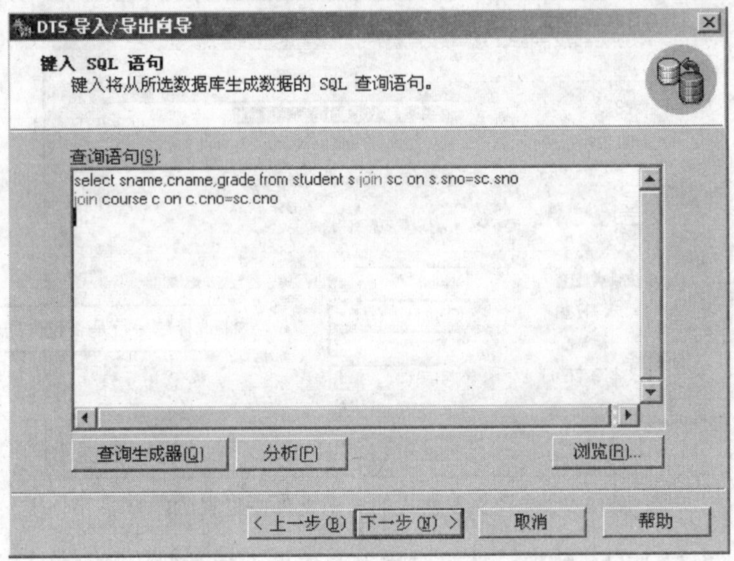

图13-11　输入传输数据的查询语句

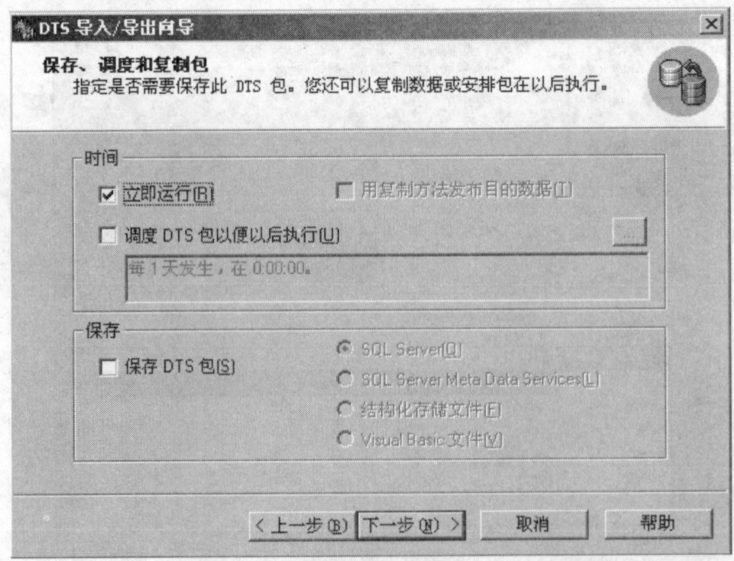

图13-12　传输数据的执行方式

6) 在图13-12所示的窗口中指定数据传输的执行方式。数据的传输有如下几种执行方式:

- 立即运行：该选项表示在定义好数据传输之后立即执行数据的导入/导出操作。这个操作是一次性的，执行完毕后，数据传输的定义也就不复存在了。
- 调度DTS包以便以后执行：此选项可以指定数据传输操作执行的时刻和执行的频度。如果希望定期地进行数据传输操作，可选此项。
- 用复制方法发布目的数据：表示将目的表用于复制。选中此选项时，DTS导入/导出向导结束运行后将启动创建发布向导。
- 保存DTS包：表示将定义好的数据传输过程以包的形式保存起来，以后在需要时，可以随时执行此DTS包，进行数据传输。

选择“立即运行”，然后单击“下一步”，则弹出如图13-13所示的窗口。

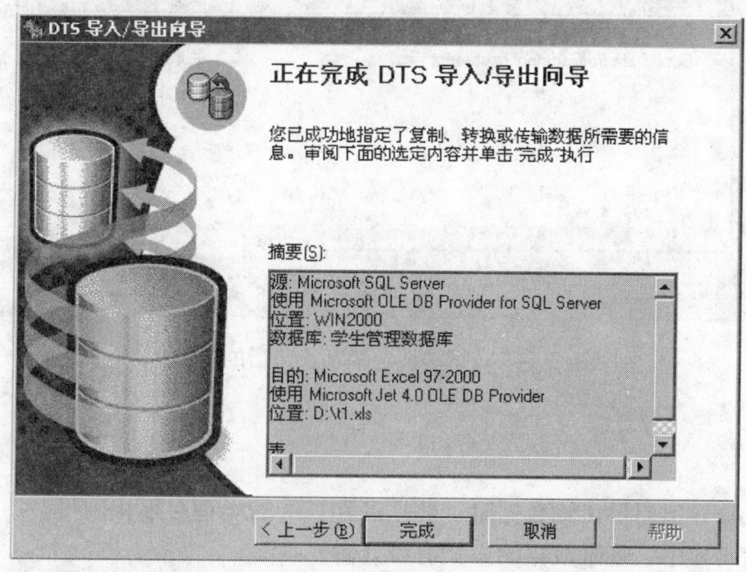

图13-13 完成了数据传输定义后的确认窗口

7) 图13-13所示的窗口的“摘要”区域描述了数据传输的定义，单击“完成”按钮即可完成数据传输的定义。在执行导入/导出过程中，会出现如图13-14所示的窗口。执行完成后，会出现提示执行是否成功的窗口。如果操作全部成功，则在“正在执行包”的窗口（参见图13-14）中所有的步骤全部为绿色的对号，如果有失败的步骤，则会在失败的步骤上出现一个红色的叉。在提示窗口中单击“确定”关闭此窗口。

至此，数据导出操作全部结束，这时可以打开导出的文件或数据库表，查看一下导出的内容是否符合要求。

数据的导入过程与此类似，这里不再赘述。

13.3 小结

数据的导入和导出是进行数据库开发时经常要用到的操作。定义数据的导入和导出的基本过程是首先指定数据的来源，然后指定数据的目的地，并选择要传输的数据，以及在数据传输时可以进行的数据类型转换。SQL Server 2000为数据传输提供了方便的向导，利用SQL Server提供的工具，我们不仅可以实现同构数据库之间的数据转换，而且还可以实现异构数据库之间的数据转换。对于数据源和目的都是SQL Server的情况，不但可以传输数据，而且还可以传输数据库对象。

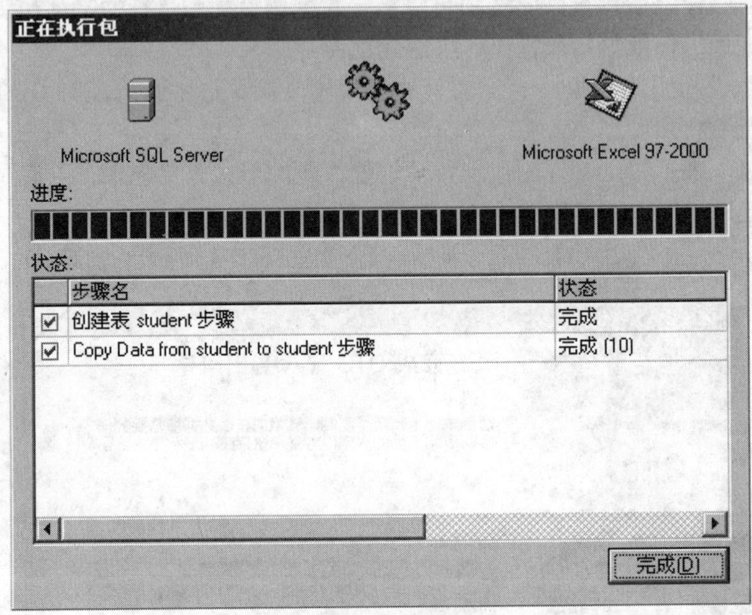

图13-14　数据转换包成功执行后的状态

习题

1. 在利用数据导入/导出向导传输数据时，数据源和目的的类型必须相同吗？
2. 数据导入/导出向导中，复制数据的方式有哪几种？
3. 在将一个数据库中的数据导入到另一个数据库中已经建立好的表中时，如果在选择数据源时使用用户u1操作，在选择目的时使用u2操作，那么u1和u2分别需要什么权限？

上机练习

1. 将学生管理数据库中的Course表导出成文本格式的文件。
2. 在学生管理数据库中，查询计算机系学生的姓名、修课的课程名和考试成绩，并将查询结果导出成Excel格式的文件。
3. 将SQL Server中Pubs数据库中的authors表及表中的全部数据导入到学生管理数据库中。

第 14 章　备份和恢复数据库

数据库中的数据是有价值的信息资源，数据库中的数据是不允许丢失或损坏的。因此，在维护数据库时，一项重要的任务就是保证数据库中的数据不损坏和不丢失，即使存放数据库的物理介质损坏，也能够将数据库恢复过来。本章将介绍保证数据库不损坏和数据不丢失的常用数据库备份和恢复技术。

14.1　备份数据库

备份数据库就是将数据库中的数据以及与数据库的正常运行有关的信息保存起来，以备恢复数据库时使用。

14.1.1　为什么要进行数据库备份

备份数据库的主要目的是为了防止数据的丢失。设想一下，如果银行系统的数据由于某种原因遭到破坏或丢失了，会产生什么样的结果？在现实生活当中，数据的安全、可靠问题是无处不在的。因此，要使数据库能正常工作，就必须要做好数据库的备份工作。

以下几种情况会造成数据丢失:

- 由于不准确的更新而造成数据不正确。
- 由于病毒的侵害而造成数据的丢失或损坏。
- 存放数据的物理磁盘或机器损坏。
- 由于自然灾害而造成的损坏。

一旦数据库出现问题，就可以利用备份来恢复数据库，将数据恢复到正确的状态。

备份数据库的另一个作用是进行数据转移。我们可以先对一台服务器上的数据库进行备份，然后在另一台服务器上进行恢复，从而使这两台服务器上具有内容相同的数据库。

14.1.2　备份的内容及备份时间

1. 备份内容

在一个正常运行的数据库系统中，除了用户的数据库之外，还有维护系统正常运行的系统数据库。因此，在备份数据库时，不但要备份用户的数据库，还要备份系统数据库，以保证在系统出现故障时，能够完全地恢复数据库。

2. 备份时间

不同类型的系统对备份的要求是不同的，对于系统数据库来说，在进行了修改之后立即做备份比较合适。而对于用户数据库就不能采用立即备份的方式，因为系统数据库中的数据是不经常变化的，而用户数据库中的数据是经常变化的，特别是对于联机事务处理型的应用系统（如处理银行业务的数据库）更是如此。因此，对用户数据库应该采取周期性的备份方法。至于多长时间备份一次，则由数据的更改频率和用户能够允许的数据丢失程度有关。如果数据修改比较少，或者用户可以忍受的数据丢失时间比较长，则可以让备份的时间间隔长一些，否则应让备份的时间间隔短一些。

通常情况下，由于在备份过程中允许用户操作数据库，所以备份工作应选在数据库操作少的时间段进行，比如在夜间进行，这样可以减少对备份和数据操作性能的影响。

14.1.3 SQL Server的备份设备

SQL Server将备份数据库的场所称为备份设备，它支持将数据库备份到磁带或磁盘上。如果要将数据库备份到磁盘上，有两种选择。一种选择是先建立备份设备，然后将数据库备份到备份设备上。另一种选择是直接将数据库备份到磁盘文件上。

1. 创建备份设备

备份设备在操作系统一级上实际上就是磁盘文件，只是必须要先创建好备份设备，然后才能使用。创建备份设备时，需要指定备份设备对应的操作系统文件和文件的存放位置。一般来说，如果需要经常使用某个文件备份数据库，就可以将文件创建为一个备份设备。

在企业管理器中创建备份设备的方法为:

1）启动企业管理器，展开服务器组及服务器。展开“管理”，并在其中的“备份”节点上右击鼠标，在弹出的菜单中选择“新建备份设备”命令（如图14-1所示)，弹出如图14-2所示的窗口。

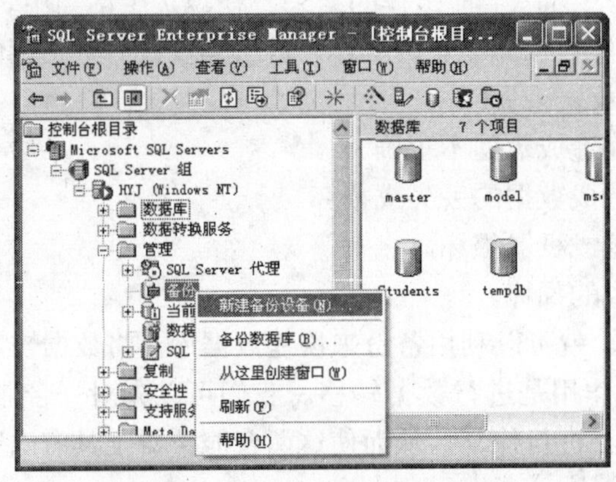

图14-1 选择“新建备份设备”命令

2）在图14-2所示的窗口的“名称”文本框中输入备份设备的名称，然后单击“文件名”文本框右边的 ... 按钮修改备份设备文件的存储位置和备份文件名。备份设备的默认存储位置为：C:\Program Files\Microsoft SQL Server\MSSQL\BACKUP\，默认的文件扩展名为BAK。

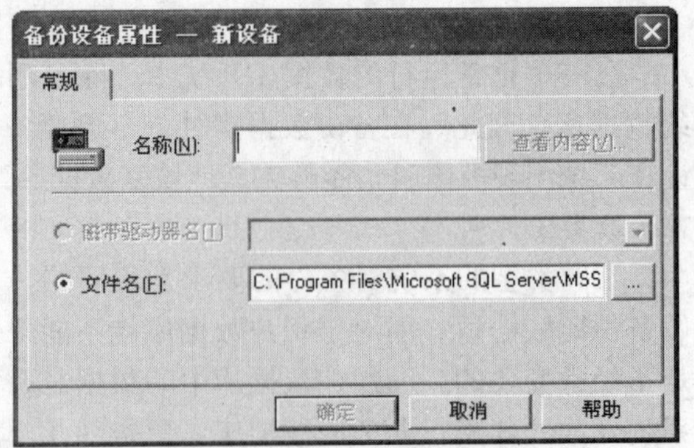

图14-2 设置备份设备属性

3）单击“确定”按钮，关闭此窗口并创建备份设备。

2. 直接备份到文件上

将数据库直接备份到磁盘文件上实际上就是备份到操作系统的文件上，只不过此时不需要预先建立备份设备，而且备份文件也不在企业管理器中出现。如果选择直接将数据库备份到磁盘文件上，只需在备份时指定备份文件的存放位置和文件名即可。如图14-3所示，此时将“Student” 数据库备份到D盘根目录下，文件名为student.bak。

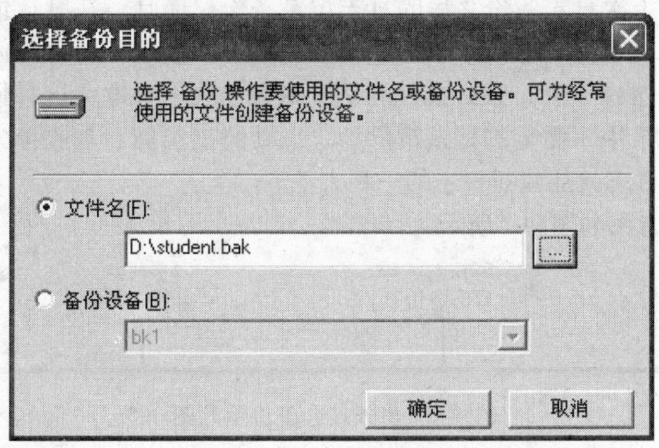

图14-3 指定备份数据库的文件

14.1.4 SQL Server 2000的备份类型

SQL Server 2000支持四种备份类型：完全备份、差异备份、事务日志备份、文件和文件组备份。我们这里只介绍前三种备份方法。

1. 完全备份

完全备份是将数据库中的全部信息进行备份，它是恢复数据库的基线。在进行完全备份时，不但备份数据库的数据文件、日志文件，而且还备份文件的存储位置信息以及数据库中的全部对象。

备份数据库要消耗时间和资源。在进行数据库备份时，用户可以对数据库数据进行增、删、改等操作，因此，备份并不影响数据库的活动，而且在备份数据库时还将在备份过程中所发生的活动也全部备份下来。例如，假设用户在上午10：00开始进行备份，到11：00备份结束，则用户在10：00~11：00之间所进行的全部操作均被备份下来。

2. 差异备份

差异备份是将最近的完全备份之后对数据所作的修改备份。它以完全备份为基准点，备份完全备份之后变化了的数据文件、日志文件以及数据库中其他被修改的对象。差异备份也备份差异备份过程中用户对数据库进行的操作。差异备份比完全备份需要的时间短。差异备份的示意图如图14-4所示。

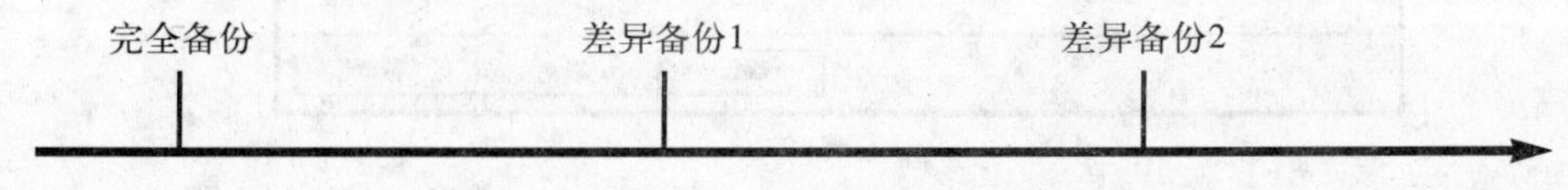

图14-4 差异备份示意图

注意，在图14-4所示的差异备份中，差异备份1备份的是从最近完全备份之后发生变化的部分，差异备份2备份的也是从完全备份之后发生变化的部分，而不是从差异备份1之后所发生的变化部分。

3. 事务日志备份

事务日志备份将上次日志备份之后的日志记录备份。而且，在默认情况下，事务日志备份完成后要截断日志。事务日志记录了用户对数据进行的修改，随着时间的推移，日志中的记录数会越来越多，这样下去，势必会占满整个磁盘空间。为避免这种情况的发生，我们必须要定期地将日志记录中不需要的记录清除掉，以便腾出空间。清除掉无用日志记录的过程就叫截断日志。备份日志就是截断日志的一种方法。

事务日志备份示意图如图14-5所示。

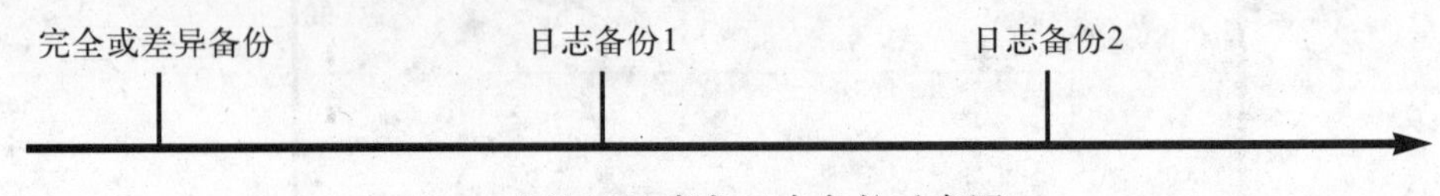

图14-5　事务日志备份示意图

注意，在图14-5所示的日志备份中，日志备份1备份的是从最近的完全或差异备份之后记录的日志部分，日志备份2备份的是从上次日志备份（日志备份1）之后记录的日志部分。

如果要进行事务日志备份，必须将数据库的故障还原模型设置为“完全”方式或“大容量日志记录的”方式。设置数据库的还原模型的方法为：在要设置还原模型的数据库上右击鼠标，在弹出的菜单中选择“属性”，然后在弹出的属性窗口中，选择“选项”选项卡，如图14-6所示。

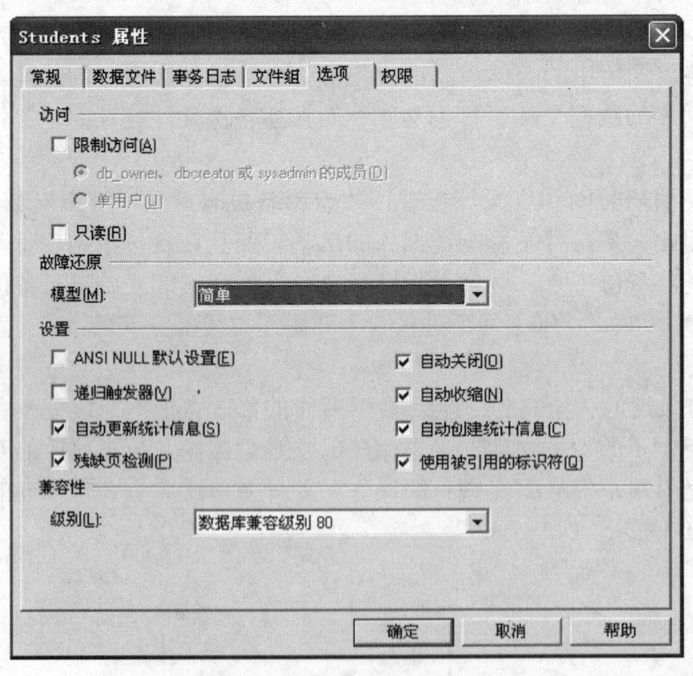

图14-6　设置数据库属性窗口

在“故障还原”部分的“模型”下拉列表框中列出了三种选择，即“简单”、“大容量日志记录的”和“完全”（如图14-7所示）。

图14-7　选择故障还原模型

使用“简单”还原模型时，只能进行完全备份和差异备份，不能进行事务日志备份。因为在这种模型下，系统自动地定期将事务日志中不活动的部分清除。

“完全”和“大容量日志记录的”还原模型的功能相似，它们都支持四种备份方式。它们的区别只是“完全”还原模型对日志的记录比“大容量日志记录的”还原模型更详细。在“大容量日志记录的”还原模型中，对大容量复制操作的数据丢失程度要比“完全”还原模型严重。因为“完全”还原模型记录的日志包括大容量复制操作的完整日志，但在“大容量日志记录的”还原恢复模型下，只记录这些操作的最小日志，而且无法逐个控制这些操作。

出于简单、安全角度的考虑，建议使用“完全”还原模型。

注意，如果要对数据库进行事务日志备份，必须先设置数据库的故障还原模型，因为数据库默认的故障还原模型是“简单”还原模型，而“简单”还原模型不能进行日志备份。而且，对数据库的故障还原模型的设置必须在对数据库进行完全备份或差异备份之前进行。如果在对数据库进行完全备份或差异备份之后、日志备份之前修改了故障还原模型，虽然不会影响对数据库的备份操作，但是在恢复时就会出现问题。因为不同的还原模型对日志的记录和维护方式是不一样的。如果在完全备份或差异备份结束之后，修改数据库的故障还原模型，然后再对数据库进行事务日志备份，则备份前后的日志会不一致。

14.1.5　备份策略

尽管SQL Server提供了多种备份方式，但要使数据库的备份方式符合实际的应用需要，还应制定合适的备份策略。不同的备份策略适用于不同的应用方面，选择或制定一种最合适的备份策略，可以将丢失的数据减小到最少，并可加快恢复过程。

通常情况下，有三种备份策略可供选择。

1. 完全备份

完全备份策略适合数据库数据不是很大，而且数据更改不是很频繁的情况。完全备份一般可以几天进行一次或几周进行一次。每当进行一次新的完全备份时，以前进行的完全备份就没有什么用处了，因为后续的完全备份包含的是数据库的最新情况。

如果对数据库数据的修改不是很频繁，而且允许一定量的数据丢失时，可以选择只采用完全备份策略。完全备份包括对数据和日志的备份。假设制定的完全备份策略是在每天0：00进行一次完全备份，如图14-8所示。

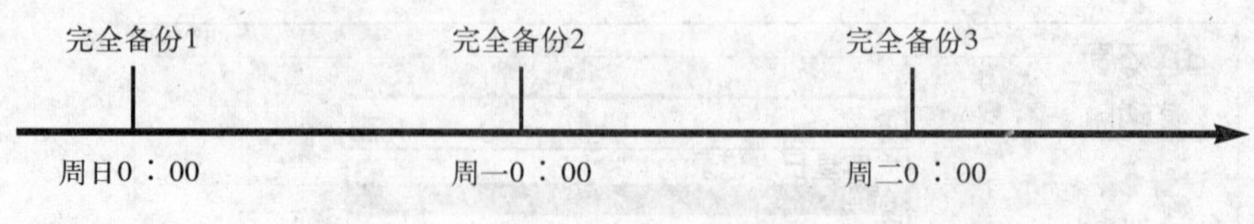

图14-8　完全备份策略

如果在周二晚上11:00系统出现故障，那么这时我们只能将数据库恢复到周一晚0：00时的状态。

使用完全备份策略，还可以将一台服务器上的数据库复制到另一台服务器（在一台服务器上做备份，然后在另一台服务器上进行恢复），使两台服务器上的数据库完全相同。也可以将本机某数据库的备份恢复成另一个数据库（在恢复数据库时指定另一个数据库名），使一台服务器上有两个一样的数据库。

2. 完全备份加日志备份

如果用户不允许丢失太多的数据，而且不希望经常进行完全备份（因为完全备份所需的时间比较长），这时可以在完全备份中间加一些日志备份。例如，可以在每天0：00进行一次完全备份，然后在上班时间每隔几小时进行一次日志备份。

假设制定了一个每天0：00进行一次完全备份，每隔3小时进行一次事务日志备份的策略，如图14-9所示。

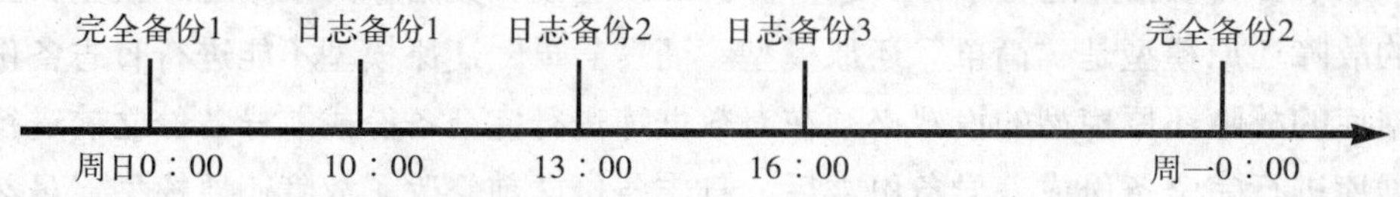

图14-9　完全备份加日志备份策略

如果在周二上午11：00系统出现故障，那么我们可以将数据库恢复到周二上午10：00时的状态。

3. 完全备份加差异备份再加日志备份

如果进行一次完全备份需要的时间比较长，用户可能希望将进行完全备份的时间间隔再加大一些，比如每周的周日进行一次完全备份。如果采用完全备份加日志备份的方法，则恢复数据库的时间会比较长。因为在利用日志备份进行恢复时，系统读取日志文件，然后再将日志中记录的操作重做一遍。

这时可以采取第三种备份策略——完全备份加差异备份和日志备份的策略，即在完全备份中间加一些差异备份，比如每周周日0：00进行一次完全备份，然后每天0：00进行一次差异备份，然后再在两次差异备份之间增加一些日志备份。采用这种策略的好处是备份和恢复的速度都比较快，而且当系统出现故障时，丢失的数据也比较少。

完全备份加差异备份再加日志备份的策略如图14-10所示。

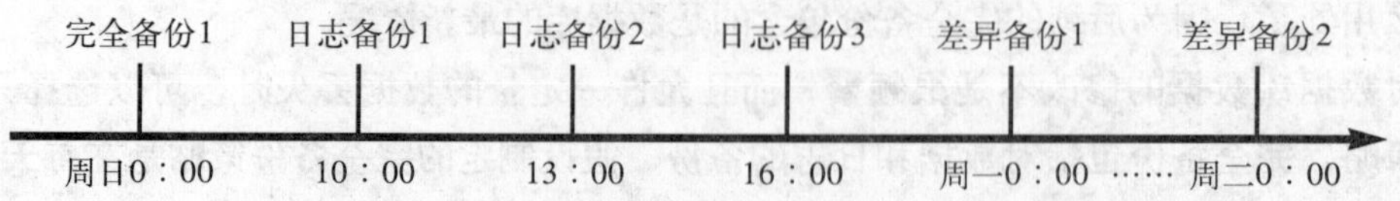

图14-10　完全备份加差异备份再加日志备份策略

14.1.6 实现备份

可以在企业管理器中实现备份，也可以使用Transact-SQL的备份语句进行备份。

1. 使用企业管理器备份数据库

使用企业管理器备份数据库的步骤为:

1）在控制台上，展开服务器组，并展开服务器。

2）展开“数据库”，在要备份的数据库上右击鼠标，在弹出的菜单中选择“所有任务”，然后再选择“备份数据库”命令，如图14-11所示。也可以在要备份数据库的备份设备上单击鼠标右键，在弹出的菜单中选择“备份数据库”命令，如图14-12所示。使用任何一种方法均会弹出如图14-13所示的窗口。

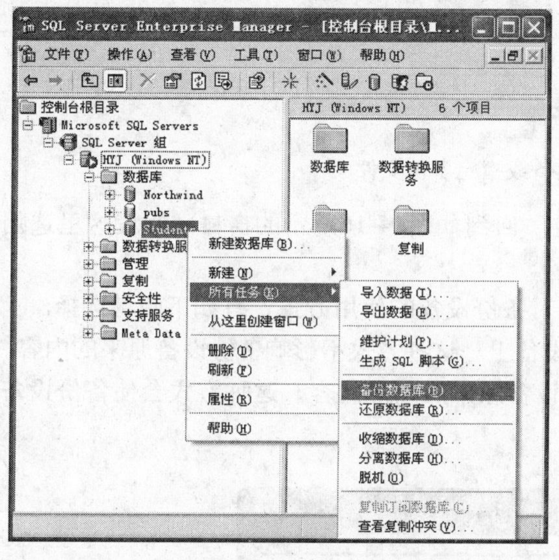

图14-11 选择“备份数据库”命令方法一

图14-12 选择“备份数据库”命令方法二

3）在图14-13所示的窗口中，进行如下选择:

• 在“数据库”下拉列表框中选择要备份的数据库。

• 在“备份”区域中选择备份的类型。

• 单击“添加”按钮，指定备份数据库的备份设备或文件，如图14-14所示。

• 在图14-14所示的窗口中，如果选择“文件名”，表示要将数据库直接备份到磁盘文件上，可单击 ... 按钮修改文件存储位置（默认存储位置为C:\Program Files\Microsoft SQL Server\MSSQL\BACKUP\，默认备份文件的扩展名为BAK，如图14-15所示。选择好存储位置和文件名后，单击“确定”按钮返回到图14-14所示窗口。如果在图14-14

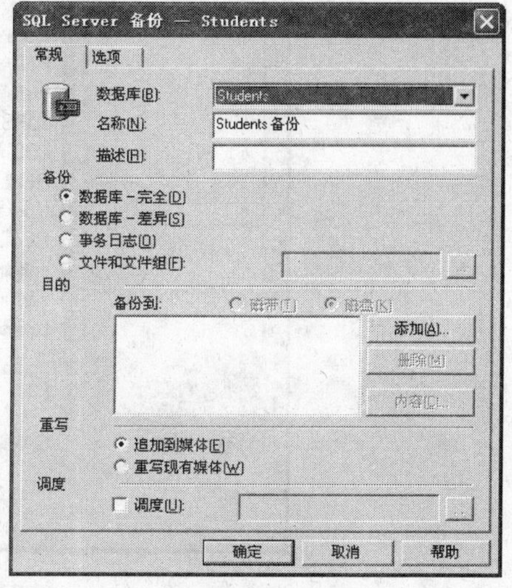

图14-13 选择要备份的数据库以及备份方式

中选择“备份设备”，表示要将数据库备份到备份设备上。这时可从下拉列表框中选择一个已经创建好的备份设备名，或选择下拉列表框中的“新备份设备”，创建一个新的备份设备。

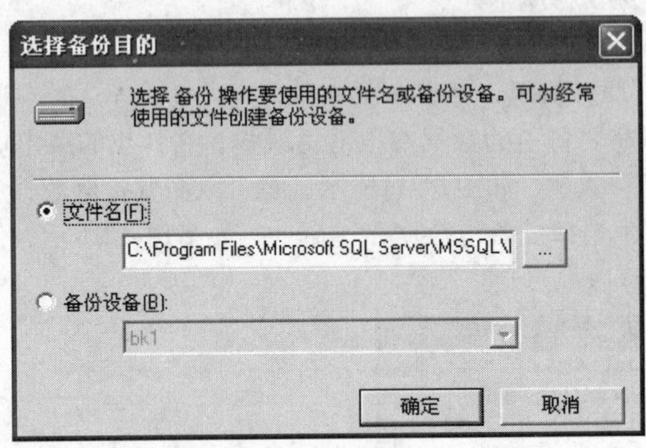

图14-14　选择备份设备或指定备份文件

选择好备份设备或备份文件后，单击“确定”回到如图14-16所示的窗口（假设这里选用备份设备进行备份，并且选中的备份设备是BK1）。

4）图14-16所示界面的“重写”部分给出了对备份设备的使用方式，有如下两种选择：

- 追加到媒体：表示将本次备份追加到备份设备上，这种方式不影响备份设备原来的内容。
- 重写现有媒体：表示本次备份将覆盖备份设备原来的全部内容，这种方式会使备份设备原来的内容不复存在。

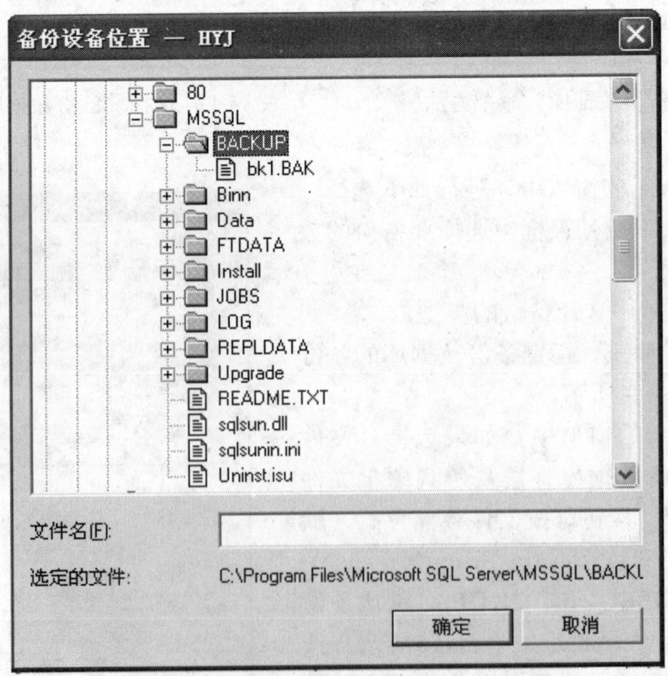

图14-15　选择备份文件的存储位置并指定文件名

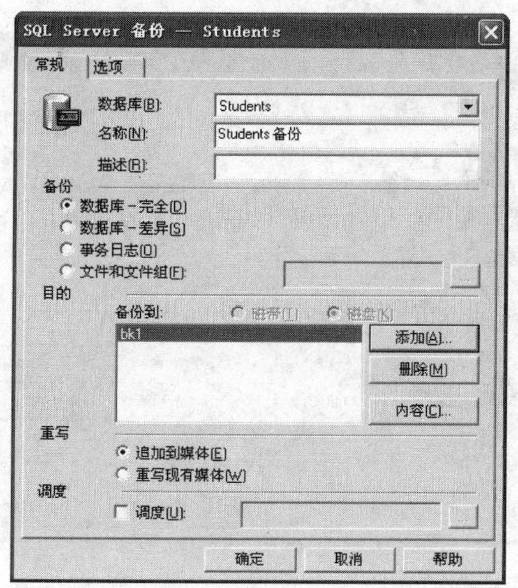

图14-16 选择要备份的数据库以及备份方式

5）如果要设置定期对数据库进行备份，可在图14-16中选中“调度”复选框，然后单击右边的 ... 按钮，弹出如图14-17所示的窗口。

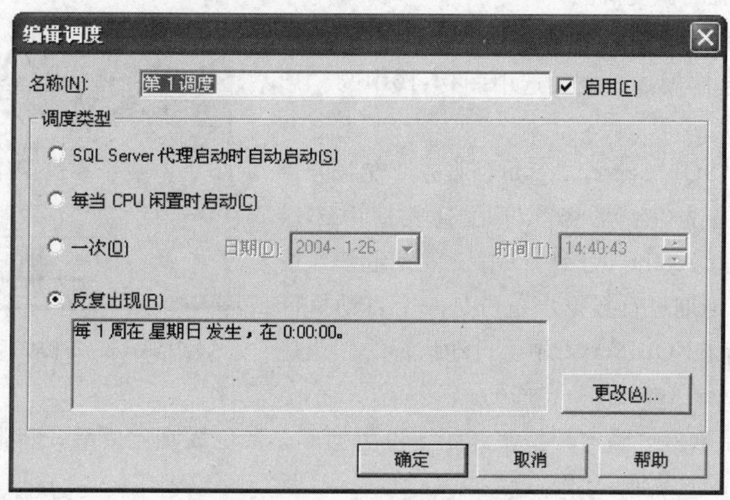

图14-17 设置备份的发生时间

6）在图14-17所示的窗口中，可以设置备份的发生时间和频率。在此窗口中可以设置如下选项:

- 名称: 为备份调度作业指定名称。
- 调度类型: 有四种调度类型可供选择。第四种调度类型“反复出现”是默认的调度方式，其默认设置为每周日0：00发生一次备份。可以单击“更改”按钮定制备份的发生时间和频率，如图14-18所示。

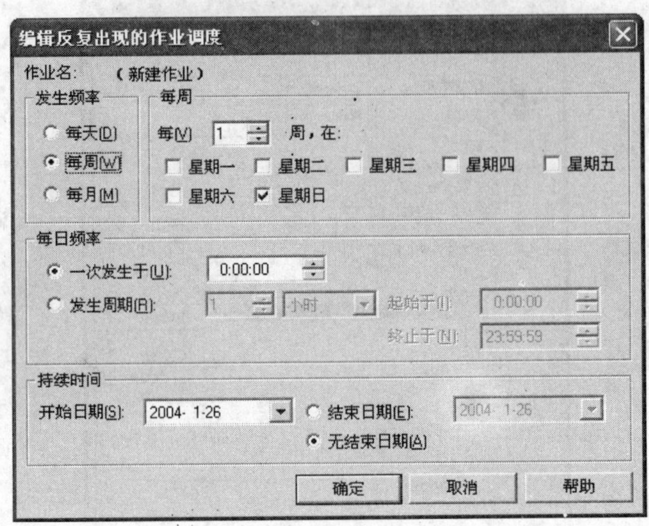

图14-18　设置备份作业的发生时刻和频率

7）图14-18所示的窗口中，可以设置备份作业的发生频率、发生备份操作的时间以及所设置的备份作业时间的有效期。设置好后，单击“确定”按钮回到如图14-17所示的窗口。再在图14-17所示的窗口中单击“确定”回到如图14-17所示的窗口中。此时这个窗口的“调度”框中描述了所设置的调度情况。

设置定期数据库备份时要注意:

- 要使设置起作用，一定要选中图14-16中的“启用”复选框。
- 必须启动“SQL Server Agent”服务（在服务管理器中，首先在“服务”下拉列表框中选择“SQL Server Agent”，然后单击“开始/继续”按钮）。因为定期进行数据库备份是一个自动执行的作业，而在SQL Server中，自动执行的作业是靠SQL Server Agent服务完成的。

图14-19　备份成功后的提示窗口

8）设置好后单击“确定”按钮开始备份数据库。备份成功完成后，将弹出如图14-19所示的提示窗口。

9）单击“确定”关闭此窗口。

进行差异和日志备份的过程与此类似。如果在一个设备上进行了多次备份，可以查看备份设备的备份内容。查看备份设备的备份内容的步骤为:

1）在企业管理器的控制台上，展开“管理”并单击“备份”节点，在右边的内容窗格中会列出所建立的全部备份设备。

2）在要查看备份内容的备份设备名上右击鼠标，在弹出的菜单中选择“属性”命令，弹出如图14-20所示的窗口。

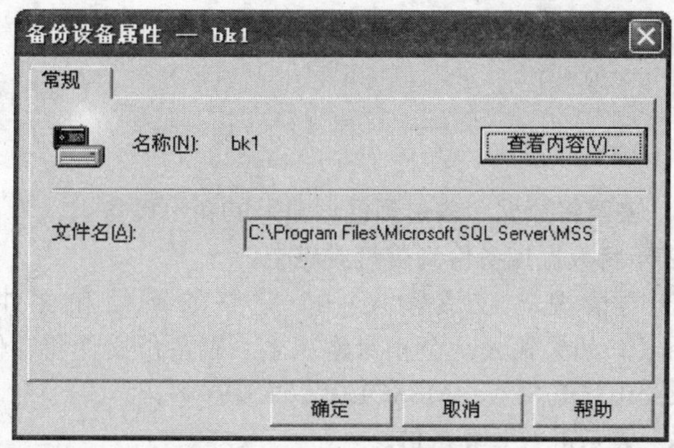

图14-20 备份设备属性窗口

3）在图14-20所示的窗口中单击“查看内容”按钮，弹出如图14-21所示的窗口，此窗口中列出了此备份设备上的全部备份内容。

4）单击“关闭”按钮关闭此窗口。

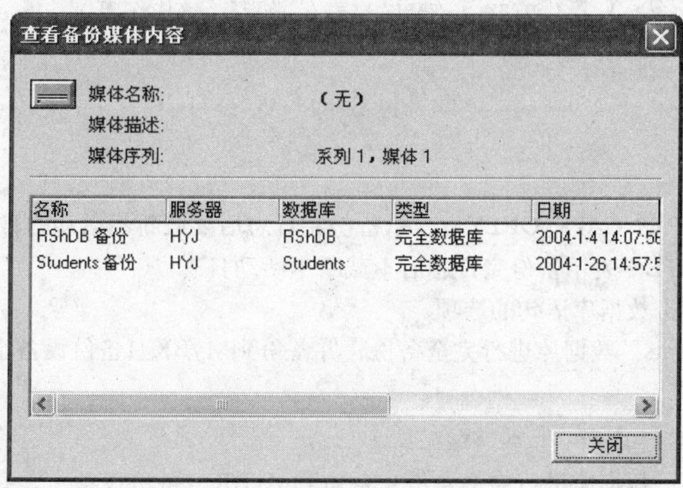

图14-21 查看备份设备内容

注意

- 可以在一个备份设备上对同一个数据库进行多次备份，也可以在一个备份设备上对不同的数据库进行多次备份。
- 可以将一个数据库备份到多个不同的备份设备上。

2. 使用Transact-SQL语句备份数据库

备份数据库时应使用BACKUP语句，该语句分为备份数据库和备份日志两种语法格式。备份数据库的BACKUP语句的语法格式为：

```
BACKUP DATABASE 数据库名
TO { < 备份设备名 > } | { DISK | TAPE } = {'物理备份文件名'}
```

```
[ WITH
[ DIFFERENTIAL ]
[ [ , ] { INIT | NOINIT } ]
]
```

其中:

• < 备份设备名 >：表示将数据库备份到已创建好的备份设备上。

• DISK | TAPE：表示将数据库备份到磁盘或磁带。

对于备份到磁盘的情况，应该输入一个完整的路径和文件名，例如DISK = 'D :\Data\MyData.bak'。如果输入一个相对路径名，则备份文件将存储到默认的备份目录C:\Program Files\Microsoft SQL Server\MSSQL\BACKUP\ 中。

• DIFFERENTIAL：表示进行差异备份。

• INIT：表示本次备份数据库将重写备份设备，即覆盖本设备上以前进行的所有备份。

• NOINIT：表示本次备份数据库将追加到备份设备上，即不覆盖本设备上以前进行的所有备份。

备份数据库日志的BACKUP语句的格式大致为:

```
BACKUP LOG 数据库名
TO { < 备份设备名 > } | { DISK | TAPE } = {'物理备份文件名'}
  [ WITH
[ { INIT | NOINIT } ]
[ { [ , ] NO_LOG | TRUNCATE_ONLY | NO_TRUNCATE } ]
]
```

其中:

• NO_LOG 和TRUNCATE_ONLY：表示备份完日志后要截断不活动的日志。

• NO_TRUNCATE：表示备份完日志后不截断不活动日志。

• 其它选项同备份数据库语句的选项。

例1　对"students"数据库进行完全备份，并备份到MyBK_1备份设备上（假设此备份设备已创建好）。

```
BACKUP DATABASE students TO MyBK_1
```

例2　对"pubs"数据库进行完全备份，备份到MyBK_1备份设备上，并覆盖该备份设备上已有的内容。

```
BACKUP DATABASE pubs TO MyBK_1 WITH INIT
```

例3　对"pubs"进行一次事务日志备份，并备份到MyBKLog1备份设备上。

```
BACKUP LOG pubs TO MyBKLog1
```

3. 备份媒体集

当数据库很大时，一个备份设备的空间可能无法满足要求（备份设备的空间受其所在的磁盘空间的限制），这时就可以将数据库备份到多个不同的备份设备上（每个备份设备可建立在不同的磁盘上）。使用多个备份设备同时进行备份的备份设备叫做备份媒体集。当某个备份设备作为备份媒体集中的一个成员时，这个备份设备就只能在这个备份媒体集中使用，不能再单独使用，除非消除了备份媒体集。

使用备份媒体集备份数据库的方法同使用一个备份设备备份数据库的方法完全相同。只是在选择完一个备份设备后，再单击“添加”按钮（如图14-16所示）选择下一个备份设备。可以多次单击“添加”按钮选择多个备份设备。图14-22所示为选择了两个备份设备：bk2和bk3。选择完备份设备后，单击“确定”按钮开始备份数据库。这时系统自动将这些备份设备作为一个备份媒体集使用。

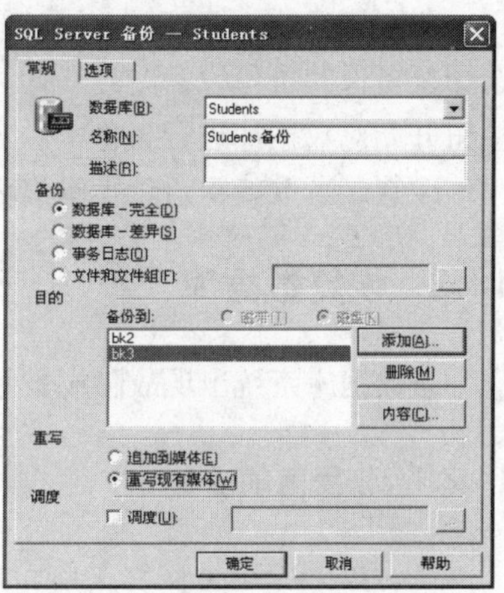

图14-22　选择多个备份设备

系统在将数据库备份到备份媒体集时，将同时使用这些备份设备进行备份，而且基本是将备份所需的空间均衡地分担到每个备份设备上。

如果以后要单独用备份媒体集中的某个设备备份数据库，不管选用“追加到媒体”方式还是“重写现有媒体”方式，都会弹出一个错误窗口，如图14-23所示（图14-23显示的是用bk2备份master数据库时的出错情形）。

如果确实要单独使用备份媒体集中的某个备份设备备份数据库，则必须重新初始化备份媒体集，也就是使这些备份设备不再作为媒体集中的成员。重新初始化备份媒体集的方法为：在如图14-22所示的窗口中，单击“选项”选项卡，如图14-24所示。

图14-23　当使用备份媒体集中的一个备份设备备份数据库时的出错窗口

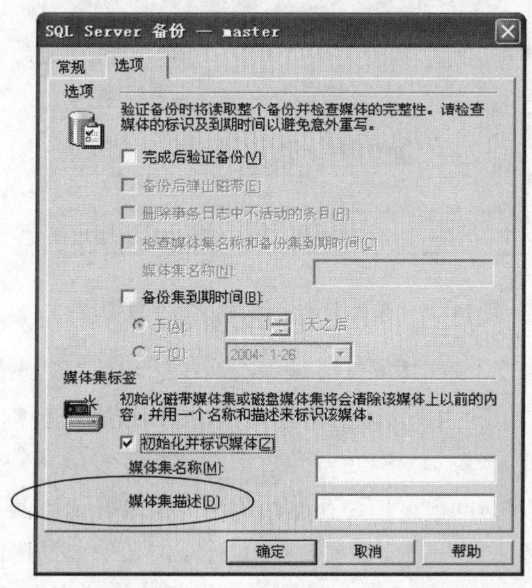

图14-24　重新初始化媒体集

在图14-24所示窗口中，选择“初始化并标识媒体”复选框，然后再在“常规”选项卡中选择要备份的备份设备，并选择“重写现有媒体”选项，如图14-25所示。最后再单击“确定”按钮开始对数据库进行备份。

注意，当重新初始化媒体集后，原媒体集上所备份的内容将全部丢失。

14.2　恢复数据库

当数据库系统出现故障或被意外毁坏时，可以使用数据库备份对数据库进行恢复。

14.2.1　恢复前的准备

在对数据库进行恢复之前，应先对数据库的访问进行一些必要的限制。因为在数据库完全恢复到正确状态之前，是不允许用户操作数据库的。

限制用户对数据库的访问的设置是在数据库的属性窗口中完成的，具体操作如下：

1）在要恢复的数据库上单击鼠标右键，在弹出的菜单中选择“属性”，然后在弹出的窗口中选择“选项”选项卡，如图14-26所示。

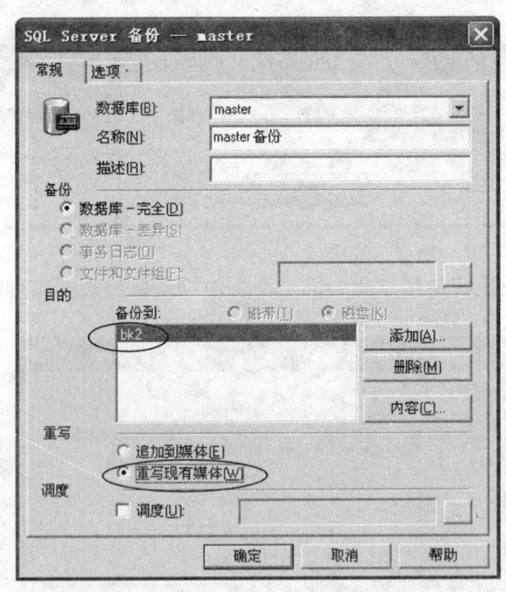

图14-25　选用某个备份设备备份数据库

2）在图14-26所示的窗口上，“访问”区域中有两个选项：“限制访问”和“只读”。此时选中“限制访问”复选框。在“限制访问”复选框中又有两个选项：一个是“db_owner、dbcreator或sysadmin的成员”，表示只有这些角色中的成员才可以访问数据库。另一个是“单用户”，表示只允许一个用户访问数据库。在这两个选项中最好选择前一个。

在恢复过程中，除了要限制用户对数据库的访问外，如果数据库的日志没有损坏，还可以在恢复之前对数据库进行一次日志备份，这样就可以将数据的损失减小到最小。

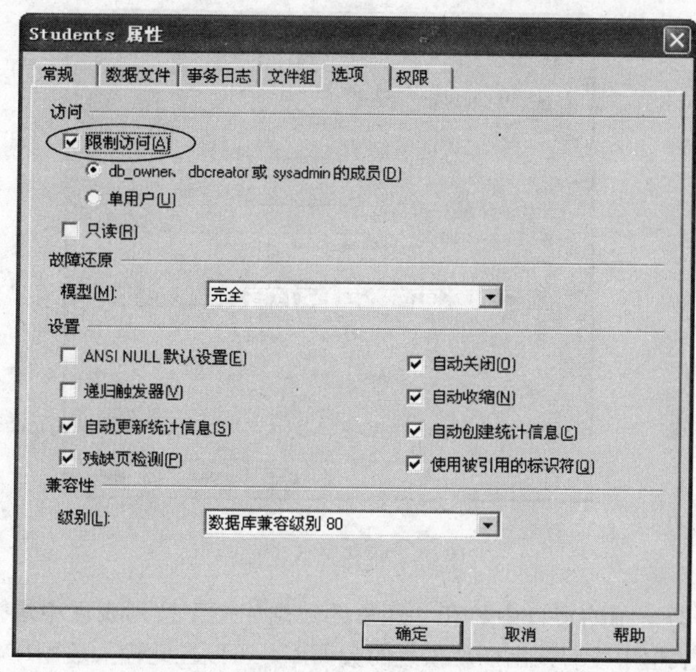

图14-26 设置数据库的访问方式

14.2.2 恢复的顺序

备份数据库是按一定的顺序进行的，在恢复数据库时也有一定的顺序关系。恢复数据库的顺序为:

1）恢复最近的完全数据库备份。因为最近的完全数据库备份记录的是数据库最近的全部信息。

2）恢复完全备份之后的最近的差异数据库备份（如果有的话)。因为差异备份是相对于完全备份之后对数据库所作的修改，而且后一次的差异备份包含前一次差异备份的内容，因此只需恢复最近的差异数据库备份。

3）按日志备份的先后顺序恢复自完全或差异数据库备份之后的所有日志备份。由于日志备份记录的是自上次日志备份之后新记录的日志部分，因此，必须按顺序恢复自最近的完全或差异备份之后所进行的全部日志备份。

14.2.3 实现恢复

恢复数据库可以在企业管理器中实现，也可以使用Transact-SQL语句实现。

1. 用企业管理器恢复数据库

在企业管理器中恢复数据库的步骤为:

1）在“控制台”上展开服务器组和服务器，展开“数据库”节点。

2）在任何一个数据库名上右击鼠标，在弹出的菜单上选择“所有任务”下的“还原数据库”(如图14-11所示)，将弹出如图14-27所示的窗口。

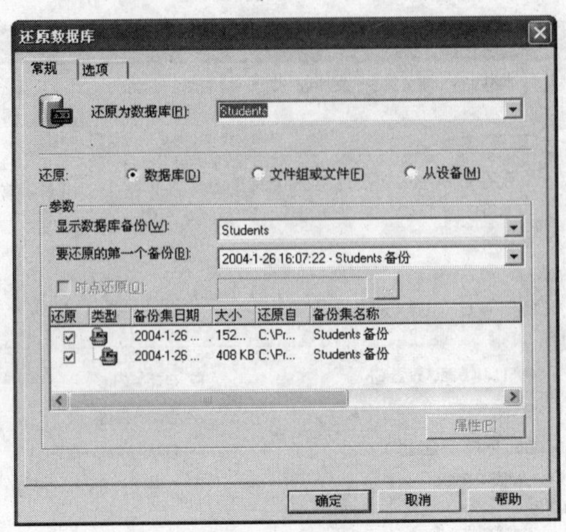

图14-27　还原数据库窗口

3）在图14-27所示的窗口中，在“还原为数据库”下拉列表框中选择要恢复的数据库。如果在此下拉列表框中没有列出所要恢复的数据库，可以在此输入数据库名。

在“还原”区域中，如果选择“数据库”单选按钮，则在下边的“参数”框中有如下选项：

- 显示数据库备份：选定数据库的备份。
- 要还原的第一个备份：此下拉列表框列出了对所选定的数据库进行的全部备份。在此可以指定第一个要恢复的备份。

在图14-27的下半部分列出了所选定的数据库的备份情况，在每一项的左边的方框中用绿色对钩标识出对数据库进行了哪些备份（黄色桶表示是完全备份，蓝色桶表示是差异备份，白色桶表示是日志备份），此框中列出的顺序就是数据库的恢复顺序。

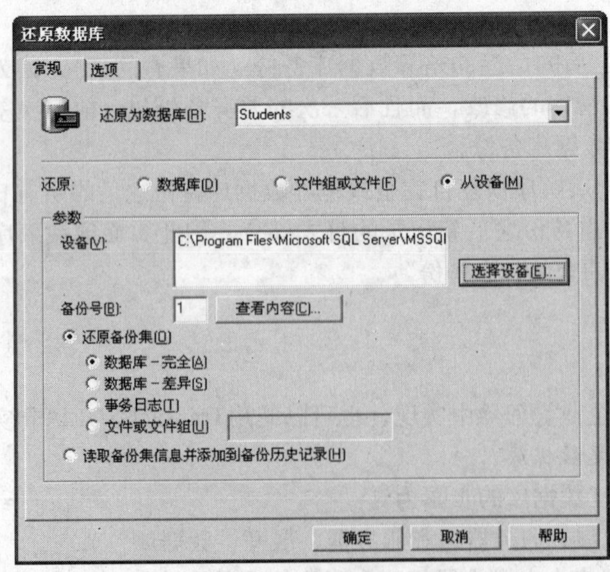

图14-28　选择还原数据库的设备

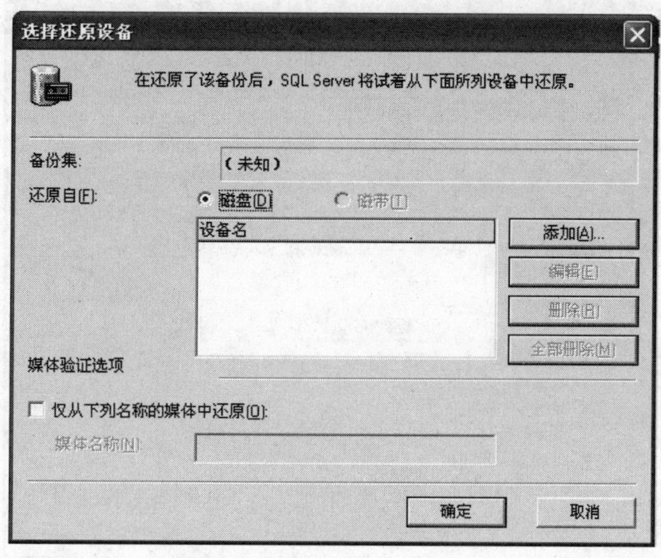

图14-29　“选择还原设备”窗口

如果在图14-27的“还原”区域中选择“从设备”单选按钮，则窗口的形式变为如图14-28所示的形式。单击“选择设备”按钮弹出如图14-29所示的窗口。在图14-29所示的窗口中，单击“添加”按钮，弹出如图14-30所示的窗口。在此窗口中，可以从“备份设备”下拉列表框中选择一个备份设备，然后单击“确定”按钮，回到如图14-29所示的窗口。

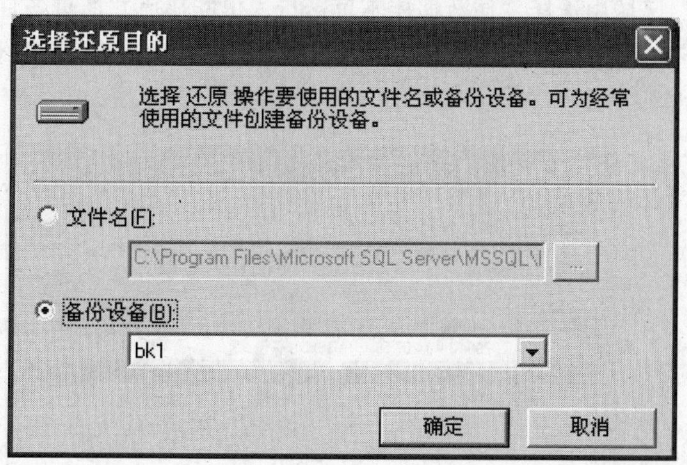

图14-30　选择一个备份设备

如果还要添加其他备份设备，可继续单击“添加”按钮，否则，单击“确定”按钮，进入如图14-31所示的窗口。在图14-31所示的窗口中，单击“查看内容”按钮可以查看并选择要进行的恢复，结果如图14-32所示。

4）在图14-32中，可以选择要恢复数据库的哪个备份。利用这个窗口可以逐个恢复每个备份内容。

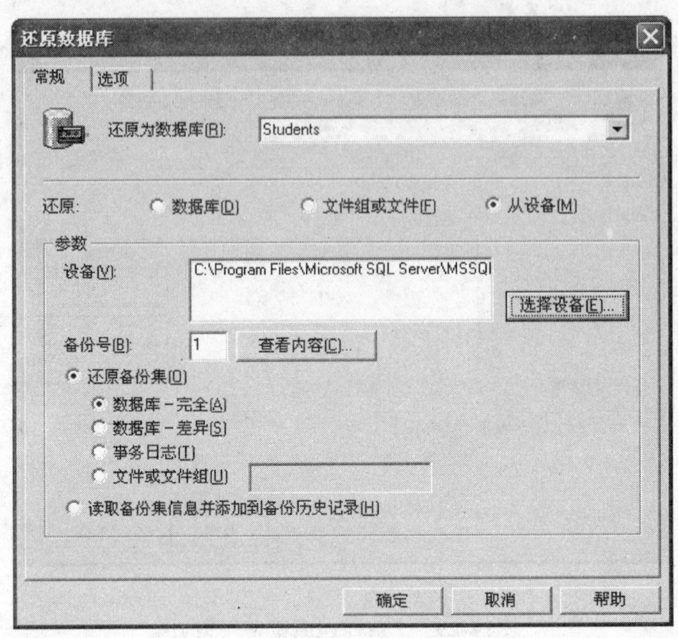

图14-31　选择好备份设备

需要注意的是，如果选择逐个恢复备份的过程，则在恢复之前，必须在图14-31的"选项"选项卡上设置一个选项，如图14-33所示。

在图14-33所示的窗口中，如果当前恢复的备份不是数据库的最后一个备份，则必须在"恢复完成状态"区域中选择"使数据库不再运行，但能还原其他事务日志"，表示在数据库恢复完成之前不允许有用户访问数据库。在该窗口中，系统的默认选项是"使数据库可以继续运行，但无法还原其它事务日志"。

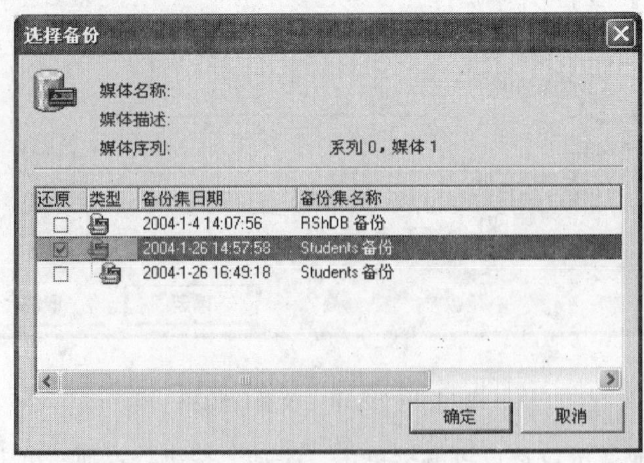

图14-32　查看备份设备备份的内容

如果在此窗口中选择"使数据库可以继续运行，但无法还原其它事务日志"，则表示数据库的恢复已经完成，可以对数据库进行操作了。一般只在恢复最后一个备份时才选择此选项。

单击"确定"开始恢复数据库，恢复成功后弹出如图14-34所示的窗口。

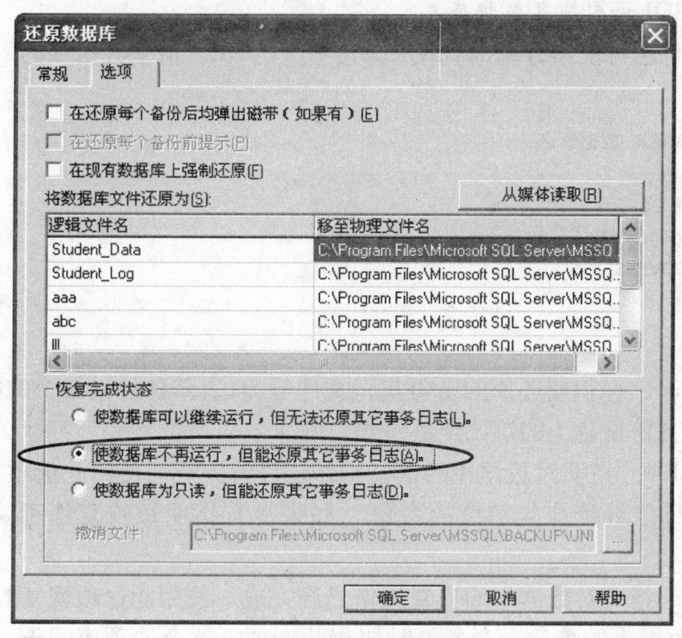

图14-33 设置恢复选项

在图14-34所示的窗口中单击“确定”关闭此窗口。

如果对数据库的恢复是从选择备份设备进行的，并且需要恢复多次，可重复上述过程。在每次选择备份设备进行恢复时，注意查看备份设备的内容，并选择合适的备份项。而且要注意除了最后一次恢复外，其余的恢复都要设置恢复选项为“使数据库不再运行，但能还原其它事务日志”，否则会使后续的恢复无法进行。

图14-34 恢复成功后的提示窗口

恢复尚未完成的数据库的在企业管理器中表示为“正在装载”，其形式如图14-35所示（图中的“Students”数据库未恢复完）。

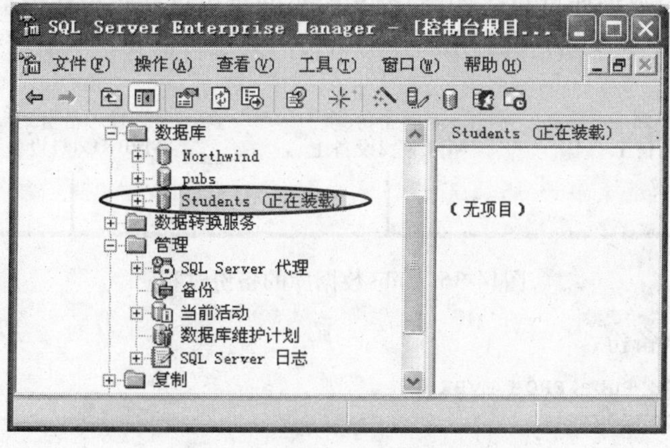

图14-35 未恢复完的数据库的表示

2. 用Transact-SQL语句恢复数据库

恢复数据库和日志可使用Transact-SQL语句RESTORE。恢复数据库的RESTORE语句的格式为:

```
RESTORE DATABASE 数据库名
FROM  备份设备名
[ WITH FILE = 文件号
    [ , ] NORECOVERY
    [ , ] RECOVERY
 ]
```

其中:

- FILE = 文件号：标识要还原的备份集，文件号为1表示备份设备上的第一个备份集，文件号为2表示备份设备上的第二个备份集。
- NORECOVERY：指明对数据库的恢复操作还没有完成。使用此选项恢复的数据库是不可用的，但可以继续恢复后续的备份。如果没有指明该恢复选项，则默认的选项是RECOVERY。
- RECOVERY：指明对数据库的恢复操作已经完成。使用此选项恢复的数据库是可用的。一般在恢复数据库的最后一个备份时使用此选项。这个选项等同于“使数据库不再运行，但能还原其他事务日志”选项。

恢复日志的RESTORE语句与恢复数据库的语句大体相似，其格式为:

```
RESTORE LOG 数据库名
FROM  备份设备名
[ WITH FILE = 文件号
    [ , ] NORECOVERY
    [ , ] RECOVERY
    ]
```

其中各选项的含义同恢复数据库的语句相同。

例4 假设已对pubs数据库进行了完全备份，并备份到MyBK_1备份设备上，此备份设备只含有对pubs数据库的完全备份，则恢复pubs数据库的语句为:

```
RESTORE DATABASE pubs FROM MyBK_1
```

例5 假设对pubs数据库进行了如图14-36所示的备份过程，但在最后一个日志备份完成之后的某个时刻系统出现故障，现利用所作的备份对其进行恢复。恢复过程为:

图14-36 pubs数据库的备份过程

1）首先恢复完全备份。

```
RESTORE DATABASE Pubs FROM MyBK_2
WITH FILE=1, NORECOVERY
```

2）然后恢复差异备份。

```
RESTORE DATABASE Pubs FROM MyBK_2
WITH FILE=2, NORECOVERY
```

3）最后恢复日志备份。

```
RESTORE LOG Pubs FROM MyBKLog1
```

14.3 小结

本章介绍了维护数据库中很重要的工作：备份和恢复数据库。SQL Server 2000支持四种备份方式：完全备份、差异备份、日志备份、文件和文件组备份。本章只介绍了前三种备份方式。完全备份是将数据库的全部内容均备份下来，对数据库进行的第一个备份必须是完全备份；差异备份是备份数据库中相对于完全备份之后对数据库的修改部分；日志备份是备份自前一次日志备份之后的日志内容。完全备份和差异备份均对日志进行备份。数据库的恢复也是先从完全备份开始，然后恢复最近的差异备份，最后再顺序恢复后续的日志备份。

数据库的备份地点可以是磁盘，也可以是磁带。在备份数据库时可以将数据库备份到备份设备上，也可以直接备份到磁盘文件上。当一个磁盘的空间不足以容纳一个数据库的备份时，可以利用备份媒体集实现在多个磁盘上备份数据库的目的。

习题

1. 在确定用户数据库的备份周期时，应考虑哪些因素?
2. SQL Server备份时是将数据库备份到备份设备上，那么备份设备是一个独立的物理设备吗?
3. 在SQL Server中用什么名称来标识备份设备?
4. 在创建备份设备时需要指定备份设备的大小吗？备份设备的大小是由什么决定的?
5. SQL Server 2000提供了几种备份方式?
6. 如果要进行日志备份，需要将数据库的还原模型设置为什么值?
7. 第一次对数据库进行备份时，必须要使用哪种备份方式?
8. 差异备份备份的是哪段数据库内容?
9. 日志备份备份的是哪段数据库内容?
10. 差异备份备份数据库日志吗?
11. 如果要定期备份数据库，则必须要启动SQL Server的哪个服务?
12. 写出将Pubs数据库完全备份到aaa备份设备上的SQL语句，假设此备份设备已经建立好，并且在备份过程中要覆盖此设备上已有的内容。
13. 系统在进行自动恢复时，对于有事务的开始而没有事务的结束的情况是如何处理的?
14. 系统在进行自动恢复时，对于已经提交、但其对数据库的修改还没有保存到磁盘中的事务是如何处理的?
15. 恢复数据库时，对恢复的顺序有什么要求?
16. 为什么在恢复数据库的过程中不允许其它用户使用数据库?

上机练习

按如下顺序完成对学生管理数据库的操作:

1. 创建永久备份设备：backup1, backup2。

2. 将学生数据库完全备份到backup1上。

3. 在选课表中插入一行新的记录，然后将学生数据库差异备份到backup2上。

4. 再将新插入的记录删除。

5. 对学生数据库进行恢复。先看一下图中所显示的恢复顺序，然后再进行恢复。恢复此数据库后，新插入的选课记录是否存在？为什么？

第三部分 用VB开发数据库应用程序

本部分主要介绍如何在Visual Basic环境中开发数据库应用程序，讨论数据库的访问接口的概念、常用的数据访问接口以及目前最常用的ADO数据访问控件以及ADO对象的使用。

如果说第一部分是数据库的理论基础，第二部分主要介绍的是服务器端对数据库的管理，那么本部分就是在有了数据库理论基础以及后台的数据库管理系统之后，利用这些内容开发客户端数据库应用程序。

本部分由下述3章组成：

- 第15章 数据库应用结构与数据访问接口
- 第16章 ADO与数据绑定控件
- 第17章 VB数据库应用编程示例

第 15 章　数据库应用结构与数据访问接口

数据库的应用结构是指数据库运行的软、硬件环境，这种方式经历了从集中式到文件服务器式，再到客户/服务器两层结构和目前的三层甚至多层结构的变化，每一次变化都是为了使数据的处理逻辑更加合理和有效。

数据访问接口是应用程序访问数据库的通道，一般有专用接口和通用接口之分，这里主要介绍通用接口。

15.1　数据库应用结构

数据库应用结构是指数据库运行的软、硬件环境。通过这个环境，用户可以访问数据库中的数据。用户可以通过数据库内部环境访问数据库，也可以通过外部环境来访问数据库。用户可以执行不同的操作，而且他们的执行目的也可以是各不相同的，可以查询数据、修改数据或者是插入新的数据。

不同的数据库管理系统可以具有不同的应用结构。本章将介绍四种最常见的应用结构，它们分别是:

- 集中式结构。
- 文件服务器结构。
- 客户/服务器结构。
- 互联网应用结构。

15.1.1　集中式应用结构

在20世纪60～70年代，数据库系统环境是大型机环境。大型机是一种“集中式”的环境，这种环境主要由一台功能强大、允许多用户连接的计算机组成。多个哑终端通过网络连接到大型机，并可以与大型机进行通信。终端一般只是大型机的扩展，它们并不是独立的计算机。终端本身并不能完成任何操作，而是依赖大型机来完成所有的操作。用户从终端键盘键入的信息传到主机，然后由主机将执行的结果以字符方式返回到终端上。在这种结构下，计算机的所有资源（数据）都在主机上，所有处理（程序）也在主机上完成。图15-1所示的就是集中式环境的应用结构。

集中式应用结构的优点是可以实现集中管理，安全性很好，但其缺点是费用昂贵，不能真正划分应用程序的逻辑。大型机的另一个主要问题就是对最终用户有所限制，终端只能与大型机进行通信。而在个人电脑上执行的任务就无法与大型机交互。

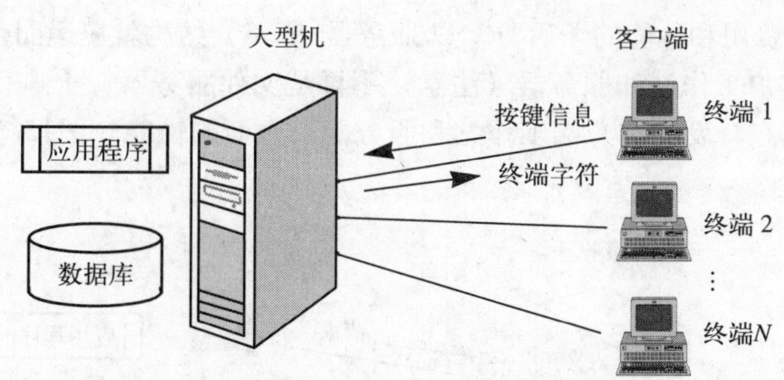

图15-1 大型机结构的数据库访问

15.1.2 文件服务器结构

到20世纪80年代，个人计算机进入了商用舞台，同时计算机应用的范围和领域也日趋广泛。对那些没有能力实现大型机方案的企业来说，个人计算机无疑就有了用武之地。在个人计算机进入商用领域不久，局域网也问世了，同时也诞生了文件服务器技术，图15-2说明了文件服务器结构的应用。

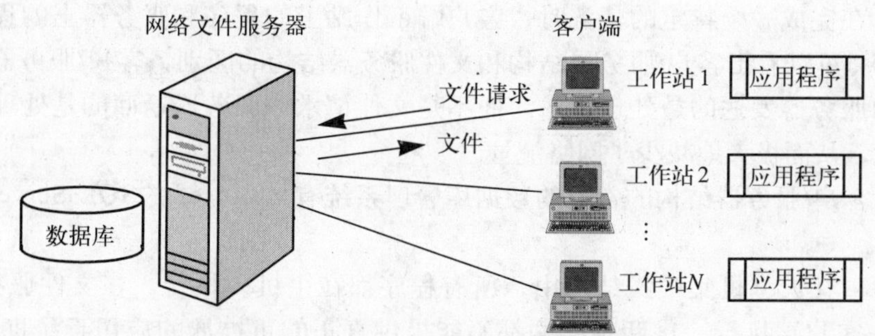

图15-2 文件服务器结构的数据库访问

从图15-2可以看出，在文件服务器系统结构中，应用程序是在客户工作站上运行的，而不是在文件服务器上运行的，文件服务器只提供了资源（数据）的集中管理和访问途径。使用这种结构可以将共享数据资源集中管理，而将应用程序分散安排到各个客户工作站上。文件服务器结构的优点在于实现的费用比较低廉，而且配置非常灵活，在一个局域网中可以方便地增减客户端工作站。但文件服务器结构也有其缺点。由于文件服务器只提供文件服务，所有的应用处理都要在客户端完成，这就意味着客户端的个人计算机必须要有足够的能力，以便执行需要的任何程序。这就要求经常对客户端的计算机进行升级，否则就很难改进应用程序的功能，提高应用程序的性能。特别要指出的是，虽然应用程序可以存放在网络文件服务器的硬盘上，但它每次都要传送到客户端的个人计算机的内存中执行。另外，所有的处理都是在客户端完成的，因此就要经常在网络上传送大量无用的数据。

Microsoft的Foxpro就是非常流行的支持文件服务器结构的数据库管理系统。

15.1.3 客户/服务器结构

文件服务器结构的费用虽然低廉，但是和大型机的“集中式”相比，它缺乏足够的计算和处理能力。为了解决费用和性能的矛盾，客户/服务器（C/S）结构就应运而生了。这种结构允许应用程序分别在客户工作站和服务器（注意，不再是文件服务器）上执行，这样就可以合理地划分应用逻辑，充分发挥客户端工作站和服务器两方面的性能。图15-3说明了客户/服务器的结构。

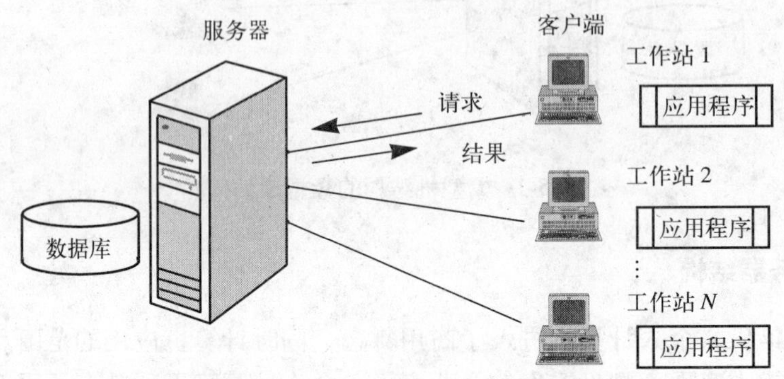

图15-3　客户/服务器结构的数据库访问

在客户/服务器结构中，可以根据需要将应用程序或应用逻辑划分到服务器和客户端工作站中。这样，在完成一个特定的任务时，客户端工作站上的程序和服务器上的程序可以协同工作。从图15-3可以看出客户/服务器结构和文件服务器结构的区别，客户/服务器结构中的客户端工作站向服务器发送的是处理请求，而不是文件请求。服务器返回的是处理的结果，而不是整个文件，从而极大地减少了网络流量。

目前支持客户/服务器结构的常用的数据库管理系统有Microsoft的SQL Server、Sybase和Oracle等。

综上所述，在大型机集中式结构中，所有程序都在主机内执行。在文件服务器结构中，所有程序都在客户端执行。这两种结构都不能提供真正的可扩展的应用系统框架。而客户/服务器结构则可以将应用逻辑分布在客户端工作站和服务器之间，可以提供更好的应用程序性能。

在客户/服务器结构中，我们常把客户端称作前台或前端客户，把服务器称作后台或后端服务器。

15.1.4　互联网应用结构

互联网计算环境与客户/服务器计算环境非常相似。在客户/服务器环境中，需要使用服务器、网络以及一台或多台相互连接的个人计算机。而互联网计算环境依赖于因特网，因特网计算模式是非常独特的。在客户/服务器环境下，用户只能访问公司内部网的数据库系统。若要访问公司内部网以外的数据库系统，客户端还需要安装其它的应用软件。

互联网计算环境之所以强大，是因为其所需的客户端软件对客户是透明的。在互联网计算环境中，应用软件可以只安装在一台服务器（Web服务器）上。用户的PC机只要能够连接到互联网并且安装有Web浏览器，就可以操作数据库。其过程是：用户向Web服务器发出数据请求，Web服务器收到请求后，按照特定的方式将请求发送给数据库服务器，数据库服务器执行这些请求并将执行后的结果返回给Web服务器，Web服务器再将这些结果按页面的方式返回给客户的浏览器。最后，查询结果通过浏览器显示在用户的机器上。在互联网计算环境下，最终用户应用软件的安装和维护都非常简单，客户端不再需要安装、配置应用软件的工作。这些工作只需在Web服务器上完成，这样就可以减少客户端与服务器端软件配置的不一致问题以及不同版本应用软件所带来的问题。当应用软件需要做一些修改时，只要在Web服务器上进行修改即可。

图15-4所示的是互联网计算环境下数据库访问的情况。

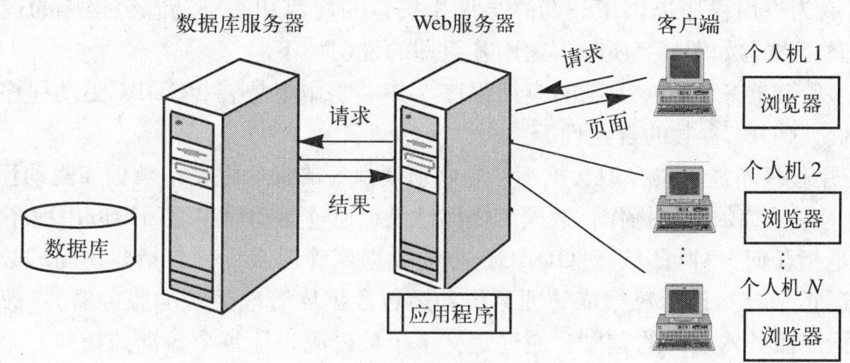

图15-4 互联网计算环境下的数据库访问

15.2 数据访问接口

通常，数据库管理系统都支持两种数据访问接口，一种是专用接口，一种是通用接口。专用接口是与特定的数据库管理系统有关的，不同的数据库管理系统提供的专用接口不同。而通用接口是很多数据库管理系统都可以使用的，目前最流行的通用数据访问接口是ODBC和OLE DB，现在很多数据库管理系统都支持这两种通用接口。

15.2.1 ODBC

1. ODBC提出的背景

在ODBC概念提出之前，应用程序访问数据库时使用的是数据库系统提供的专用接口。通过一个专用接口只能访问一种类型的数据库，不同的数据库管理系统提供的专用接口是各不相同的。因此，在一个数据库应用程序中很难同时访问不同数据库管理系统（如SQL Server和Oracle等）中的数据，而在实际应用中通常需要同时访问多个数据库管理系统中的数据。例如，在一个单位中，假设财务、生产和技术等部门根据自身业务的特点选择使用了各不相同的DBMS（或已经用这些DBMS实现了本部门的业务系统），而在建立企业级管理信息系统时，需要在一个系统中同时访问各个部门的数据库，这种情况下使用数据库专用接口就难以实现这一要求。另一方面，由于每个数据库管理系统的专用接口各不相同，当用户要使用不同的数据库管理系统时，必须要学习多种接口，给开发人员造成了不必要的麻烦。而且使用专用接口开发应用程序难度也比较大。

ODBC（开放数据库互连，Open DataBase Connectivity）是Microsoft公司开发的一套开放的数据库系统应用程序接口规范，它为应用程序提供了一套高层调用接口的规范和基于动态链接库的运行支撑环境。使用ODBC开发数据库应用程序时，应用程序使用的是标准的ODBC接口和SQL语句，数据库的底层操作由各个数据库的驱动程序完成。这样就使数据库应用程序具有很好的适应性和可移植性，并且具备同时访问多种数据库管理系统的能力。

ODBC驱动程序有些类似于Windows下的打印机驱动程序。对用户来说，驱动程序屏蔽了不同对象间的差异，用ODBC编写的数据库应用程序（就像Windows下的打印程序能够在不同的打印机上打印一样）可以运行于不同的数据库环境下。

2. ODBC体系结构

ODBC规范为应用程序提供了一套高层调用接口的规范和基于动态链接库的运行支持环境。ODBC的体系结构如图15-5所示。图中各组件的说明如下：

- 驱动程序管理器是Windows下的应用程序，其主要作用是装载ODBC驱动程序、管理数据源、检查ODBC参数的合法性等。

ODBC 应用程序不能直接存取数据库，它将所要执行的操作提交给数据库驱动程序，通过驱动程序实现对数据库的各种操作，数据库操作结果也通过驱动程序返回给应用程序。

- 数据源是指任何一种可以通过ODBC连接的数据库管理系统，包括要访问的数据库和数据库的运行平台（包括数据库管理系统和运行数据库管理系统的服务器）。数据源名屏蔽了数据库服务器之间的差别。通过定义多个数据源，让每个数据源指向一个数据库管理系统，就可以实现在应用程序中同时访问多个数据库管理系统的目的。

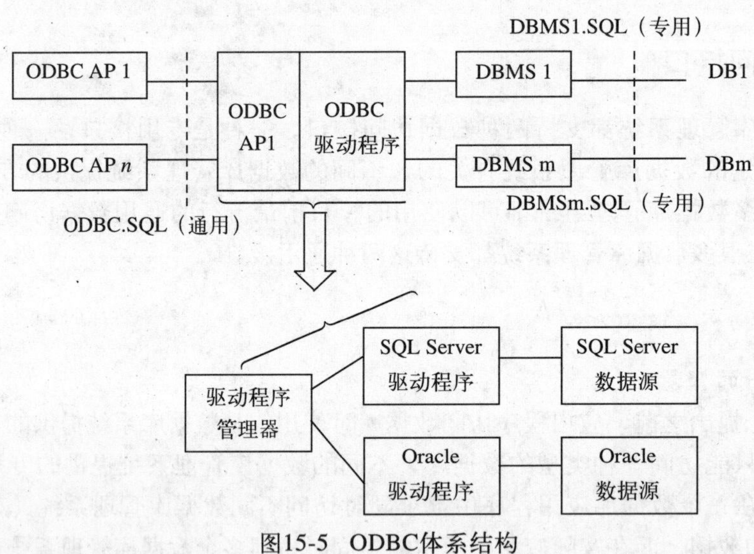

图15-5　ODBC体系结构

- 数据库驱动程序为动态链接库形式，它的主要作用是：
  - 建立与数据源的连接。
  - 向数据源提交用户请求，执行SQL语句。
  - 在数据库应用程序和数据源之间进行数据格式转换。
  - 向应用程序返回处理结果。

总之，ODBC提供了在不同数据库环境下C/S结构的客户访问异构DBMS的接口。也就是说，在异构数据库服务器构成的C/S结构中，要访问不同数据库的数据，需要一个能连接客户平台到不同服务器的桥梁，ODBC就是起这种作用的桥梁。ODBC提供了一个开放的、标准的能访问从PC机、小型机到大型机数据库数据的接口。使用ODBC的另一个好处是当作为数据源的数据库服务器上的数据库管理系统发生变化时（比如从SQL Server转换到

Sybase)，不需对客户端应用程序做任何改变，因此所开发的数据库应用程序具有很好的移植性。

3. 建立ODBC数据源

可以通过Windows的控制面板建立ODBC数据源。建立ODBC数据源的步骤为:

1) 打开控制面板。如果使用的是Windows 98，则直接双击控制面板上的“ODBC数据源”。如果使用的是Windows 2000，则双击控制面板上的“管理工具”，然后再双击管理工具上的“数据源（ODBC)”。打开“ODBC数据源管理器”窗口，如图15-6所示。

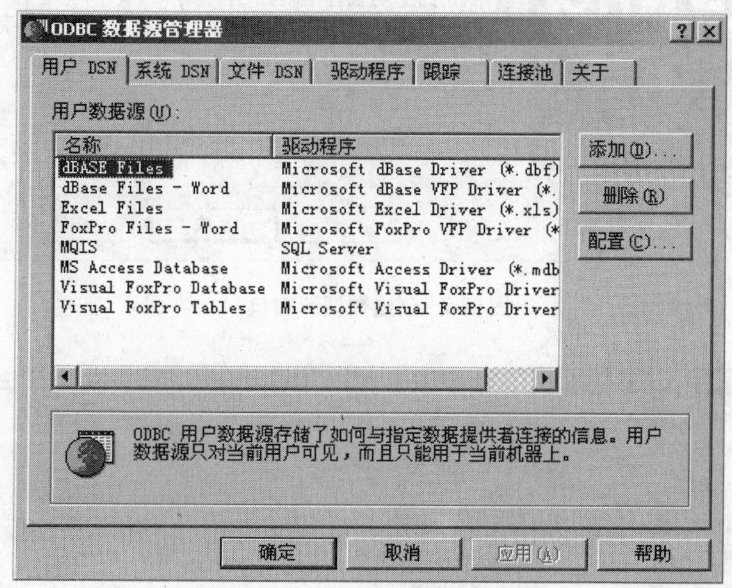

图15-6 ODBC数据源管理器

2) ODBC数据源共有三种类型，第一种是用户数据源（用户DSN)，第二种是系统数据源（系统DSN)，第三种是文件数据源（文件DSN)。用户DSN只能用于当前定义此数据源的机器上，而且只有定义数据源的用户才可以使用。系统DSN可用于当前机器上的所有用户。文件DSN是将用户定义的数据源信息保存到一个文件中，并可被不同机器上安装了相同驱动程序的用户共享。

假设我们要建立一个系统ODBC数据源，选择“系统DSN”选项卡，然后单击“添加”按钮，弹出如图15-7所示的窗口。

3) 在图15-7所示的窗口中选择要连接的数据库管理系统的驱动程序。这里选择的是“SQL Server”，单击“完成”后会弹出如图15-8所示的窗口。

4) 在图15-8所示的窗口中，为数据源命名，并指定要连接到的数据库服务器的名字。在“名称”文本框中输入数据源的名字，在“说明”文本框中输入此数据源的说明信息，在“服务器”下拉列表框中指定要连接的数据库服务器的名字。指定完毕后单击“下一步”，弹出如图15-9所示的窗口。

5) 在图15-9所示的窗口中选择用户登录到数据库服务器的身份验证方式和用户登录标识，然后单击“下一步”，弹出如图15-10所示的窗口。

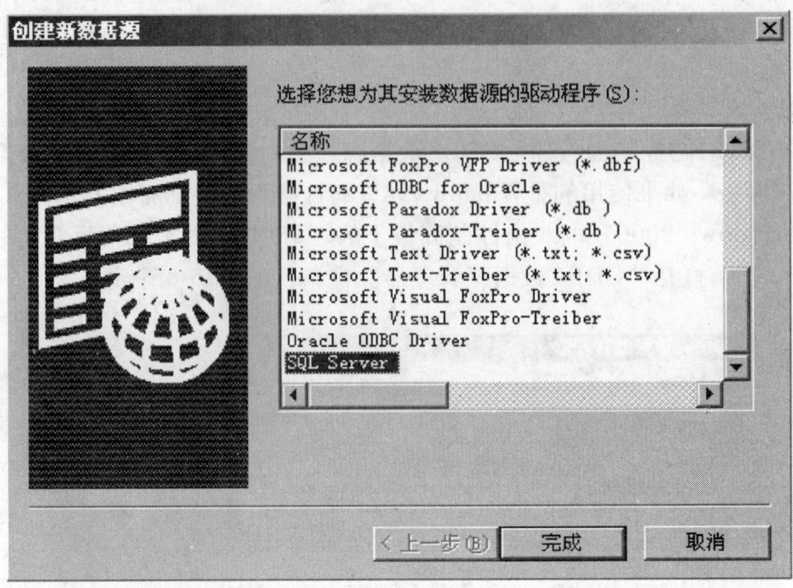

图15-7　创建数据源窗口

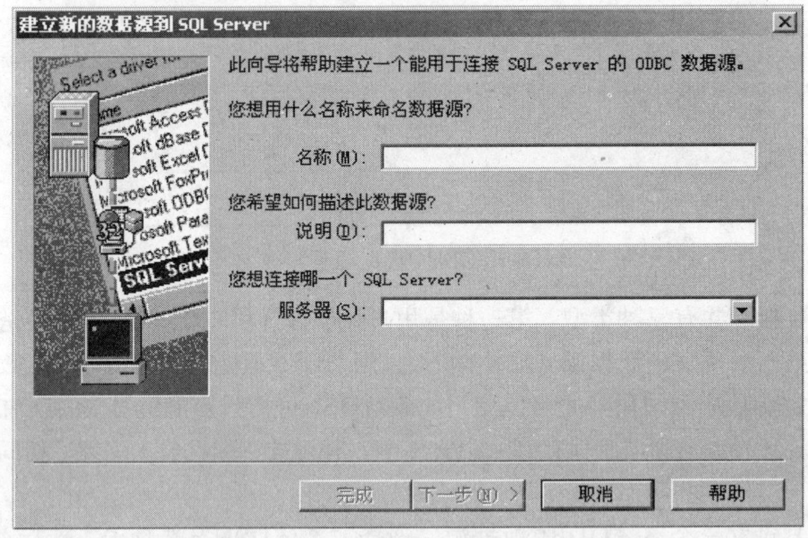

图15-8　指定数据源名并选择数据库服务器

6) 在图15-10所示的窗口中，可以指定默认数据库、驱动程序如何使用存储过程支持SQLPrepare（在Windows 98个人操作系统上，此项不可用，在图15-10中为灰色)、各种用于驱动程序的 ANSI 选项，以及是否使用故障转移服务器（在Windows98个人操作系统上，此项不可用，在图15-10中为灰色)。在这里只选择用户登录的默认数据库即可，也可以在以后使用ODBC数据源时再指定数据库。单击“下一步”，弹出如图15-11所示的窗口。

7) 在图15-11所示的窗口中，可指定用于 SQL Server 消息的语言、字符数据转换和 SQL Server 驱动程序是否应当使用区域设置，还可以控制运行时间较长的查询和驱动程序统计设置的记录。单击“完成”按钮，弹出如图15-12所示的窗口。

8) 图15-12所示的窗口显示了所定义的ODBC数据源的描述信息，单击“测试数据源”按钮可测试一下所建立的数据源是否成功，若成功，将弹出一个提示测试成功的窗口，否则，会出现测试失败的提示信息。若测试成功，可单击“确定”按钮，建立ODBC数据源。建立好的ODBC数据源会列在“ODBC数据源管理器” 窗口中，单击“确定”按钮关闭“ODBC数据源管理器”窗口。

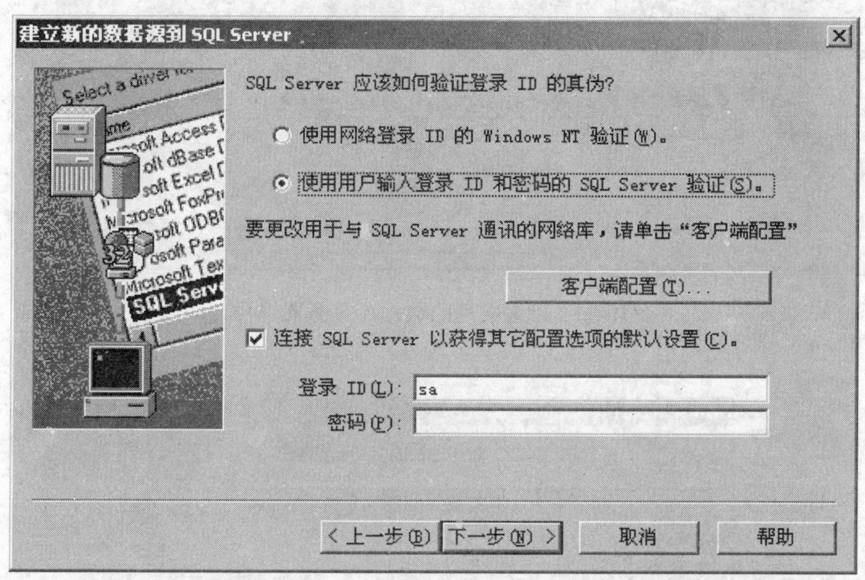

图15-9 输入连接到数据库服务器的用户标识

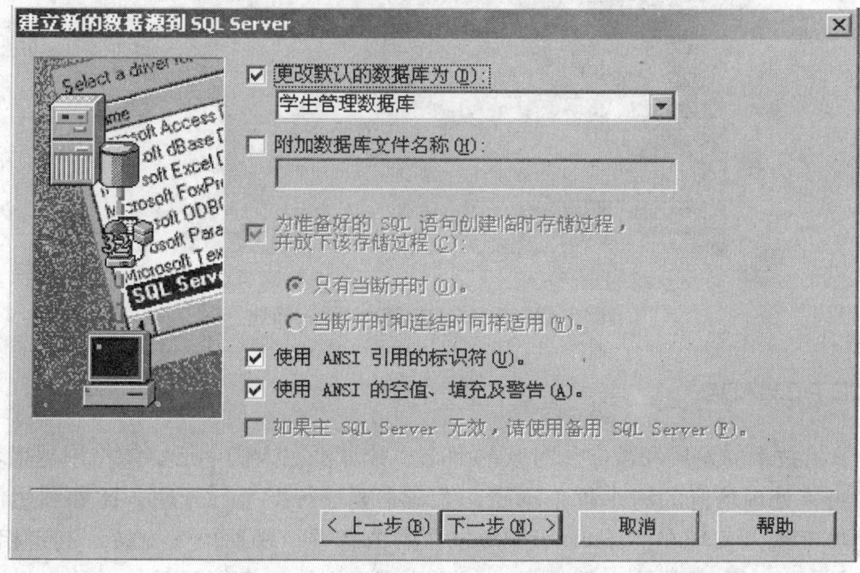

图15-10 选择用户登录的默认数据库

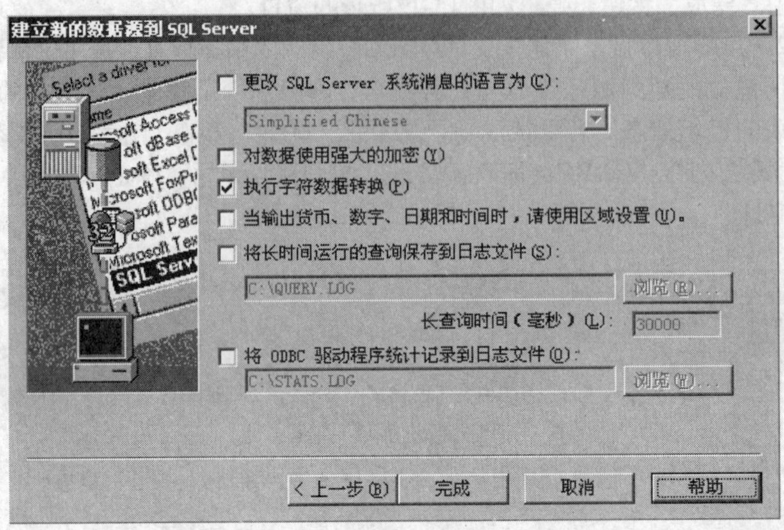

图15-11 设置使用的数据库服务器选项

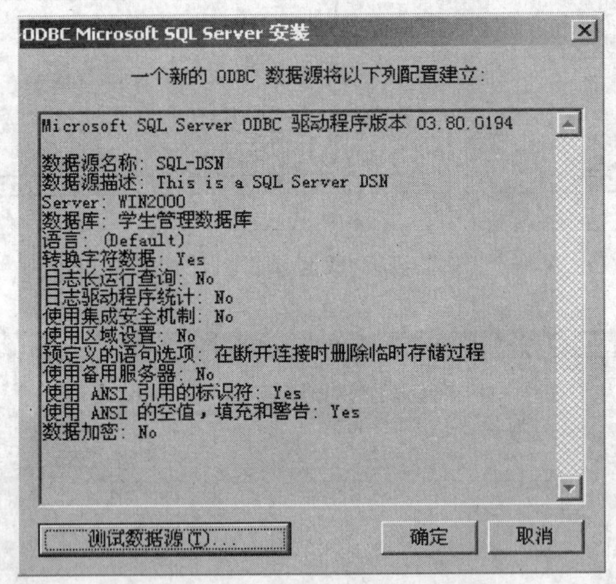

图15-12 新建ODBC数据源的描述

15.2.2 OLE DB和ADO

随着计算机技术的发展和数字化时代的到来，计算机在人们生活中的作用越来越重要，人们利用计算机来处理信息的需求越来越高。尤其是要进行综合性管理，比如利用传统的文件系统、数据库系统以及现在的Internet等所包含的信息进行辅助决策支持，制定相应政策等。现在，许多部门都有自己的信息管理方式，而他们采用的信息管理系统多种多样，有文件系统、数据库系统等，它们的数据格式也各不相同，有文本格式、电子表格格式及在Internet上使用的电子邮件格式和HTML格式等。即使是在数据库中，不同厂家的数据库管理系统对数据的管理方式也不相同。而不同管理系统中的数据有不同的访问方法。这就意味着如果要同时访问这些管理系统中的数据就必须使用多种数据访问方法，应用程序开发者也必须是多种数据访问方法的专家，这显然是不现实的。为此，Microsoft提出了一致的数据访问（Universal Data Access）策略，此策略可以在不同应用程序（从传统的C/S到Web）中保证开放和集成，并为访问所有的数据类型（关系的和非关系的，甚至是非结构的）提供基于标准的方法。

一致的数据访问策略基于OLE DB（Object Linked and Embed DataBase, 对象链接与嵌入式数据库）来访问所有类型的数据，并通过ADO（ActiveX Data Object, ActiveX数据对象）来提供应用程序开发者使用的编程模型。

ADO和OLE DB实际上是同一种技术的两种表现形式。OLE DB提供的是通过COM（Component Object Model，组件对象模型）接口的底层数据接口，而ADO提供的是一个对象模型，它简化了应用程序中使用OLE DB获取数据的过程。如果使用的是传统的编程语言，那么我们可以将OLE DB看成是针对数据库的汇编语言，而ADO则提供了一种建立在这个汇编语言之上的高级语言。

OLE DB的构成

OLE DB是一系列直接处理数据的接口。OLE DB建立在COM之上，是Microsoft提供的一种在不同数据进程间进行通信的方式。实际上，OLE DB也就是为数据访问而设计的一系列COM接口。

这里不讨论如何使用OLE DB的底层细节，但需要了解OLE DB的高层结构。通过了解高层结构，可以更容易地理解如何获得数据，并且可以正确地解决获取数据过程中可能出现的问题。

OLE DB定义了三种类型的数据访问组件：

• 数据提供者：包含数据并将数据输出到其它组件中去。
• 数据消费者：使用包含在数据提供者中的数据。
• 服务组件：处理和传输数据。

例如，如果使用OLE DB访问SQL Server数据，并且使用C++显示获得的数据，则SQL Server就是数据提供者，C++的接口应用程序就是数据的消费者，临时表引擎中保留的一系列记录就是一个服务组件。

再比如，使用Visual Basic和ADO获取数据时，ADO本身就是OLE DB的数据消费者。本书第17章的例子就是将ADO作为OLE DB的数据消费者。使用ADO作为消费者隐藏了OLE DB下COM接口的所有详细工作过程。

OLE DB的绝大多数功能包含在数据提供者和服务组件中，服务组件可以获取和操作应用程序使用的数据。下面简要介绍一些OLE DB库中包含的核心组件的作用：

• Data Conversion Library：支持从一种数据类型转换到另一种数据类型。
• Row Position对象：保留记录集中对当前行的跟踪。运用此功能可以让其它组件约定它们当前使用的是什么数据。
• Root Enumerator：允许搜索已知OLE DB数据提供者的注册信息。
• IdataInitialize接口：包含允许使用数据源的功能。
• IDBPromptInitialize接口：包含允许应用程序使用Data Link属性对话框的功能。

当使用ADO和Visual Basic访问数据时，我们并不直接使用这些组件，但通过ADO对数据进行访问时，这些组件通过OLE DB完全参与了数据访问过程。

使用ADO和OLE DB获取数据的体系结构如图15-13所示。

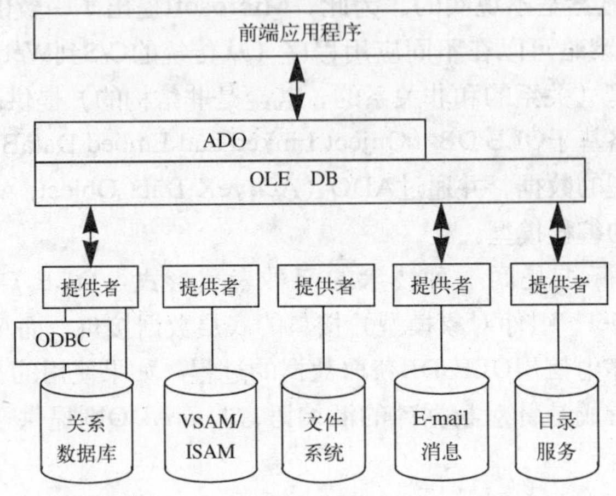

图15-13　一致的数据访问策略的体系结构

15.2.3　ADO为OLE DB带来了什么

ADO是建筑在OLE DB之上的高层接口集。尽管OLE DB对于操作数据来说是一个有效的接口，但大多数应用程序开发者并不需要OLE DB在处理数据访问时给出的底层控制，他们对管理内存资源等底层操作并不感兴趣，而且开发人员一般都使用不支持指针和其它C++调用机制的高级语言来开发应用程序。ADO是介于OLE DB底层接口和应用程序之间的接口，它避免了开发人员直接使用OLE DB底层接口的麻烦，因此使用ADO可以帮助开发人员使用已经熟悉的编程环境和语言开发应用系统。

总之，ADO简化了OLE DB模型。OLE DB是一个面向API（Application Programming Interface，应用程序编程接口）的调用。为了使OLE DB能够完成这些操作，开发者需要调用许多不同的API。ADO在OLE DB上面设置了另外一层。ADO层是面向对象的API，它只要求开发者掌握几个简单对象的方法和属性，这比在OLE DB API中直接调用函数要简单得多。图15-14显示了完整的ADO对象模型。

ADO对象模型中包含了三个一般用途的对象：Connection、Command和Recordset。开发人员可以创建这三个对象并使用这些对象访问数据库。在ADO对象模型中还有Field、Property、Error和Parameter等对象，它们是前面三个对象的子对象。这些对象的描述如下：

- Connection对象：包含了与数据源连接的信息。
- Command对象：包含了与一个命令相关的信息。比如，查询字符串、参数定义等。
- Recordset对象：包含了从数据源得到的记录集。
- Field对象：包含了记录集中的某个记录的字段信息。字段包含在一个字段集合中。字段信息包括字段的数据类型、精度和数据范围等。
- Property对象：ADO对象的属性。ADO对象有两种属性：内置属性和动态生成的属性。内置属性是指包含在ADO对象里的属性，任何ADO对象都有这些内置属性。动态属性由底层的数据源定义，每个ADO对象都有对应的属性集合。

• Parameter对象：与Command对象相关的参数。Command对象的所有参数都包含在它的参数集合中，可以通过查询数据库自动创建ADO参数对象。

• Error对象：包含了由数据源产生的Errors集合中的扩展的错误信息。由于一个单独的语句会产生一个或多个错误，因此Errors集合可以同时包括一个和多个Error对象。

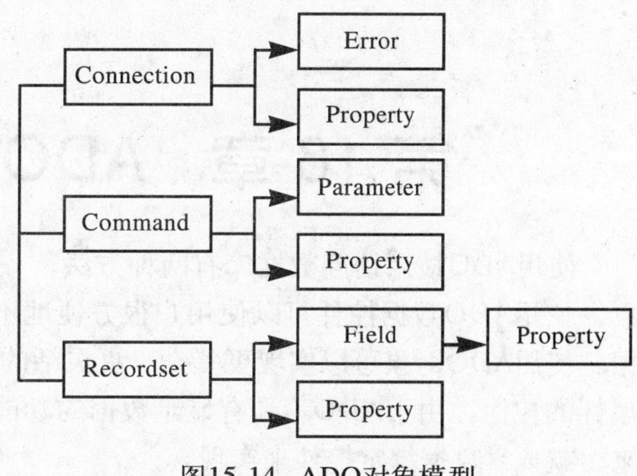

图15-14 ADO对象模型

15.3 小结

本章首先介绍了数据库的应用结构。到目前为止，数据库的应用结构经历了四种形式，从最开始的集中式，到文件服务器方式，再到现在应用范围非常广泛的客户/服务器方式，以及目前日益兴起的互联网方式的多层结构，每一种结构都更加合理地均衡了客户端和服务器端的处理逻辑和负载。数据库应用结构是由数据库管理系统对数据的处理方式决定的，而不是由操作系统和硬件结构决定的。

数据库的数据访问接口分为专用接口和通用接口两种。专用接口是每个数据库管理系统提供的专用数据访问接口。通用接口的思想是由Microsoft提出的，通过这些通用接口，用户可以访问不同的数据库管理系统，而不必再关心这些接口之间的差异，这样极大地简化和方便了用户对数据库的访问。常用的通用接口有ODBC和OLE DB两种，OLE DB是在ODBC之后发展起来的技术，它支持的数据源比ODBC范围更广。ADO是建立在OLE DB基础之上的高层封装，其目的是简化用户使用OLE DB底层接口访问数据库时的复杂性。通过ADO提供的对象，用户可以很方便、很简单地访问数据库。

习题

1. 在文件服务器结构和客户/服务器结构中，数据处理有什么区别？
2. 应用在客户/服务器结构上的数据库管理系统是否同样可以应用在互联网应用结构中？
3. 目前有哪两个常用的通用数据访问接口？
4. ODBC中的驱动程序管理器的作用是什么？
5. ODBC数据库驱动程序的主要作用什么？
6. ODBC中的数据源的含义是什么？
7. ODBC数据源共有哪三种类型？每种类型的区别是什么？
8. ODBC接口和OLE DB接口的主要区别是什么？
9. OLE DB中定义的三种数据访问组件是什么？
10. ADO与OLE DB的关系是什么？

上机练习

建立一个连接到SQL Server的“学生管理数据库”的ODBC系统数据源。

第 16 章　ADO与数据绑定控件

使用ADO技术访问数据库有两种方法，一种是使用ADO数据控件，另一种是使用ADO对象。使用ADO数据控件可以使用户很方便地不用编程或编写很少的代码就可以访问数据库数据。使用ADO对象可以实现更复杂、更灵活的数据访问。数据绑定控件是任何具有“数据源”属性的控件。由于ADO不具有显示数据的功能，因此要将数据操作结果在用户界面上显示出来，就要靠数据绑定控件来实现。

本章将首先介绍ADO数据控件的主要功能，介绍它的主要属性、方法和事件，然后介绍对操作结果集数据非常重要的Recordset对象的功能、属性和方法，然后介绍数据绑定控件的功能，主要介绍按表格方式显示数据的DataGrid数据绑定控件和按列表方式显示数据库中某列的值的DataList数据绑定控件的使用。最后介绍ADO对象的主要属性，方法和事件，以及使用ADO对象访问数据库的方法。

16.1　ADO数据控件

ADO数据控件是目前流行的、技术先进的数据访问控件，它支持OLE DB数据访问模型。使用ADO数据访问控件，除了可以访问大型关系型数据库管理系统（比如Oracle、SQL Server等）之外，也可以访问小型个人数据库管理系统，比如Access、FoxPro等，甚至还可以访问邮件数据、图形数据等。因此，使用ADO数据控件几乎可以访问各种类型的数据源。

ADO数据控件用于指定连接的数据源和要访问的数据，要显示所获得数据则要使用数据绑定控件。

ADO数据控件是ActiveX控件，一般它不出现在VB集成开发环境的“工具箱”中。用户要手工将其添加到工具箱中，才能使用它。

将ADO数据控件添加到工具箱中的方法如下所示:

1) 在VB集成开发环境中，单击“工程”菜单下的“部件”命令，打开“部件”对话框，如图16-1所示。

2) 在“控件”选项卡上，选中“Microsoft ADO Data Control 6.0（OLE DB）”复选框，如图16-1所示。

3) 单击“确定”按钮关闭对话框。此时“工具箱”中会出现ADO数据控件的图标，如图16-2所示。

ADO数据控件的微帮助名称为“Adodc”。

同VB的其它控件一样，要使用Adodc控件，首先应将其拖放到窗体上，然后再通过设置其属性等方法使Adodc发挥作用。

Adodc控件在窗体上的形式如图16-3所示。

Adodc的默认名为Adodc1。在Adodc控件上有四个按钮，其功能分别为:

|◀: 将结果记录集中的当前行指针移到第一行。

◀: 将结果记录集中的当前行指针向前移动一行。

▶：将结果记录集中的当前行指针向后移动一行。

▶|：将结果记录集中的当前行指针移到最后一行。

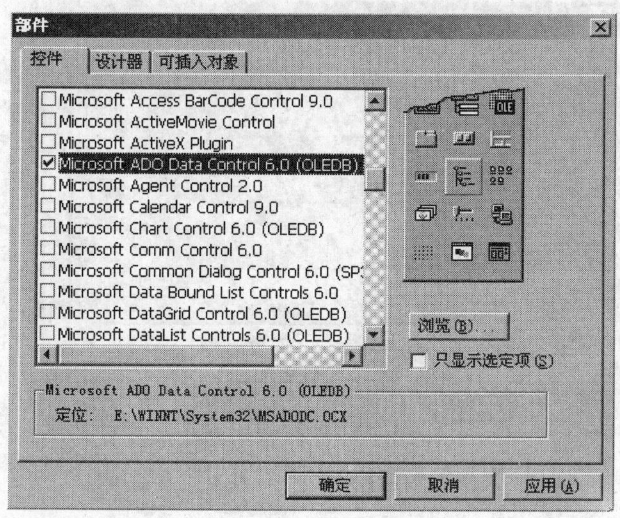

图16-1　“部件”对话框

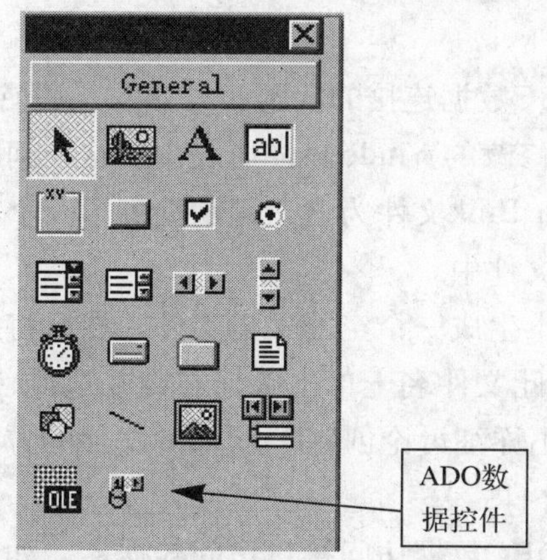

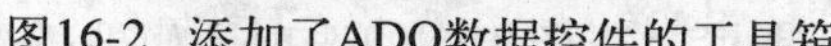

图16-2　添加了ADO数据控件的工具箱

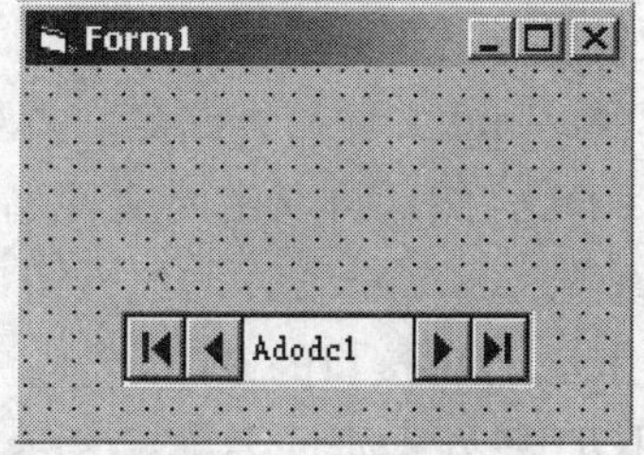

图16-3　Adodc样式

16.1.1　ADO数据控件的主要属性、方法和事件

1. ADO数据控件的主要属性

ADO数据控件与VB中的内部数据控件（Data）很相似，为了建立与数据源的连接和操作数据，需要设置其中的一些属性。下面我们介绍与数据库相关的ADO数据控件的属性。

(1) ConnectionString属性

此属性是ADO数据控件中一个非常重要的属性，用于建立与数据源的连接。它是一个字符串，其中所包含的参数与使用的数据访问接口有关。

可以在ADO数据控件的“属性页”中设置ConnectionString属性。打开“属性页”的方法是单击ADO数据控件属性页中的“ConnectionString”属性，然后单击…按钮。也可以在

ADO数据控件上单击鼠标右键，然后在弹出的菜单中选择“ADODC属性”命令，应用上述两种方式均弹出图16-4所示的“属性页”对话框。

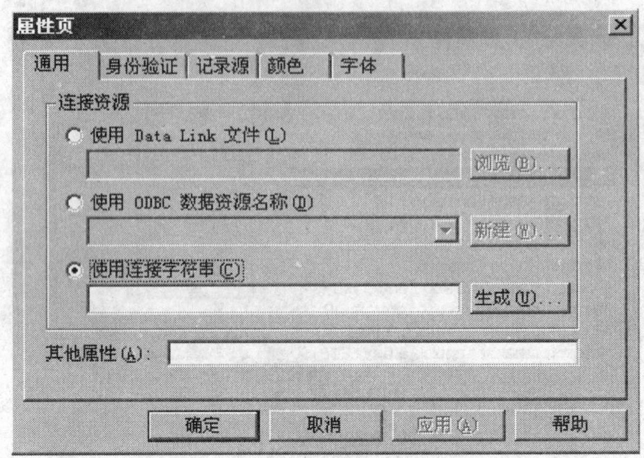

图16-4　ADO数据控件的“属性页”对话框

其它设置步骤如下:

1) 在图16-4所示的“属性页”对话框上选择“通用”选项卡。在此选项卡上显示了三种与数据源连接的方式:

- 使用Data Link文件：这是为解决早期ODBC数据连接的问题而设置的。在使用ODBC连接数据源时，连接信息存储在难以查看和修改的Windows注册表中（这一问题后来通过在ODBC中引入文件DSN而解决了）。Data Link文件为这个问题提供了一个方法，它将必要的连接数据库的信息保存到一个文本文件中。

生成Data Link文件的方法是：首先用记事本生成一个空的文本文件，然后将此文件的扩展名改为.UDL，然后再双击此文件名，或者在此文件名上单击鼠标右键并选择“属性”，将打开一个设置Data Link文件的属性窗口。这里不详细讨论创建Data Link文件的方法，而是重点讨论使用OLE DB接口的方法。

- 使用ODBC数据资源名称：表示要使用ODBC数据访问接口访问数据库。如果已经建立好了ODBC数据源，那么此时可以直接从下拉列表框中选择相应的选项。如果还没有建立ODBC数据源，也可以单击“新建”按钮，创建一个新的ODBC数据源。创建ODBC数据源的方法我们已经在第15章介绍了。
- 使用连接字符串：表示要使用OLE DB接口访问数据库。单击“生成”按钮，会弹出如图16-5所示的对话框。

2) 在图16-5所示的对话框的“提供者”选项卡中，列出了本机可以使用的OLE DB接口，不同的数据库管理系统有不同的OLE DB接口。如果要访问的数据库是Access，则可以选择“Microsoft Jet 4.0 OLE DB Provider”或“Microsoft Jet 3.51 OLE DB Provider”，具体选择Jet的哪个版本，由Access的版本决定。一般来说，如果是2000以上的版本，就应该使用4.0版本的Jet（Jet是Access的数据库引擎）。如果要访问SQL Server数据库，则可以选择“Microsoft OLE DB Provider for SQL Server”。

• 如果选择的是“Microsoft Jet 4.0 OLE DB Provider”，单击“下一步”，则弹出如图16-6所示的对话框。在此对话框的“选择或输入数据库名称”下边的文本框中输入Access数据库文件名（扩展名为.mdb），也可以单击 ... 按钮，选择一个Access数据库。如果此Access数据库有用户名和密码，则可以在“输入登录数据库的信息”部分输入相应的用户名和密码。设置好后，可单击“测试连接”按钮，测试一下与数据库的连接是否成功。

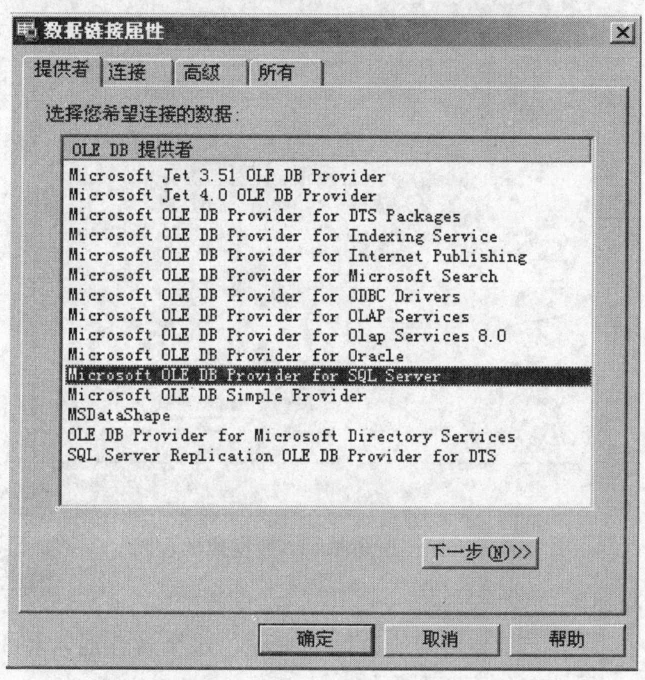

图16-5 “数据链接属性”窗口

• 如果选择的是“Microsoft OLE DB Provider for SQL Server”，单击“下一步”按钮，则弹出如图16-7所示的对话框。在此对话框中需要完成如下设置：

a) 选择要访问的数据库所在服务器。在“选择或输入服务器名称”下边的下拉列表框中选择要访问的服务器。如果下拉列表框中没有列出所需的服务器名称，则可以在此输入一个服务器的名称。

b) 指定登录到服务器的用户。在“输入登录服务器的信息”区域选择一种登录到SQL Server服务器的身份验证方式。如果使用SQL Server身份验证方式，则需要输入登录帐户的用户名和密码。注意，此登录帐户必须是要访问的数据库的合法用户，并且对要访问的数据具有合适的操作权。

c) 选择要访问的数据库。单击“在服务器上选择数据库”下边的下拉列表框，从列出的数据库中选择一个要访问的数据库。

设置完毕之后，可以单击“测试连接”按钮，测试一下所进行的设置是否成功。

成功之后，单击“确定”按钮，返回到图16-4所示的“属性页”窗口。这时在“使用连接字符串”下边的文本框中，已经有了描述连接属性的字符串。

3) 单击“属性页”对话框上的“确定”按钮，关闭此窗口，完成对ADO数据控件的ConnectionString属性的设置。

假设我们要访问的是SQL Server数据库，并且使用我们在第4章建立的三张表和数据，这三张表所在的数据库名为“学生管理数据库”。

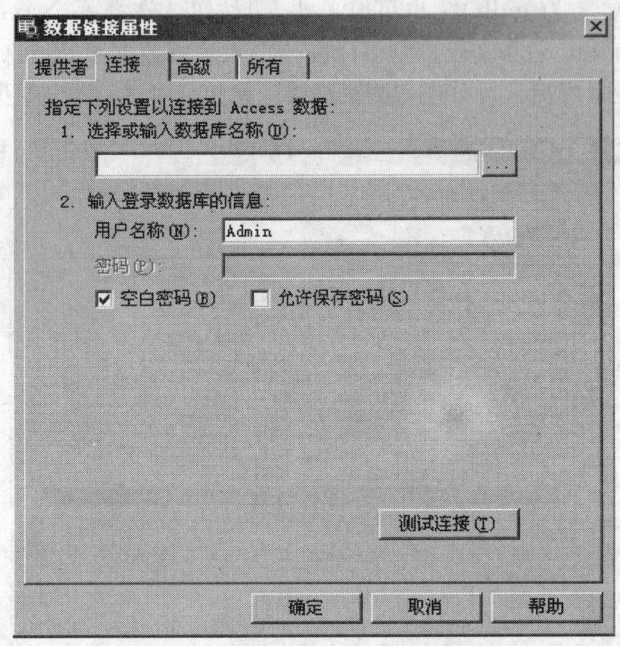

图16-6 连接到Access数据库的窗口

(2) CommandType属性

此属性指明命令的类型，即要访问的数据的来源。这个属性通常和 RecordSource属性配合使用。CommandType属性有如下四个取值:

- adCmdUnknown: 默认值，表示RecordSource中的命令类型未知。
- adCmdTable: RecordSource属性的内容是一个表名，表示其结果集是对此表执行无条件查询后得到的结果。
- adCmdText: RecordSource属性的内容是一个查询语句文本串，表示其结果集是执行此查询语句文本串产生的结果。
- adCmdStoredProc: RecordSource属性的内容是一个存储过程名，表示其结果集是执行此存储过程产生的结果。

设置CommandType属性的方法参见设置RecordSource部分。

(3) RecordSource属性

此属性用于设置ADO结果集的内容，这个内容可以来自于一张表，一个查询语句，也可以来自一个存储过程的执行结果。RecordSource属性的值与CommandType属性的值有关，两者通常协同使用。

设置RecordSource属性的步骤如下:

1) 在已经设置好ConnectionString属性的ADO数据控件上单击鼠标右键，在弹出的菜单中选择“ADODC属性”命令，弹出“属性页”对话框。在此对话框上选择“记录源”选项卡，如图16-8所示。也可以在ADO数据库控件的属性窗口中，单击一下RecordSource属性，然后单击 ... 按钮，弹出的对话框与图16-8类似。

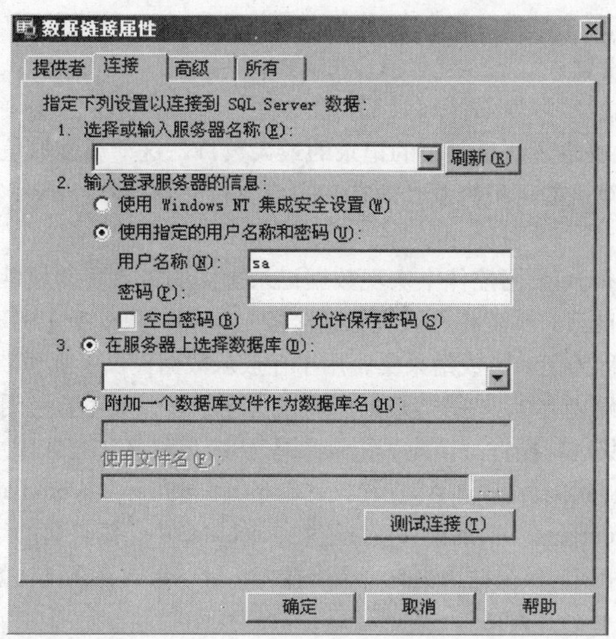

图16-7 连接到SQL Server数据库的窗口

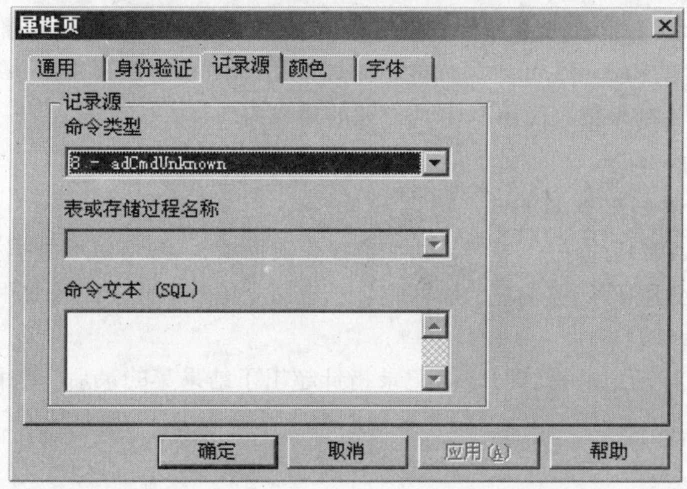

图16-8 设置CommandType和RecordSource的窗口

2) 在图16-8的窗口中，可以在“命令类型”下拉列表框中选择命令类型，此选项用于设置CommandType属性的值。选择列表框中的选项时会出现两种情况：

- 如果选择的命令类型是“adCmdUnknown”或“adCmdText”，则“表或存储过程名称”列表框会变成不可用状态，“命令文本”部分是可用状态，这时可在此文本框中输入要执行的Select语句。
- 如果选择的命令类型是“adCmdTable”或“adCmdStoredProc”，则“表或存储过程名称”列表框会变成可用状态，“命令文本”部分是不可用状态，这时可在下拉列表框中选择要获取数据的表或存储过程的名字。

假设这里选择的命令类型是“adCmdTable”，选择的表名是“Student”。

3) 选择完成后，单击“确定”按钮关闭“属性页”窗口，即可完成对CommandType和RecordSource属性的设置。

4) MaxRecords属性

MaxRecords属性决定了结果集中的记录的最大数目。这个属性取值的大小取决于所检索的记录的大小以及计算机的可用资源（内存）的多少。

5) Recordset属性

Recordset属性是ADO数据控件中实现数据记录操作的最重要的属性，而且这个属性本身又是一个对象，也有自己的属性和方法，它直接指向ADO对象模型中的Recordset对象。

Recordset属性也称为记录集或结果集，用于存放从数据提供者那里获得的查询结果，这个结果一般存放在客户端内存中。在VB数据库应用程序中，一般不直接对数据库中的数据进行操作，而是通过记录集进行操作。因此，记录集是VB应用程序和数据库之间相互连接的桥梁。

使用ADO数据控件访问数据库时，在设置好ConnectionString、CommandType和RecordSource属性后，执行RecordSource属性后的结果就放置在 Recordset中，结果集的结构同所执行的查询语句的查询列表的结构相同。每个结果集有一个当前行指针，指向正在操作的记录。

2. ADO数据控件的主要方法

ADO数据控件的方法不是很多，我们最常用的是Refresh方法。

Refresh方法用于更新ADO数据控件属性，使修改后的ADO数据控件属性生效。当修改了ADO数据控件的ConnectionString属性的值时，使用Refresh方法会重新连接一次数据库。当修改了ADO数据控件的RecordSource属性的值时，使用Refresh方法会重新执行RecordSource属性的内容，重新产生结果集。使用Refresh方法的格式为:

```
ADO数据控件名.Refresh
```

3. ADO数据控件的主要事件

为了能够使用ADO数据控件灵活、快捷地操作数据库，VB为ADO数据控件定义了很多事件，构成了ADO数据控件能够响应的事件集合。下面介绍其中几个比较常用的事件。

(1) EndOfRecordset事件

当在结果集中移动记录指针时，若记录指针超出了结果集的最后一条记录，就会触发此事件。

(2) Error事件

只有在没有执行任何VB代码但却发生了一个数据访问错误时，才会触发此事件。

(3) WillChangeField事件和FieldChangeComplete事件

当对结果集中的一个或多个字段值进行修改前，触发WillChangeField事件；当对结果集中的一个或多个字段值修改之后，触发FieldChangeComplete事件。

(4) WillChangeRecord事件和RecordChangeComplete事件

当对结果集中的一个或多个记录进行修改前，触发WillChangeRecord事件；当对结果集中的一个或多个记录修改之后，触发RecordChangeComplete事件。

(5) WillMove事件和MoveComplete事件

在结果集的当前行记录指针移动之前，触发WillMove事件；在结果集的当前行记录指针移动完成后，触发MoveComplete事件。

16.1.2 RecordSet对象的主要属性和方法

RecordSet对象是ADO对象模型中一个非常重要的对象，也是ADO数据控件中的一个主要属性。对数据库中数据的操作主要是通过RecordSet对象完成的。下面将介绍RecordSet对象中常用的属性和方法。

1. RecordSet对象的主要属性

Recordset对象的主要属性有:

- BOF 布尔值，如果结果集中记录的当前行指针移到了第一条记录的前边，则此值为真，否则为假。
- EOF 布尔值，如果结果集中记录的当前行指针移到了最后一条记录的后边，则此值为真，否则为假。
- RecordCount 存放结果集中的记录个数。
- Sort 将结果集中的记录按某个字段排序。
- AbsolutePosition 记录当前行记录在结果集中的顺序号，结果集记录序号从1开始。
- ActiveCommand 结果集中创建的命令。
- ActiveConnection 结果集中创建的连接。
- Bookmark 结果集中当前行记录的标识号。
- Fields 结果集中的字段集合。由于一行记录可以包含多个字段，因此Fields属性是一个数组形式，数组中的每个元素代表一个字段。

Fields属性本身也是一个对象，它直接指向ADO对象模型中的Fields对象。Fields对象用下述属性来描述结果集字段的信息:

- Fields.Name 字段名称。
- Fields.Value 字段的值。
- Fields.OrdinalPosition 字段在Fields集合中的顺序。
- Fields.Type 字段的数据类型。
- Fields.Size 字段的最大字节数。
- Fields.SourceTable 字段来自的表。
- Fields.SourceField 字段来自的表中的列。

例 利用Fields对象，得到当前行记录的某字段的值。用法如下:

```
Fields ("字段名") .Value
```

或

```
Fields (数字) .Value
```

其中，“数字”代表字段在结果集中的顺序号。建议大家使用第一种形式，这样可读性比较好。

2. RecordSet对象的主要方法

RecordSet对象的方法是实现结果集操作的关键。

(1) Move方法组

在结果集中浏览记录是经常会进行的操作。通过浏览记录不但可以查看数据，而且还可以确定要修改和删除的记录。Move方法组就是用来在结果集中通过移动记录行指针而浏览数据的方法。

与ADO数据控件的四个记录指针移动按钮（参见图16-3）相对应，Move方法组中也有四个移动指针的方法。

• MoveFirst方法：等同于[|◀]按钮功能，将当前行记录指针移到结果集中的第一行。

• MovePrevious方法：等同于[◀]按钮功能，将当前行记录指针向前移动一行。

• MoveNext方法：等同于[▶]按钮功能，将当前行记录指针向后移动一行。

• MoveLast方法：等同于[▶|]按钮功能，将当前行记录指针移动到结果集中的最后一行。

需要注意的是，MovePrevious方法和MoveNext方法不能自动检测记录的当前行指针是否移出了结果集边界，因此，在使用这两个方法时，应在程序中编码来判断是否超出边界。例如，在使用MovePrevious方法之后，应判断结果集的BOF是否为真，如果为真，则表示移出了边界。

(2) AddNew方法

AddNew方法用于在结果集中添加一个新记录。

注意，当使用AddNew方法时，实际上只是在内存中开辟了一个新记录的缓冲区，缓冲区中的初始值均为空。新输入的记录就保存在这个缓冲区中。要使缓冲区中新输入的记录永久地保存到数据库中，还必须使用下面介绍的Update方法，或者对当前行记录指针作一个移动操作。

(3) Update方法

Update方法将新记录缓冲区中的记录或者当前记录的修改真正写到数据库中，使新添加的记录或修改后的结果能够永久保存在数据库中。

(4) Delete方法

Delete方法删除结果集中当前行记录指针所指的记录，并且这个删除是直接对数据库数据操作的，删除后的数据不可恢复。因此，在使用此方法删除数据前，最好提示用户确认是否真的要删除数据，以避免由于误操作而造成数据丢失。

(5) CancelUpdate方法

CancelUpdate方法用于取消新添加的记录或取消对当前记录所做的修改。注意，此方法应在调用Update方法之前使用，调用了Update方法之后所做的修改是不能撤销的。

另外需要注意的是，在没有添加新记录，也没有对当前记录进行任何修改的情况下就调用CancelUpdate方法将产出错误。

(6) Find方法

Find方法用于在当前结果集中查找满足条件的记录。如果结果集较大，则可以使用此方法在结果集中快速定位满足要求的记录。Find方法的格式为：

```
ADO数据控件名.Recordset.Find ("查找条件表达式")
```

“查找条件表达式”中可以包含比较运算符、逻辑运算符和Like查找符。

例如，查找年龄在20到25之间的学生的代码为Find（“Sage >= 20 AND Sage <= 25”）

查找计算机系的学生的代码为Find（“Sdept = ‘计算机系’”）。

查找所有姓王的学生的代码为Find（“Sname LIKE ‘王’”）。

16.2 数据绑定控件

使用ADO数据控件只是建立了与数据源的连接，创建好了查询结果集，但结果集中的数据并不能显示在屏幕上。要将内存结果集中的数据显示出来，必须使用数据绑定控件。

数据绑定实际上就是将结果集中的数据同应用程序界面中的控件联系起来，通过界面上的控件将结果集中的数据显示给用户。能够将结果集中的数据显示出来的控件就称为数据绑定控件。

用户不但可以使用数据绑定控件将结果集中的数据显示出来，而且还可以通过这些控件对数据库数据进行增、删、改操作。

在VB 6.0预定义的标准控件中，并不是所有的控件都是数据绑定控件，只有那些具有DataSource属性的控件才是数据绑定控件。常用的数据绑定控件有TextBox、CheckBox、ListBox、ComboBox等。这些控件只用于显示结果集中的一个列的值，因此，除了需要设置这些控件的DataSource属性外，还需要设置这些控件的DataField属性，以确定绑定到结果集中的哪个列。

除了这些标准控件外，还有一些ActiveX控件也可实现数据绑定功能。这些控件支持OLE DB数据访问接口，称为外部绑定控件。主要的外部绑定控件有DataCombo、DataList、DataGrid、MSHFGrid、Microsoft Chart等。

数据绑定控件主要通过两个属性来实现数据绑定，这两个属性是DataSource和DataField属性。

DataSource属性用于指定要绑定的数据源，其值通常为ADO数据控件的名称。可以直接在数据绑定控件的“属性窗口”中设置此值，也可以在代码中对其进行赋值。一个数据绑定控件在一个时刻只能连接一个数据源。

DataField属性用于指定控件要显示的结果集中的字段，其值为结果集中的列名。和DataSource属性一样，可以直接在控件的“属性窗口”中设置此值，也可以在代码中对其进行赋值。一个控件在一个时刻只能绑定到一个字段。

标准控件中的TextBox、CheckBox、ListBox、ComboBox使用起来比较简单，在第17章将通过实例介绍这些控件的使用方法，这里介绍DataGrid、DataCombo和DataList数据绑定控件的使用方法。

16.2.1 DataGrid控件

DataGrid代替了早期的DBGrid控件。DataGrid控件的正式名称是Microsoft DataGrid Control 6.0（OLE DB），它的作用是以表格的形式显示结果集中的全部数据，并允许用户在此控件中浏览、添加、删除和修改记录。它是Visual Basic 6.0中最重要的复合数据库绑定控件。

要通过手工操作才能将DataGrid控件添加到VB工具箱中，添加的方法是：选择“工程”菜单中的“部件”命令，在打开的“部件”对话框中选择“Microsoft DataGrid Control 6.0（OLE DB）”选项，如图16-9所示。

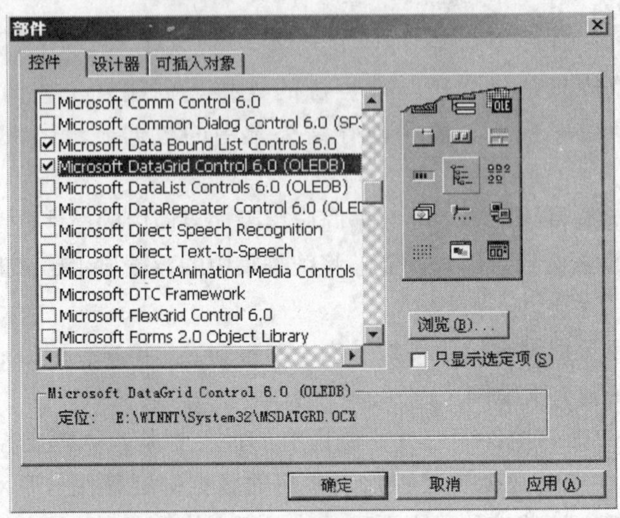

图16-9　“部件”窗口

1. DataGrid控件的主要属性

在设计模式下，DataGrid控件只包括一个空的列头和一个空行，如图16-10所示。要使用DataGrid控件，首先要将DataGrid控件拖放到窗体上，然后在此控件上单击鼠标右键，在弹出的菜单中选择“属性”命令，打开DataGrid控件的“属性页”对话框，如图16-11所示。DataGrid控件“属性页”包含了八个选项卡，各选项卡的功能介绍如下。

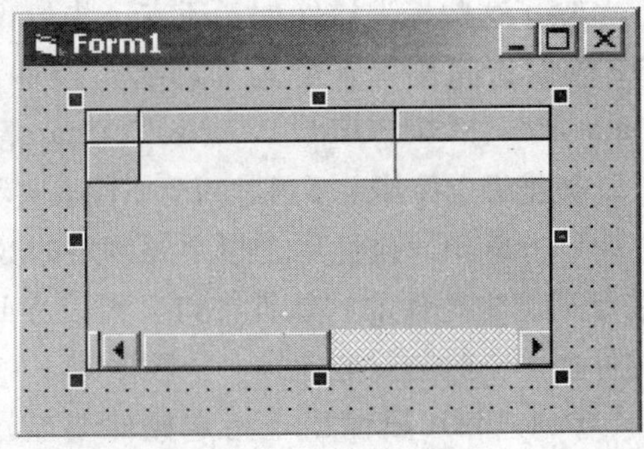

图16-10　DataGrid的初始形式

(1) “通用”选项卡

该选项卡的主要属性及功能为:

- 允许添加（AllowAddNew属性）：允许添加新记录。
- 允许删除（AllowDelete属性）：允许删除记录。
- 允许更新（AllowUpdate属性）：允许更改记录。
- 列标头（ColumnHeaders属性）：决定是否显示字段名。
- 有效（Enabled属性）：决定运行时能够对DataGrid控件进行操作，如移动数据区滚动条等。

(2) “键盘”选项卡

“键盘”选项卡如图16-12所示，该选项卡用于控制控件的浏览属性。“允许箭头”（AllowArrow属性，默认）使光标可以在列和行间移动。如果选择了“自动换行单元指针”（WrapCellPointer属性）复选框，则可以用光标控制键或 Tab键来移动光标，从当前记录的最后一列移到下个记录的第一列。如果设置了“Tab键动作”（TabAction属性）为“2-dbgGrid-Navigation”，则可以使用Tab键浏览记录。在使用DataGrid控件更新Recordset时，建议用户使用图16-12所示的设置。

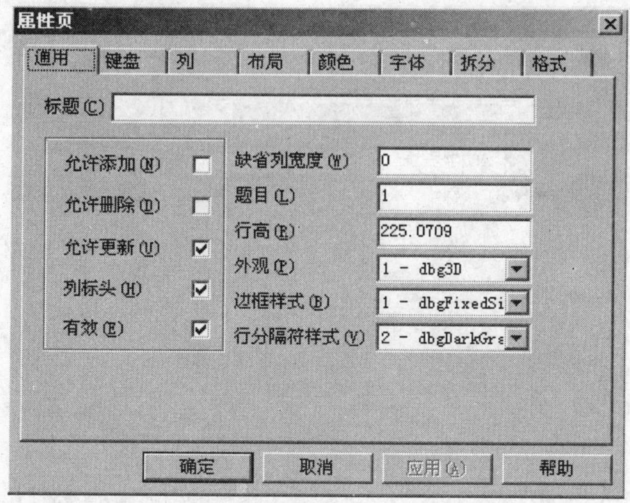

图16-11 DataGrid的“通用”选项卡

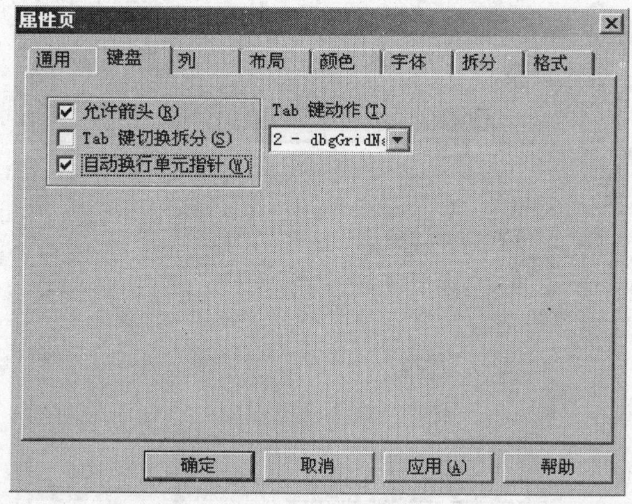

图16-12 DataGrid的“键盘”选项卡

(3) “列”选项卡

“列”选项卡的外观如图16-13所示，设置该选项卡可以在设计模式下控制DataGrid控件中的列集合，通过此选项卡可以为每个列集合对象设置标题和DataGrid的属性值。改变“标题”（Caption属性）可使列标题的可读性更好。要改变列顺序，可以选择相应的DataField值。

(4) “布局”选项卡

“布局”选项卡如图16-14所示。该选项卡主要用于设置附加的列属性，其最重要的是可以设置列的对齐方式和宽度，数字值通常设为右对齐。“锁定”（Locked）复选框用于防止值被修改；不选中“允许调整大小”（AllowSizing）复选框可以防止改变列的宽度；不选中“可见”（Visible）复选框可以隐藏列；选中“自动换行”（WrapText）复选框可以写多行文本；选中“按钮”（Button）复选框可加入一个下拉式的按钮列表。

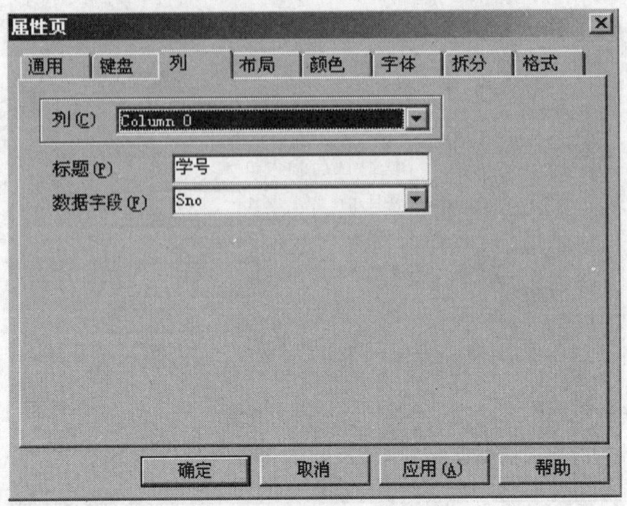

图16-13 DataGrid的“列”选项卡

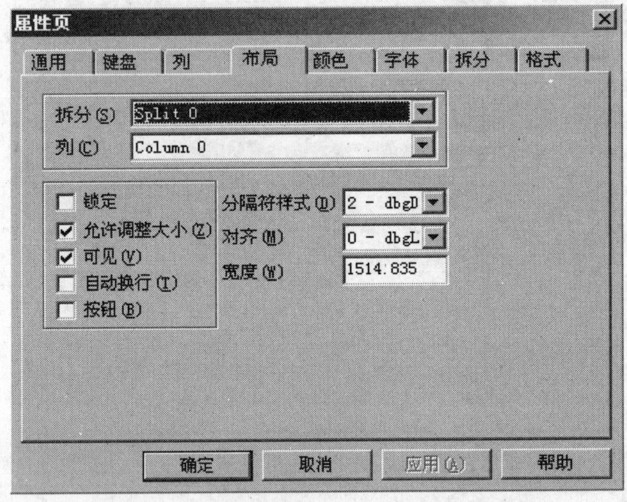

图16-14 DataGrid的“布局”选项卡

(5) “颜色”选项卡

“颜色”选项卡（如图16-15所示）用于设置列标题以及控件其它部分的前景色和背景色，它是从Visual Basic 6.0属性窗口中的前景色和背景色条目复制过来的。

(6) “字体”选项卡

通过“字体”选项卡（如图16-16所示）可以有选择地设置列标题以及DataGrid控件体的字体、大小及属性。

(7) “拆分”选项卡

“拆分”选项卡（如图16-17所示）用于把DataGrid中的一列分割成多列，以便滚动查看列中的数据。对于一般用户来说，分割DataGrid控件后难于浏览，因此一般不使用分割。

(8) “格式”选项卡

“格式”选项卡如图16-18所示。此选项卡可以指定每个独立列的数据类型，如把记录价格的列指定为“货币”类型，指定文本列采用默认的“通用”类型，将数字列指定为“数字”类型，并指明相应的小数位数，等等。

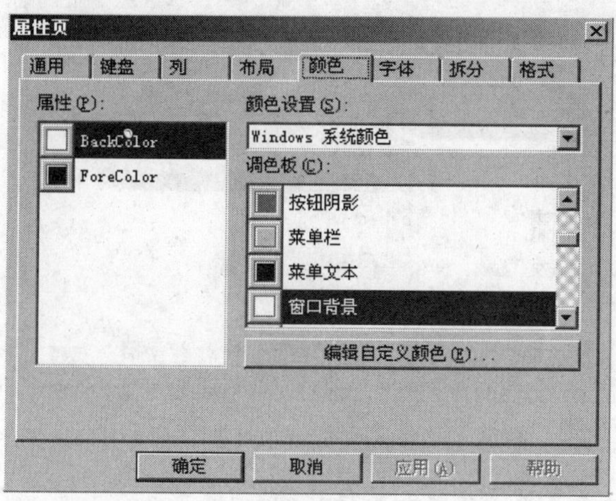

图16-15 DataGrid的“颜色”选项卡

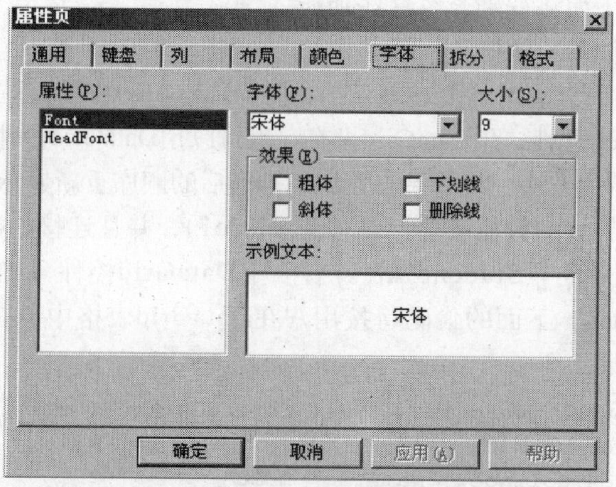

图16-16 DataGrid的“字体”选项卡

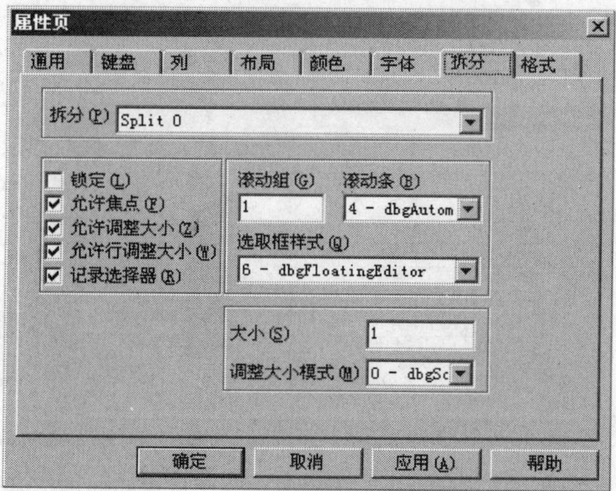

图16-17 DataGrid的“拆分”选项卡

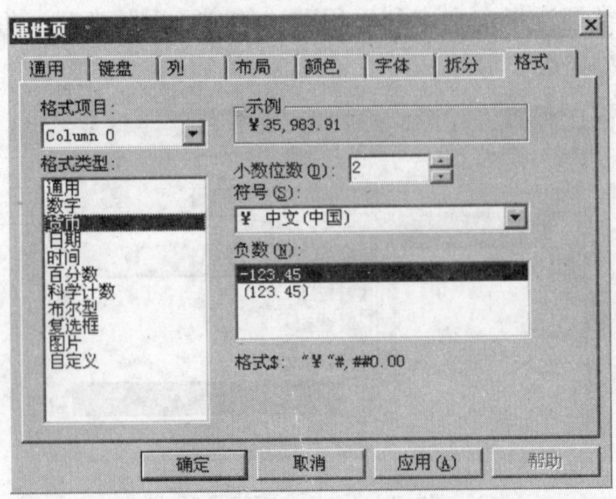

图16-18 DataGrid的“格式”选项卡

2. DataGrid控件的特殊属性、方法和事件

DataGrid控件还有一些特殊的属性和事件，可以用于对显示的数据进行排序、隐藏某列以及修改Recordset数据。下面将分别介绍这些功能。

(1) 使用HeadClick事件对列进行排序

在使用DataGrid控件时，有时需要在显示结果时对Recordset中的某些列进行排序。FlexGrid和MSHFlexGrid都具有Sort属性，但DataGrid没有。但可以用DataGrid控件的基础Recordset对象，然后使用DataGrid的Refresh方法，将结果集数据以排序后的顺序重新显示出来。

假设已设置好了一个ADO数据控件（名字为Adodc1)，并且连接的数据源为SQL Server中的“学生管理数据库”中的“Student”表。有一个DataGrid控件（名字为dtgStudent)，其DataSource属性为Adodc1。下面的代码将按用户在DataGrid表格中单击的列标题进行降序排序，并显示排序后的结果。

```
Private Sub DtgStudent_HeadClick(ByVal ColIndex As Integer)
  With Adodc1.Recordset
    .Sort = .Fields(ColIndex).Name & " DESC"
  End With
  DtgStudent.Refresh
End Sub
```

图16-19显示了用户单击“Sage”列标题后的显示结果。

Form1

Sno	Sname	Ssex	Sage	Sdept
9521101	张立	男	22	信息系
9521102	吴宾	女	21	信息系
9521103	张海	男	20	信息系
9512103	王敏	女	20	计算机系
9512102	刘晨	男	20	计算机系
9531102	王大力	男	19	数学系
9512101	李勇	男	19	计算机系
9531101	钱小平	女	18	数学系

图16-19 对Student表按年龄降序排序的结果

(2) 在运行模式下改变显示的列

通过操作DataGrid控件的列集合，可以在运行模式下隐藏部分列。隐藏列的最简单的方法是设置列的Visible属性为False。在显示区域有限的情况下，隐藏一些列有利于用户查看某些特定的列。假设界面上有两个命令按钮："隐藏列"（对象名为cmdSomeColumns）和"全部列"（对象名为cmdAllColumns）。当用户单击"隐藏列"按钮时，隐藏上述建立的DataGrid表格中的Ssex和Sage列；当用户单击"全部列"时，显示DataGrid表格中的全部列。实现这一功能的代码如下：

```
Private Sub CmdAllColumns_Click()
  '显示全部列
  Dim intCol As Integer
  With DtgStudent
    For intCol = 0 To .Columns.Count - 1
                'DataGrid控件的Columns.Count属性记录了表格中列的个数
      .Columns(intCol).Visible = True
    Next
  End With
  CmdSomeColumns.Enabled = True
  CmdAllColumns.Enabled = False
End Sub

Private Sub CmdSomeColumns_Click()
  '隐藏Ssex和Sage列
  With DtgStudent
    .Columns(2).Visible = False         'DataGrid的列计数从0开始
    .Columns(3).Visible = False
  End With
  CmdSomeColumns.Enabled = False        '使CmdSomeColumns为不可用状态
  CmdAllColumns.Enabled = True          '使CmdAllColumns为可用状态
End Sub
```

图16-20显示了单击"隐藏列"后的界面情况。

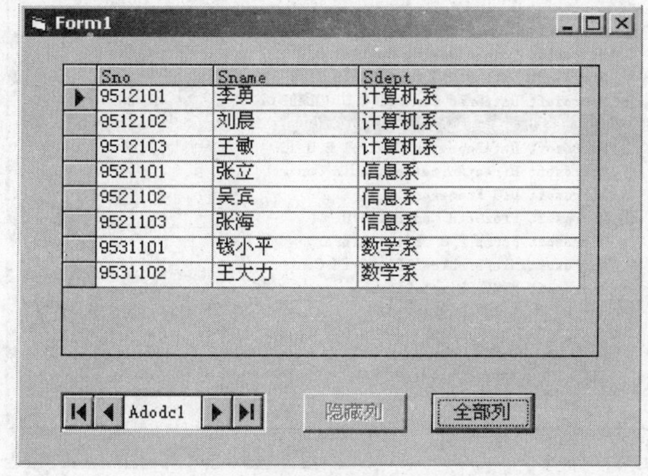

图16-20 隐藏了部分列的结果数据

(3) 用DataGrid事件确认更新

当编辑存放数据的Recordset对象时，可以启动一系列DataGrid控件的事件。表16-1列出了当删除、插入、更新一行时，DataGrid控件的事件。

表16-1　DataGrid控件的Before …和After …事件

事　件	触 发 时 刻
BeforeColEdit	移入新单元后，但在单元中键入第一个字符之前
ColEdit	在单元中键入第一字符后
AfterColEdit	紧随AfterColUpdate事件之后
BeforeColUpdate	改变单元值或移入一个新单元之后，但在DataGrid缓冲区内容改变之前
AfterColUpdate	在为更新的列修改缓冲区之后（同AfterColEdit）
BeforeDelete	在选中一行并按Delete键之后，但在列从Recordset中删除之前
AfterDelete	从Recordset删除一行之后
BeforeInsert	在临时加入的记录组成的列中键入至少一个字符之后，但在行加入到Recordset之前
AfterInsert	在行加入到Recordset之后
BeforeUpdate	在修改任何列的值或移动一个新记录之后，但在更新Recordset之前
AfterUpdate	在更新Recordset的行之后

16.2.2　DataList和DataCombo控件

DataList和DataCombo控件在功能上与ListBox与ComboBox很类似，但它们可以直接从ADO结果集中获取信息，而不用通过AddItem命令语句来添加信息。

使用DataList和DataCombo控件之前，要将它们手工添加到VB工具箱中，添加的方法是：选择“工程”菜单中的“部件”命令，在打开的“部件”对话框中选择“Microsoft DataList Controls 6.0（OLE DB）”选项，如图16-21所示。选中后，单击“确定”按钮，关闭此窗口，就可以在VB工具箱中看到这两个控件的图标。

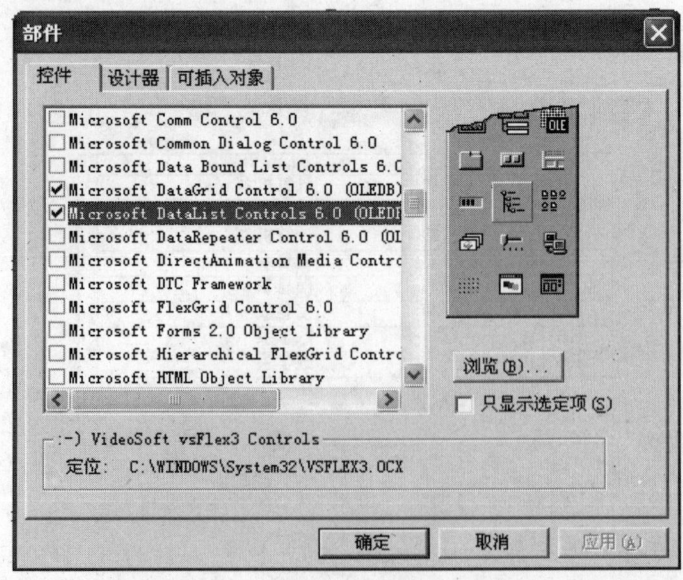

图16-21　添加DataList和DataCombo控件

与DataGrid控件相比，DataList和DataCombo控件要简单得多。DataList控件的列表中显示的列表项不受内存大小的限制，但随着列表中内容的增加，用户在列表中查找指定内容的难度就越来越大。而DataCombo控件则不一样，它最多只能显示99个列表项。这两个控件的使用方法是一样的，因此，这里只介绍DataList控件的使用方法。

DataList控件的属性比DataGrid控件的属性少，表16-2列出了DataList控件与数据库有关的主要属性。

表16-2 DataList控件的主要属性

属　性	描　述
DataSource	指定ADO数据控件的名称
BoundColumn	指定DataSource和RowSouce数据源中有关联关系的字段名称
RowSource	指定ADO数据控件的名称，该控件提供了可能的值的列表
DataField	指定来自DataSource数据源中的字段名称
ListField	指定来自RowSouce数据源、将显示在DataList列表中的字段的名称

一般来说，DataSource连接的是有外码的子表数据源，比如SC表；而RowSource连接的是外码所对应的主码所在的主表数据源，比如Student表。

DataField属性指明与RowSouce数据源中有关联关系的字段名称，ListField属性用于指定DataList控件要显示的列，BoundColumn属性指明RowSource数据源中哪个列是两个表的关联列（通常情况下，这个列都是RowRource数据源中的主码）。

如果没有主码、外码关联关系，则只设置RowSource和ListField属性的值即可，其它属性均可不设。

例如有一工程，窗体布局如图16-22所示，其中左上的为DataGrid控件，对象名为DataGrid1；右上的为DataList控件，对象名为DataList1。两个ADO数据控件的对象名分别为AdoSC和AdoStudent。

各控件所设置的属性以及属性值如表16-3所示。

表16-3 图16-22所示窗体的各控件的属性设置

对 象 名	属 性 名	属 性 值
AdoSC	ConnectionString	连接到SQL Server上的“学生管理数据库”
	CommandType	adCmdTable
	RecordSource	SC
AdoStudent	ConnectionString	连接到SQL Server上的“学生管理数据库”
	CommandType	adCmdTable
	RecordSource	Student
DataGrid1	DataSource	AdoSC
DataList1	DataSource	AdoSC
	RowSource	AdoStudent
	DataField	Sno
	ListField	Sname
	BoundColumn	Sno

此示例用DataGrid控件显示SC表中的全部数据，用DataList控件显示Student表中的学生的姓名。当用户使用AdoSC浏览学生的选课记录时，根据DataGrid控件的结果集中当前行所指

向的记录的Sno的值，在DataList控件中选中此学号所对应的学生的姓名。

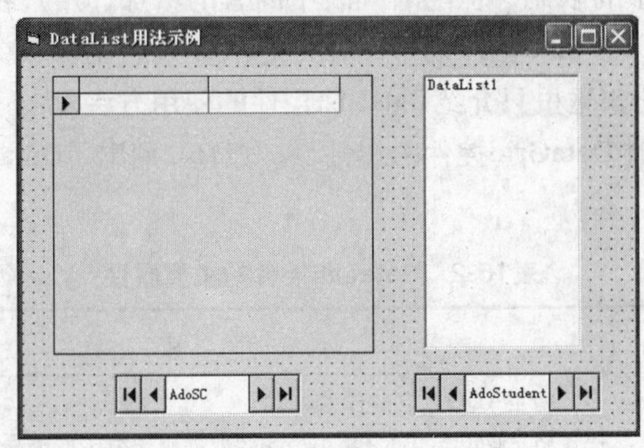

图16-22　使用DataList控件和DataGrid控件的窗体布局

此窗体运行时的一个界面如图16-23所示。在此界面上，DataGrid控件的当前行的学号是“9512102”，相应的在DataList列表中选中的项是“刘晨”，他是学号为“9512102”的学生。

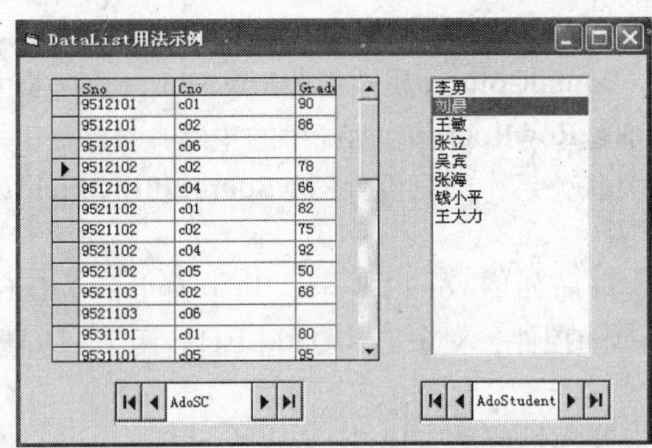

图16-23　运行时的一个界面

16.3　ADO对象

本节我们将进一步介绍如何利用ADO对象模型进行数据库编程。ADO（ActiveX Data Object）是一个数据访问接口，它介于数据提供者和数据使用者之间。任何应用程序如果要访问数据库，就必须使用合适的数据访问接口，以便获取数据并进行数据处理。

第15章最后介绍过，ADO是建立在OLE DB之上的高层接口集，它是介于OLE DB底层接口和应用程序之间的接口。ADO对象模型是目前最流行的可编程数据访问对象模型，是基于Microsoft的最新、最强大的数据库接口OLE DB而设计的。利用ADO对象模型可以非常有效地实现数据库的全部操作。

ADO由一组相互独立的对象组成，对象模型中的每个对象都具有各自的属性、方法和事件，通过设置和使用这些对象的属性、方法和事件便可以实现对数据库的全部操作。ADO对象模型如图16-24所示，其中带阴影的是对象，不带阴影的是集合。

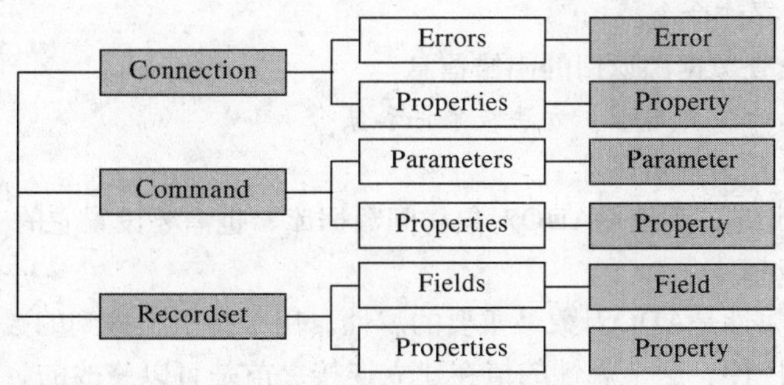

图16-24 ADO对象模型

ADO对象模型中包含三个一般用途的对象：Connection、Command和Recordset。开发人员可以创建这三个对象并使用这些对象访问数据库。在ADO对象模型中还有几个其它对象：Fields、Properties、Errors和Parameters，它们是前面三个对象的子对象。

16.3.1 Connection对象

Connection对象表示一个OLE DB数据源的开放式连接。用户必须首先创建一个Connection对象，然后再使用其它的对象来访问数据库。因此，Connection对象是ADO对象模型的基础。

在使用ADO对象模型编程之前，必须先引用ADO对象模型。方法为：在VB的“工程”菜单下选择“引用”命令，然后在打开的窗口中选择“Microsoft ActiveX Data Objects 2.x Library”选项（其中“x”代表机器上所安装的版本号），如图16-25所示。

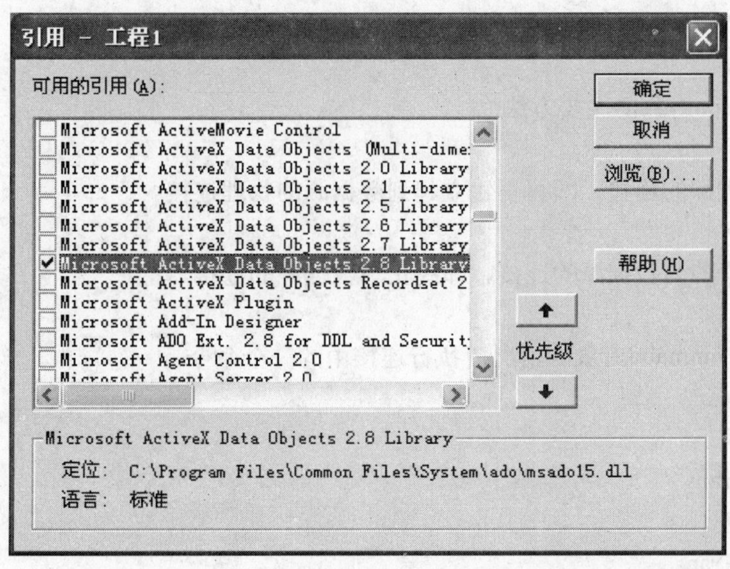

图16-25 引用ADO对象

Connection对象用于指定数据源，在对数据库进行操作之前，必须先创建Connection对象。使用Connection对象的属性和方法可以完成以下操作：

• 打开数据库，连接数据库。

• 执行一个数据库操作命令。
• 利用Error对象检查数据源返回的出错信息。

1. Connection对象的主要属性、方法、事件和集合

(1) Connection对象的主要属性

同ADO数据控件类似，要使用ADO对象访问数据库，也需要设置它的一些属性。

1) ConnectionString

ConnectionString属性是ADO对象最重要的属性，用于指定连接到的数据源名称，使用方法及含义同ADO数据控件。这个属性的值在建立连接之前是可以修改的，但在建立好连接之后就不能修改了，否则就需要重新进行连接。

2) Provider

连接中使用的OLE DB提供者。

3) ConnectionTimeout

执行Open方法之后等待建立连接的秒数，默认为15秒。值为0表示无限期等待。

4) State

表示Connection对象是打开还是关闭的常量。这个属性的值是只读的，其包含的常量值为:

• adStateClosed: 默认值，表示对象是关闭的。
• adStateOpen: 表示对象是打开的。
• adStateConnection: 表示Recordset对象正在连接。
• adStateExcuting: 表示Recordset对象正在执行。
• adStateFetching: 表示正在读取Recordset对象的数据记录。

5) Version

ADO的版本。

(2) Connection对象的主要方法

1) Open

打开带有数据源的连接，即真正建立起到数据源的物理连接。

2) Close

关闭一个打开的与数据源的连接，即终止与数据源的连接。

3) Execute

在没有创建Command对象的情况下执行连接中的一个命令。

4) BeginTrans

开始一个事务。

5) CommitTrans

提交一个事务。

6) RollbackTrans

回滚一个事务。

(3) Connection对象的主要事件

1) ExecuteComplete

连接中的命令被执行后发生的动作。

2）BeginTransComplete

在BeginTrans方法完成后发生的动作。

3）RollbackTransComplete

当RollbackTrans操作完成时发生的动作。

4）WillConnect

在试图连接到数据源之前发生的动作。

5）WillExecute

试图在连接中执行一条命令前发生的动作。

（4）Connection对象的主要集合

1）Errors

Error对象的集合。

2）Properties

描述连接的Property对象集合。

2. 使用Connection对象

使用ADO对象模型的Connection对象的步骤如下:

1）设置ConnectionString连接属性。

在程序中使用Connection对象定义连接属性的方法有多种，例如:

```
Dim adoCn As ADODB.Connection
Set adoCn = New ADODB.Connection
'使用ODBC数据源连接数据库
adoCn.ConnectionString = "DNS=ODBC_DSN;UID = LoginID; PWD= password"
'使用OLE DB提供者连接数据库
adoCn.ConnectionString = "Provider=SQLOLEDB.1;User ID=LoginID; " _
        & "Initial Catalog=Pubs;Data Source=DB_Server_Name"
```

其中，“Provider = SQLOLEDB.1”表示使用Microsoft SQL Server自身的OLE DB提供者。

2）使用Open方法建立连接。

Open方法用于打开连接，即真正地与数据源进行物理连接，方法如下:

```
adoCn.Open
```

3）使用Close方法断开连接。

Close方法用于关闭一个打开的Connection对象，即断开与数据源的连接。一般情况下，Close方法只是断开连接，并没有将Connection对象从内存中删除。因此，在关闭之后仍可使用Open方法再次打开它。若要将对象从内存中删除，应该使用如下语句:

```
Set 对象名 = Nothing
```

Close方法的使用格式如下:

```
adoCn.Close
```

16.3.2 Command对象

Command对象代表对数据源执行的命令。使用Command命令可以查询数据，并将查询结果返回给RecordSet对象。

使用Command对象最简单的方法是创建一个单独的命令对象，设置它的属性，然后设置它的ActiveConnection属性，使之成为有效的连接字符串。这样只要运行Command对象就会使ADO创建一个内置的Connection对象。如果需要在一个单独的Connection对象上执行多个Command对象，则不需要使用这种方法。因为对于每个Command对象来说，只能创建一个独立的Connection对象，但可以通过设置其ActiveConnection属性使之使用一个已存在的Connection对象。

1. Command对象的主要属性、方法和集合

(1) Command对象的主要属性

1) ActiveConnection

指定当前使用的连接。

2) CommandText

命令的文本表达（SQL语句、存储过程名和表名）。

3) CommandType

指定要执行的命令的类型，与CommandText属性的内容对应。其取值如下：

- CmdText：指定CommandText的内容是一个文本，即SQL语句。
- adCmdTable：指定CommandText的内容是一个表名。
- adCmdStoredProc：指定CommandText的内容是一个存储过程名。
- adCmdUnknown：默认值，表示命令类型未知。

4) CommandTimeout

数据源作出响应应需等待的最长秒数。

5) Name

表示Command对象的字符串。

6) State

表示对象是打开、关闭、正在执行某一命令和获取记录时的状态常量，其取值同Connection对象的State属性。

(2) Command对象的主要方法

1) Excute

执行CommandText属性中指定的命令并返回由此生成的记录集。

2) CreateParameter

创建一个与命令相关的新的参数对象。

(3) Command对象的主要集合

1) Parameters

与Command对象相关的Parameter对象的集合。

2) Properties

描述Command对象相关的Property对象的集合。

2. 使用Command对象

Command对象的使用示例如下：

```
'声明对象
Dim adoCn As ADODB.Connection
Dim adoCm As ADODB.Command

'建立连接
Set adoCn = New ADODB.Connection
```

```
adoCn.ConnectionString = "Provider=SQLOLEDB.1;User ID=LoginID; "_
            & "Initial Catalog=pubs;Data Source=DB_Server_Name"
adoCn.Open
'执行命令
Set adoCm = New ADODB.Command
Set adoCm.ActiveConnection = adoCn
adoCm.CommandText = "select * from authors"
adoCm.Execute
'使用Command对象名执行命令
adoCm.Name = "SelAuthors"
Set adoCm.ActiveConnection = adoCn
adoCm.CommandText = "select * from authors"
adoCn.SelAuthors              '用名字执行命令
```

注意 在为Command对象命名时，必须在设置CommandText和ActiveConnection属性之前执行这个过程，否则会产生错误。一旦命名了Command对象，则ADO就将Command对象的名称作为其连接的Connection对象的一个方法来对待。

16.3.3 Recordset对象

Recordset对象代表从数据提供者那里获取的数据记录集。由于这个对象允许用户直接获取数据，因此Recordset对象与ADO访问过程无关。

Recordset对象的主要功能是建立记录集，并支持对记录集中的数据进行各种操作，其功能与ADO数据控件中的Recordset对象非常类似。

Recordset对象的主要功能包括:

- 建立记录集。
- 确定要操作的记录集中的记录。
- 通过移动指针浏览记录。
- 对记录集中的数据执行更改操作。
- 对记录集中的数据进行过滤。

1. Recordset的属性、方法、事件和集合

(1) Recordset对象的主要属性

1) AbsolutePosition

记录集中当前记录的顺序位置。

2) ActiveCommand

记录集中创建的命令。

3) ActiveConnection

记录集中创建的连接。

4) BOF

如果当前行移动到记录集的第一条记录之前，则为真。

5) Bookmark

记录集中当前记录的惟一标识。

6) DataSource

指定要绑定的数据源。

7）EditMode

表示当前记录是否正在被编辑，这个值可以是adEditNone、adEditInProgress、adEditAdd或adEditDelete。

8）EOF

如果当前行移动到记录集的最后一行记录之后，则为真。

9）Filter

允许用户选择记录集中的部分数据进行操作。其使用方法为:

```
Recordset对象名.Filter = 选择表达式
```

其中，“选择表达式”的写法同SELECT语句中的WHERE子句。

设置了Filter属性之后，就可以对选择的数据内容进行浏览和编辑。使用完成之后，可以通过释放过滤的方法使结果集回到原来的Recordset对象的内容。

释放过滤的语句为:

```
Recordset对象名.Filter = adFilterNone
```

10）MaxRecords

记录集中能返回的最多记录数。

11）RecordCount

记录集中记录的个数。如果ADO不能判断记录集有多少条记录，可以返回adUnknown(-1)。

12）Sort

将记录集按指定字段排序。

13）Source

记录集来源的命令和SQL查询。

14）CursorLocation

描述记录集中使用的游标的位置的常量。

15）CursorType

描述记录集中使用的游标类型的常量。

16）LockType属性

控制编辑过程中设置的加锁类型。

（2）Recordset对象的主要方法

1）AddNew

向记录集中添加一条新记录。

2）CancelUpdate

取消对数据的修改。

3）Close

关闭记录集。

4）Delete

删除当前记录。

5）Find

查找符合某些规则的记录。

6）Move

将当前记录的位置移动一定的间隔（可以指定要移动几条记录）。

7）MoveFirst

移动到第一条记录。

8）MoveLast

移动到最后一条记录。

9）MoveNext

移动到下一条记录。

10）MovePrevious

移动到上一条记录。

11）Open

打开一个记录集。

12）Update

当Edit和AddNew方法完成后要执行的方法。

13）UpdateBatch

在一个游标中当批量处理完成后要执行的方法。

（3）Recordset对象的主要事件

1）EndOfRecordset

当记录集中因没有更多的记录，而引起MoveNext方法执行失败时产生的事件。

2）FieldChangeComplete

当字段中的值被改变后产生的事件。

3）RecordsetChangeComplete

当对记录集所做的修改被执行时产生的事件。

4）WillChangeField

一个Field对象的值被改变前产生的事件。

5）WillChangeRecord

一个列被改变之前产生的事件。

6）WillChangeRecordset

记录集中的修改都完成前产生的事件。

7）WillMove

记录指针重新定位前产生的事件。

（4）Recordset对象的集合

Recordset对象包含的集合是Fields，它是记录集中的字段集合。

2. 使用Recordset对象

为了更好地使用Recordset对象，我们需要进一步了解它的CursorLocation属性、CursorType属性和LockType属性的设置。

CursorLocation属性用于设置游标的位置，该属性的取值为:

- adUseClient: 使用本地客户端游标（游标可简单地理解为结果数据存放的位置）。其特点是服务器将整个结果集传回给客户端，网络流量较大，但下载后数据的浏览速度快。
- adUseServer: 默认值。使用数据源提供的服务器端游标。其特点是仅传送客户端需要的记录，网络流量小，但服务器资源消耗大。不支持Bookmark和AbsolutePosition等属性。

CursorType属性用于指定Recordset对象希望执行的动作。ADO Recordset对象支持4种游标类型（设置游标类型可通过其CursorType属性实现，不是所有类型的游标都适用于任何一种数据提供者）:

- 动态游标（adOpenDynamic）：能够反映所有用户对数据的修改，支持记录集向前和向后的记录移动操作。
- 静态游标（adOpenStatic）：支持记录集向前和向后的操作，但不能反映其他用户对数据的修改。当打开客户端Recordset对象时，adOpenStatic为惟一允许的游标类型。对于打印报表和其他不需要即时完全更新数据的应用程序来说是非常有用的。
- 键集游标（adOpenKeyset）：介于动态游标和静态游标之间。它不允许用户看到由其它用户完成的对数据的增加和删除的记录，但可以看到其它用户更改的数据。
- 仅向前游标（adOpenForwardonly）：默认值。仅支持记录集记录的向前移动操作，其它与静态游标类似。这是通过降低灵活性来获取最快速度的游标类型。

LockType属性用于设置多用户情况下记录集中的记录的锁定方式，用于保证各用户间的操作互不干扰，其取值有:

- adLockReadOnly：默认值，不能编辑记录集中的数据。
- adLockPessimistic：悲观锁。在记录编辑操作的过程中对记录进行加锁，保证用户能成功地编辑记录集中的记录，在编辑过程中其它用户不能访问这些记录。
- adLockOptimistic：乐观锁。只在更新记录时对记录进行加锁。
- adLockBatchOptimistic：适用于使用UpdateBatch方法更新批量记录的记录集。

注意，ADO默认的记录集是服务器端、只能前移并且是只读的记录集。如果用户希望在记录间随机移动和编辑记录，则必须指定游标和加锁类型。需要指出的是，记录集的功能越少，其速度越快，因此应该设置最合适自己的记录集类型。

了解这些属性的设置后，我们就可以开始使用Recordset对象了。要使用Recordset对象，首先要打开记录集。

ADO允许用户直接打开一个Recordset对象，或者从Connection对象和Command对象中创建一个Recordset对象。具体如下:

- 使用Command对象的Execute方法创建Recordset对象:

```
Set adoRecordset = adoCommand.Execute
```

- 使用Connection对象的Execute方法创建Recordset对象:

```
Set adoRecordset = adoConnection.Execute("select * from authors")
```

- 直接使用Recordset对象的Open方法创建Recordset对象:

```
adoRecordset.Open
```

Recordset对象的Open方法的语法格式为:

```
Recordset.Open Source, ActiveConnection, CursorType, LockType, Options
```

其中的所有选项都是可选的，可以在调用Open方法之前，通过设置这些选项对应的属性来设置其值。Source选项指定要从哪里获取数据，由于提供者是多种多样的，因此Source也有多种形式，例如:

- 一个返回记录的Command对象。
- SQL语句。
- 表名。
- 存储过程名。

ActiveConnection选项指定要使用的ADO连接，这个选项可以是一个已打开的Connection对象，也可以是一个连接字符串。

Options选项为提供者提供附加信息。一般来说，我们可以忽略此项，但有些Open方法在使用此选项时可以加快操作速度，这些选项包括：

- adCmdUnknown：默认值。不向提供者提供附加信息。
- adCmdText：告诉提供者CommandText属性是文本命令，类似于一个SQL字符串。
- adCmdTable：告诉提供者CommandText属性是表的名字。
- adCmdStoredProc：告诉提供者CommandText属性是存储过程名。
- adCmdFile：告诉提供者CommandText属性是一个文件名。

示例：

```
Dim adoRs As ADODB.Recordset
Set adoRs = New ADODB.Recordset
...
adoRs.ActiveConnection = adoCn
adoRs.CursorType = adOpenForwardOnly
adoRs.CursorLocation = adUseClient
adoRs.Source = "authors"
adoRs.Open , , , , adCmdTable
```

16.3.4 Field对象

Field对象表示记录集中数据的某个单独的列。一旦获得了记录集，接下来就是使用Fields集合来读取记录集中的数据。由于Fields集合是Recordset对象的默认属性，因此，在使用时可以省略此名称。例如，下述两行代码作用相同：

```
Recordset.Fields(0).Value
Recordset(0)
```

1. Field对象的主要属性

Field对象的主要属性包括：

1）ActualSize

字段中实际存储的数据大小。

2）DefinedSize

字段能存储的最大数据量。

3）Name

字段的名称。

4）NumericScale

十进制小数点右边的位数。

5）OriginalValue

在其它用户改变字段之前字段的值。

6）Precision

十进制小数的精度。

7）Type

描述字段的数据类型的常量。

8）Value

字段中存储的数据。

2. 使用Field对象

Field对象最基本的用途是获取和更新存储在原始数据源中的数据。下面是一个示例：

```
Private Sub cmdGo_Click()
   '演示引用Fields字段值的不同方法
   Dim adoCn As ADODB.Connection
   Dim adoRs As ADODB.Recordset
   Dim adoFld As ADODB.Field
   '打开一个Recordset，访问SQL Server自带的Northwind数据库中的Customers表
     Set adoCn = New ADODB.Connection
   adoCn.Open "provider = SQLOLEDB.1;Data Source=(local); " _
          & "User ID = sa; Initial Catalog=Northwind"
Set adoRs = New ADODB.Recordset
adoRs.Open "Customers", adoCn
'下述几种对字段的访问方法效果是一样的
'使用字段的索引，明确写出集合的名字
lboResults.AddItem adoRs.Fields(0).Value
lboResults.AddItem adoRs.Fields(0)
'使用字段的索引，使用默认属性
lboResults.AddItem adoRs(0).Value
lboResults.AddItem adoRs(0)
'使用字段的名字，明确写出集合的名字
lboResults.AddItem adoRs.Fields("CustomerID").Value
lboResults.AddItem adoRs.Fields("CustomerID")
'使用字段的名字，使用默认属性
lboResults.AddItem adoRs("CustomerID").Value
lboResults.AddItem adoRs("CustomerID")
End Sub
```

16.3.5 Parameter对象

Parameter对象表示Commad对象的一个独立参数。这个对象是SQL查询时的一个运行参数，或者是存储过程中的输入或输出参数。大多数情况下，参数用于各种类型的参数化命令中。

1. Parameter对象的主要属性

1）Direction

表示一个参数是输入参数还是输出参数。

2）Name

参数的名称。

3）NumericScale

十进制小数点右边的位数。

4）Precision

十进制小数的精度。

5）Properties

描述这个参数的Property对象的集合。

6）Type

参数的数据类型。

7）Value

参数的当前值。

2. 使用Parameter对象

可以在Parameters集合中使用Refresh方法访问一个Command对象的参数，也可以在VB应用程序中声明参数。例如:

```
Private Sub cmdGetParameters_Click()
  '获得指定的存储过程的参数
  Dim adoCm As ADODB.Command
  Dim adoPrm As ADODB.Parameter
  Dim adoRs As ADODB.Recordset

  Set adoCm = New ADODB.Command
  Set adoCm.ActiveConnection = adoCn
  adoCm.CommandText = "reptq3"          'pubs数据库中的存储过程名
  adoCm.CommandType = adCmdStoredProc
  adoCm.Parameters.Refresh                 '获得存储过程参数
  '填充Parameters中的每个参数
  For Each adoPrm In adoCm.Parameters
    If adoPrm.Direction = adParamInput Then
      adoPrm.Value = InputBox(adoPrm.Name, "enter parameter value")
    End If
  Next adoPrm
  '从存储过程得到记录集
  Set adoRs = adoCm.Execute
  ...
End Sub
```

在这段代码中，调用Parameters对象的Refresh方法将使ADO与数据源真正地连接，并为CommandText属性中的Command对象表示的任何存储过程获取参数。

16.3.6 Error对象

Error对象记录数据操作过程中出现的错误信息。由于数据访问可能会引起多个错误，因此，Error对象是包含在一个Errors集合中的。如果最后一次操作成功了，则这个集合为空，否则，可以使用For Each语句依次检查每个错误。

1. Error对象的主要属性

1）Description

错误信息的文字描述。

2）HelpContext

错误信息的帮助主题。

3）HelpFile

错误信息的帮助文件。

4）Number

错误信息编码。

5）Source

引起错误的对象。

6）SQLState

原始ODBC SQLState常量。

2. 使用Error对象

Error对象在与ADO对象模型的其它部分相比较时会直接刷新。如果在OLE DB层产生错误，则每个错误都会被翻译成一个Error对象，这些Error对象会用来产生一个Connection对象的Errors集合。下面是一个示例:

```
Private Sub cmdConnect_Click()
  '试图要连接到数据源，但捕获到错误
  Dim Cnn As Connection
  Dim Err As Error
  On Error GoTo HandlerErr
  Set Cnn = New Connection
  Cnn.Open txtConnectionString              '假设要连接的服务器不存在
ExitHere:
  Exit Sub
HandlerErr:
  For Each Err In Cnn.errors
    MsgBox "Error " & Err.Number & ""& Err.Description
  Next Err
  Resume ExitHere
End Sub
```

注意，Errors集合只有在OLE DB提供者产生错误时才会产生。例如，如果改变连接字符串将它指向一个不存在的提供者，则Errors集合就不会得到任何信息。因为在这种情况下，ADO对象不能发现这个指定的驱动程序，因此会将错误传递到Visual Basic Errors集合中去。

16.3.7 Property对象

ADO对象有两种类型的属性：内置属性和动态属性。内置属性是在ADO中实现并立即可用于任何新对象的属性，使用“对象名. Property”语法来得到和设置属性值。这样的属性不作为Property对象出现在对象的Properties集合中，因此，虽然可以更改它们的值，但无法更改它们的特性。

动态属性由基本的数据提供者定义，并出现在相应的ADO对象的Properties集合中。例如，指定给提供者的属性可能会指示Recordset对象是否支持事务或更新。这些附加的属性将作为

Property对象出现在该Recordset对象的Properties集合中。动态属性只能通过集合使用“对象名. Properties(0)”或“对象名.Properties("Name")”语法来引用。

动态属性和内置属性都不能被删除。

Property对象有四个属性:

- Name：标识属性的字符串。
- Type：用于指定属性数据类型的整数。
- Value：包含设置属性的值。
- Attributes：指示特定于提供者的属性特征的长整型值。

16.3.8 使用ADO对象模型访问数据库

在ADO对象模型中，最重要、最常用的对象是Connection对象和Recordset对象。通过使用这两个对象可以完成数据库中对数据的大部分操作。使用ADO对象访问数据库的一般步骤为:

1）创建Connection对象与数据源建立连接。

2）创建Command对象，设置该对象的活动连接为上一步的Connection对象，设置命令文本属性为访问数据源所需的命令（如Select、Insert、Update等）。

3）使用Command对象的Execute方法执行命令，如果是查询命令，该方法会返回一个Recordset对象。

4）使用Recordset对象操作记录。

例如，假设我们要访问SQL Server 2000自带的Pubs数据库，并且查询authors表，那么利用ADO对象模型实现的步骤如下:

```
Dim adoConnection As New ADODB.Connection
Dim adoCommand As New ADODB.Command
Dim adoRecordset As New ADODB.Recordset
adoConnection.ConnectionString = "Provider=SQLOLEDB.1;User ID=sa; " _
        & "Initial Catalog=Pubs;Data Source=(local)"
adoConnection.Open
adoCommand.ActiveConnection = adoConnection
adoCommand.CommandType = adCmdTable
adoCommand.CommandText = "authors"
set adoRecordset = adoCommand.Execute
```

如果仅使用记录集操作数据源中的数据，而不向数据源发送其他SQL语句或存储过程命令，则可以只利用Connection对象和Recordset对象实现相应的数据操作。使用ADO对象访问数据库的简化步骤为:

1）创建Connection对象与数据源建立连接。

2）创建Recordset对象，并设置好活动连接和其它重要属性。

3）使用Recordset对象的Open方法，直接打开一个记录集。

4）使用Recordset对象操作记录。

例如，上述的访问可简化为:

```
Dim adoConnection As New ADODB.Connection
```

```
Dim adoRecordset As New ADODB.Recordset
'建立连接
adoConnection.ConnectionString = "Provider=SQLOLEDB.1;User ID=sa; " _
        & "Initial Catalog=Pubs;Data Source = (local)"
adoConnection.Open
'建立记录集
adoRecordset.ActiveConnection = adoConnection
adoRecordset.CursorLocation = adUseClient
adoRecordset.CursorType = adOpenDynamic
adoRecordset.Source = "select * from authors"
adoRecordset.Open
```

16.4　小结

本章介绍了利用ADO数据控件和ADO对象实现与数据源的连接以及操作数据库数据的常用属性、方法和事件。ADO数据控件是ADO对象模型的简化用法，利用ADO数据模型，我们几乎不用编写任何代码就可以实现对数据的查询和浏览。在ADO数据控件中，有一个非常重要的属性：Recordset，它用于存放数据源的查询结果，实际上，此属性本身就是一个对象，对应于ADO对象模型中的Recordset对象。通过此对象所提供的方法，可以直接对数据库中的数据进行插入、删除和更新操作。

数据绑定控件用于将ADO数据控件的查询结果显示给用户，凡是具有DataSource属性的控件都是数据绑定控件。除了工具箱中提供的标准数据绑定控件外，还可以使用ActiveX形式的数据绑定控件。利用ADO数据控件将内存结果集中的数据通过数据绑定控件显示出来的过程是自动实现的。我们只需要设置好数据绑定控件的相关属性，不需要编写任何代码，就可以将内存中的结果在界面上显示出来。如果要利用ADO对象将内存结果集中的数据通过数据绑定控件显示出来，则需要通过编码实现。

除了可以将结果集中的字段绑定到数据绑定控件上之外，还可以将整个结果集内容绑定到数据绑定控件上，本章介绍了具有这样功能的一个数据绑定控件：DataGrid。用户通过DataGrid控件还可以实现显示数据的排序、隐藏部分列等功能，而且还可以实现对结果数据的插入、删除和更改操作。

此外，我们还介绍了一个可以将结果集中的一个列以列表的形式显示出来的控件：DataList。DataCombo控件的功能与用法与DataList类似，只是DataCombo是以下拉列表框的形式显示结果集中的列值。这两个控件都是ActiveX控件，都需要手工添加到VB工具箱中。

习题

1. 用ADO数据控件建立数据源时，需要设置它的哪些属性，每个属性的作用是什么？
2. 要使对ADO数据控件属性的设置生效，应该使用它的哪个方法？
3. Recordset对象的BOF和EOF属性的作用是什么？
4. 要得到结果集中的记录个数，应使用Recordset对象的哪个属性？
5. 如果要在数据库中插入一条新记录，应该使用Recordset对象的哪些方法实现？
6. Recordset对象的Update方法只能用于将更改后的记录保存到数据库中，这个说法对吗？
7. Recordset对象的CancelUpdate方法的作用是什么？

上机练习

1. 建立一个VB工程，并建立一个窗体，在窗体上添加一个ADO数据控件、一个DataGrid控件和两个命令按钮，界面形式如右图所示。它完成如下功能:

   1）设置此ADO数据控件的有关属性，使其连接到Access中的FPNWIND数据库（是Access 2000自带的一个数据库，在Microsoft Office\Office\2052目录下）中的“产品”表。

   2）用DataGrid控件显示“产品”表中的数据。并且允许用户可以按“单价”和“库存量”的升序排序形式显示数据。

   3）当用户单击“隐藏列”按钮时，隐藏结果集中的“产品ID”、“再定购量”和“中止”三列数据。当用户单击“全部列”按钮时，显示结果集中的全部列数据。

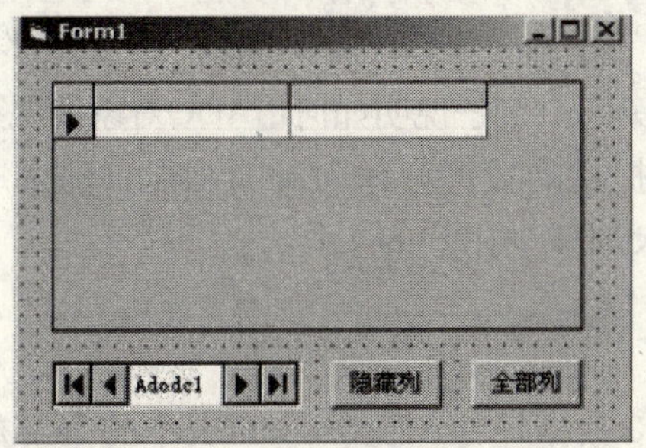

第1题的窗体示意图

2. 按照图16-22所示的窗体布局，构造VB程序，实现根据SC表中当前显示的课程号的值，在DataList列表中相应的选中此课程号所对应的课程名。

3. 利用第4章建立的Student表、Course表和SC表，用ADO对象实现如右图所示的窗体的功能。

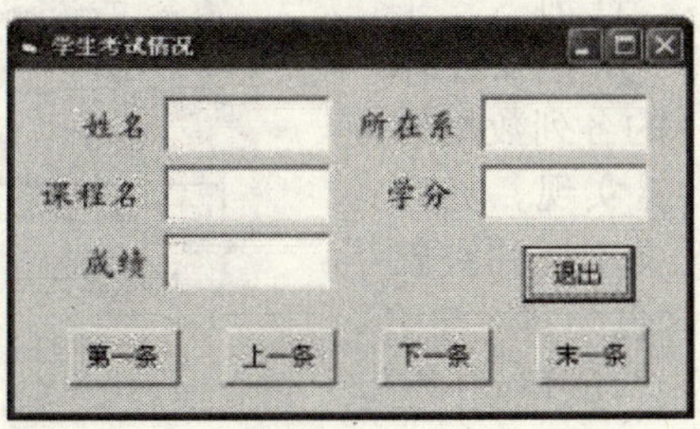

第3题的窗体示意图

第 17 章 VB数据库应用编程示例

本章将结合前面建立的“学生管理数据库”以及其中的三张表，利用我们在第15章和第16章学习的数据访问接口技术和ADO以及数据绑定控件，讨论在Visual Basic中开发数据库应用程序的过程。

本章共包括四个例子，第一个例子最简单，主要说明使用ADO数据控件时，用户几乎不用编写任何代码就可以实现对数据的查询操作；第二个例子是在第一个例子实现了对数据的查询操作的基础上增加了对数据的添加、删除和更新操作的功能，同时也增加了用用户定义的命令按钮实现浏览记录的功能；第三个例子有两个窗体，在利用第一个例子的窗体的基础上，又增加了一个用表格方式显示数据的窗体。第四个例子说明如何用ADO对象实现第二个例子中的操作。

最后，我们介绍利用VB提供的数据窗体向导的功能自动生成查询和操作数据库数据的窗体的方法。利用向导可以极大地减少用户的工作。

17.1 示例1

本示例说明如何利用ADO数据控件浏览Student表中的全部数据，以及如何实现按用户指定的系查找相应学生信息的功能。数据浏览采用单行浏览方式，即一次查看一条记录。

通过本示例可以看到，设置好ADO数据控件的属性后，用户不需要编制任何代码就可以对数据进行查询。如果查找条件变化了，用户只需要编写很少的代码就可以重新查询数据源。

本示例的窗体布局如图17-1所示。

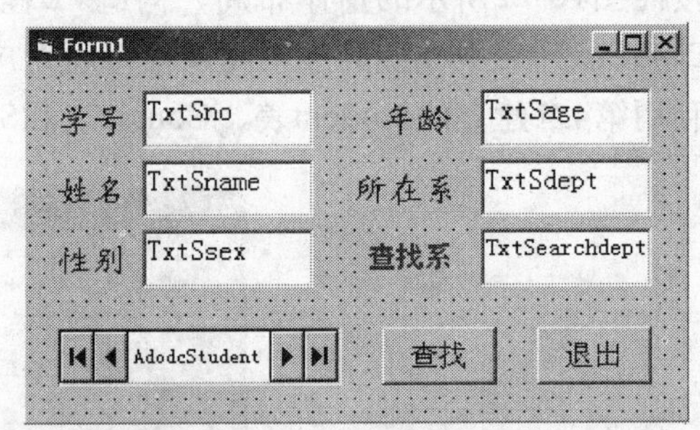

图17-1 示例1窗体布局

其中，“学号”、“姓名”、“性别”、“年龄”、“所在系”及“查找系”用标签控件（Label）实现。对Student表中的各列数据的显示用文本框控件（TextBox）实现，界面上各文本框控件内显示的是此文本框的对象名。ADO数据控件显示的内容也为其对象名，“查找”命令按钮的对象名为“cmdSearch”，“退出”命令按钮的对象名为“cmdExit”。

各控件所设置的与数据操作有关的属性及属性值如表17-1所示。

表17-1 各控件所设置的属性及属性值

对 象 名	属 性 名	属 性 值
AdodcStudent	ConnectionString	连接到SQL Server的“学生管理数据库”
	CommandType	adCmdTable
	RecordSource	Student
TxtSno	DataSource	AdodcStudent
	DataField	Sno
TxtSname	DataSource	AdodcStudent
	DataField	Sname

（续）

对 象 名	属 性 名	属 性 值
TxtSsex	DataSource	AdodcStudent
	DataField	Ssex
TxtSage	DataSource	AdodcStudent
	DataField	Sage
TxtSdept	DataSource	AdodcStudent
	DataField	Sdept

在这个界面中，用户可以通过单击AdodcStudent数据控件的四个按钮改变所浏览的记录。当用户单击“查找”按钮时，表示要按用户在txtSearchdept文本框中所指定的系进行查找。

实现此示例的程序代码如下:

```
Private Sub CmdExit_Click()              ' "退出"按钮
  End
End Sub

Private Sub CmdSearch_Click()            ' "查找"按钮
  If Len(TxtSearchDept.Text) > 0 Then    '如果用户指定了系名
    AdodcStudent.CommandType = adCmdText
    AdodcStudent.RecordSource = "select * from student where Sdept = '" & _
                          Trim(TxtSearchDept.Text) & "'"
    AdodcStudent.Refresh                 ' 使所设置的属性生效
  Else                                   ' 若用户未指定列名
    MsgBox ("请指定要查找的系")            ' 则提示用户输入系名
  End If
End Sub                                  ' 窗体加载时初始化查找系的内容

Private Sub Form_Load()
  '初始化要查找的系为空
  TxtSearchDept.Text = ""
End Sub
```

此示例运行时的初始界面如图17-2所示。

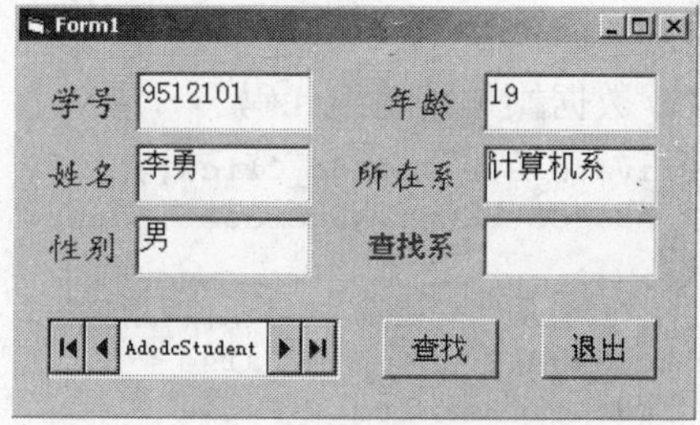

图17-2 示例1运行时的初始界面

17.2 示例2

示例2在示例1的基础上增加了两组供用户操作的按钮。一组是为了说明如何实现数据更改操作，即说明如何使用Recordset对象的AddNew、Update、Delete和 CancelUpdate方法。另一组是为了说明如何编程控制结果集中浏览记录的移动，即如何使用Recordset对象的Move方法组。

示例2的窗体布局如图17-3所示，这个示例中不使用ADO数据控件移动记录，而是使用四个命令按钮实现此功能，因此在运行时将ADO数据控件隐藏起来。

图17-3 示例2窗体布局

示例2窗体上的ADO数据控件以及各文本框控件的属性设置同示例1。为了在运行时隐藏ADO数据控件，我们将AdodcStudent的Visible属性设置为False。各命令按钮控件的对象名分别为:

- “添加”命令按钮: cmdAdd
- “删除”命令按钮: cmdDel
- “更新”命令按钮: cmdUpdate
- “取消”命令按钮: cmdCancel
- “第一条”命令按钮: cmdFirst
- “上一条”命令按钮: cmdPrevious
- “下一条”命令按钮: cmdNext
- “末一条”命令按钮: cmdLast
- “退出”命令按钮: cmdExit

为了便于用户操作，也为了避免由于用户不熟悉数据操作顺序而引起的错误，可以通过设置命令按钮的可用和不可用来控制用户的操作。具体步骤为: 当程序初始启动时，应该设置“取消”按钮为不可用。当用户单击了“添加”按钮之后，应该使“添加”和“删除”按钮不可用，而让“更新”和“取消”按钮成为可用的。当用户单击了“更新”或“取消”按钮后，应该使“添加”和“删除”按钮成为可用的，而“取消”按钮成为不可用的。可在程序代码中控制这些按钮的状态变化。

实现此示例的程序代码如下:

(1) 窗体启动时的初始化代码

```
Private Sub Form_Load()
  '初始时使"取消"按钮为不可用状态
  CmdCancel.Enabled = False
End Sub
```

(2) 数据操作按钮组代码

```
Private Sub CmdAdd_Click()                    ' "添加"命令按钮
  AdodcStudent.Recordset.AddNew

  '使"添加"和"删除"按钮为不可用状态
  CmdAdd.Enabled = False
  CmdDel.Enabled = False

  '使"更改"和"取消"按钮为可用状态
  CmdUpdate.Enabled = True
  CmdCancel.Enabled = True
End Sub

Private Sub CmdCancel_Click()                 ' "取消"命令按钮
  AdodcStudent.Recordset.CancelUpdate

  '使"添加"和"删除"按钮为可用状态
  CmdAdd.Enabled = True
  CmdDel.Enabled = True

  '使"取消"按钮为不可用状态
  CmdCancel.Enabled = False
```

```
End Sub

Private Sub CmdDel_Click()                    ' "删除"命令按钮
  Dim res As Integer
  res = MsgBox("确实要删除此行记录吗？", _
              vbExclamation + vbYesNo + vbDefaultButton2)  '提示用户
  If res = vbYes Then                        '如果确实要删除
    AdodcStudent.Recordset.Delete
    AdodcStudent.Recordset.MoveNext
    If AdodcStudent.Recordset.EOF = True Then
      AdodcStudent.Recordset.MoveLast
    End If
  End If
End Sub

Private Sub CmdUpdate_Click()                 ' "更新"命令按钮
  '将文本框中的当前值写入结果集相应字段中
  AdodcStudent.Recordset.Fields("Sno") = Trim(TxtSno.Text)
  AdodcStudent.Recordset.Fields("Sname") = Trim(TxtSname.Text)
  AdodcStudent.Recordset.Fields("Ssex") = Trim(TxtSsex.Text)
  AdodcStudent.Recordset.Fields("Sage") = CInt(Trim(TxtSage.Text))
  AdodcStudent.Recordset.Fields("Sdept") = Trim(TxtSdept.Text)

  '使更新生效
  AdodcStudent.Recordset.Update

  '使"添加"和"删除"按钮为可用状态
  CmdAdd.Enabled = True
  CmdDel.Enabled = True

  '使"取消"按钮为不可用状态
  CmdCancel.Enabled = False
End Sub
```

(3) 移动指针方法组代码

```
Private Sub CmdFirst_Click()                  ' "第一条"命令按钮
  AdodcStudent.Recordset.MoveFirst
End Sub

Private Sub CmdLast_Click()                   ' "末一条"命令按钮
  AdodcStudent.Recordset.MoveLast
End Sub

Private Sub CmdNext_Click()                   ' "下一条"命令按钮
  AdodcStudent.Recordset.MoveNext
  If AdodcStudent.Recordset.EOF = True Then
    '如果已经移到了最后一行之后，则将指针定位在最后一行
    AdodcStudent.Recordset.MoveLast
  End If
End Sub

Private Sub CmdPrevious_Click()               ' "上一条"命令按钮
```

```
  AdodcStudent.Recordset.MovePrevious
  If AdodcStudent.Recordset.BOF = True Then
    '如果已经移到了第一行之前，则将指针定位在第一行
    AdodcStudent.Recordset.MoveFirst
  End If
End Sub
```

(4) 结束程序代码

```
Private Sub CmdExit_Click()                 ' "退出"命令按钮
  End
End Sub
```

示例2运行时的初始界面如图17-4所示。

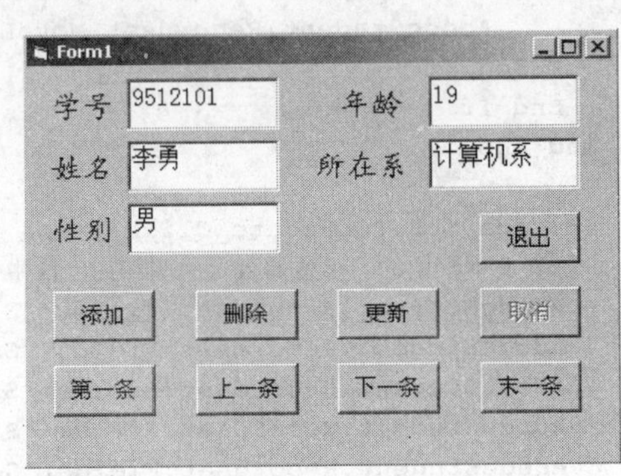

图17-4 示例2运行时的初始界面

17.3 示例3

示例3在示例1的基础上增加了一个窗体，这个窗体用DataGrid控件显示数据。示例3中的两个窗体的布局分别如图17-5和图17-6所示。

在图17-5所示的Form1上，当用户单击“查找”命令按钮时，显示Form2。Form2上DataGrid中的数据是根据Form1中当前显示的学号值而查找出来的学生的姓名、所修的课程名、课程的学分以及考试成绩。

在Form2上单击“返回”命令按钮（对象名为cmdReturn），可以返回到Form1，同时卸载Form2。

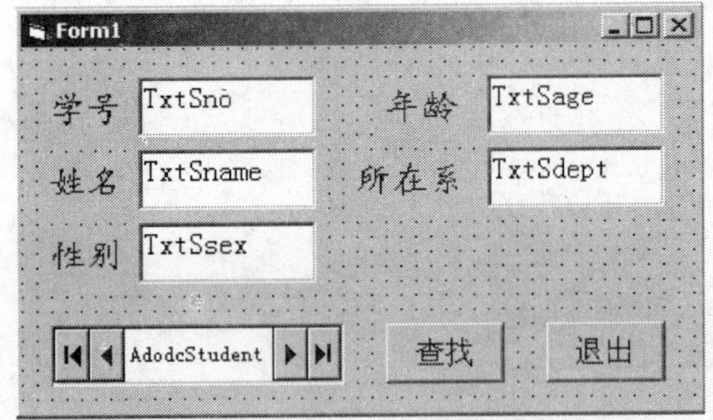

图17-5 示例3的Form1布局

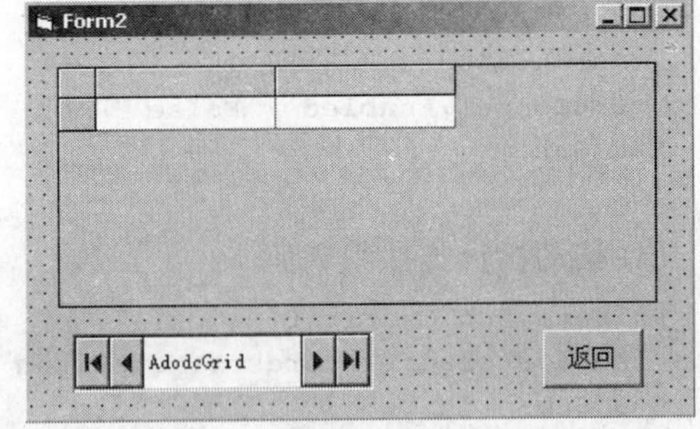

图17-6 示例3的Form2布局

Form1窗体上各控件属性的设置同示例1。Form2窗体上DataGrid控件的对象名为dtgCond，ADO数据控件名为AdodcGrid，其ConnectionString属性的值同示例1的AdodcStudent属性值，CommandType和RecordSource属性在程序代码中设置。DtgCond控件的列属性也在程序代码中设置。

Form1上的“查找”和“退出”命令按钮的代码为：

```
Private Sub CmdExit_Click()                ' "退出"按钮
  End
End Sub

Private Sub CmdSearch_Click()              ' "查找"按钮
```

```
  Form2.Show                                ' 显示Form2窗体
End Sub
```

Form2中设置dtgCond控件的数据源的代码写在此窗体的Load事件中，对dtgCond控件的列标题和列宽度的设置用一个初始化过程实现。代码如下所示：

```
Private Sub CmdReturn_Click()               ' "返回"按钮
  Unload Me
End Sub

Private Sub Form_Load()
  Dim strSno As String
  Dim strSelect As String

  '得到Form1窗体上当前显示的学号的值
  strSno = Trim(Form1.TxtSno.Text)
  '编写满足要求的查询语句，查找学号值等于给定值的学生的姓名、修的课程名、
'学分和成绩
  strSelect = "select Sname, Cname,Ccredit,Grade from student s join sc " _
            & "on s.sno = sc.sno join course c on c.cno = sc.cno where " _
            & "sc.sno = '" & strSno & "'"

  '设置ADO数据控件相应的属性
  AdodcGrid.CommandType = adCmdText
  AdodcGrid.RecordSource = strSelect
  '使ADO数据控件的新属性生效
  AdodcGrid.Refresh

  '设置DataGrid控件的数据源为ADO数据控件的结果集
  Set DtgCond.DataSource = AdodcGrid
  '调用DtgCond控件的初始化过程
  Call InitGrid

End Sub

Private Sub InitGrid()
'初始化dtgCond控件
  With DtgCond
    '设置DtgCond的列标题
    .Columns(0).Caption = "学号"
    .Columns(1).Caption = "课程名"
    .Columns(2).Caption = "学分"
    .Columns(3).Caption = "成绩"

    '设置DtgCond的列宽
    .Columns(0).Width = 1000
    .Columns(1).Width = 2000
    .Columns(2).Width = 800
    .Columns(3).Width = 800
  End With
End Sub
```

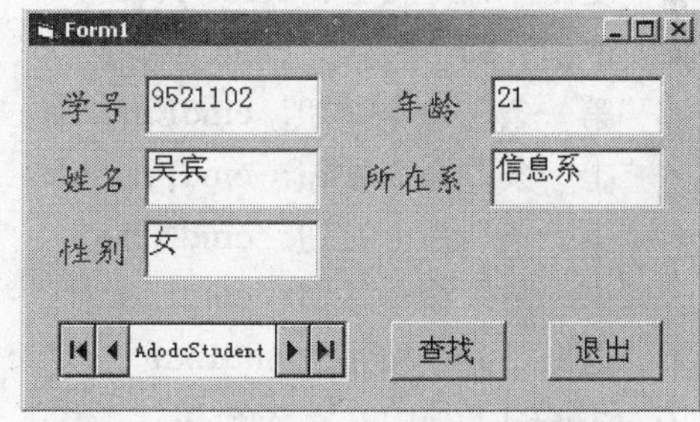

图17-7　Form1运行时的一个界面

图17-8　与图17-7对应的Form2上的数据

如果Form1显示的数据如图17-7所示，则单击“查找”按钮后，将产生图17-8所示的Form2。

17.4　示例4

本例我们将说明如何使用ADO对象模型实现示例2所示窗体上的操作。示例4 的窗体布局与示例2相同，只是去掉了“AdodcStuent”ADO数据控件，如图17-9所示。

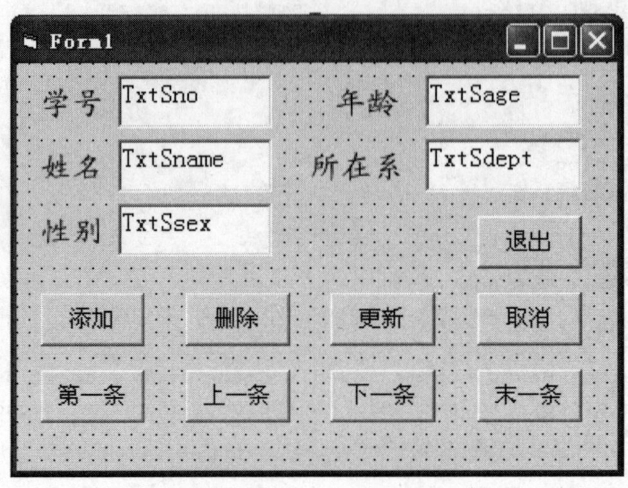

图17-9　示例4窗体布局

图17-9上各文本框控件的对象名分别显示在每个文本框中，各命令按钮控件的对象名分别为:

- “添加”命令按钮: cmdAdd
- “删除”命令按钮: cmdDel
- “更新”命令按钮: cmdUpdate
- “取消”命令按钮: cmdCancel
- “第一条”命令按钮: cmdFirst
- “上一条”命令按钮: cmdPrevious
- “下一条”命令按钮: cmdNext
- “末一条”命令按钮: cmdLast
- “退出”命令按钮: cmdExit

在示例4的工程中，首先选择“工程”菜单下的“引用”命令，然后在弹出的窗口中选择“Microsoft ActiveX Data Object 2.X Library”(其中“X”为引用的某个版本的ADO对象模型)，引入ADO数据对象。

实现此示例的程序代码如下:

(1) 声明窗体级的对象

```
Dim adoCon As ADODB.Connection
Dim adoRst As ADODB.Recordset
```

(2) 窗体启动时的代码

```
Private Sub Form_Load()
  '建立连接
  Set adoCon = New ADODB.Connection
  adoCon.Open "Provider=SQLOLEDB.1;Persist Security Info=False;" _
```

```
            & "User ID=sa;Initial Catalog=学生管理数据库;" _
            & "Data Source=(local)"

    '建立记录集
    Set adoRst = New ADODB.Recordset
    adoRst.ActiveConnection = adoCon
    adoRst.CursorLocation = adUseClient
    adoRst.CursorType = adOpenDynamic
    adoRst.LockType = adLockOptimistic
    adoRst.Source = "Student"
    adoRst.Open , , , , adCmdTable
    '显示数据
    Call Display
    '初始时使"取消"按钮为不可用状态
    CmdCancel.Enabled = False
End Sub
```

（3）两个通用的过程

为更好地实现模块化程序设计，在窗体加载代码段中用到了两个用户自定义的过程，一个是子过程Display，这个子过程用于实现记录集到文本框的数据绑定，它没有输入参数和输出参数；另一个是函数convertNull，此函数用于判断记录集的当前行中某个列的值是否为空（NULL），若为空，则在文本框中显示空串，否则显示实际的数据值。注意，如果不对空值进行判断和处理，则当文本框显示值为空的列时会出错。

这两个过程的代码如下：

```
'本子过程用于将记录集中各字段的数据绑定到文本框中
Private Sub Display()
    TxtSno.Text = convertNull(adoRst.Fields("sno").value)
    TxtSname.Text = convertNull(adoRst.Fields("sname").value)
    TxtSsex.Text = convertNull(adoRst.Fields("ssex").value)
    TxtSage.Text = convertNull(adoRst.Fields("sage").value)
    TxtSdept.Text = convertNull(adoRst.Fields("sdept").value)
End Sub

'本函数用于将空值字段转化为空字符串，否则会出现赋值错误
Private Function convertNull(value As Variant) As Variant
    If IsNull(value) = True Then          'IsNull为VB函数，可直接使用
        convertNull = ""
    Else
        convertNull = value
    End If
End Function
```

（4）数据操作按钮组代码

```
Private Sub CmdAdd_Click()              ' "添加"命令按钮
  adoRst.AddNew
  '使"添加"和"删除"按钮为不可用状态
  CmdAdd.Enabled = False
  CmdDel.Enabled = False
```

```
  '使"更改"和"取消"按钮为可用状态
  CmdUpdate.Enabled = True
  CmdCancel.Enabled = True
  '清空文本框中显示的内容
  TxtSno.Text = ""
  TxtSname.Text = ""
  TxtSsex.Text = ""
  TxtSage.Text = ""
  TxtSdept.Text = ""
End Sub
Private Sub CmdCancel_Click()           ' "取消"命令按钮
  adoRst.CancelUpdate
  '使"添加"和"删除"按钮为可用状态
  CmdAdd.Enabled = True
  CmdDel.Enabled = True
  '使"取消"按钮为不可用状态
  CmdCancel.Enabled = False
  Call Display     '显示记录集当前记录
End Sub
Private Sub CmdDel_Click()              ' "删除"命令按钮
  Dim res As Integer
  res = MsgBox("确实要删除此行记录吗?", _
             vbExclamation + vbYesNo + vbDefaultButton2)  '提示用户
  If res = vbYes Then                  '如果确实要删除
    adoRst.Delete
    adoRst.MoveNext
    If adoRst.EOF = True Then
      adoRst.MoveLast
    End If
  End If
  Call Display                          '显示记录集当前记录
End Sub
Private Sub CmdUpdate_Click()         ' "更新"命令按钮
  '将文本框中的当前值写入结果集相应字段中
  adoRst.Fields("Sno") = Trim(TxtSno.Text)
  adoRst.Fields("Sname") = Trim(TxtSname.Text)
  adoRst.Fields("Ssex") = Trim(TxtSsex.Text)
  adoRst.Fields("Sage") = CInt(Trim(TxtSage.Text))
  adoRst.Fields("Sdept") = Trim(TxtSdept.Text)
  '使更新生效
  adoRst.Update
  '使"添加"和"删除"按钮为可用状态
  CmdAdd.Enabled = True
  CmdDel.Enabled = True
  '使"取消"按钮为不可用状态
  CmdCancel.Enabled = False
End Sub
```

(5) 移动指针方法组代码

```
Private Sub CmdFirst_Click()      '"第一条"命令按钮
```

```
    adoRst.MoveFirst
    Call Display                          '显示记录集当前记录
End Sub
Private Sub CmdLast_Click()               ' "末一条"命令按钮
    adoRst.MoveLast
    Call Display                          '显示记录集当前记录
End Sub
Private Sub CmdNext_Click()               ' "下一条"命令按钮
    adoRst.MoveNext
    If adoRst.EOF = True Then
        '如果已经移到了最后一行之后，则将指针定位在最后一行
        adoRst.MoveLast
    End If
    Call Display                          '显示记录集当前记录
End Sub
Private Sub CmdPrevious_Click()           ' "上一条"命令按钮
    adoRst.MovePrevious
    If adoRst.BOF = True Then
        '如果已经移到了第一行之前，则将指针定位在第一行
        adoRst.MoveFirst
    End If
    Call Display                          '显示记录集当前记录
End Sub
```

（6）结束程序代码

```
Private Sub CmdExit_Click()               ' "退出"命令按钮
    End
End Sub
```

示例4运行时的初始界面与图17-9相同。

17.5 数据窗体向导

建立窗体时，进行窗体布局、编写代码是一件很繁琐的事情，VB提供了一个可以简化此工作的工具：数据窗体向导（Data Form Wizard）。在使用ADO控件时，利用这个向导，可以轻松地创建ADO数据控件和数据绑定控件，并可实现数据的增、删、改、查操作。

17.5.1 添加数据窗体向导

使用数据窗体向导的第一步就是将它添加到VB的系统菜单中。在VB 6.0中，数据窗体向导是作为外接程序存在的，因此，在启动一个新的工程时，它不在系统菜单中，需要先将它添加到菜单中才能使用。

添加数据窗体向导的方法很简单。选择VB的“外接程序”菜单下的“外接程序管理器”命令，打开“外接程序管理器”对话框，如图17-10所示。在“可用外接程序”中选中“VB 6数据窗体向导”，并在右下边的“加载行为”中选择“在启动中加载”（在启动时就加入此向导）或“加载/卸载”（在使用时加入），然后单击“确定”按钮关闭此对话框。这时，在VB的“外接程序”菜单中会有“数据窗体向导”一项，用它就可以启动数据窗体向导。

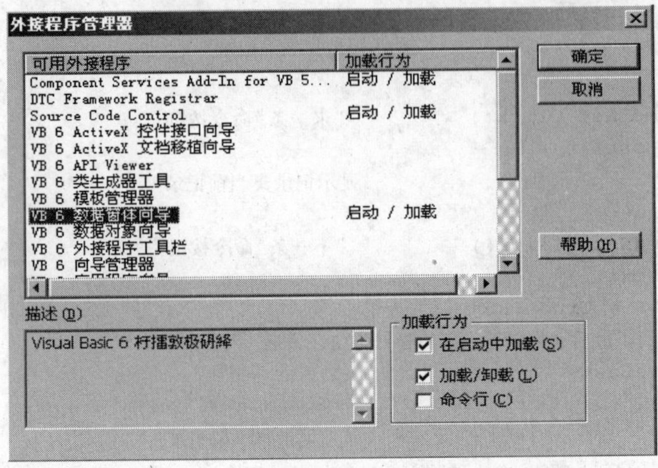

图17-10 “外接程序管理器”对话框

17.5.2 使用数据窗体向导

使用数据窗体向导的步骤如下:

1) 在“外接程序”菜单中选择“数据窗体向导”命令，启动数据窗体向导，如图17-11所示。在此界面上介绍了向导的基本功能。如果用户以前使用过向导，则可以装载原来的设置，否则单击“下一步”按钮，弹出的对话框如图17-12所示。

2) VB 6提供了两种数据库类型:“Access”和“Remote（ODBC)”。如果使用数据窗体向导访问SQL Server中的数据库，则可以选择“Remote（ODBC)”选项。这里选择“Remote（ODBC)”，单击“下一步”按钮弹出“连接信息”对话框，如图17-13所示。

3) 在“连接信息”对话框中，用户需要输入连接数据库的信息。在“ODBC连接数据”区域的“DSN”下拉列表框中选择一个已经建立好的ODBC数据源，这里选择“XShGL”（假设此数据源已经建立好，并且此数据源连接的是SQL Server的“学生管理数据库”。如果以前没有建立好数据源，则应先建立数据源，然后再使用此向导)。在“UID”和“PWD”部分分别输入用户名和密码，单击“下一步”，则弹出图17-14所示的对话框。

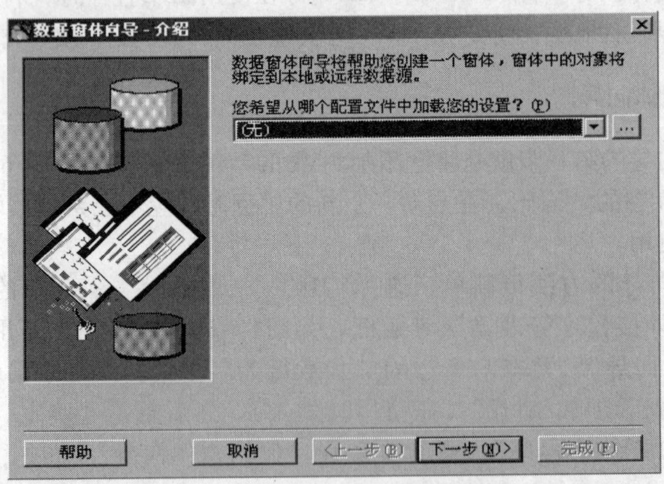

图17-11 数据窗口向导的启动界面

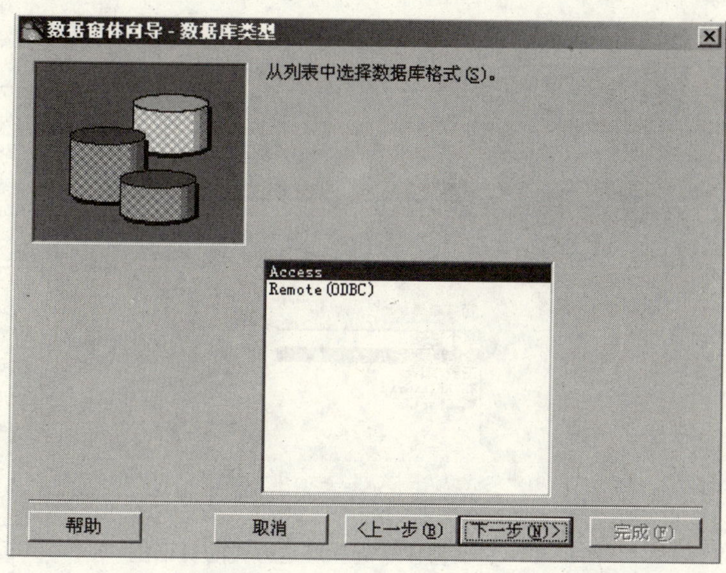

图17-12 选择数据库类型对话框

4) 在图17-14所示的对话框中，首先在“窗体名称为”文本框输入要创建的窗体的名字，这里命名的名字为“frmStudent”，然后在“窗体布局”列表框中选择合适的布局方式。VB一共提供了五种布局方式:

- 单个记录: 生成一个在记录源中对每个列都有独立控件的窗体。这种类型的窗体一次只显示一行数据。
- 网格（数据表）: 使用DateGrid控件在窗体上显示记录。
- 主表/细表: 在一个窗体上显示有主/外码关系的表的数据。
- MS HFlexGrid: 使用Hierarchical控件显示数据。
- MS Chart: 使用Microsoft Chart控件显示数据的图形摘要。

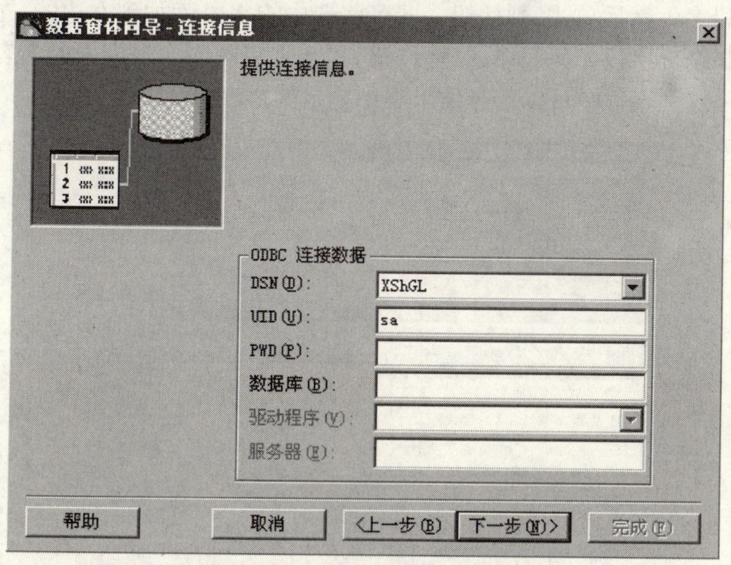

图17-13 “连接信息”对话框

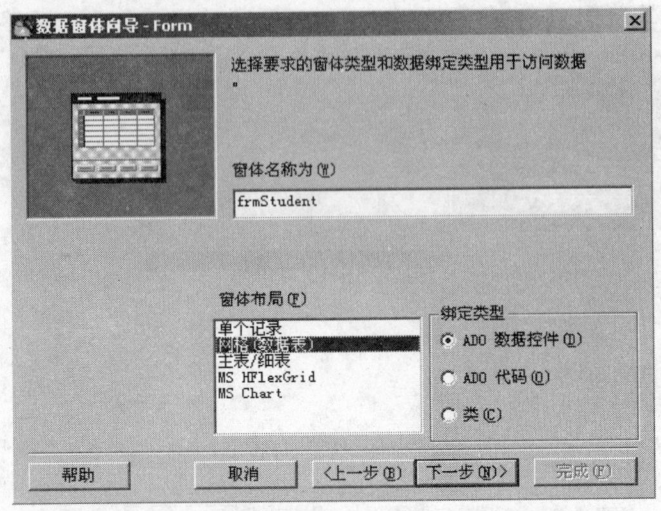

图17-14　定义窗体布局和绑定方式的对话框

用鼠标单击“窗体布局”列表中的任何一种布局，在窗体的左上方的图片框中均会显示这种布局方式的效果。

在这个对话框中还要设置数据绑定的类型，绑定的类型将决定创建的窗体如何工作。这里有三种绑定方式：

- ADO数据控件：使用ADO数据控件和数据绑定控件技术访问数据库。
- ADO代码：不使用ADO数据控件，全部操作控件的功能均由代码实现。
- 类：创建一个提供数据访问功能的类模块。

这里选择的是第一项“ADO数据控件”，单击“下一步”按钮，弹出如图17-15所示的对话框。

5) 在图17-15所示的设置记录源对话框中设置ADO数据控件的记录源属性。在“记录源”下拉列表框中选择“Student”表，然后在“可选字段”列表框中选择所需的字段。在“可用字段”中选中字段名，然后单击▶按钮，即可将选中的字段添加到右边的“选定字段”列表框中。如果要选择全部字段，则可单击▶▶按钮。“选定字段”列表框中的内容为要查看的列。在“列排序按”下拉列表框中可以选择结果集中记录的排序方式。

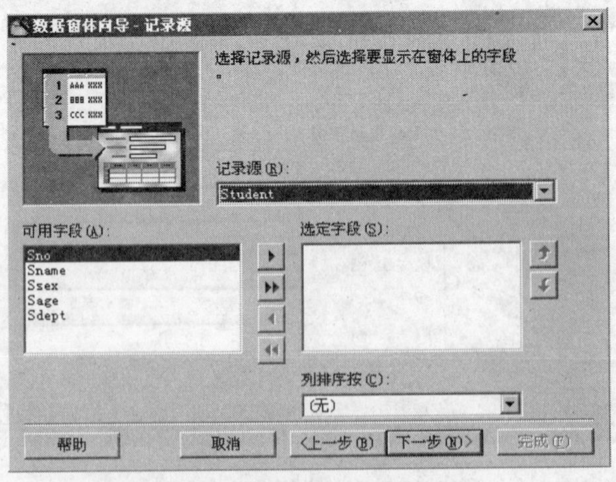

图17-15　设置记录源的对话框

这里选择的是Student表中的全部字段。选完字段后单击“下一步”按钮，进入如图17-16所示的“控件选择”对话框。

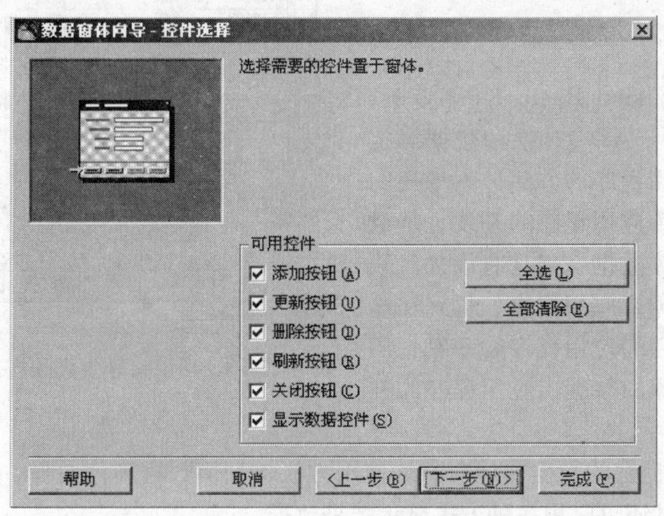

图17-16　“控件选择”对话框

6) 在“控件选择”对话框中，选择要添加到窗体上的控件。在对话框的“可用控件”部分列出了所有可用的控件，选中这些按钮的复选框表示使用该控件，单击“全选”按钮选择全部的控件。各控件的含义为：

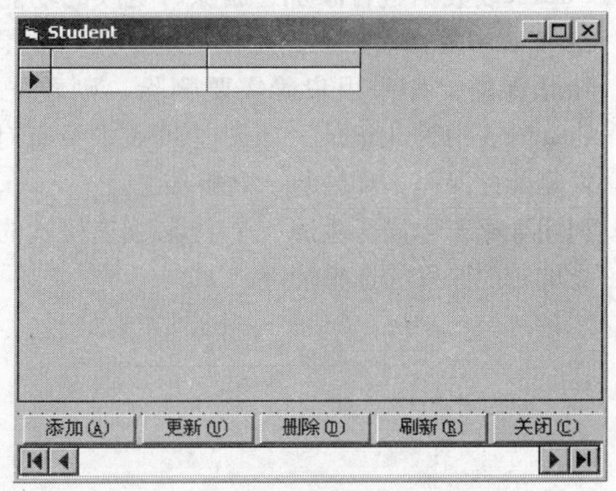

图17-17　用向导创建好的数据窗体

- 添加按钮：在数据库中添加新记录。
- 更新按钮：立即把在当前记录中修改的任何数据保存到数据库中。
- 删除按钮：删除当前记录。
- 刷新按钮：重新查询数据库，以便获得从显示数据以来其它人对数据库所做的任何修改。该按钮仅在数据源是多用户时才有意义。
- 关闭按钮：关闭窗体。
- 显示数据控件：使ADO数据控件可见。此选项仅在使用Grid布局的窗体中使用。

这里选择全部按钮，单击“完成”按钮后，数据窗体向导将自动创建一个新的窗体，如图17-17所示。向导能够自动创建用于处理添加、更新、删除和刷新记录的VB代码。用户可以在代码窗口中查看这些按钮的代码，并学习系统是如何编写实现数据操作的VB代码的。

在使用数据窗体向导创建好了一个数据窗体后，用户还可以对窗体的大小以及控件的布局进行适当的调整，然后就可以直接运行该应用程序了。上述利用数据窗体向导生成的数据窗体的运行界面如图17-18所示。

单击应用程序界面上的相应按钮，就可以对数据进行添加、删除、更新等操作。

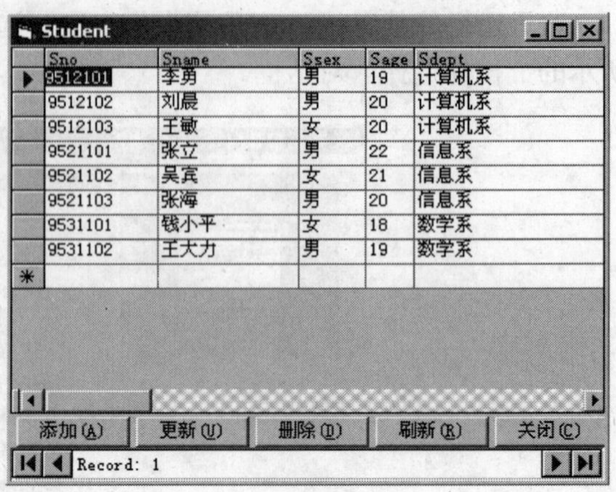

图17-18　利用向导生成的应用程序的运行界面

17.6　小结

本章介绍了在Visual Basic 6.0环境下，利用ADO数据控件、ADO对象和数据绑定控件开发数据库应用程序的方法。本章用四个示例说明了数据库应用程序的开发，从最简单的只查询数据库数据，到具有添加、删除、更新功能的数据库应用程序，再到在多个窗体间有数据联系的应用程序的开发，用户可以体验由简到繁的数据库应用程序的开发过程。

最后介绍了VB提供的数据窗体向导的使用方法。利用数据窗体向导，可以快速地开发数据库应用程序，而且还可以用多种方式显示结果数据。

上机练习

1. 建立访问“学生管理数据库”中Course表的数据库应用程序，要求此应用程序具有对Course表数据进行添加、删除、更改的功能，并且当从Course表删除数据时，首先要判断在SC表中是否有对要删除课程的引用，如果有，则要提示用户，并且询问用户是否还要删除此课程，如果用户确实要删除，则首先删除SC表中此课程的相关记录，然后再删除Course表中的此记录。如果在SC表中没有对要删除课程的引用，则直接提示用户是否确实要删除此课程，如果是，则删除之。
2. 利用数据窗体向导生成一个主表/细表格式的窗体，主表为Course，细表为SC表，其目的是查询每门课程的选修情况。

附 录

附录包含四部分内容，第一部分是介绍SQL Server 2000提供的内置函数。这些函数是用户在实际应用中经常会用到的，附录中会给出每个函数的实例以介绍其用法。第二部分介绍在Visual Basic环境中开发好数据库应用程序之后，如何将应用程序发布出去，以方便用户的安装和使用。这也是用户制作应用程序时会经常遇到的问题。第三部分是数据库应用练习的实例，可作为学生的课程设计。最后一部分是本书的习题解答。

本部分由下述四个附录组成：

- 附录A　常用的SQL Server内置函数
- 附录B　发布VB应用程序
- 附录C　数据库应用练习实例
- 附录D　习题答案

附录A 常用的SQL Server内置函数

SQL Server 2000提供了许多内置函数，使用这些函数可以方便、快捷地执行某些操作。这些函数通常用在查询语句中，用来计算查询结果或修改数据格式和查询条件。一般来说，允许使用变量、字段或表达式的地方都可以使用这些内置函数。本附录主要介绍一些常用的聚合函数、数学函数、字符串函数、日期和时间函数以及类型转换函数。了解了这些函数之后，就可以编写功能更强大的查询语句。

A.1 聚合函数

聚合函数是计算一组值并返回单一的汇总值。常用的聚合函数有如下几种。

1. AVG

作用：返回组中值的平均值。空值将被忽略。

语法：

```
AVG ([ ALL | DISTINCT ] 表达式)
```

说明：

ALL：对所有的值进行聚合函数运算。ALL是默认设置。

DISTINCT：指定AVG操作只使用每个值的惟一实例，而不管该值出现了多少次。

2. COUNT

作用：返回组中项目的数量。

语法：

```
COUNT ({ [ ALL | DISTINCT ] 表达式 | * })
```

说明：

ALL：对所有的值进行聚合函数运算。ALL是默认设置。

DISTINCT：指定COUNT返回惟一非空值的数量。

*：指定计算所有行以返回表中行的总数。COUNT(*)不需要任何参数，而且不能与DISTINCT一起使用。

3. COUNT_BIG

作用：返回组中项目的数量。COUNT_BIG的使用方法与COUNT函数相似。它们之间的惟一差别是它们的返回值，COUNT_BIG总是返回bigint数据类型的值，而COUNT则总是返回int数据类型的值。

4. MAX

作用：返回表达式的最大值。

语法：

```
MAX (表达式)
```

5. MIN

作用：返回表达式的最小值。

语法：

```
MIN（表达式）
```

6. SUM

作用：返回表达式中所有值的和。SUM 只能用于数字列。空值将被忽略。

语法：

```
SUM（[ ALL | DISTINCT ] 表达式）
```

说明：

ALL：对所有的值进行聚合函数运算。ALL 是默认设置。

DISTINCT：指定 SUM 返回惟一值的和。

7. STDEV

作用：返回给定表达式中所有值的标准偏差。

语法：

```
STDEV（表达式）
```

说明：表达式是数值型数据（bit 类型除外）的表达式。

返回值类型为float。

STDEV 只能用于数字列。空值将被忽略。

例1 返回pubs数据库中 titles 表中所有版税费用（royalty）的标准偏差。

```
USE pubs
SELECT STDEV(royalty)
FROM titles
```

结果为：4.7731890108535753。

8. VAR

作用：返回给定表达式中所有值的方差。

语法：

```
VAR （ 表达式 ）
```

说明：表达式是数值型数据（bit类型除外）的表达式。

返回值类型为float。

VAR只能用于数字列。空值将被忽略。

例2 返回pubs数据库中 titles 表中所有版税费用（royalty）的方差。

```
USE pubs
SELECT VAR(royalty)
FROM titles
```

结果为：22.783333333333335。

A.2 日期和时间函数

日期和时间函数对日期和时间型的值执行操作，并返回一个字符串、数字值或日期和时间值。

1. GETDATE ( )

作用：按 datetime 值的SQL Server 标准内部格式返回当前系统日期和时间。

返回类型：datetime。

注释：日期函数可用在 SELECT 语句的选择列表或用在查询语句的 WHERE 子句中。

在设计报表时，GETDATE 函数可用于在每次生成报表时打印当前的日期和时间。GETDATE 对于跟踪活动也很有用，诸如记录事务在某一帐户上发生的时间。

例3 用 GETDATE 返回当前的日期和时间。

```
SELECT GETDATE()
```

结果形式为：2002-10-28 11:50:A.240。

例4 在 CREATE TABLE 语句中使用 GETDATE作为列的默认值。此示例创建 employees 表并用 GETDATE 给出员工被雇佣的时间，并将此时间作为此列的默认值。

```
CREATE TABLE employees(
 emp_id char(11) NOT NULL,
 emp_lname varchar(40) NOT NULL,
 emp_fname varchar(20) NOT NULL,
 emp_hire_date datetime DEFAULT GETDATE(),
 emp_mgr varchar(30)
)
```

2. DATEADD

作用：在给定的日期上加上一段时间，返回新的 datetime 值。

语法：

```
DATEADD (日期部分, 常数, 日期 )
```

说明：

- 日期部分：指定使用日期的哪一部分计算新值。表A-1列出了SQL Server识别的日期部分和缩写形式。

表A-1 SQL Server识别的日期部分和缩写形式

日期部分	缩 写	日期部分	缩 写
Year	yy, yyyy	Week	wk, ww
quarter	qq, q	Hour	hh
Month	mm, m	Minute	mi, n
Dayofyear	dy, y	Second	ss, s
Day	dd, d	Milisecond	ms

- 常数：用来增加日期部分的值。如果指定一个不是整数的值，则将忽略此值的小数部分。例如，如果日期部分指定的是 day，常数部分指定的值为 1.75，则日期将增加1。
- 日期：返回 datetime、smalldatetime 值或日期格式字符串的表达式。

如果只指定年份的最后两位数字，则小于或等于“两位数年份支持”配置选项（右击服务器，在弹出的菜单中选择“属性”命令，然后在弹出的对话框中选择“服务器设置”选项卡页，可以看到此选项）的值的最后两位数字所在的世纪与截止年所在世纪相同。大于该选项的值的最后两位数字所在的世纪为截止年所在世纪的前一个世纪。例如，如果“两位数年份支持”（在服务器属性的“服务器设置”选项卡上）为2049（默认），则49被解释为2049年，

50被解释为1950年。为避免模糊，应使用四位数的年份。

返回类型：返回datetime，但如果 date 参数是 smalldatetime，则返回 smalldatetime。

例5　查询 pubs 数据库中titles表中每本书的发布日期（pubdate）加上21天的日期。

```
SELECT DATEADD(day, 21, pubdate) AS timeframe,pubdate
FROM titles
```

结果为：

```
timeframe                           pubdate
----------------------------------- ---------------------------
1991-07-03 00:00:00.000             1991-06-12 00:00:00.000
1991-06-30 00:00:00.000             1991-06-09 00:00:00.000
1991-07-21 00:00:00.000             1991-06-30 00:00:00.000
1991-07-13 00:00:00.000             1991-06-22 00:00:00.000
1991-06-30 00:00:00.000             1991-06-09 00:00:00.000
1991-07-09 00:00:00.000             1991-06-18 00:00:00.000
2000-08-27 01:33:54.123             2000-08-06 01:33:54.123
… …
```

3. DATEDIFF

作用：返回两个指定日期之间的差。

语法：

```
DATEDIFF ( 日期部分 , 开始日期, 结束日期 )
```

日期部分的取值如表A-1所示。

返回类型：integer。

注释：返回的结果是结束日期减去开始日期的值。如果开始日期比结束日期晚，则返回负值。

例6　确定pubs数据库titles表中每本书的发布日期和当前日期相差的天数。

```
SELECT DATEDIFF(day, pubdate, getdate()) AS no_of_days,pubdate
FROM titles
```

结果为：

```
no_of_days  pubdate
----------- -----------------------
3791        1991-06-12 00:00:00.000
3794        1991-06-09 00:00:00.000
3773        1991-06-30 00:00:00.000
3781        1991-06-22 00:00:00.000
3794        1991-06-09 00:00:00.000
3785        1991-06-18 00:00:00.000
448         2000-08-06 01:33:54.123
3773        1991-06-30 00:00:00.000
… …
```

4. DATENAME

作用：返回代表指定日期的指定日期部分的字符串描述。

语法：

```
DATENAME ( 日期部分 , date )
```

日期部分的取值如表A-1所示。

返回类型：nvarchar。

注释：SQL Server 自动在字符和 datetime 值间按需要进行转换。

例7 从 GETDATE 返回的日期中提取月份名。

```
SELECT DATENAME(month, getdate()) AS 'Month Name'
```

结果为3。

5. DATEPART

作用：返回代表给定日期的指定日期部分的整数。

语法：

```
DATEPART ( 日期部分 , date )
```

日期部分的取值如表A-1所示。

返回类型：int。

注释：DATEPART(dd, date)、DATEPART(mm, date)和 DATEPART(yy, date) 分别同DAY、MONTH和 YEAR 函数的作用相同。

例8 GETDATE 函数返回的是当前日期，但是，在进行比较时并不总是需要完整的日期信息（通常只是对日期的一部分进行比较）。例如，若只希望得到当前日期的年份，则可用以下代码：

```
SELECT DATEPART (year, GETDATE()) AS 'Current year'
```

结果为2003。

6. DAY

作用：返回指定日期的日部分的整数。

语法：

```
DAY ( date )
```

返回类型：int。

注释：此函数等价于 DATEPART(dd, date)。

例9 返回当前日期的日部分。

```
SELECT DAY(getdate()) AS 'Day Number'
```

结果为28。

7. MONTH

作用：返回指定日期的月份的整数。

语法：

```
MONTH ( date )
```

返回类型：int。

注释：MONTH 等价于 DATEPART(mm, date)。

例10 返回日期 03/12/1998 的月份。

```
SELECT 'Month Number' = MONTH('03/12/1998')
```

结果为3。

8. YEAR

作用：返回指定日期中的年份的整数。

语法：

```
YEAR ( date )
```

返回类型：int。

注释：此函数等价于 DATEPART(yy, date)。

例11 返回日期 03/12/1998 中的年份数。

```
SELECT 'Year Number' = YEAR('03/12/1998')
```

结果为1998。

A.3 数学函数

1. ABS

作用：返回给定数值表达式的绝对值。

语法：

```
ABS ( 数值表达式 )
```

2. PI

作用：返回 PI 的常量值。

语法：

```
PI ( )
```

返回类型：float。

例12 返回 PI 的值。

```
SELECT PI()
```

结果为3.1415926535897931。

3. POWER

作用：计算给定表达式的指定次幂。

语法：

```
POWER (数值表达式, 次方数 )
```

返回类型：与数值表达式的类型相同。

例13 计算5的3次幂。

```
SELECT POWER(5, 3)
```

结果为125。

4. SQUARE

作用：计算给定表达式的平方。

语法：

```
SQUARE (表达式)
```

返回类型：float。

例14 计算5的平方。

```
SELECT SQUARE(5)
```

结果为25.0。

5. SQRT

作用：计算给定表达式的平方根。

语法：

```
SQRT ( 表达式 )
```

返回类型：float。

例15 计算 10.0的平方根。

```
SELECT SQRT(10.0)
```

结果为3.1622776601683795。

A.4 字符串函数

字符串函数用于对字符串进行操作，返回字符串或数字值。

1. CHAR

作用：返回与指定的ASCII码值*n*相对应的字符。

语法：

```
CHAR (n)
```

说明：n的取值范围为0～255。如果n不在此范围内，则返回 NULL 值。

返回类型：长度为1的字符。

2. CHARINDEX

作用：返回某字符串中包含指定字符串的起始位置。

语法：CHARINDEX (字符串1 , 字符串2[, 起始位置])

说明：

- 字符串1：要寻找的字符串。
- 字符串2：用于搜索指定字符串的字符串。
- 起始位置：在字符串2中从起始位置开始搜索字符串1。如果没有给定起始位置，或者起始位置是一个负数或零，则从字符串2 的开始位置进行搜索。

返回类型：int。

注释：如果在字符串2 内没有找到字符串1，则 CHARINDEX 返回 0。否则返回字符串在字符串2中的开始位置。

例16 返回pubs数据库中序列"wonderful"在 titles 表的 notes 列中开始的位置。

```
SELECT CHARINDEX('wonderful', notes)
FROM titles
WHERE title_id = 'TC3218'
```

例17 使用起始位置参数从 notes 列的第五个字符开始寻找"wonderful"。

```
SELECT CHARINDEX('wonderful', notes, 5),notes
FROM titles
```

```
WHERE title_id = 'TC3218'
```

例18 显示当在字符串2内找不到字符串1时的结果集。

```
SELECT CHARINDEX('wondrous', notes)
FROM titles
WHERE title_id='TC3218'
```

3. LEFT

作用：返回从字符串左边开始指定个数的字符。

语法：

```
LEFT ( 字符串 , 整数值 )
```

说明：

- 字符串：可以是常量、变量或列。
- 整数值：正整数值，若此值为负数，则返回一个错误。

返回类型：varchar。

例19 返回字符串“abcdefg”最左边的两个字符。

```
SELECT LEFT('abcdefg',2)
```

结果为ab。

例20 返回pubs数据库中titles表中存放的每个书名最左边的 5 个字符。

```
SELECT LEFT(title, 5) AS left_title, title
FROM titles
ORDER BY title_id
结果为:
left_title title
---------- ------------------------------------------------------
The B      The Busy Executive's Database Guide
Cooki      Cooking with Computers: Surreptitious Balance Sheets
You C      You Can Combat Computer Stress!
Strai      Straight Talk About Computers
Silic      Silicon Valley Gastronomic Treats
The G      The Gourmet Microwave
The P      The Psychology of Computer Cooking
… …
```

4. RIGHT

作用：返回字符串中从右边开始指定个数的字符。

语法：

```
RIGHT ( 字符串 , 整数 )
```

说明：

- 字符串：可以是常量、变量或列。
- 整数值：正整数值，若此值为负数，则返回一个错误。

返回类型：varchar。

例21 返回pubs数据库中的authors表中存储的每个作者名字中最右边的五个字符。

```
SELECT RIGHT(au_fname, 5) as right_au_fname,au_fname
FROM authors
ORDER BY au_fname
```

结果为:

```
right_au_fname au_fname
-------------- --------------------
raham          Abraham
Akiko          Akiko
lbert          Albert
Ann            Ann
Anne           Anne
Burt           Burt
rlene          Charlene
heryl          Cheryl
… …
```

5. LEN

作用: 返回给定字符串中字符（而不是字节）的个数，其中不包含尾随空格。

语法:

```
LEN ( 字符串)
```

返回类型: int。

例22 在Northwind数据库中，统计Customers表中位于芬兰的公司的公司名称（Company Name）所包含的字符个数并显示相应的公司名称。

```
SELECT LEN(CompanyName) AS Length, CompanyName
FROM Customers WHERE Country = 'Finland'
```

结果为:

```
Length      CompanyName
----------- ------------------
14          Wartian Herkku
11          Wilman Kala
```

6. SUBSTRING

作用: 返回字符串中的指定长度的子串。

语法:

```
SUBSTRING (字符串 , 起始位置 , 长度 )
```

说明:

• 字符串: 可以是字符串常量，也可以是列名。

• 起始位置: 整数，指定子串的开始位置。

• 长度: 整数，指定要返回的子串的长度（字符数）。

返回类型: 字符数据。

例23 返回某字符串ABCDEFGHIGH中从第3个字符开始长度为5的子串。

```
SELECT SUBSTRING('ABCDEFGHIGH', 3, 5 )
```

结果为CDEFG。

例24 本例查询pubs数据库，并返回 authors 表中作者的姓氏，以及作者的名字和首字母。

```
SELECT au_lname, au_fname, SUBSTRING(au_fname, 1, 1) as part_name
FROM authors
ORDER BY au_lname
```

结果为:

```
au_lname                       au_fname              part_name
------------------------------ --------------------- ---------
Bennet                         Abraham               A
Blotchet-Halls                 Reginald              R
Carson                         Cheryl                C
DeFrance                       Michel                M
del Castillo                   Innes                 I
Dull                           Ann                   A
Green                          Marjorie              M
… …
```

7. LOWER

作用: 将字符串中的大写字母转换为小写字母。

语法:

```
LOWER ( 字符串 )
```

说明: 字符串可以是常量、变量或列。

返回类型: varchar。

例25 将字符串Abcde FG转换为小写字母。

```
SELECT LOWER('AbcdeFG')
```

结果为abcdefg。

8. UPPER

作用: 将字符串中的小写字母转换为大写字母。

语法:

```
UPPER ( 字符串 )
```

说明: 字符串可以是常量、变量或列。

返回类型: varchar。

例26 将字符串AbcdeFG转换为大写字母。

```
SELECT LOWER('AbcdeFG')
```

结果为ABCDEFG。

9. LTRIM

作用: 删除字符串左边的起始空格。

语法:

```
LTRIM ( 字符串 )
```

返回类型: varchar。

例27 删除“ MY NAME”中的起始空格。

```
SELECT LTRIM('  MY NAME')
```

结果为MY NAME。

10. RTRIM

作用：删除字符串右边的所有尾随空格。

语法：

```
RTRIM ( 字符串 )
```

返回类型：varchar。

例28 删除“MY NAME IS ”中的尾随空格，并在结尾添加“: HE”。

```
SELECT RTRIM('MY NAME IS  ') + ': HE'
```

结果为MY NAME IS: HE。

11. REPLACE

作用：用第三个字符串替换第一个字符串中出现的所有第二个字符串。

语法：

```
REPLACE ( 字符串1, 字符串2, 字符串3)
```

说明：

- 字符串1为待搜索的字符串表达式。
- 字符串2为待查找的字符串表达式。
- 字符串3为替换用的字符串表达式。

返回类型：字符串。

例29 用“xxx”替换“abcdefghi”中的字符串“cde”。

```
SELECT REPLACE('abcdefghicde','cde','xxx')
```

结果为abxxxfghixxx。

12. STR

作用：将浮点型数据转换成字符串数据。

语法：

```
STR ( 浮点型数 [ , 长度[ , 小数位数 ] ] )
```

说明：

- 浮点型数：带小数点的浮点数(float)。
- 长度：转换后的字符串总长度，包括小数点、正负号、数字和空格。默认值为 10。
- 小数位数：小数点右边的位数。

返回类型：char。

注释：如果为 STR 提供长度和小数位数参数值，则这些值应该是正数。在默认情况下或者小数位数参数为 0 时，浮点型数字被四舍五入为整数。长度参数值应该大于或等于小数点前面的数字加上数字符号（若有）的长度。若长度参数值小于浮点型数字的长度，则返回**。当小数位数小于浮点型数字小数点后的位数时，系统自动进行四舍五入。

例30 将包含五个数字和一个小数点的表达式123.45转换为有六个位置的字符串。数字的小数部分四舍五入为一个小数位。

```
SELECT STR(123.45, 6, 1)
```

结果为123.5。

例31 当表达式超出指定长度时，字符串返回的结果为 **。

```
SELECT STR(123.45, 2, 2)
```

结果为**。

A.5 类型转换函数

类型转换函数用来将某种数据类型的表达式显式转换为另一种数据类型。SQL Server 2000提供了两个类型转换函数，即CAST 和 CONVERT，这两个函数的功能相同。

语法：

CAST:

```
CAST ( 表达式 AS 数据类型[(长度)] )
```

CONVERT:

```
CONVERT (数据类型[(长度)], 表达式 )
```

例32 分别使用 CAST 和 CONVERT，在Pubs数据库的titles表中查询图书的书名（title）和这些图书的当前销售额（ytd_sales），要求列出书名的前30个字符，并只选择销售额中第一位数字为3的图书，并将这些图书的 ytd_sales 转换为长度为20的字符串。

使用CAST函数的代码如下：

```
USE pubs
SELECT SUBSTRING(title, 1, 30) AS Title, ytd_sales
FROM titles
WHERE CAST(ytd_sales AS char(20)) LIKE '3%'
```

使用CONVERT函数的代码如下：

```
USE pubs
SELECT SUBSTRING(title, 1, 30) AS Title, ytd_sales
FROM titles
WHERE CONVERT(char(20), ytd_sales) LIKE '3%'
```

结果为：

```
Title                                    ytd_sales
---------------------------------------- -----------
Cooking with Computers: Surrep           3876
Computer Phobic AND Non-Phobic           375
Emotional Security: A New Algo           3336
Onions, Leeks, and Garlic: Coo           375
```

例33 使用 CAST 将字符串连接起来。

```
USE pubs
```

```
SELECT 'The price is ' + CAST(price AS varchar(12))
FROM titles
WHERE price > 10.00
```

结果为:

```
-------------------------
The price is 19.99
The price is 11.95
The price is 19.99
The price is 19.99
The price is 22.95
The price is 20.00
The price is 21.59
The price is 10.95
The price is 19.99
The price is 20.95
The price is 11.95
The price is 14.99
```

附录B　发布VB应用程序

在Visual Basic集成开发环境中创建好了应用程序之后，并不意味着开发工作全部完成了，因为这时生成的应用程序只能在VB集成开发环境中运行。要想使应用程序能够脱离VB集成开发环境运行，必须要对应用程序进行编译并生成.exe文件，然后用“打包和展开向导”创建安装程序。

B.1　编译应用程序

编译应用程序就是将创建好的应用程序与它的工程文件合并起来并生成一个可执行文件。在发布应用程序之前，首先应该使用测试和调试工具对应用程序进行全面调试，排除了所有可能的错误之后，才能开始编译应用程序。

编译应用程序的主要目标为:

- 使应用程序加载和运行的速度更快。
- 为发布应用程序做准备。
- 使应用程序更安全。

编译完应用程序后，VB会自动组织工程中的所有文件并将这些工程文件转换为一个可执行文件。

VB提供了一个APP对象来存储应用程序的有关信息，如公司名、产品名、版本号、编译次数以及其它相关信息。APP对象是VB的一个预定义对象，它的常用属性如表B-1所示。

表B-1　APP对象的常用属性

属　性	描　述
Comments	返回一个关于应用程序注解的字符串，运行时只读
CompanyName	返回公司或作者名字的字符串，运行时只读
EXEName	返回可执行文件的文件名，不带扩展名，运行时只读
FileDescription	包括运行中应用程序的文件说明信息的字符串，运行时只读
HelpFile	指明应用程序的帮助文件，运行时可读可写
LegalCopyright	包括运行中的应用程序的合法版本信息，运行时只读
LegalTrademarks	返回应用程序的合法商标信息，运行时只读
Major	返回主版本数字，运行时只读
Minor	返回副版本数字，运行时只读
Path	返回应用程序开始的目录，运行时只读
PrevInstance	用于指示系统中是否已经有一个应用程序的一个实例在运行，如果有，则返回该实例值，运行时只读
ProduceName	返回应用程序指定的产品的名字，运行时只读
Revision	返回应用程序的修订数字，运行时只读

在设计时，可以通过这些属性来告诉用户一些主要的信息，这些属性设置在“工程属性”对话框中，如图B-1所示。

在运行应用程序时可以用VB代码读出这些属性值，也可以在Windows资源管理器中观察应用程序对象的版本信息属性值。鼠标右键单击编译过的.exe文件，然后从弹出的菜单中选择“属性”命令打开“属性”对话框。单击“属性”对话框中的“版本”选项卡，就可以看到应用程序的版本信息，如图B-2所示。图B-2所示的是“示例1”工程的.exe文件的属性。生成.exe文件的方法我们在后面介绍。

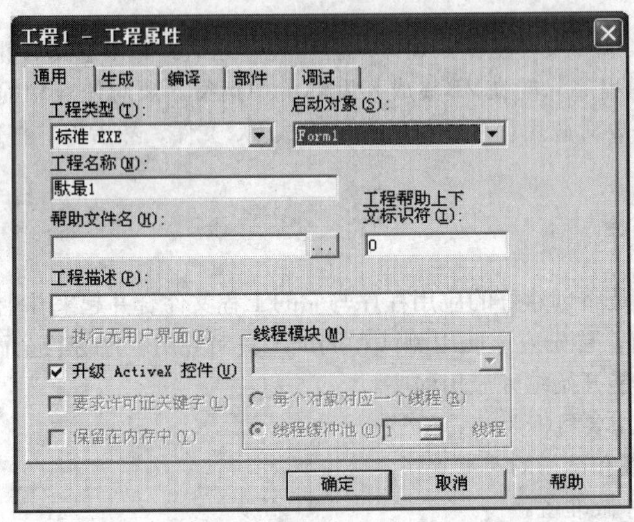

图B-1 “工程属性”对话框

设置好当前工程的APP对象的属性后，就可以开始编译代码了。VB6支持两种编译格式：P代码和本地代码。用P代码格式编译的应用程序生成的可执行文件较小，用本地代码编译的应用程序生成的可执行代码文件要大得多，但是用这种方法生成的可执行文件的运行速度比较快。

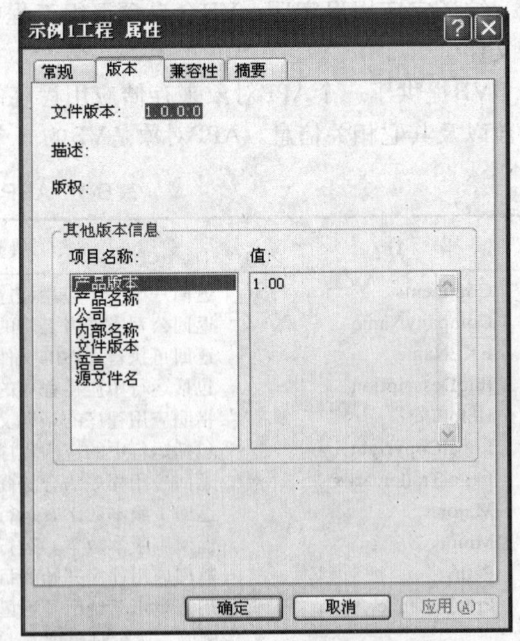

图B-2 “属性”对话框的“版本”页

将应用程序编译成标准可执行文件的步骤如下：

1) 打开要生成.exe文件的工程。

2) 选择“文件”菜单下的“生成”命令，弹出“生成工程”对话框，如图B-3所示。在“文件名”文本框中输入要生成的可执行文件的文件名。

3) 如果要设置编译格式，可单击“选项”按钮，弹出“工程属性”对话框。此对话框有两个选项卡，一个是“生成”选项卡，如图B-4所示，另一个是“编译”选项卡，如图B-5所示。在“生成”选项卡上，用户可以设定应用程序对象的很多属性，这些属性与表B-1中所列的属性对应。在“编译”选项卡上可以指定要编译的代码格式。

4) 设置好后单击“确定”按钮，返回到图B-3所示的对话框，在此对话框上再单击“确定”

按钮，关闭此对话框，即开始编译应用程序的源代码。

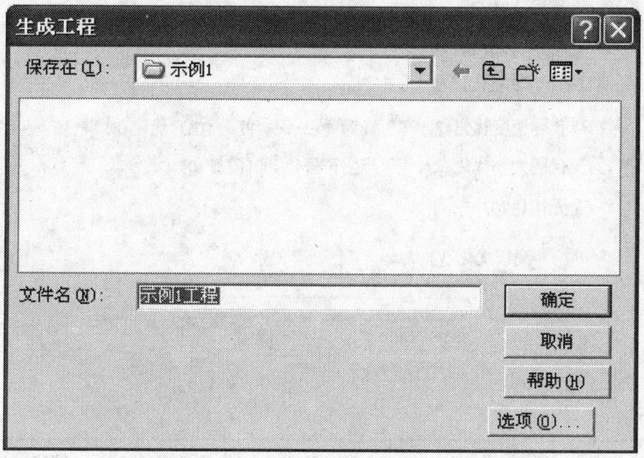

图B-3 “生成工程”对话框

编译完成后，将产生一个独立于Visual Basic集成开发环境的可执行文件。但该可执行文件还不能在没有安装Visual Basic 6.0的计算机上运行，因为还缺少许多应用程序所必需的动态链接库。为了使应用程序能够脱离VB6环境运行，还需要运行“打包和展开向导”来制作并发布应用程序的安装程序。“打包和展开向导”是VB应用程序的发布工具，用于为VB应用程序创建安装程序。

使用“打包和展开向导”工具可以创建两种类型的应用程序包，一种是标准应用程序包，另一种是Internet程序包。标准程序包专门用来发布标准.exe应用程序，Internet程序包专用于从Web站点下载。这里只介绍发布标准.exe应用程序包的方法和步骤。

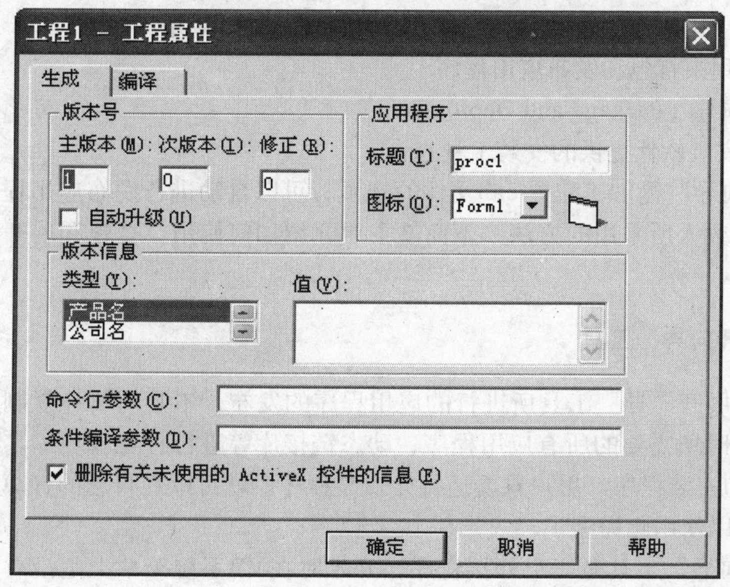

图B-4 “工程属性”中的“生成”标签页

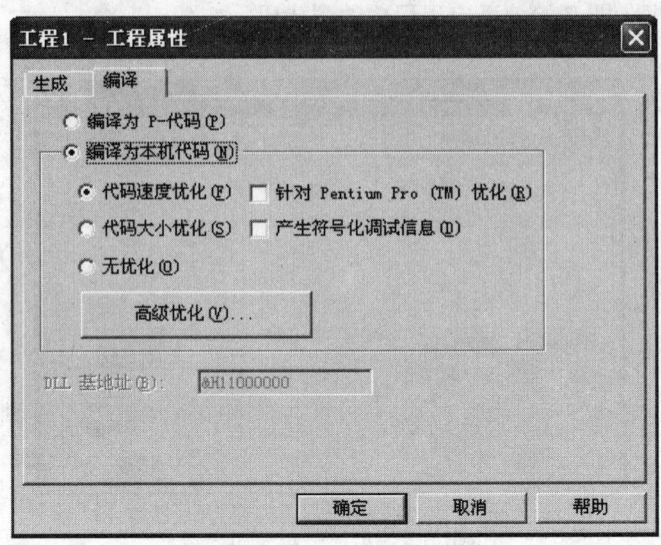

图B-5 “工程属性”中的“编译”标签页

B.2 使用“打包和展开向导”

创建完VB应用程序之后，就可以将创建的应用程序通过磁盘、光盘等途径自由地发布了。一般来说，发布应用程序必须经过两个步骤，即打包和部署。

1. 打包

必须将应用程序文件打包成一个或多个可以部署到选定位置的.cab文件（.cab文件是一种压缩文件）。对于某些特定类型的软件包，还必须为其创建安装程序。

2. 部署

必须将打包的应用程序放置到适当的位置，以便用户安装应用程序。

有两种工具可用来打包和发布应用程序:

- 打包和展开向导（Package and Deployment）。
- Visual Basic安装软件提供的安装工具包。

“打包和展开向导”提供了配置.cab文件的选项，可以自动进行发布应用程序所包含的许多步骤，这是大多数人所采用的方法。下面就主要介绍如何使用“打包和展开向导”来发布应用程序。

B.2.1 “打包和展开向导”工具

利用“打包和展开向导”工具所进行的应用程序的发布，不是简单地复制应用程序，而是将应用程序运行时所需要的所有应用程序、动态链接库等进行打包和压缩，创建可以脱离Visual Basic环境的安装程序。用户只要运行此安装程序，就可以在自己的计算机上生成可执行文件，然后就可以使用此程序了。

“打包和展开向导”工具是一个外接程序，开始时在VB系统菜单上是没有的，需要手工添加到系统菜单上，添加的方法与第17章介绍的添加“数据窗体向导”类似。

首先选择“外接程序管理器”菜单下的“可用外接程序”命令，打开“外接程序管理器”

对话框，如图B-6所示。然后在此对话框中选择“打包和展开向导”，并在“加载行为”中选中“在启动中加载”和“加载/卸载”复选框。单击“确定”按钮，关闭此对话框。

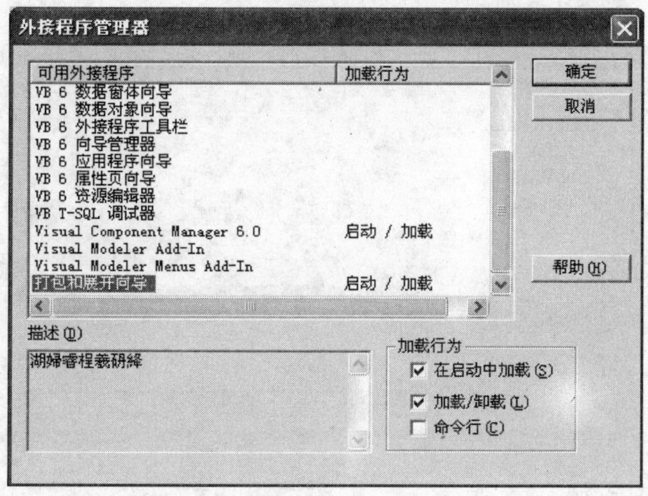

图B-6　选择“打包和展开向导”

此时在“外接程序”菜单中有了“打包和展开向导”菜单项。

B.2.2　打包应用程序

使用“打包和展开向导”进行打包的第一步是选择一个工程。下面我们还是以“示例1工程”为例，介绍打包应用程序的方法。具体步骤如下：

1) 在“外接程序”菜单中选择“打包和展开向导”命令，弹出如图B-7所示的对话框。

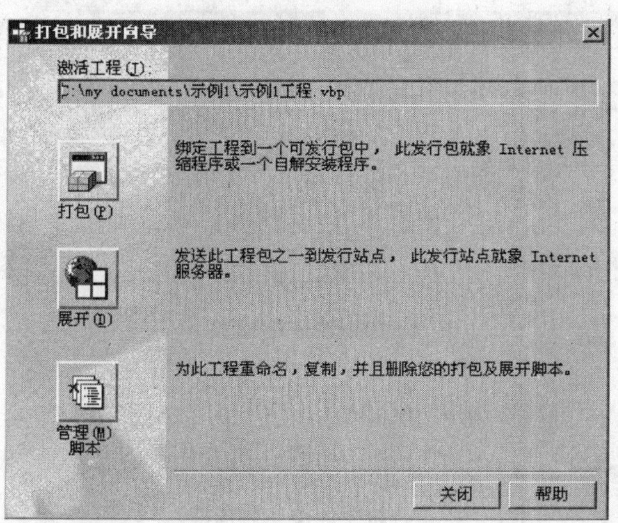

图B-7　“打包和展开向导”界面

2) 在图B-7所示对话框的“激活工程”文本框中输入要打包的工程名，在本例中是“示例1工程”。

3) 单击“打包”按钮，开始创建一个可以发布的应用程序。如果工程没有进行编译，则向导会首先要求编译此工程，当编译完成后再继续创建包。创建完成后，弹出如图B-8所示的“打包和展开向导——包类型”对话框。

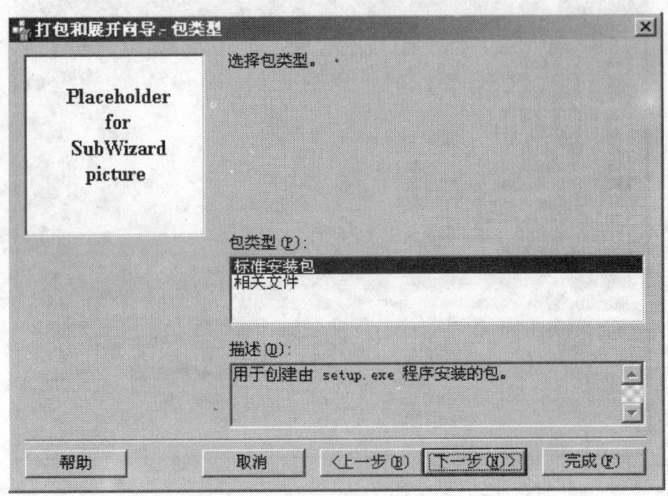

图B-8 “包类型”对话框

4) 在“包类型”对话框中列出了两种包类型:

• 标准安装包: 按标准的安装程序进行打包，适用于标准.exe类型的应用程序。

• 相关文件: 创建一份记录应用程序所用到的运行时部件信息的从属文件。

本例选择“标准安装包”，单击“下一步”按钮，打开“打包和展开向导——打包文件夹”对话框，如图B-9所示。

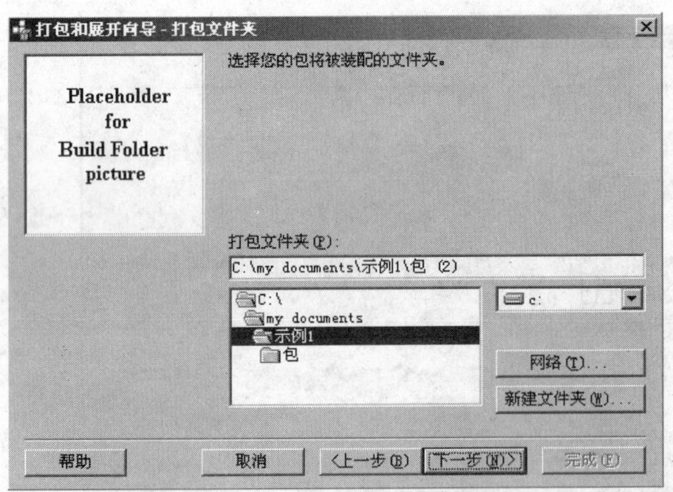

图B-9 “打包文件夹”对话框

5) 在图B-9所示的对话框中，指定存放打包文件的文件夹，这些文件最终会拷贝到发布媒体上。在文件夹列表中可以选择一个已有的文件夹，也可以单击“新建文件夹”按钮创建一个新的文件夹。选择好文件夹后单击“下一步”按钮，打开“打包和展开向导——包含文件”

对话框，如图B-10所示。

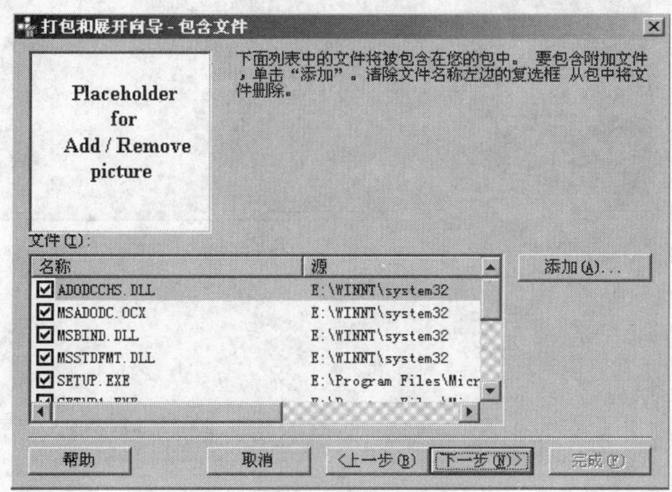

图B-10　“包含文件”对话框

6) 在图B-10所示的对话框中列出了打包所需的文件，可以在此列表框中选择，也可以单击“添加”按钮添加其它所需要的文件，如帮助文件、图形文件等。当确定了包所需要的文件后，单击“下一步”，打开“打包和展开向导——压缩文件选项”对话框，如图B-11所示。

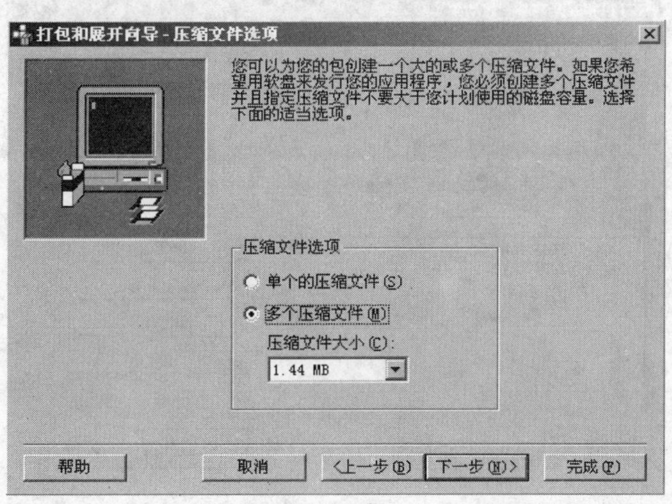

图B-11　“压缩文件选项”对话框

7) 在图B-11所示的对话框中，设置发布媒体的大小。如果将要生成的应用程序的安装程序放置在磁盘上，则选择“多个压缩文件”选项，然后在下面激活的“压缩文件大小”列表框中选择媒体的大小。在这种情况下，向导所产生的文件最多只能占用磁盘的最大空间。如果选择“单个的压缩文件”选项，则将生成的安装程序放置在一个文件中。选择好“单个的压缩文件”或“多个压缩文件”后单击“下一步”按钮（本例选择的是“多个压缩文件”），打开“打包和展开向导——安装程序标题”对话框，如图B-12所示。

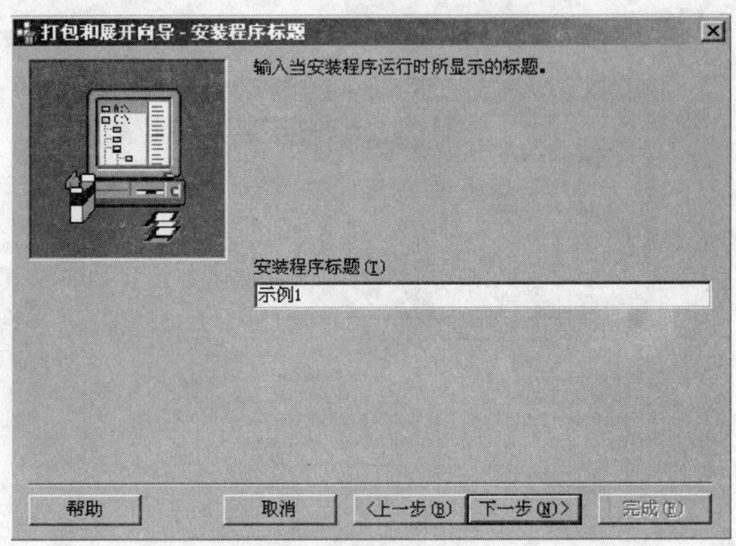

图B-12　“安装程序标题”对话框

8) 在图B-12所示的对话框中，在“安装程序标题”文本框中输入合适的安装程序标题(本例标题为“示例1”)，然后单击“下一步”按钮，打开“打包和展开向导——启动菜单项”对话框，如图B-13所示。

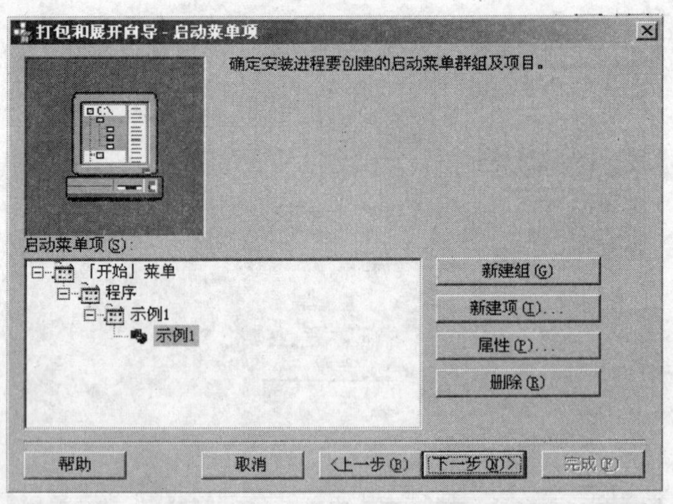

图B-13　“启动菜单项”对话框

9) 在图B-13所示的对话框中，确定要建立的图标组和图标。默认的设置是用应用程序的名字建立图标组，然后再建立运行应用程序的图标。由于本应用程序只有一个图标，标准的方法是在程序组下建立图标。选中“示例1”组，单击“删除”按钮，然后单击“新建项”按钮，在弹出的“启动菜单项目属性”对话框中输入应用程序的名字。单击“确定”按钮关闭对话框。完成建立组和图标后，单击“下一步”按钮，弹出“打包和展开向导——安装位置”对话框，如图B-14所示。

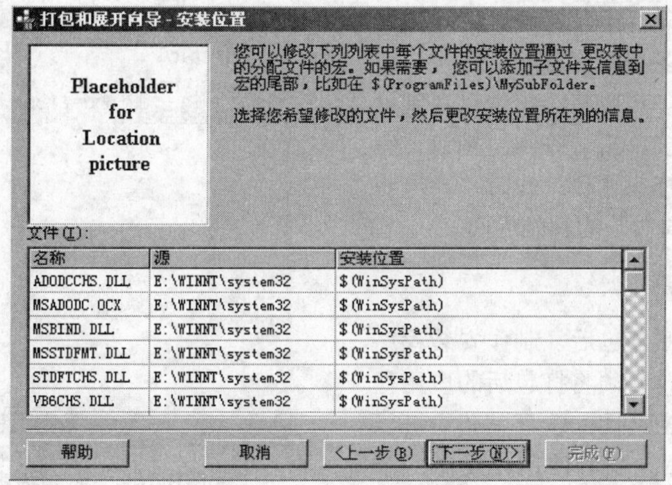

图B-14　“安装位置”对话框

10) 在图B-14所示的对话框上，可以指定应用程序的安装位置。一般情况下，所有的系统文件都安装在Windows的System目录下（对于Windows 98），或者在Windows NT的system32目录下（对于Windows 2000），用户自己的可执行文件在工程的当前目录下。本例不做修改，单击“下一步”按钮，打开“打包和展开向导——共享文件”对话框，如图B-15所示。

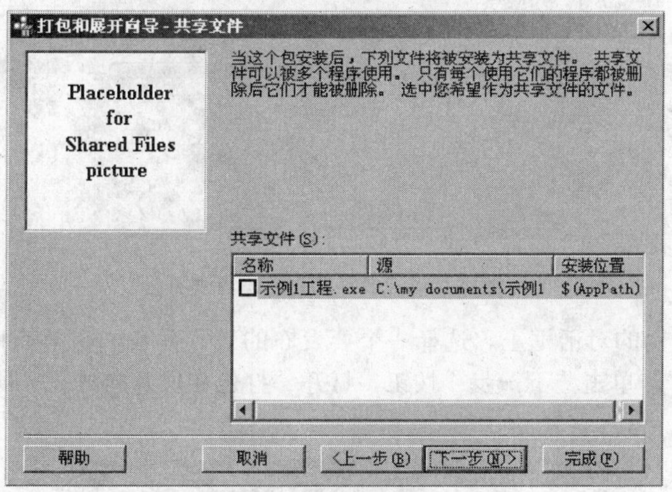

图B-15　“共享文件”对话框

11) 在图B-15所示的对话框中可以将某些文件设置为共享文件。某些文件（DLL和OCX）被当做共享文件，假如将这类文件添加到安装程序，应将它们设置为共享文件。这样当用户卸载应用程序时，共享文件在被删除之前会得到确认。要设置共享文件，只需选中该文件名前的复选框即可。单击“下一步”按钮，打开“打包和展开向导——已完成”对话框。

12) VB将前面设置的各个操作步骤记录在一个脚本中，这样在以后要重新对同一个工程进行打包时可以跳过其中的某些步骤。在“打包和展开向导——已完成”对话框中可以设置保存操作的脚本的名称，脚本的默认名字是“标准安装软件包1”。单击“完成”按钮完成打包过程。

13) 当用向导制作好安装包之后，会自动产生一个带有很多重要信息的打包报告窗口，如图B-16所示。可以将该报告保存到计算机上，也可以直接单击“关闭”按钮，完成应用程序的整个打包过程。此时，向导将回到“打包和展开向导”的起始界面。

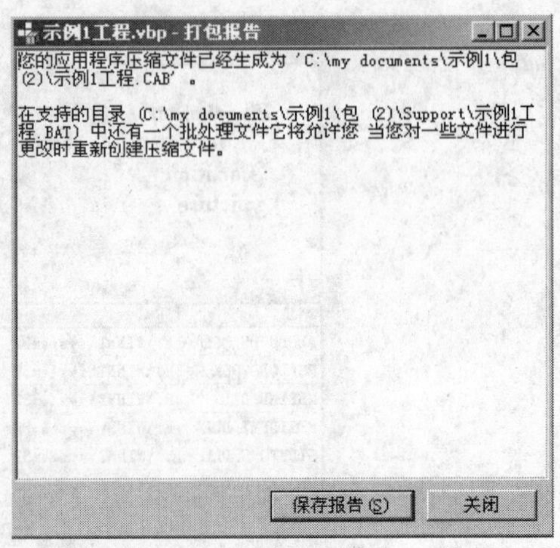

图B-16　“打包报告”窗口

B.2.3　发布应用程序

将一个应用程序打包后，制作安装程序的过程并没有结束，必须将打包后的应用程序发布到某一媒体上（比如软盘、其它机器等），以方便不同用户安装使用。发布一个应用程序的步骤为:

1) 单击“打包和展开向导”起始界面上的“展开”按钮（如图B-7所示），打开“打包和展开向导——展开的包”对话框，如图B-17所示。

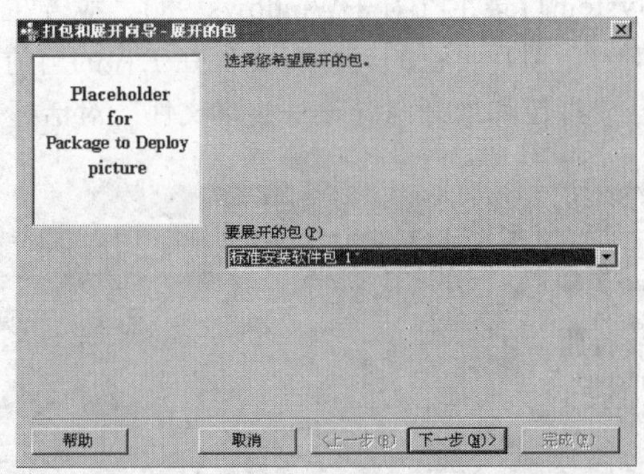

图B-17　“展开的包”对话框

2) 在图B-17所示的对话框上，选择一个要发布的包，如我们在前面打包过程中保存的“标准安装软件包1”，单击“下一步”按钮，打开“打包和展开向导——展开方法”对话框，如图B-18所示。

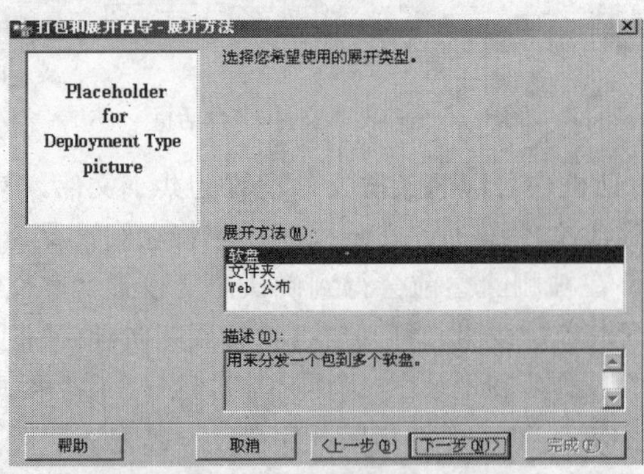

图B-18　“展开方法”对话框

3) 在图B-18所示的“展开方法”对话框中选择一种文件的发布方式。该界面共提供了三种方式，即软盘、文件夹和Web公布，分别表示将应用程序的安装包发布到软盘、文件夹或发布到一个Web服务器上。假设要将应用程序的安装程序发布到一个文件夹中，选择“文件夹”选项，然后单击“下一步”按钮，打开“打包和展开向导——文件夹”对话框，如图B-19所示。

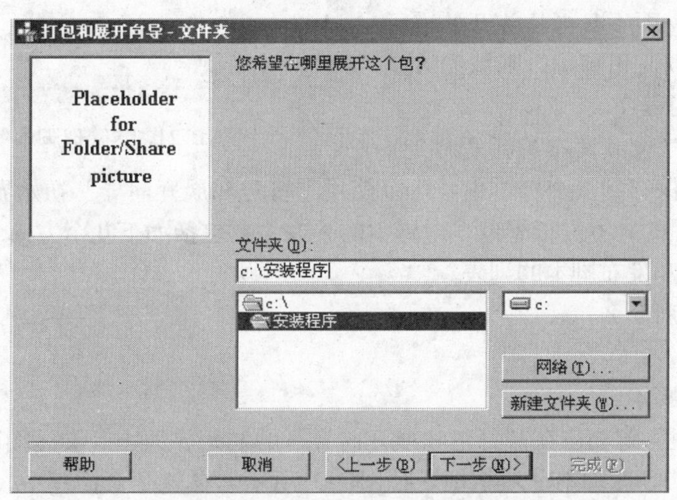

图B-19 “文件夹”对话框

4) 在图B-19所示的“文件夹”对话框中，指定安装程序存放位置，然后单击“下一步”按钮，打开“打包和展开向导——已完成”对话框，如图B-20所示。

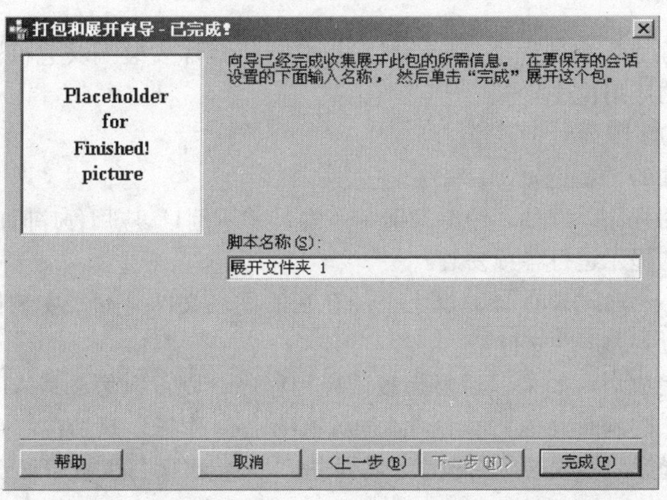

图B-20 “已完成”对话框

5) 在图B-20所示的“已完成”对话框中，在“脚本名称”文本框中输入一个脚本文件名，将刚才所做的操作步骤保存到一个脚本中。单击“完成”按钮完成应用程序的发布工作，向导会将应用程序的安装程序发布到所指定的文件夹中，将来可用其来安装应用程序。

B.2.4 管理脚本

可以在打包和展开向导中创建和保存脚本。所谓脚本就是打包或发布应用程序过程中所做的一系列操作步骤的记录。如果下次使用向导对同一个工程进行打包或发布时，可以直接使用脚本，而不必再从头开始进行操作。另外，还可以使用脚本以默认的方式重新打包或展开应用程序。

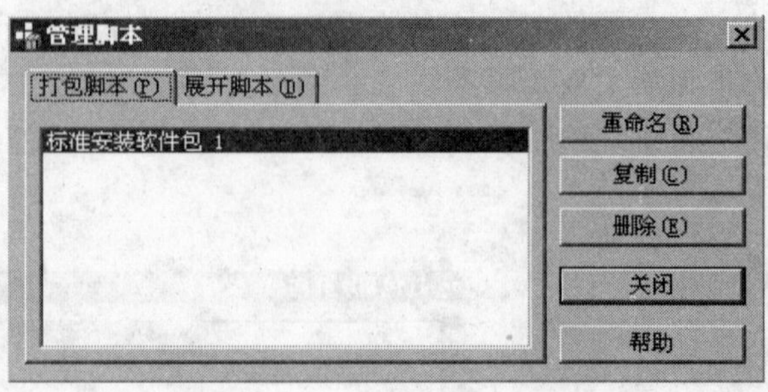

图B-21 “管理脚本”对话框

每次使用向导打包或发布应用程序时，VB都将相应的步骤保存到一个脚本中。可以使用“打包和展开向导”初始界面上的“管理脚本”按钮对当前工程的脚本进行管理，对脚本的管理主要包括如下几个方面:

- 浏览所有打包和发布脚本的列表。
- 对一个脚本重新命名。
- 复制一个脚本。
- 删除不必要的脚本。

对脚本进行管理，首先应在“打包和展开向导”的初始界面上（参见图B-7）单击“管理脚本”按钮，打开“管理脚本”对话框，如图B-21所示。在这个对话框中，可以单击“打包脚本”或“展开脚本”选项卡，然后在各自的列表中选中不同的脚本。选中脚本后，可以单击“重命名”按钮对脚本重命名，也可以单击“复制”按钮对脚本进行复制，或者单击“删除”按钮删除脚本。

B.3 安装应用程序

在创建好应用程序的安装程序之后，就可以将应用程序安装到其它机器上了，也可以删除安装在计算机上的应用程序。

安装应用程序的步骤为:

1) 运行安装程序的“setup.exe”程序。

2) 开始安装应用程序。例如，图B-22所示是安装“示例1”应用程序时的安装界面。

3) 按安装程序的提示进行各项安装。

安装程序通常不会自动覆盖计算机上已经存在的同名文件，如果安装程序发现同名文件会提示用户是否要覆盖掉旧的文件。

应用程序安装完成后，如果以后要卸载该应用程序，则可以像卸载Windows的其它应用程序一样，只要在“控制面板”上单击“添加/删除程序”图标，然后在打开的“添加/删除程序属性”对话框中选择要卸载的应用程序，再单击“添加/删除”按钮即可删除应用程序。

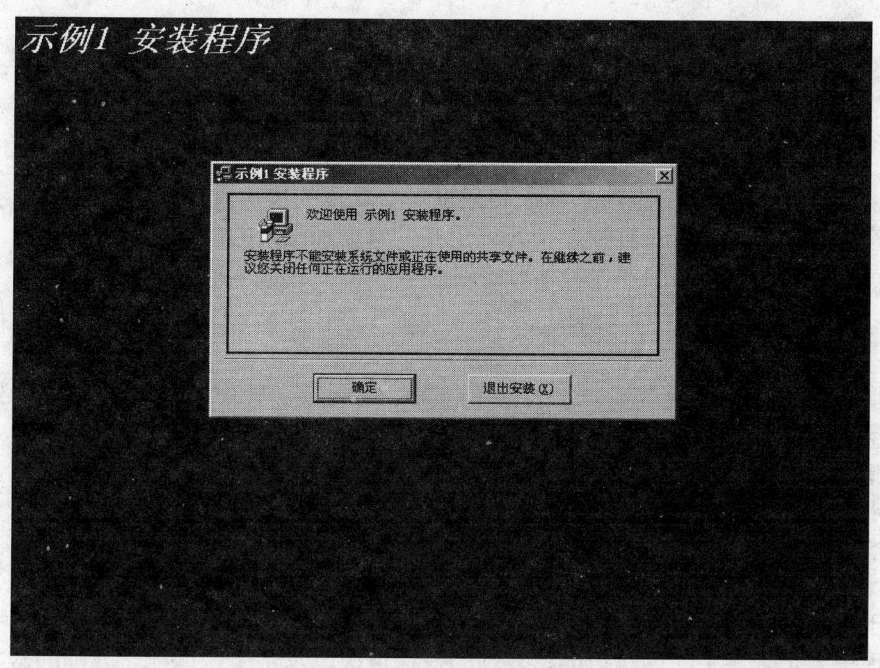

图B-22 安装“示例1”的界面

附录C　数据库应用练习实例

俗话说“实践出真知”，本附录我们将通过一个具体的实例来说明数据库应用系统的设计和实现的全过程，以使读者对数据库及其应用开发有更加深入的理解。

本附录也可作为学习本门课程的综合练习。

C.1　需求说明

这里要实现一个教学管理系统，为简单起见，在此教学管理系统中只涉及对学生、课程和教师的管理。要求此系统能够记录学生的选课情况、教师的授课情况以及学生、课程、教师的基本情况。具体要求为:

- 一门课程可由多名教师来讲授。
- 一个教师同时可讲授多门课程，可在不同授课学年讲授同一门课程。
- 一个学生可以选修多门课程。
- 一门课程可由多名学生选修。

数据库中要记录学生的选课情况、教师的授课情况以及学生、课程、教师的基本情况。

学生的基本情况要求包括学号、姓名、所在系、专业和班。

课程的基本情况要求包括课程号、课程名、讲授学期、学时数。

教师的基本情况要求包括教师号、教师名、所在部门、教研室、职称。

除了对这些数据进行正常的维护之外，还需要产生如下报表:

- 每学期开学时要生成学生选课情况表,内容包括学号、姓名、课程名、选课类别，其中选课类别分为必修、选修、重修。
- 每学期结束时要生成学生选课成绩表,内容包括学号、姓名、课程名、学年、选课类别、平时成绩、卷面成绩、总评成绩。
- 每学期结束时生成教师授课表，内容包括教师号、教师名、课程名、授课类别、授课学年、学时数、班数，授课类别分为主讲、辅导、带实验。

C.2　数据库结构设计

C.2.1　概念结构设计

现在我们进一步分析这些需求，产生概念结构设计的E-R图。由于这个系统比较简单，因此采用自顶向下的设计方法。自顶向下设计的关键是首先要确定系统的核心活动，所谓核心活动就是系统中的其它活动都是围绕这个活动展开的或与此活动是密切相关的。确定了核心活动之后，系统就有了可扩展的余地。对于这个教学管理系统，其核心活动是课程，学生与课程之间是通过学生选课发生联系的，教师与课程之间是通过教师授课发生联系的。因此，此系统所包含的实体有:

- 课程：用于描述一门课程的基本信息，用课程号来标识此实体。
- 学生：用于描述一个学生的基本信息，由学号来标识。
- 教师：用于描述一个教师的基本信息，由教师号来标识。

其初步E-R图如图C-1所示:

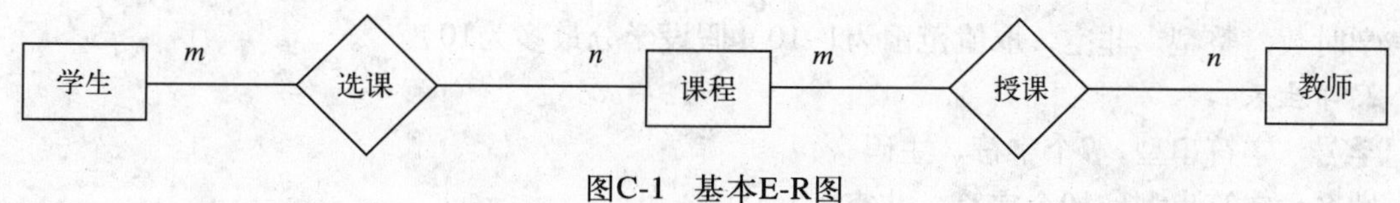

图C-1　基本E-R图

即使实体的属性比较少，在画E-R图时也不一定要把所有实体的属性都画在E-R图上，可以另外用文字说明，这样也使得所画的E-R图简明清晰，便于分析。

经过初步分析，可知此系统中各实体所包含的基本属性为:

课程：课程号、课程名、讲授学期、学时数。

学生：学号、姓名、系、专业、班。

教师：教师号、教师名、所在部门、教研室。

选课联系应包含的属性有学年、平时成绩、卷面成绩、总评成绩。

授课联系应包含的属性有授课学年、授课类别、班数。

C.2.2　逻辑结构设计

有了基本E-R图后，就可以进行逻辑结构设计了，也就是设计基本的关系模式。设计基本关系模式主要是从E-R图出发，将其直接转换为关系模式。根据转换规则，这个E-R图转换的关系模式为:

- 课程（课程号，课程名，讲授学期，学时数），主码为课程号。
- 学生（学号，姓名，所在系，专业，班），主码为学号。
- 教师（教师号，教师名，所在部门，教研室，职称），主码为教师号。
- 选课（学号，课程号，学年，选课类别，平时成绩，卷面成绩，总评成绩），主码为（学号，课程号，学年）。
- 授课（课程号，教师号，授课学年，授课类别，班数），主码为（课程号，教师号，授课学年）。

现在我们来分析一下这些关系模式。由于在设计关系模式时是以现实存在的实体为依据的，而且遵循一个基本表只描述现实世界的一个主题的原则，每个关系模式中的每个非主码属性都完全由主码惟一确定，因此上面所列出的关系模式都是第三范式的关系模式。

在设计好了关系模式并确定好了每个关系模式的主码后，再看一下这些关系模式之间的关联关系，即确定关系模式的外码。实际上我们只需看E-R图中的联系实体即可。

“选课”关系中的“学号”与“学生”关系中的主码“学号”语义相同且取值域相同，“选课”关系中的“课程号”与“课程”中的主码“课程号”语义相同且取值域相同，因此应在“选课”关系中添加两个外码，即“学号”和“课程号”，它们分别引用“学生”关系中的“学号”和“课程”中的“课程号”。同样，“授课”中也应加两个外码，即“课程号”和“教师号”，它们分别引用“课程”中的“课程号”和“教师”中的“教师号”。

最后我们确定表中各属性的详细信息，包括数据类型和长度等。

1. 课程表

课程号：字符串型，10个字符，主码。

课程名：字符串型，20个字符，非空。

讲授学期：字符串型，2个字符，非空，取值范围为1~8（假设共8个学期）。

学时数：整型，非空，取值范围为1~10（假设学分最多为10）。

2. 学生表

学号：字符串型，7个字符，主码。

姓名：字符串型，10个字符，非空。

所在系：字符串型，20个字符，非空。

专业：字符串型，20个字符，非空。

班：字符串型，5个字符，非空。

3. 教师表

教师号：字符串型，10个字符，主码。

教师名：字符串型，10个字符，非空。

所在部门：字符串型，20个字符。

教研室：字符串型，10个字符。

职称：字符串型，10个字符，取值范围为{教授，副教授，讲师，助教}。

4. 选课表

学号：字符串型，7个字符，主码，也是引用学生表的外码。

课程号：字符串型，10个字符，主码，也是课程表的外码。

学年：字符串型，5个字符。

选课类别：字符串型，4个字符，非空，取值范围为{必修，选修，重修}，默认值为“必修”。

平时成绩：整型，取值范围为0~100。

卷面成绩：整型，取值范围为0~100。

总评成绩：整型，取值范围为0~100（应该由平时成绩乘平时比例加卷面成绩计算得到）。

5. 授课表

课程号：字符串型，10个字符，主码，也是引用课程表的外码。

教师号：字符串型，10个字符，主码，也是引用教师表的外码。

授课学年：字符串型，5个字符。

授课类别：字符串型，6个字符，非空，取值范围为{主讲，辅导，带实验}，默认值为“主讲”。

班数：定点小数，小数点前1位，小数点后1位（假设授课有不满一个班的情况）。

有了数据库的基本表之后，应该看一下这些基本表能否满足产生报表的需求。在数据库应用系统中，用户需要产生大量的报表，而报表的内容来自于数据库中的基本表，因此，在设计好数据库的基本表之后，要看一下这些基本表的内容是否全部包含了要产生的报表的内容。如果满足要求，则说明所设计的基本表在满足报表方面是完善的；若不能满足，则要看一下报表中的哪些项没有被包含在基本表中，并应将它们加到合适的基本表中。当然，在基本表中增加了新属性后，还要判断修改后的表是否满足第三范式的要求，如果不满足，还要进行关系的规范化。

此教学管理系统要产生三张报表，即学生选课情况表、学生选课成绩表和教师授课表。先看一下学生选课情况表，学生选课情况表包含的内容为：

学生选课情况表（学号、姓名、课程名、选课类别）。

其中的“学号”、“姓名”可由学生表得到，“课程名”和“选课类别”可由选课表得到，因此可以满足学生选课情况表内容的要求。这可以通过定义视图实现，也可以在生成报表时通过查询语句实现。

同样，“选课成绩表”的内容也可从学生表和选课表得到，“教师授课表”的内容可以从课程表、教师表和授课表得到。由此，我们所设计的基本表能够满足报表的要求。

C.3 数据库行为功能设计

对于数据库应用系统来说，最常用的功能就是安全控制、对数据的增、删、改、查及生成报表。我们所设计的数据库也应包含这些基本的操作。

1. 安全控制

任何数据库应用系统都需要安全控制功能，我们所设计的教学管理系统也不例外。假设我们将系统的用户分为如下几类:

- 系统管理员: 有系统的全部权限。
- 教务部门: 具有对学生基本数据、课程基本数据以及对教师授课数据的维护权。
- 人事部门: 具有对教师基本数据的维护权。
- 各个系: 具有对学生的选课情况的维护权。
- 普通用户: 具有对数据的查询权。

在实现时，将每一类用户作为一个角色实现，这样在授权时只需对角色授权，而无需对每个具体的用户授权。

2. 数据操作功能

数据操作功能包括对这些数据进行录入、删除、修改功能。具体如下:

(1) 数据录入

包括对这5张表的数据的录入。只有具有相应权限的用户才能录入相应表中的数据。

(2) 数据删除

包括对这5张表的数据的删除。只有具有相应权限的用户才能删除相应表中的数据。删除数据时要注意表之间的关联关系，比如当某个学生退学时，在删除“学生表”中的数据之前，应先删除此学生的全部选课情况，然后再在学生表中删除此学生。另外，在实际进行删除之前应该提醒用户确认是否真的要删除此数据。

(3) 数据修改

当某些数据发生变化或某些数据录入不正确时，应该允许用户对数据库中的数据进行修改。修改数据的操作时，一般是先根据一定条件查询出要修改的记录，然后再对其中的某些记录进行修改，修改完后再写回到数据库中去。同数据的录入与删除一样，只有具有相应权限的用户才能修改相应表中的数据。

(4) 数据查询

在数据库应用系统中，数据查询是最常用的功能。应根据用户提出的查询条件进行数据查询，在设计系统时应首先征求用户的查询需求，然后根据这些查询需求整理出系统应具有的查询功能。一般允许所有使用数据库的人都具有数据查询权力。本系统应具有的一些查询要求有:

- 根据系、专业、班等信息查询学生的基本信息。
- 根据学期查询课程的基本信息。
- 根据部门查询教师的基本信息。
- 根据课程查询学生的选课情况。
- 根据课程查询学生的考试情况。
- 根据班查询学生的选课及考试情况。
- 根据部门、职称查询教师的授课情况。
- 统计每个部门的各职称的教师人数。
- 统计每门课程的选课人数。
- 按班统计每个学生的总选课学分。

3. 生成报表

生成报表是数据库应用中不可缺少的一个功能，也是比较麻烦的工作。所幸的是，常见的许多数据库开发工具（如VB、Delphi、PowerBuilder等）都提供了报表生成工具，我们可以直接使用这些工具来生成符合用户要求的报表。本例需要生成三张报表，即学生选课表、学生选课成绩表、教师授课表。这三张报表所包含的内容分别为:

1) 学生选课表（学号，姓名，课程名，选课类别)。

2) 学生成绩表（学号，姓名，课程名，学生，选课类别，平时成绩，卷面成绩，总评成绩)。

3) 教师授课表（教师号，教师名，课程名，授课类别，授课学年，学时数，班数)。

我们看到，这三张表的内容不能与某个关系模式完全对应，为此，我们可以采用定义视图的方法来解决。创建这些报表的视图的SQL语句可描述为:

```
CREATE VIEW 学生选课表（学号，姓名，课程名，选课类别）AS
SELECT 学生.学号，学生.姓名，课程.课程名，选课.选课类别
FROM 学生 JOIN 课程 ON 学生.学号 = 选课.学号
JOIN 选课 ON 课程.课程号 = 选课.课程号
```

对“学生成绩表”和“教师授课表”的处理与此类似。

由于数据库中对视图的操作与对数据库基本表的操作是一样的，因此对用户来说，他感觉不到用于生成报表的数据库表是基本表还是视图表。在实际的数据库应用系统中，用于生成报表的表经常用视图来实现。这样做的好处是比较灵活，可以对数据库的基本表进行任意的组合来生成复杂的报表。而在设计数据库表时不必受所要产生的报表的内容的影响，从而设计出最合适的数据库表结构。

附录D 习题答案

第1章 数据库概述

习题答案

1. 以数据为中心的应用系统有哪些特点？

答：以数据为中心的应用具有三个特点：涉及的数据量大，数据不随程序的结束而消失，数据可以被多个应用程序共享。

2. 用文件系统管理数据的缺点是什么？

答：用文件系统管理数据的缺点有：编写应用程序不方便，数据冗余不可避免，应用程序有依赖性，不支持对文件的并发访问，数据间联系弱，难以按不同用户的需要表示数据和无安全控制功能。

3. 与用文件系统管理数据相比，使用数据库系统管理数据有哪些好处？

答：与用文件系统管理数据相比，使用数据库系统管理数据带来了如下好处：将相互关联的数据集成在一起，较少的数据冗余，程序与数据相互独立，保证数据的安全性，最大限度地保证数据的正确性，数据可以共享并能保证数据的一致性。

4. 比较文件系统和数据库系统管理数据的主要区别。

答：数据库系统与文件系统相比，实际上是在应用程序和存储数据的数据库之间增加了一个系统软件，即数据库管理系统。以前在应用程序中由开发人员实现的很多繁琐的操作和功能，现在都交给了这个系统软件，这样应用程序不再需要关心数据的存储方式，而且数据的存储方式的变化也不再影响应用程序。而在文件系统中，应用程序和数据的存储是紧密相关的，数据的存储方式的任何变化都会影响到应用程序。因此不利于应用程序的维护。

5. 数据的逻辑独立性和物理独立性分别指什么？

答：物理独立性是指当数据的存储结构发生变化时，不影响应用程序的特性。逻辑独立性是指当表达现实世界的信息内容发生变化时，也不影响应用程序的特性。

6. 数据库系统由哪几部分组成，每一部分在数据库系统中的大致作用是什么？

答：数据库系统由四个主要部分组成，即数据库、数据库管理系统、应用程序和系统管理员。数据库是数据的汇集，它以一定的组织形式存于存储介质上；数据库管理系统是管理数据库的系统软件，它实现数据库系统的各种功能；系统管理员负责数据库的规划、设计、协调、维护和管理等工作；应用程序是指以数据库数据为基础的应用程序。

第2章 数据库系统结构

习题答案

1. 解释数据模型的概念，并说明可以将数据模型分成哪两个层次？

答：数据模型是对现实世界数据特征的抽象。数据模型一般要满足三个条件：第一是数据模型要能够比较真实地模拟现实世界。第二是数据模型要容易被人们理解。第三是数据模型要能够很方便地在计算机上实现。由于用一种模型来同时很好地满足这三方面的要求在目前是比较困难的，因此在数据库系统中可以针对不同的使用对象和应用目的，采用不同的数据模型。

根据模型应用的不同目的，将这些模型分为两大类，即概念层数据模型和组织层数据模型，以方便对信息的描述。

2. 概念层数据模型和组织层模型分别是针对什么进行的抽象？

答：概念层数据模型是对现实世界的抽象，形成信息世界模型，组织层数据模型是对信息世界进行抽象和转换，形成具体的DBMS支持的数据组织模型。

3. 实体之间的联系有哪几种？请为每一种联系举出一个例子。

答：实体之间的联系有一对一、一对多和多对多三种。例如，系和正系主任是一对一联系（假设一个系只有一个正系主任），系和教师是一对多联系（假设一个教师只在一个系工作），教师和课程是多对多联系（假设一个教师可以讲授多门课程，一门课程可由多个教师讲授）。

4. 数据库系统包含哪三级模式？试分别说明每一级模式的作用？

答：数据库系统包含的三级模式为：内模式、概念模式（模式）和外模式。外模式是对现实系统中用户感兴趣的整体数据结构的局部描述，用于满足不同数据库用户需求的数据视图，是数据库用户能够看见和使用的局部数据的逻辑结构和特征的描述，是对数据库整体数据结构的子集或局部重构。概念模式是数据库中全体数据的逻辑结构和特征的描述，是所有用户的公共数据视图。内模式是对整个数据库的底层表示，它描述了数据的存储结构。

5. 数据库系统的两级映像是什么？它带来了哪些功能？

答：数据库系统的两级映像是模式与内描述间的映像和外模式与模式间的映像。模式／内模式的映像定义了概念视图和存储的数据库的对应关系，它说明了概念层的记录和字段在内部层次怎样表示。如果数据库的存储结构改变了，只要对模式／内模式的映像进行必要的调整，才能使模式能够保持不变。外模式／概念模式间的映像定义了特定的外部视图和概念视图之间的对应关系，当概念模式的结构发生改变时，也可以通过调整外模式/模式间的映像关系，使外模式可以保持不变。

6. 数据库三级模式划分的优点是什么？它能带来哪些数据独立性？

答：数据库的三级模式的划分实际上将用户、逻辑数据库与物理数据库进行了划分，使彼此之间的相互干扰减到最小。这三个模式的划分实际上带来了两个数据独立性：物理独立性和逻辑独立性。这使得底层的修改和变化尽量不影响到上层。

7. 简单说明数据库管理系统包含的功能。

答：一般来说，数据库管理系统包含如下功能：

- 数据定义功能。
- 数据操纵功能。
- 系统的优化和执行功能。
- 数据安全性和完整性控制功能。

• 数据恢复和并发控制功能。
• 维护数据字典的功能。
• 性能调整功能。

第3章 关系数据库

习题答案

1. 试述关系模型的三个组成部分。

答：关系模型由关系数据结构、关系操作集合和关系完整性约束三部分组成。

2. 解释下列术语的含义。

1）笛卡儿积

答：设$D_1, D_2, \cdots, D_n$为任意集合，定义笛卡儿积$D_1, D_2, \cdots, D_n$为：

$$D_1 \times D_2 \times \cdots \times D_n = \{(d_1, d_2, \cdots, d_n) \mid d_i \in D_i, i = 1, 2, \cdots, n\}$$

2）主码

答：当一个关系中有多个候选码时，可以从中选择一个作为主码。

3）候选码

答：如果一个属性或属性集的值能够惟一标识一个关系的元组而又不包含多余的属性，则称该属性或属性集为候选码。

4）关系

答：关系就是二维表。

5）关系模式

答：二维表的结构称为关系模式，或者说，关系模式就是二维表的表框架或表头结构。

6）关系数据库

答：对应于一个关系模型的所有关系的集合称为关系数据库。

3. 关系数据库的三个完整性约束是什么？它们的含义各是什么？

答：数据完整性约束主要包括：实体完整性、参照完整性和用户定义的完整性。实体完整性是指关系数据库中所有的表都必须有主码，且表中不允许存在无主码值或主码值相同的记录。参照完整性用于描述实体之间的联系。用户定义的完整性实际上指明关系中属性的取值范围，即保证数据库中的数据符合现实语义。

4. 利用图3-9所给的三个关系，完成如下关系代数表达式。

1）查询信息系学生的选课情况，列出学号、姓名、课程号和成绩。

答：$\Pi_{sno,\ sname,\ cno,\ grade}(\sigma_{Sdept='信息系'}(Student) \bowtie SC)$

2）查询“VB”课程的考试情况，列出学生姓名、所在系和考试成绩。

答：$\Pi_{sname,sdept,grade}(\sigma_{Cname='VB'}(Course) \bowtie SC)$

3）查询考试成绩高于90分的学生的姓名、课程名和成绩。

答：$\Pi_{sname,\ cname,\ grade}(Student \bowtie \sigma_{grade>90}(SC) \bowtie Course)$

4）查询至少选修了9512101号学生所选的全部课程的学生的姓名和所在系。

答：$\Pi_{sname,\ sdept,\ cno}(Student \bowtie SC) \div \Pi_{cno}(\sigma_{sno='9512101'}(SC))$

第4章 SQL语言

习题答案

1. 写出创建满足条件的下述三张表的SQL语句:

Student表结构

列名	说明	数据类型	约束
Sno	学号	定长字符串，长度为7	主码
Sname	姓名	定长字符串，长度为10	非空
Ssex	性别	定长字符串，长度为2	
Sage	年龄	微整型（tinyint）	
Sdept	所在系	不定长字符串，长度为20	
Spec	专业	定长字符串，长度为10	

Course表结构

列名	说明	数据类型	约束
Cno	课程号	定长字符串，长度为10	主码
Cname	课程名	不定长字符串，长度为20	非空
Periods	学时数	小整型	
property	课程性质	定长字符串，长度为4	

SC表结构

列名	说明	数据类型	约束
Sno	学号	定长字符串，长度为7	主码，引用Student的外码
Cno	课程号	定长字符串，长度为10	主码，引用Course的外码
Grade	成绩	小整型	

答:

```
Create table Student (
  Sno char(7) primary key,
  Sname char(10) not null,
  Ssex char(2),
  Sage tinyint,
  Sdept varchar(20),
  Spec char(10))
Create table Course (
  Cno char(10) primary key,
  Cname varchr(20) not null,
  Periods smallint,
  Property char(4))
Create table SC (
  Sno char(7),
  Cno char(10),
  Grade smallint,
```

```
    Primary key(Sno,Cno),
    Foreign key(Sno) references Student(Sno),
    Foreign key(Cno) references Course(Cno))
```

2. 利用本章提供的三张表实现如下操作。

1）查询学生修课表中的全部数据。

答：`select * from student`

2）查询计算机系的学生的姓名、年龄。

答：`select sname,sage from student where sdept = '计算机系'`

3）查询成绩在70~80分之间的学生的学号、课程号和成绩。

答：`select sno, cno, grade from sc on where grade between 70 and 80`

4）查询计算机系年龄在18~20岁之间且性别为"男"的学生的姓名、年龄。

答：
```
select sname,sage from student
    where sdept = '计算机系' and sage between 18 and 20 and ssex = '男'
```

5）查询c01号课程成绩最高的分数。

答：`select max(grade) from sc where cno = 'c01'`

6）查询计算机系学生的最大年龄和最小年龄。

答：
```
select max(sage) as max_age, min(sage) as min_age from student
    where sdept = '计算机系'
```

7）统计每个系的学生人数。

答：`select sdept,count(*) from student group by sdept`

8）统计每门课程的修课人数和考试最高分。

答：`select cno,count(*),max(grade) from sc group by cno`

9）统计每个学生的选课门数和考试总成绩，并按选课门数的递增顺序显示结果。

答：`select sno,count(*), sum(grade) from sc group by sno order by count(*) asc`

10）查询总成绩超过200分的学生，要求列出学号、总成绩。

答：`select sno,sum(grade) from sc group by sno having sum(grade) > 200`

11）查询选修了c02号课程的学生的姓名和所在系。

答：
```
select sname,sdept from student s join sc on s.sno = sc.sno
    where cno = 'c02'
```

12）查询成绩在80分以上的学生的姓名、课程号和成绩，并按成绩的降序排列结果。

答：
```
select sname,cno,grade from student s join sc on s.sno = sc.sno
    where grade > 80 order by grade desc
```

13）查询哪些课程没有人选修，要求列出课程号和课程名。

答：
```
select c.cno,cname from course c left join sc on c.cno = sc.cno
    where sc.cno is null
```

4. 用子查询实现如下查询:

1）查询选修了c01号课程的学生的姓名和所在系。

答：
```
select sname,sdept from student where sno in(
        select sno from sc where cno = 'c01')
```

2）查询数学系成绩在80分以上的学生的学号、姓名。

答：
```
select sno,sname from student where sno in(
              select sno from sc where grade > 80)
        and sdept = '数学系'
```

3）查询计算机系考试成绩最高的学生的姓名。

答：
```
select sname from student s join sc on s.sno = sc.sno
      where sdept = '计算机系'
      and grade = (select max(grade) from sc join student s on s.sno = sc.sno
                          where sdept = '计算机系')
```

5. 删除修课成绩低于50分的学生的修课记录。

答：
```
delete from sc where grade < 50
```

6. 将所有选修了c01课程的学生的成绩加10分。

答：
```
update sc set grade = grade + 10 where cno = 'c01'
```

7. 将计算机系所有选修了"计算机文化学"课程的学生的成绩加10分。

答：
```
update sc set grade = grade + 10
        where sno in(
              select sno from student where sdept = '计算机系')
          and cno in(
              select cno from course where cname = '计算机文化学')。
```

8. 写出创建满足下述要求的索引的语句。

1）在Course表的Cname列上建立一个惟一性非聚簇索引。

答：
```
create unique index ind_cname on Course(Cname)
```

2）在SC表上为Sno和Cno列共同建立一个聚簇索引。

答：
```
create clustered index ind_sno_cno on SC(Sno,Cno)
```

第5章 视图、存储过程和用户自定义函数

习题答案

1. 试说明使用视图的好处。

答：使用视图能够带来如下好处：

- 简化数据查询语句：用户可以将复杂的查询语句封装在视图中，这样用户以后在使用相同的查询时，只需对视图进行查询即可。
- 使用户能从多角度看到同一数据：视图机制能使不同的用户以不同的方式看待同一数据，当许多不同种类的用户共享同一个数据库时，这种灵活性是非常重要的。
- 提高了数据的安全性：使用视图可以定制用户查看哪些数据并屏蔽敏感的数据，从而提高了数据库数据的安全性。
- 提供了一定程度的逻辑独立性：视图对应数据库三级模式中的外模式。因此，可以将

用户对数据的操作限制在视图上，而不直接对模式进行操作，这样当模式发生变化时，视图可以不变。

2. 使用视图可以加快数据的查询速度，这句话对吗？为什么？

答：不对。使用视图不但不会加快对数据的查询速度，而且还会降低数据查询速度。因为通过视图查询数据时，要先将这个查询转换为对基本表的查询，有时这个转换是比较复杂的。因此，通过视图查询数据比直接对基本表查询要慢。

3. 用第4章建立的三张表，创建满足下述要求的视图。

1）创建查询学生的学号、姓名、所在系、课程号、课程名、课程学分的视图。

答：
```
create view v1 as
    select s.sno, sname, sdept, c.cno, cname, ccredit from student s join sc
      on s.sno = sc.sno join course c on c.cno = sc.cno
```

2）创建查询每个学生的平均成绩的视图，要求列出学生学号及平均成绩。

答：
```
create view v2(sno,avg_grade) as
    select sno, avg(grade) from sc group by sno
```

3）创建查询每个学生的修课学分的视图，要求列出学生学号及总学分。

答：
```
create view v3(sno, sum_credit) as
    select sno, sum(Ccredit) from sc join course c
      on c.cno = sc.cno group by sno
```

4. 用第4章建立的三张表，创建满足下述要求的存储过程：

1）创建查询每个学生的修课学分的存储过程，要求列出学生学号及总学分。

答：
```
create proc p1
  as
    select sno,sum(ccredit) from sc
      where grade is not null and grade >= 60
      group by sno
```

2）创建查询指定系的学生的学号、姓名、课程名、课程学分和考试成绩的存储过程。指定系的默认值为“计算机系”。

答：
```
create proc p2
    @d varchar(30) = '计算机系'
  as
    select s.sno,sname,cname,ccredit,grade
    from student s join sc on s.sno = sc.sno
    where sdept = '计算机系'
```

3）创建删除指定学生的修课记录的存储过程，学号为输入参数。

答：
```
create proc p3
    @sno char(7)
  as
    delete from sc where sno = @sno
```

4）创建修改指定学生的年龄的存储过程。输入参数为学号和修改后的年龄。

答：
```
create proc p4
    @sno char(7), @age int
  as
```

```
update student set sage = @age
  where sno = @sno
```

5. 用第4章建立的三张表，创建满足下述要求的用户自定义函数：

1）创建计算圆的面积的标量函数。输入参数为圆的半径，类型为整型，返回值为浮点型数。写出利用此函数计算半径为4的圆面积的SQL语句。

答：
```
Create function dbo.F1 (@r int)
  returns real
  as
  begin
    return ( @r * @r * 3.14 )
  end
```

执行：

```
relect dbo.F1(4)
```

2）创建查询选修指定课程（课程名）的学生的姓名和所在系的内嵌表值函数，并写出利用此函数查询选修"VB"课程的学生信息的SQL语句。

答：
```
create function dbo.F2 (@cn varchar(20))
  returns table
   as
     return(
     select sname, sdept from student s
     join sc on s.sno = sc.sno
     join course c on c.cno = sc.cno
     where cname = @cn)
```

执行：

```
select * from dbo.F2 ('VB')
```

3）创建多语句表值函数，完成如下功能：当用户输入"高学分"时，此表中的内容为学分大于等于5分的课程的课程号、课程名和学分；当用户输入"中低学分"时，此表中的内容为学分小于5分的课程的课程号、课程名和学分。写出利用此函数查询全部"高学分"课程信息的SQL语句。

答：
```
create function dbo.F3(@level varchar(10))
   returns @Coure_info TABLE
     ( cno char(7),
       cname char(20),
       credit int)
  as
  begin
   if @level = '高学分'
   insert into @Coure_info
     select cno, cname, ccredit
       from course  where ccredit >= 5
 else if @level = '中低学分'
    insert into @Coure_info
  select cno, cname, ccredit
       from course where ccredit < 5
```

```
  return
end
```

执行:

```
select * from dbo.F3('高学分')
```

第6章 实现数据完整性约束

习题答案

1. 数据完整性的含义是什么?

答: 数据的完整性是为了防止数据库中出现不符合应用语义的数据，为了维护数据的完整性，数据库管理系统提供了一种机制来检查数据库中的数据是否满足语义规定的条件。这些加在数据库数据之上的语义约束条件就是数据完整性约束条件。

2. 在对数据进行什么操作时，系统检查DEFAULT约束? 在进行什么操作时，系统检查CHECK约束?

答: 在向表中插入数据时，系统检查DEFAULT约束; 在进行插入和修改操作时，系统检查CHECK约束。

3. UNIQUE约束的作用是什么?

答: UNIQUE约束的作用是限制某列中没有重复值。

4. 假设有描述顾客购物信息的两张表: 顾客表和订购表，其结构如下:

顾客表（顾客ID，顾客名，电话，地址）

订购表（商品ID，商品名称，顾客ID，订购数量，订货日期，交货日期）

写出实现如下约束的SQL语句:

1）为顾客表添加主码约束，顾客表的主码为顾客ID。

答:
```
alter table 顾客表
      add constraint pk_id
          primary key(顾客ID)
```

2）为订购表添加外码约束，限制订购表的顾客必须来自于顾客表。

答:
```
alter table 订购表
      add constraint fk_id
      foreign key(顾客ID) references 顾客表(顾客ID)
```

3）当顾客没有提供地址值时，使用默认的值UNKNOWN。

答:
```
alter table 顾客表
      add constraint df_addr
      default 'UNKNOWN' for 地址
```

4）限制订购表的“订购数量”必须大于0。

答:
```
alter table 订购表
      add constraint chk_count
      check( 订购数量>0 )
```

5）限制订购表的“订货日期”必须早于“交货日期”。

答:
```
alter table 订购表
```

```
      add constraint chk_count
check( '订货日期' < '交货日期' )
```

5. 触发器的作用是什么?

答：触发器的作用主要是保证业务规则和数据完整性约束，其优点是用户可以用编程的方法来实现复杂的处理逻辑和业务规则，增强了数据完整性约束的功能。

6. 引发触发器执行的操作有哪些？是否可以对查询操作定义一个触发器？为什么?

答：对数据进行增、删、改操作时会引发触发器执行。对查询不能定义触发器，因为查询并不会引起数据库中的数据发生变化。

7. 对数据增、删、改操作时，系统生成的临时工作表分别是什么？这些表的结构是什么？存放什么内容?

答：对数据执行插入操作时，系统生成INSERTED表，它存放新插入的数据；对数据进行删除操作时，系统生成DELETED表，它存放被删除的数据；对数据执行修改操作时，系统生成INSERTED和DELETED两张临时表，前者用于保存更新操作中更新后的数据，后者用于保存更新操作中的更新前的数据。这些临时表的结构同定义触发器的表的结构是一致的。

8. 临时工作表的生存期是什么?

答：触发器生成的临时工作表在执行数据的增、删、改操作时产生，到触发器执行结束时消失。

9. 是否所有的数据完整性约束都可以用触发器实现？反过来呢?

答：是的，所有的数据完整性约束都可以用触发器实现，但反过来不行。

10. 利用第4题建立的“顾客表”和“订购表”，编写实现如下约束的触发器:

1）限制订购表中的“顾客ID”列的取值范围必须在顾客表的“顾客ID”的取值范围内。

答：
```
CREATE TRIGGER tri1
    on 订购表 for INSERT, UPDATE
    as
      if not exists(select * from inserted a join 顾客表 b
                    on a.顾客ID=b.顾客ID)
        rollback
```

2）限制不能删除“订购表”中“交货日期”为空的记录。

答：
```
CREATE TRIGGER tri2
    on 订购表 for DELETE
    as
      if exists(select * from deleted
                where 交货日期 is null)
        rollback
```

3）限制一次订购数量不能大于100。

答：
```
CREATE TRIGGER tri3
    on 订购表 for INSERT, UPDATE
    as
      if exists(select * from inserted
                where 订购数量 > 100)
        rollback
```

4）限制“交货日期”不能晚于“订货日期”加一个月。

答：
```
CREATE TRIGGER tri4
     on 订购表 for INSERT, UPDATE
     as
        if exists(select * from inserted
                    where datediff(month,订货日期,交货日期)> 1 )
          rollback
```

说明：datediff函数的作用是返回两个日期的差。

第7章 关系数据库规范化理论

习题答案

1. 关系规范化中的操作异常有哪些？它是由什么原因引起的？解决的办法是什么？

答：关系规范化中的操作异常有插入异常、更新异常和删除异常，这些异常是由于关系中存在不好的函数依赖关系引起的。消除不良函数依赖的办法是进行模式分解，即将一个关系模式分解为多个关系模式。

2. 设有关系模式：Student1（学号，姓名，出生日期，所在系，宿舍楼），其语义为：一个学生只在一个系学习，一个系的学生只住在一个宿舍楼里。指出此关系模式的候选码，判断此关系模式是第几范式的。若不是第三范式的，请将其规范化为第三范式关系模式，并指出分解后的每个关系模式的主码和外码。

答：此关系的候选码为学号，它也是此关系模式的主码。

由于此关系模式已属于第一范式，而且其主码只有一个列，因此，此关系模式属于第二范式。但由于此关系模式存在如下函数依赖关系：

学号→所在系，所在系→宿舍楼

因此，宿舍楼传递依赖于主码（学号），因此，它不是第三范式的。对其进行分解后的结果为：

Student11（学号，姓名，出生日期，所在系），候选码和主码均为“学号”，“所在系”为引用Student12表的“系”的外码。

Student12（系，宿舍楼）候选码和主码均为“系”。

3. 有关系模式：Student2（学号，姓名，所在系，班号，班主任，系主任），其语义为：一个学生只在一个系的一个班学习，一个系只有一个系主任，一个班只有一名班主任。指出此关系模式的候选码，判断此关系模式是第几范式的。若不是第三范式的，请将其规范化为第三范式关系模式，并指出分解后的每个关系模式的主码和外码。

答：候选码为学号，它也是此关系模式的主码。

由于不存在非主码属性对主码的部分依赖关系，因此，此关系模式属于第二范式的，但由于存在如下函数依赖：

学号 → 班号， 班号 → 班主任

因此，存在非主码属性对码的传递依赖关系，同样还有：

学号 → 所在系，所在系 → 系主任，因此此关系模式不是第三范式的。对其分解后的结果为：Student21（学号，姓名，所在系，班号），主码为“学号”，“班号”为引用

Student22表的“班号”的外码，“所在系” 为引用Student23表的“系”的外码。

• Student22（班号，班主任），主码为“班号”

• Student23（系，系主任），主码为“系”

4. 设有关系模式：授课表（课程号，课程名，学分，授课教师号，教师名，授课时数），其语义为：一门课程可以由多名教师讲授。指出此关系模式的候选码，判断此关系模式属于第几范式。若不是第三范式的，请将其规范化为第三范式关系模式，并指出分解后的每个关系模式的主码。

答：此关系模式的候选码为（课程号，授课教师号），它们也是主码。由于存在函数依赖：
课程号 → 课程名，授课教师号 → 教师名
因此，存在非主属性对主码的部分函数依赖关系，因此它不是第二范式的表。
对该关系进行如下分解：
课程表（课程号，课程名，学分），主码为“课程号”，已属于第三范式。
教师表（教师号，教师名），主码为“教师号”，已属于第三范式。
授课表（课程号，授课教师号，授课时数），主码为（课程号，教师号），已属于第三范式。

第8章　数据库保护

习题答案

1. 试说明事务的概念及四个特征。

答：事务是用户定义的数据操作系列，这些操作可作为一个完整的工作单元，一个事务内的所有语句是一个整体，要么全部执行，要么全部不执行。
事务具有四个特性：原子性、一致性、隔离性和持续性。原子性是指事务是数据库的逻辑工作单位，事务中的操作要么都做，要么都不做。一致性是指事务执行的结果必须是使数据库从一个一致性状态转换到另一个一致性状态。隔离性是指数据库中一个事务的执行不能被其它事务干扰。持久性是指事务一旦提交，则其对数据库中数据的改变就是永久性的。

2. 事务处理模型有哪两种？

答：有显式事务和隐式事务两种。隐式事务是指每一条数据操作语句都自动地成为一个事务，显式事务是有显式的开始和结束标记的事务。

3. 在数据库中为什么要有并发控制？

答：因为数据库中的数据是共享的资源，因此会有很多用户同时使用数据库中的数据。也就是说，在多用户系统中，可能同时运行着多个事务。事务的运行需要时间，并且事务中的操作需要一定的数据。当系统中同时有多个事务在运行时，特别是当这些事务使用同一段数据时，彼此之间就有可能产生相互干扰的情况。而事务之间的相互干扰会产生不一致的数据，而这在数据库的使用中是不允许的，因此，在大型数据库中一定要有并发控制机制。

4. 并发控制的措施是什么？

答：并发控制的措施是加锁，加锁是一种并行控制技术，用于限制事务内和事务外对数据的操作。

5. 设有三个事务：T1、T2和T3，其所包含的动作为：

T1：A = A + 2

T2：A = A * 2

T3：A = A ** 2 （代表A的平方）

设A的初值为1，若这三个事务并行执行，那么可能的调度策略有几种？A最终的结果分别是什么？

答：可能的调度策略有：

T1→T2→T3：A＝36

T1→T3→T2：A＝18

T2→T1→T3：A＝16

T3→T1→T2：A＝6

T2→T3→T1：A＝6

T3→T2→T1：A＝4

6. 当某个事务对某段数据加了S锁之后，在此事务释放锁之前，其它事务还可以对此段数据添加什么锁？

答：可以添加S锁。

7. 什么是死锁？

答：当两个事务彼此互相等待对方先释放自己所需要的资源时，就产生了死锁。

8. 怎样保证多个事务的并发执行是正确的？

答：多个事务的并发执行是正确的，当且仅当其结果与按某一顺序的串行执行的结果相同时，称这种调度为可串行化调度。而两段锁协议是实现可串行化调度的充分条件。因此只要遵从两段锁协议，就能保证多个事务的并发执行是正确的。

9. 数据库故障大致分为几类？

答：数据库故障大致可以分为如下几类：事务内部的故障、系统故障和其它故障，如介质故障或由计算机病毒引起的故障。

10. 数据库备份的作用是什么？

答：备份数据库是为了当数据库出现故障时，可以避免或减少数据的丢失。

第9章 数据库设计

习题答案

1. 试说明数据库设计的特点。

答：数据库设计是和用户的业务需求紧密相关的，因此它具有如下特点：

- 综合性。数据库设计涉及的面很广，包含了计算机专业知识及业务系统专业知识，同时还要解决技术及非技术两方面的问题。

- 静态结构设计与动态行为设计是分离的。静态结构设计是指数据库的模式结构设计，包括概念结构、逻辑结构和存储结构的设计。动态行为设计是指应用程序设计，包括功能组织、流程控制等方面的设计。数据库设计的主要精力首先是放在数据结构的设计上。

2. 简述数据库的设计过程。

答：数据库设计一般包含6个阶段：需求分析阶段、概念结构设计阶段、逻辑结构设计阶段、物理设计阶段、数据库实施阶段以及数据库运行和维护阶段。

3. 数据库结构设计包含哪几个过程？

答：数据库结构设计包括设计数据库的概念结构、逻辑结构和存储结构。

4. 需求分析中需求调查包括哪些内容？

答：通常需求调查包括三方面内容：系统的业务现状、信息源流及外部要求。

- 业务现状包括：业务方针政策，系统的组织机构，业务内容，约束条件和各种业务的全过程。
- 信息源流包括：各种数据的种类、类型及数据量，各种数据的源头、流向和终点，各种数据的产生、修改、查询及更新过程和频率以及各种数据与业务处理的关系。
- 外部要求包括：对数据保密性的要求，对数据完整性的要求，对查询响应时间的要求，对新系统使用方式的要求，对输入方式的要求，对输出报表的要求，对各种数据精度的要求，对吞吐量的要求，对未来功能、性能及应用范围扩展的要求。

5. 概念模型应该具有哪些特点？

答：概念模型应具备的特点主要有：

- 有丰富的语义表达能力。
- 易于交流和理解。
- 易于更改。
- 易于向各种数据模型转换，易于导出与DBMS有关的逻辑模型。

6. 概念结构设计的策略是什么？

答：概念结构设计的策略主要有如下几种：

- 自底向上。先定义每个局部应用的概念结构，然后按一定的规则把它们集成起来，从而得到全局概念模型。
- 自顶向下：先定义全局概念模型，然后再逐步细化。
- 由里向外：先定义最重要的核心结构，然后再逐步向外扩展。
- 混合策略。将自顶向下和自底向上结合起来使用。先用自顶向下设计一个概念结构的框架，然后以它为框架再用自底向上策略设计局部概念结构，最后把它们集成起来。

7. 什么是数据库的逻辑结构设计？简述其设计步骤。

答：逻辑结构设计的任务是把概念结构设计阶段设计好的基本E-R图转换为具体的数据库管理系统支持的数据模型，也就是导出特定的DBMS可以处理的数据库逻辑结构。逻辑结构设计一般包含两个步骤，即将概念模型转换为某种组织层数据模型和对数据模型进行优化。

8. 把E-R模型转换为关系模式的转换规则有哪些？

答：一般规则为：

- 一个实体转换为一个关系模式。实体的属性就是关系的属性，实体的码就是关系的码。

对于实体间的联系有以下不同的情况：

- 一个1：1联系可以转换为一个独立的关系模式，也可以与任意一端所对应的关系模式合并。如果可以转换为一个独立的关系模式，则与该联系相连的各实体的码以及联系本身的属性均转换为关系的属性，每个实体的码均是该关系模式的候选码。如果是与联系的任意一端实体所对应的关系模式合并，则需要在该关系模式的属性中加入另一个实体的码和联系本身的属性。
- 一个1：*n*联系可以转换为一个独立的关系模式，也可以与任意*n*端所对应的关系模式合并。如果转换为一个独立的关系模式，则与该联系相连的各实体的码以及联系本身的属性均转换为关系的模式，而关系的码为*n*端实体的码。
- 一个*m*：*n*联系转换为一个关系模式。与该联系相连的各实体的码以及联系本身的属性均转换为关系的模式，而关系的码为各实体码的组合。
- 三个或三个以上实体间的一个多元联系可以转换为一个关系模式。与该多元联系相连的各实体的码以及联系本身的属性均转换为此关系的属性，而此关系的码为各实体码的组合。
- 具有相同码的关系模式可以合并。

9. 数据模型的优化包含哪些方法？

答：数据模型的优化的方法为：

1）确定各属性间的数据依赖。

2）对各个关系模式之间的数据依赖进行极小化处理，消除冗余的联系。

3）判断每个关系模式的范式，根据实际需要确定最合适的范式。

4）根据需求分析阶段得到的处理要求，分析这些模式是否适用于这样的应用环境，从而确定是否要对某些模式进行分解或合并。

10. 设有如下所示的两个E-R图，分别将它们转换为关系模式，并指出每个关系模式的主码和外码。

答：对图a来说：

图书表（书号，书名，出版日期，作者），主码为“书号”。

读者表（读者编号，读者姓名，联系电话，单位），主码为“读者编号”。

借阅表（书号，读者编号，借阅日期），主码为（书号，读者编号，借阅日期），“书号”为引用图书表的“书号”的外码，“读者编号”为引用读者表的“读者编号”的外码。

对图b来说：

顾客表（顾客号，顾客名，联系电话），主码为“顾客号”。

销售人员表（职工编号，职工姓名，所在部门），主码为“职工编号”。

商品表（商品编号，商品名称，商品分类，库存量），主码为“商品编号”。

订购表（销售人员编号，顾客编号，商品编号，订购日期，订购数量），主码为（销售人员编号，顾客编号，商品编号，订购日期），“销售人员编号”为引用销售人员表的“职工编号”的外码，“顾客编号”为引用顾客表的“顾客号”的外码，“商品编号”为引用商品表的“商品编号”的外码。

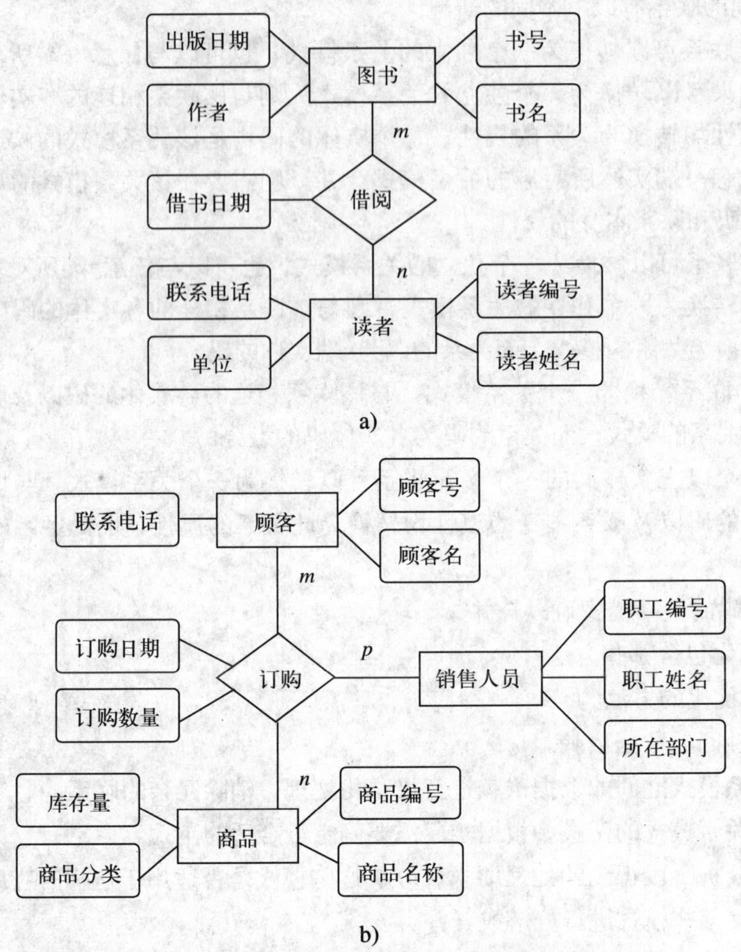

a)

b)

第10章 SQL Server 2000基础及使用

习题答案

1. SQL Server 2000企业版提供了哪几个服务？每个服务的作用是什么？

答：SQL Server 2000企业版提供了四个服务，分别是：SQL Server、SQL Server Agent、DTC和Microsoft Search。SQL Server服务是SQL Server 2000的核心服务，它直接管理和维护数据库，负责处理所有来自客户端的SQL语句并管理服务器上构成数据库的所有文件，同时还负责处理存储过程，并将执行结果返回给客户端。SQL Server Agent服务能够根据系统管理员预先设定好的计划自动执行相应的功能，同时它还能对系统管理员设定好的错误等特定事件自动进行报警，而且还能通过电子邮件等方式把系统存在的各种问题发送给指定的用户。DTC服务是一个事务管理器，在DTC支持下，客户可以在一个事务中访问不同服务器上的数据库，并且能保证事务的完整性。Microsoft Search服务能够对字符数据进行全文检索。

2. SQL Server 2000提供了几个版本？每个版本分别适用于哪些操作系统？

答：SQL Server 2000共提供了四个版本：企业版、标准版、开发版和个人版。企业版和标准版可以安装在服务器操作系统上，比如Windows NT Server 4.0、Windows 2000 Server。和个人版可以安装在Windows 98或Windows NT 4.0及以上的任何操作系统版本中开发版可安装在除Windows 98之外的Windows NT 4.0及以上的任何操作系统版本中。

3.“Windows 身份验证模式”和“混合模式”的区别是什么？

答：“Windows 身份验证模式”表示SQL Server只接收来自Windows的用户，其它用户均不能访问SQL Server。“混合模式”表示SQL Server接收来自Windows的用户和其它非Windows的用户。

4. 在安装时选择“本地计算机”和“远程计算机”的区别是什么？

答：选择“本地计算机”表示将SQL Server安装在运行安装程序的机器上，选择“远程计算机”表示将SQL Server安装在运行安装程序之外的机器上。

5. SQL Server的实例名的作用是什么？

答：在SQL Server中，一个实例名就代表一个SQL Server系统。当在一台机器上安装了多个SQL Server时，可以用实例名来区别它们。

6. SQL Server的默认安装位置是什么？

答：默认情况下，SQL Server的程序文件和数据文件的安装位置都是 C:\Program Files\Microsoft SQL Server\。

7. SQL Server的网络库的作用是什么？

答：网络库用于在运行 SQL Server 的客户端和服务器之间传递网络数据包。服务器可以一次监听多个网络库。如果没有配置某个网络库，则服务器将无法监听该网络库，即客户和服务器之间将无法通信。

8. 要启动SQL Server 2000服务，需要使用哪个工具？

答：使用SQL Server的“服务管理器”工具。

9. 要使用SQL Server 2000，必须至少启动哪个服务？

答：必须至少启动“SQL Server”服务。

10. 卸载SQL Server 2000的步骤是什么？

答：在卸载之前，应首先关闭所有打开的工具，然后停止所有已经启动的服务，最后关闭服务管理器。再在控制面板中启动“添加/删除程序”，并选择“Microsoft SQL Server 2000”，单击“删除”按钮。

第11章 数据库与基本表的创建和管理

习题答案

1. SQL Server数据库由哪两类文件组成？这些文件的扩展名分别是什么？

答：SQL Server数据库由数据文件和日志文件组成。数据文件又可以包含主数据文件和辅助数据文件，主数据文件的扩展名为.mdf，辅助数据文件的扩展名为.ndf。日志文件的扩展名为.ldf。

2. 数据文件和日志文件的作用分别是什么？

答：在SQL Server中，数据文件用于存放数据库数据。日志文件用来记录页的分配和释放以及对数据库数据的修改操作。

3. 在SQL Server中，为什么要将数据文件分为主数据文件和辅助数据文件？

答：在SQL Server中，主数据文件包含数据库的启动信息以及数据库数据，每个数据库只能包含一个主数据文件。而对于辅助数据文件，一个数据库可以有多个辅助数据文件。由于有些数据库可能非常大，用一个主数据文件可能存放不下，因此就需要有一个和多个辅助数据文件来存储这些数据。辅助文件还可以建立在与主数据文件不同的多个磁盘驱动器上，这样就可以利用多个磁盘上的存储空间，并提高数据存取的并发性。

4. 数据文件和日志文件默认存放在什么地方？

答：数据文件和日志文件默认的存放位置为：C:\Program Files\Microsoft SQL Server\MSSQL\Data文件夹。

5. 在SQL Server 2000中，数据的存储单位是什么？这个存储单位的大小是多少？

答：在SQL Server 2000中，数据的存储单位是页，一页为连续的8KB空间。

6. 在定义数据文件和日志文件时，可以指定哪几个属性？

答：在定义数据库的数据文件和日志文件时，可以指定如下属性：

- 文件名及其位置。
- 文件初始大小。
- 文件增长方式。
- 文件最大大小。

7. 在企业管理器中扩大数据库空间可以使用哪两种方法？

答：在企业管理器中扩大数据库空间有两种方法，一种方法是扩大数据库中已有文件的大小，另一种方法是为数据库添加新的文件。

第12章　安全管理

习题答案

1. 通常情况下，将数据库的中的权限划分为哪两类？

答：一类是维护数据库管理系统的权限，另一类是操作数据库中的对象和数据的权限。第二类权限又可以分为两种，一种是操作数据库对象的权限，包括创建、删除和修改数据库对象；另一种是操作数据库数据的权限，包括对表、视图数据的增、删、改、查操作。

2. 数据库中的用户按其操作权限可分为哪几类？每一类的权限是什么？

答：数据库中的用户按其操作权限可分为三类，分别是：数据库系统管理员、数据库对象拥有者和普通用户。数据库系统管理员在数据库中具有全部的权限；数据库对象拥有者对其所拥有的对象具有一切权限；普通用户具有对数据库数据的增、删、改、查操作的权限。

3. 简述SQL Server 2000的安全认证过程。

答：一个用户如果要访问SQL Server数据库中的数据，他必须要经过三个认证过程。第一个认证过程是身份验证，这时使用登录帐户来标识用户。身份验证只验证用户是否具有连接到SQL Server数据库服务器的资格。第二个认证过程是当用户访问数据库时，他必须具有对具体数据库的访问权，即验证用户是否是数据库的合法用户。第三个认证过程是当用户操作数据库中的数据或对象时，他必须具有相应的操作权，即验证用户是否具有操作许可。

4. SQL Server 2000的登录帐户有哪两种?

答: SQL Server的登录帐户有两种类型:

- Windows授权用户: 来自于Windows的用户或组。
- SQL授权用户: 来自于非Windows的用户。

5. SQL Server 2000的权限有哪几种类型?

答: 在SQL Server 2000 中，权限分为对象权限、语句权限和隐含权限三种。对象权限是指用户对数据库中的表、视图等对象所包含的数据的操作权，语句权限是指是否允许执行与创建数据库对象有关的操作的权限，隐含权限是指由SQL Server预定义的服务器角色、数据库角色、数据库拥有者和数据库对象拥有者所具有的权限。

6. 建立SQL Server的登录帐户的操作是在哪里完成的?

答: 是在企业管理器中，展开“SQL Server组”左边的加号，然后单击要建立登录帐户的服务器左边的加号图标，展开树形目录。展开“安全性”，然后右击“登录”节点，在弹出的菜单中选择“新建登录”，然后在弹出的“新建登录”窗口中完成的。

7. 建立数据库用户的操作是在哪里完成的?

答: 建立数据库用户的操作是在企业管理器中完成的，步骤是展开要建立用户的数据库，然后右击“用户”，并在弹出的菜单上选择“新建数据库用户”命令。

8. 权限的管理包含哪些内容?

答: 权限的管理包含如下三个内容:

- 授予权限: 允许用户或角色具有某种操作权。
- 收回权限: 不允许用户或角色具有某种操作权，或者收回曾经授予的权限。
- 拒绝访问: 拒绝某用户或角色具有某种操作权。

9. 数据库中的角色的定义是什么?

答: 在数据库中，为便于管理用户及权限，将一组具有相同权限的用户组织在一起，这一组具有相同权限的用户就称为角色。

10. 在SQL Server 2000中，角色分为哪几种?

答: 在SQL Server 2000中，角色分为系统预定义的固定角色和用户自己定义的用户角色。系统角色又根据其作用范围而分为固定的服务器角色和固定的数据库角色。

11. 用SQL语句为log1授予对课程表的插入、删除权限。

答: `Grant Insert, Delete on Course to log1`

第13章 数据传输

习题答案

1. 在利用数据导入/导出向导传输数据时，数据源和目的地的类型必须相同吗?

答: 利用数据导入/导出向导传输数据时，数据源和目的地不必是相同类型的，SQL Server的导入/导出工具支持异构数据源之间的导入和导出。

2. 数据导入/导出向导中，复制数据的方式有哪几种?

答: 复制数据的形式有三种:

第一种是从源数据库复制表和视图，表示将表或视图中的全部数据进行传输。

第二种是用一条查询指定要传输的数据，表示将查询语句的结果作为要传输的数据。

第三种是在SQL Server数据库之间复制对象和数据，此选项只能用在数据源和目的地都是SQL Server的情况，用这种方式不仅可以传输数据，而且还可以在数据库间复制对象。

3. 在将一个数据库中的数据导入到另一个数据库中已经建立好的表中时，如果在选择数据源时使用用户u1操作，在选择目的地时使用u2操作，那么u1和u2分别需要什么权限？

答：u1需要具有对要导出的数据的查询权，u2需要对要导入数据的表的插入权。

第14章 备份和恢复数据库

习题答案

1. 在确定用户数据库的备份周期时，应考虑哪些因素？

答：在确定用户数据库的备份周期时，应考虑用户数据的更改频率和用户能够允许丢失多少数据。如果数据修改得比较少，或者用户可以忍受的数据丢失时间比较长，则可以使备份的间隔长一些，否则应让备份的时间间隔短一些。

2. SQL Server备份时是将数据库备份到备份设备上，那么备份设备是一个独立的物理设备吗？

答：备份设备不是一个单独的设备，它是指在磁盘和磁带上建立的一个逻辑设备。

3. 在SQL Server中用什么名称来标识备份设备？

答：在SQL Server中是用备份设备的逻辑名称来表示备份设备的。

4. 在创建备份设备时需要指定备份设备的大小吗？备份设备的大小是由什么决定的？

答：在创建备份设备时不需要指定备份设备的大小，它的大小是由备份内容的多少决定的，而且备份设备的大小是随着备份内容的增加自动增长的。

5. SQL Server 2000提供了几种备份方式？

答：SQL Server支持四种备份方式：完全备份、差异备份、事务日志备份以及文件和文件组备份。

6. 如果要进行日志备份，需要将数据库的还原模型设置为什么值？

答：如果要进行日志备份，需要将数据库的还原模型设置为“完全”和“大容量日志记录的”。

7. 第一次对数据库进行备份时，必须要使用哪种备份方式？

答：第一次对数据库进行备份时，必须要使用“完全备份”方式。

8. 差异备份备份的是哪段数据库内容？

答：差异备份备份的是从上次完全备份之后，数据库中被修改的部分。

9. 日志备份备份的是哪段数据库内容？

答：日志备份备份的是从上次日志备份之后的日志内容。

10. 差异备份备份数据库日志吗？

答：差异备份不但备份数据，也备份日志。

11. 如果要定期备份数据库，则必须要启动SQL Server的哪个服务？

答：必须要启动“SQL Server Agent”服务。

12. 写出将Pubs数据库完全备份到aaa备份设备上的SQL语句，假设此备份设备已经建立好，并且在备份过程中要覆盖掉此设备上已有的内容。

答: BACKUP DATABASE Pubs TO aaa WITH INIT

13. 系统在进行自动恢复时，对于有事务的开始而没有事务的结束的情况是如何处理的?

答: 对有事务的开始而没有事务的结束的事务，系统会自动对此事务进行回滚操作，使数据库回到事务开始前的状态。

14. 系统在进行自动恢复时，对于已经提交、但其对数据库的修改还没有保存到磁盘中的事务是如何处理的?

答: 系统对于这样的事务会自动重做事务中的全部操作，使数据库恢复到事务完成时的状态。

15. 恢复数据库时，对恢复的顺序有什么要求?

答: 在恢复数据库时必须要遵守严格的顺序。恢复数据库的顺序为: 1）恢复最近的完全数据库备份，2）恢复完全备份之后的最近的差异数据库备份（如果有的话)，3）按日志备份的先后顺序恢复自完全或差异数据库备份之后的所有日志备份。

16. 为什么在恢复数据库的过程中不允许其它用户使用数据库?

答: 因为在数据库恢复完成之前，数据库还没有达到正确的状态，这时如果允许用户使用数据库，那么这些用户对数据库的操作就有可能是不正确的，而且对后续备份的恢复也将无法进行。

第15章 数据库应用结构与数据访问接口

习题答案

1. 在文件服务器结构和客户/服务器结构中，数据处理有什么区别?

答: 在文件服务器结构中，对数据的处理是在客户端完成的，其服务器只提供文件服务。而在客户/服务器结构中，对数据的处理是在服务器端完成的。

2. 应用在客户/服务器结构上的数据库管理系统是否同样可以应用在互联网应用结构中?

答: 可以。因为在互联网结构中，实际上是将处理逻辑进行了进一步的细分，而对于数据库管理系统来说，其处理模式并没有变化。

3. 目前有哪两个常用的通用数据访问接口?

答: 目前常用的通用数据访问接口有ODBC和OLE DB两个。

4. ODBC中的驱动程序管理器的作用是什么?

答: ODBC中的驱动程序管理器是Windows下的应用程序，其主要作用是装载ODBC驱动程序、管理数据源、检查ODBC参数的合法性等。

5. ODBC数据库驱动程序的主要作用什么?

答: ODBC数据库驱动程序的主要作用是:

- 建立与数据源的连接。
- 向数据源提交用户请求，执行SQL语句。
- 在数据库应用程序和数据源之间进行数据格式转换。
- 向应用程序返回处理结果。

6. ODBC中的数据源的含义是什么?

答: ODBC中的数据源是指任何一种可以通过ODBC连接的数据库管理系统，它包括要访问的数据库管理系统和运行数据库管理系统的服务器。

7. ODBC数据源共有哪三种类型？每种类型的区别是什么？

答：ODBC的三种数据源为：用户数据源、系统数据源和文件数据源。用户DSN只能用于当前定义此数据源的机器上，而且只有定义数据源的用户才可以使用。系统DSN可用于当前机器上的所有用户。文件DSN是将用户定义的数据源信息保存到一个文件中，并可被不同机器上安装了相同驱动程序的用户共享。

8. ODBC接口和OLE DB接口的主要区别是什么？

答：ODBC接口和OLE DB接口的主要区别是：ODBC是支持访问关系型数据的标准访问接口，而OLE DB是可以访问关系型和非关系数据的标准接口。

9. OLE DB中定义的三种数据访问组件是什么？

答：OLE DB中定义的三种数据访问组件是：数据提供者、数据消费者和服务组件。

10. ADO与OLE DB的关系是什么？

答：OLE DB是面向API的调用，为了使OLE DB能够完成这些操作，开发者需要调用许多不同的API。ADO是建筑在OLE DB之上的高层接口集，是介于OLE DB底层接口和应用程序之间的接口，它避免了开发人员直接使用OLE DB底层接口的麻烦。ADO简化了OLE DB模型，它是面向对象的API，它只需开发者掌握几个简单对象的方法和属性就可以了。

第16章　ADO与数据绑定控件

习题答案

1. 用ADO数据控件建立数据源时，需要设置它的哪些属性？每个属性的作用是什么？

答：需要设置ADO数据控件的ConnectionString属性、CommandType属性和RecordSource属性。ConnectionString属性用于建立与数据源的连接，CommandType属性指明命令的类型，即要访问的数据的来源。RecordSource属性用于设置ADO结果集的内容。

2. 要使对ADO数据控件属性的设置生效，应该使用它的哪个方法？

答：应使用它的Refresh方法。

3. Recordset对象的BOF和EOF属性的作用是什么？

答：Recordset对象的BOF和EOF属性都是布尔值。当结果集中记录的当前行指针移到了第一条记录的前边时，BOF为真，否则为假。当结果集中记录的当前行指针移到了最后一条记录的后边时，EOF为真，否则为假。因此，这两个属性用于判断结果集中的当前行指针是否移出了结果集范围。

4. 要得到结果集中的记录个数，应使用Recordset对象的哪个属性？

答：使用Recordset对象的RecordCount属性。

5. 如果要在数据库中插入一条新记录，应该使用Recordset对象的哪些方法实现？

答：如果要在数据库中插入一条新记录，应该首先使用AddNew方法，然后再使用Update方法，或者对当前行记录指针作一个移动操作，使新插入的数据成为数据库中的永久记录。

6. Recordset对象的Update方法只能用于将更改后的记录保存到数据库中，这个说法对吗？

答：不对。Update方法不仅用于将更改后的记录保存到数据库中，而且还可以用于将新插入的记录保存到数据库中。

7. Recordset对象的CancelUpdate方法的作用是什么？

答：CancelUpdate方法用于取消新添加的记录或对当前记录所做的修改。

参 考 文 献

[1] 萨师煊，王珊. 数据库系统概论[M]. 三版 . 北京：高等教育出版社，2000.
[2] 何玉洁. 数据库基础及应用技术[M]. 北京：清华大学出版社，2002.
[3] 何玉洁. 数据库原理与应用教程[M]. 北京：机械工业出版社，2003.
[4] Mike Gunderloy. Visual Basic开发指南——ADO篇[M]. 张光霞，等译. 北京：电子工业出版社，2000.

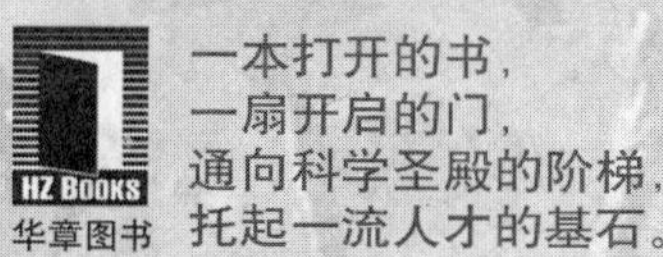

一本打开的书，
一扇开启的门，
通向科学圣殿的阶梯，
托起一流人才的基石。

数据库经典丛书

《数据库系统概念，原书第5版》
作　者：[美] Abraham Silberschatz, Henry F. Korth, S. Sudarshan
译　者：杨冬青 唐世渭
书　号：7-111-19687-2
定　价：69.00元

《数据库系统导论，原书第8版》
作　者：[美] C. J. Data
译　者：孟小峰
书　号：7-111-21333-8
定　价：75.00元

《事务处理：概念与技术》
作　者：[美] Jim Gray, Andreas Reuter
译　者：孟小峰 于戈
书　号：7-111-12641-6
定　价：96.00元

《数据库、类型和关系模型》
作　者：[美] C. J. Data, Hugh Drawen 著
中文版：2008年出版
英文版：7-111-20168-x
定　价：65.00元

《数据挖掘：概念与技术》
作　者：[加] Jiawei Han, Micheline Kamber 著
译　者：范明 孟小峰
中文版：ISBN 7-111-20538-3
定　价：55.00元
英文版：ISBN 7-111-18828-4
定　价：79.00元

《数据库系统实现》
作　者：[美] Hector Garcia-Molina, Jeffrey D. Ullman, Jennifer Widom
译　者：杨冬青 徐其均
中文版：ISBN 7-111-09161-2
定　价：42.00元
英文版：ISBN 7-111-07887-2
定　价：45.00元

欲了解更多华章计算机图书出版动态，敬请您访问华章IT官方博客：http://blog.csdn.net/hzbooks
投稿服务热线:010-88379512　教材服务热线:010-88379061
读者服务热线:010-88379061　读者服务邮箱:tianchao@hzbook.com

教师服务登记表

尊敬的老师：

您好！感谢您购买我们出版的________________________教材。

机械工业出版社华章公司为了进一步加强与高校教师的联系与沟通，更好地为高校教师服务，特制此表，请您填妥后发回给我们，我们将定期向您寄送华章公司最新的图书出版信息！感谢合作！

个人资料（请用正楷完整填写）

教师姓名		□先生 □女士	出生年月		职务		职称：□教授 □副教授 □讲师 □助教 □其他
学校		学院		系别			
联系电话	办公： 宅电： 移动：	联系地址及邮编					
		E-mail					
学历		毕业院校		国外进修及讲学经历			
研究领域							

主讲课程	现用教材名	作者及出版社	共同授课教师	教材满意度
课程： □专 □本 □研 人数： 学期：□春□秋				□满意 □一般 □不满意 □希望更换
课程： □专 □本 □研 人数： 学期：□春□秋				□满意 □一般 □不满意 □希望更换

样书申请			
已出版著作		已出版译作	
是否愿意从事翻译/著作工作 □是 □否		方向	
意见和建议			

填妥后请选择以下任何一种方式将此表返回：（如方便请赐名片）

地 址：北京市西城区百万庄南街1号 华章公司营销中心 邮编：100037

电 话：(010) 68353079 88378995 传真：(010)68995260

E-mail:hzedu@hzbook.com markerting@hzbook.com 图书详情可登录http://www.hzbook.com网站查询